U0452248

制度伦理研究
——一种宪政正义的理解

高兆明 著

商务印书馆
The Commercial Press
2011年·北京

图书在版编目(CIP)数据

制度伦理研究：一种宪政正义的理解/高兆明著.—北京：商务印书馆,2011
ISNB 978-7-100-07640-1

Ⅰ.①制… Ⅱ.①高… Ⅲ.①社会制度—伦理学—研究—中国 Ⅳ.①B82-051

中国版本图书馆 CIP 数据核字(2011)第 018444 号

所有权利保留。
未经许可,不得以任何方式使用。

制度伦理研究
——一种宪政正义的理解
高兆明 著

商 务 印 书 馆 出 版
(北京王府井大街36号 邮政编码100710)
商 务 印 书 馆 发 行
北京民族印务有限责任公司印刷
ISBN 978-7-100-07640-1

2011年10月第1版　　开本 880×1230 1/32
2011年10月北京第1次印刷　印张 17$\frac{1}{4}$
定价: 38.00元

谨以此书
献给我的祖国

目 录

导言 …………………………………………………………… 1

上篇 善政论

第1章 基本概念阐释:"制度"与"制度伦理" ………… 3
一、制度 …………………………………………………… 3
　　1. 制度:社会关系结构及其运行机制 ………………… 4
　　2. 制度的本体论分析 ………………………………… 12
　　3. 制度的两个层面:价值与技术 …………………… 27
　　4. 制度是否必要? …………………………………… 33
二、"制度伦理" …………………………………………… 36
　　1. "制度伦理"概念的提出 …………………………… 37
　　2. "制度伦理"概念的一般分析 ……………………… 40
　　3. 制度的伦理分析是否可能? ……………………… 44

第2章 制度的"善" ……………………………………… 50
一、制度"善"的一般分析 ………………………………… 50
　　1. 什么是"善"的制度? ……………………………… 50
　　2. "善"制度:内容与形式 …………………………… 52
　　3. "善"制度:基本与非基本 ………………………… 65

    4. 制度"善"的历史主义:时代性与地方性 ········· 68
  二、制度合理性根据的现代性转向 ················ 76
    1. 从"身份"到"契约" ························ 77
    2. 从"人治"到"法治" ························ 85
    3. 从"仁政"到"宪政" ························ 93
  三、社会转型期的制度"善" ······················ 99

中篇　善制论

第3章　多元和谐 ································· 105
  一、多元社会 ································· 106
    1. 作为现代性概念的"多元社会"与"多元和谐" ··· 107
    2. "共识"与"共存" ························· 113
  二、多元和谐是否可能? ························ 125
    1. 多元平等 ······························· 125
    2. 多元间的承认 ··························· 129
    3. 平等互惠 ······························· 136
  三、普遍自由视域中的公共权力 ················· 145

第4章　分配正义 ································· 153
  一、"分配正义"的一般考察 ····················· 153
  二、劳动:社会财富初次分配的基本方式 ·········· 160
    1. 劳动的存在本体论解释 ··················· 164
    2. 劳动与财产权 ··························· 170
    3. 劳动要素与分配 ························· 181
  三、分配正义的两个考察维度 ··················· 194

1. 持有－转让－矫正 ……………………… 195
　　　2. 起点－过程－终点 ……………………… 212
第5章　德福一致 …………………………………… 226
　一、私利公益 …………………………………… 226
　二、德行有用 …………………………………… 238
　　　1. 德行明智 ………………………………… 238
　　　2. 德行成本 ………………………………… 245
　　　3. 德福统一 ………………………………… 250
　三、公平与效率 ………………………………… 257
　　　1. 价值论视域中的"公平"与"效率" ……… 260
　　　2. 对几种流行观点的质疑 ………………… 268

第6章　制度理性 …………………………………… 280
　一、权利－义务关系的两个维度 ……………… 280
　　　1. 权利－义务关系的本体维度 …………… 281
　　　2. 权利－义务关系的结构维度 …………… 289
　二、私域与公域：私权与公权 ………………… 299
　　　1. 作为生活范式的私域与公域 …………… 299
　　　2. 现代国家权力的公共性 ………………… 311
　三、制度结构：权力系统及其权威 …………… 323
　　　1. 制度有机体 ……………………………… 323
　　　2. 制度结构的历史向度 …………………… 328
　　　3. 制度的权威性 …………………………… 331

下篇 善治论

第7章 行政正义 ……………………………………… 337
一、政治视域中的行政 ……………………………… 337
    1. "政治"与"行政" ……………………………… 337
    2. 宪政中的行政 ………………………………… 342
    3. 行政的价值性与技术性 ……………………… 350
二、行政正义的一般分析 …………………………… 355
    1. "行政正义"概念及其历史演进 ……………… 355
    2. "行政正义"与"政治正义" …………………… 362
    3. 行政的实质正义与程序正义 ………………… 365
三、制度信用 ………………………………………… 369
    1. 制度信用的提出 ……………………………… 369
    2. 制度性承诺 …………………………………… 374
    3. 行政的作为、非作为、不作为 ……………… 385
四、权力腐败 ………………………………………… 391
    1. 社会转型视域中的权力腐败 ………………… 391
    2. 制度性腐败：对权力腐败现象的一种解释维度 ……… 396
    3. 吏德与善制 …………………………………… 403
五、社会变迁中的政治与行政 ……………………… 407

第8章 善制与政党 ……………………………………… 414
一、多元社会中的政党 ……………………………… 414
    1. 政党：多元社会中的公民自组织 …………… 414
    2. 冲突与整合：现代性社会中的政党功能 …… 419

3. 互竞与合作：现代性社会中的政党关系 …………… 426
二、政党与国家 ……………………………………………… 430
 1. 政党与民主政治 …………………………………… 431
 2. 政党活动的合理性限度 …………………………… 434
 3. 国家视域中的政党竞争 …………………………… 439
 4. 国家权力更替与政党活动 ………………………… 445
 5. 政党竞争中"肮脏的手"问题 ……………………… 447
三、社会转型期的政党政治 ………………………………… 454
 1. 政党政治的普遍性与特殊性 ……………………… 454
 2. 政党的道德自觉 …………………………………… 460

第9章 制度变迁 ……………………………………………… 465
一、制度变迁路径 …………………………………………… 465
 1. 制度变迁的两种路径 ……………………………… 465
 2. 制度变迁中的两只手 ……………………………… 469
二、制度变迁中的英雄 ……………………………………… 474
 1. 作为历史引领者的英雄 …………………………… 475
 2. 英雄实践的规范性 ………………………………… 481
三、制度变迁成本分配的正义性 …………………………… 482
 1. 制度变迁成本 ……………………………………… 483
 2. 制度变迁成本分配及其正义性 …………………… 485
 3. 制度变迁中弱势群体的权益 ……………………… 489
四、契约和谐 ………………………………………………… 498
 1. 契约和谐的时空维度 ……………………………… 498
 2. 公民理性精神 ……………………………………… 504

主要参考文献 …………………………………………… 508

索引 …………………………………………………… 515

后记 …………………………………………………… 529

导　言

　　制度伦理问题是当代政治哲学、政治伦理的最重要论域之一。制度伦理的这种思想话语地位,是由当今人类发展现状及当代中国社会主义现代化建设现状所决定。

　　当今人类社会所面临的恐怖主义问题,发达国家与发展中国家的贫富差别问题,经济全球化过程中的社会生态资源环境保护问题,战争与和平问题,国际犯罪问题,现代科学技术研究与应用问题,以及发达国家内部的经济、社会、政治、文化等问题,无不指向制度及其正义性。这种直接关涉人类自身生存与发展的日常生活世界重大问题,必定会在思想理论领域形成波澜,留下自己的深刻印记。自罗尔斯20世纪70年代发表《正义论》,提出制度正义是社会第一价值,建立长治久安的良序社会是否可能、何以可能以来,政治正义问题就一直在欧美思想界居于宰制性地位。这种学术现象正是对上述日常生活世界问题的思想反映。它本身不仅表明制度的正义性对于一个社会的基础性意义,且表明即使是已进入现代化的欧美发达国家亦以自己的特殊方式在寻求一条长治久安的和谐发展道路,这种道路既应能够调节与缓和社会矛盾、又应能够使社会具有生机活力与秩序。

　　制度体制问题亦是中国现代化建设进程所面临的核心问题之一。当代中国的改革开放虽然说是以思想解放为发端,但是冷静思索后却会发现:无论是在思想理论层面还是实践层面,它均是以制度体制变革为肇始。思想解放的主旨是质疑既有制度体制的合理性,试图通过反思批判寻求一个适合当代中国走向富强文明现代化发展的制度体制。作为改革开放实践第一步的农村大包干,事实上是对既有农村生产、社会管理制度体制的否定,并逐渐由农村推进至城市。经过近 30 年的探索,中国改革开放进入了所谓"攻坚阶段",由表浅至深入:由社会经济生活领域扩展至社会政治、公共生活各个领域,由简单地放权到权力结构重新架构,由一般社会生活至宪政政治文明建设,由城乡二元结构到向一元社会结构过渡,等等。正是这些制度体制上的不断探索创新,反过来又不断促进思想解放运动的进一步深入。当代中国近 30 年的历史,可以说是一部思想解放与制度创新的互动史。在这部互动史中,制度、制度的合理性、制度的价值分析,始终是其主题之一。

自上而下的有序推进,这是当代中国以改革开放为肇始的现代化建设的一个基本特点。这个特点决定了中国的现代化建设首先是在既有制度体制基本范围内、由政府主导进行。然而,即使如此,事物发展的内在逻辑力量及其演进过程又超出了人们原初的想象:日常生活中一个个具体方面的成功改革,积累起一股势不可挡的力量,这种力量推动人们反思既有制度体制,甚至原本作为改革开放推动力量的国家行政权力本身,亦已被历史地提出作为改革对象——这又从另一个方面指向了制度体制问题。

当前成为中国思想学说界关注热点问题的中国社会阶层问题、贫富差别问题、医疗教育住房问题、公共安全问题、公民基本权利保护问题、经济体制问题、生态环境资源保护问题、社会可持续发展问题、腐败问题、社会风尚与道德失范问题、和谐社会建设问题,等等,无不是以各种特殊方式指向或提出了制度的合理性、正当性问题。这些问题的解决前景,有赖于制度体制安排的重大突破。当代中国人所面临的最大挑战也正是制度体制问题:是否能够找到一种适合中国文化、历史与现实国情的现代性的制度体制,是否能找到一种可以较为稳妥地过渡到新的制度体制的具体途径,这不仅直接决定着中国改革开放事业的得失成败,也直接决定着中国现代化进程乃至中华民族的前途命运。我们抓住了制度及其变迁问题,就意味着我们正在以某种方式接近时代精神。

事实上,制度伦理问题在当代中国的提出,本身并不是直接缘于伦理学学科,而是缘于整个哲学人文社会科学对于当代中国现代化进程的反思,缘于制度问题本身已成为中国现代化进程中的关键。它为一切有良知、关心中国历史进程的人所瞩目。这种关于制度伦理问题提出的历史背景,对于合理理解制度伦理概念具有基础性的意义。制度伦理概念并不是如时下有些人士所认为的那样,是一个出于伦理学自身视域而提出的关于"制度伦理化"与"伦理制度化"的问题,而是一个有着更为深刻规定、更为丰富内容的概念。人们是要通过制度伦理这个特殊概念,把握"制度正义"这一重大的历史话题,反思"制度正义"的现实内容。一切重大伦理学概念如果不能在整个社会生活世界中被把握,就不能被合理理解,就会流于浅薄。当然,这绝不意味着时下伦理学工作者的这种认识并无任何合理之处,而只是说这种认识尽管有某种道理,但是得之细枝末节,失之根蒂。这种认识若要获得存在的合理性,就必须置于这种关于"制度正义"的历史反思之中。

根据这种提出问题历史背景的理解,当代中国在现代化进程中提出制度伦理问题的核心旨趣就是:在当代中国现代化进程中,我们应当建立起什么样的制度体制?一个基本正义的制度体制的基本规定是什么?或者换言之,在当代中国现代化进程中,什么样的制度体制才是"好"的或"善"的,才是一个基本正义的制度体制?

这种好的或善的制度体制,一方面截然不同于以往高度集权、身份等级明显的制度体制,另一方面又能够有效地化解与克服当代中国在现代化进程中所面临的一系列问题,有助于中华民族融入人类文明主潮流、跃入世界先进民族之列,因而,这种好的制度是为中国人民所认同与选择的制度。这样,对这种"好"的制度的追问与追寻,首先就不是枝节性的,而是基本结构框架性的。正是这种基本结构与框架,决定了社会成员基本权利—义务关系的分配,决定了社会成员在社会中的基本地位,进而决定了一切具体权利—义务分配的基本价值取向。而一种基本结构框架性的制度正义性追问与追寻,在当今时代首先必定是在宪政层面的。宪政层面的正义性追问与追寻,换言之,宪政正义是制度伦理研究的核心与关键。

任何一项有价值的哲学人文社会科学研究,必定承负着一定的历史使命,必定要回答某些重大的社会历史问题。我们对于制度伦理的研究,始终力求避免无病呻吟与文字游戏,始终直面当代中国现代化历史进程,始终在人类普遍文明进程中把握与理解当代中国的历史发展,始终努力探求晚发民族如何能够建立起现代文明良序社会,始终致力于探索处于转型期的古老民族如何能够建立起现代正义的和谐社会。我们的研究当然要借助并借鉴人类已有的文明成果,其中包括西方合理的思想成果,然而,我们的研究绝不是以西方既有的话语及其逻辑为范本,并简单地将其套用到当代中国,而是用自己的思想思考着当代中国的历史问题。我们是在为我们所挚爱的这个民族服务。我们的问题与研究是中国本土的,我们的问题与研究就可能是世界性与学术前沿性的。

上篇　善政论

制度伦理研究的核心是对制度"善"的研究。什么是制度的"善"？制度"善"的具体规定是何？一个制度如何才可能是"善"的？等等，构成了制度伦理研究的基础性内容。尽管制度的"善"有形上与形下两个方面，然而，对制度"善"的揭示首先应当是形上的。这种形上的揭示，是本体、本质的揭示。

第1章 基本概念阐释：
"制度"与"制度伦理"

基本概念的清晰、准确、合理，对于思考问题具有前提、基础性价值，甚至能够决定研究本身可能达到的高度与深度。任何一项有价值的研究或思考，都必须置于相关基本概念的清晰、准确、合理辨析基础之上。制度伦理研究有赖于"制度"概念的清晰、准确把握。

一、制度

制度（institutions）是一个从非个人关系角度表示稳定的社会关系的范畴。这种稳定的社会关系作为社会结构性存在，对社会具有整合与规范的功能，人总是生活在由自身活动所构成的这种稳定的关系体系中。这种稳定的社会关系被人们自觉意识与把握，就成为"制度"概念。当这种被自觉意识到了的社会关系被人们通过特定方式用来自觉整合与规范人们的日常生活时，这就是我们通常所说的作为规则体系的"制度"。根据其维系与发挥作用的特点，这种被人们所自觉意识到了的、稳定的社会关系又大致可以被分为两类：伦理的与法律的，或非正式的与正式的。①

制度作为社会结构体系从根本上规定了社会的基本构成及其相互关系,并对社会权利—义务分配做基本安排;制度作为规则体系规定了人们行为的基本程序与规则,并为社会提供基本秩序。制度具有社会整合、规范功能及自我生长功能。社会基本权利—义务关系安排是制度的核心。依据对制度的不同把握方式,制度可被进一步分为正式制度与非正式制度、基本制度与非基本制度。正式制度系人为通过一定程序制订确立,并有一系列强力保障的关于社会基本框架、运行程序、基本规范的安排。非正式制度则为人们在日常生活中自然形成的习俗、伦理道德规范性要求。基本制度是一种制度体系中的核心部分,它规定了一个制度体系的性质,并规定了非基本制度的具体内容、发展方向及其相互关系。基本制度既是非基本制度的合理性根据,又决定了一个社会的结构范型与公民间的基本交往方式。在现代民主政治生活中,宪政安排是基本制度的核心内容。非基本制度则是由基本制度依据特定程序、在一定具体条件下衍生而来,具有更多的技术性、工具性特征。基本制度具有更高的稳定性,非基本制度则相对更富有变化性。制度不仅使人的行为可合理预期,更使社会拥有一种秩序。

1. 制度:社会关系结构及其运行机制

在日常交流中,"制度"是一个相当含混、充满歧义的概念,它

---

① 这里"伦理"、"法律"是在同源异流、同根异木的意义上而言,以法律形式出现的东西本就是伦理东西的一部分,只不过由于其对于人类社会生活的特殊价值而以一种强制力的形式被维护。参见高兆明:《伦理学理论与方法》(人民出版社,2005)第3章第2节"道德与法律"相关内容,尤其是第85—92页。

被人们在诸多不同意义上使用。② 尽管如此,迄今为止的诸多理解在总体上倾向于将"制度"理解为规则体系。这种倾向性理解固然把握了"制度"的根本特质之一,有其合理之处,但是这种倾向性理解在总体上还只是功能性的。如果对"制度"的理解仅是功能性的,没有进一步上升至本体的层次,那么,这种理解就是欠深刻、有待质疑的。

为了便于澄清概念,我们首先审视已有对"制度"概念具有代表性的理解。

时下为人们所熟悉的关于"制度"的一些主要理解有:

汤因比(Toynbee. A. J.)认为"制度是人和人之间的表示非个人关系的一种手段",它"在所有的社会里都有"。③ 根据汤因比的理解,制度是从非个人的层面标识人际关系,它是一种工具性的存在,它存在于人类始终。尽管汤因比合理地揭示了制度的社会关系性质,但是,汤因比一方面并没有深刻准确揭示这种关系的具体规定性,另一方面在含混之中透露出更多的是制度的规范、工具、手段特征。

---

② "制度"在政治学、社会学中既包含"机构"的含义,也表示规范化、定型化了的行为方式,且往往这两个方面交织在一起。参见《布莱克维尔政治学百科全书》,北京,中国政法大学出版社,1992,第 359 页。在经济学中则被理解为管束、支配人们经济交往活动的一套行为规则、程序。参见诺思:《经济史中的结构与变迁》,上海三联书店,1997,第 225 页;《财产权利与制度变迁——产权学派与新制度学派译文集》,上海三联书店,1996,第 373—375 页。

③ "制度是人和人之间的表示非个人关系的一种手段,在所有的社会里都有,因为即使是最小的原始社会也是建筑在较宽广的基础上,无论如何大于个人直接接触的那个狭窄范围。……原始社会有这样一些制度——表现每年农业周期的宗教;图腾崇拜和外婚制度;戒律,进入社会的仪式和划分年龄级别;在某个年龄级别按性别分居,住在不同的居住点。"参见汤因比:《历史研究》(上),上海人民出版社,1986,第 59—60 页。虽然汤因比此处对于制度在历史社会学的角度更多地倾向于某种较为宽泛的解释,但他却合理地揭示了制度从非个人关系角度表示人与人关系的这一实质。

罗尔斯(Rawls. J.)将"制度理解为一种公开的规范体系,这一体系确定职务和地位及它们的权利、义务、权力、豁免等等"。④ 罗尔斯对于制度的这种理解,强调的是其规范性及其社会成员权利、义务的根据性。然而,罗尔斯对于制度本身的规范性来源、依据,却并没做深入揭示。在罗尔斯的理解中已隐约包含着制度的社会结构性规定,但是这种社会结构性规定还仅是"职务和地位"意义上,而不是一般社会阶层、集团意义上的。不过,罗尔斯《作为公平的正义》一文在对"正义原则"的解释过程中,事实上亦以较为含混的方式将社会结构理解为具体制度的"背景制度",并认为正是这背景制度决定了包括社会、经济等领域具体制度的具体规范内容。⑤

在制度经济学中,制度被理解为"由人制定的规则"。⑥ 作为制度经济学代表人物的诺思(North. D. C.)认为制度"是一系列被制定出来的规则、守法程序和行为的道德伦理规范,它旨在约束追求主体福利或效用最大化利益的个人行为。"制度包括"禁忌、规则和戒律"。作为行为规则的制度被诺思进一步区分为"宪法、执行法和行为规范法则"。其中"宪法是基本法则,……执行法包括成文法、习惯法和自愿性契约,它在宪法框架内界定交换的条件。行为规范是合乎宪法和执行法的行为准则"。⑦ 诺思的理解还是行为规则或规范意义上的。

在政治学、社会学中,制度被理解为"组织中的行为规则、常规和全部程序",制度确定行为规则及其合法性,规定社会成员的地

---

④ 参见罗尔斯:《正义论》,中国社会科学出版社,1988,第 50 页。
⑤ 参见罗尔斯:《作为公平的正义》,上海三联书店,2002,第 65—79 页。
⑥ 参见柯武刚、史漫飞:《制度经济学:社会秩序与公共政策》,商务印书馆,2001,第 32 页。
⑦ 参见诺思:《经济史中的结构与变迁》,上海三联书店,1997,第 225—227 页。

位与责任,决定社会成员行为模式,并塑造社会成员。在这种理解中强调的是规则、结构、准则和组织规范。⑧

邓小平在谈到"改革党和国家领导制度及其他制度"时,尽管并没有对所说"制度"下明确定义,但是,根据他所说"解放以后,我们也没有自觉地、系统地建立保障人民民主权利的各项制度,法制很不完备,也很不受重视",以及强调"制度好可以使坏人无法任意横行,制度不好可以使好人无法充分做好事,甚至会走向反面"等一系列思想,可以发现邓小平所讲制度至少是在权力结构、行为规则规章规范双重意义上而言。⑨

如果我们能够仔细梳理人们对"制度"概念的习惯用法,就会发现存在两个问题:其一,人们均是从某一特殊方面把握与使用"制度"概念,对其缺少一种总体统摄性的理解;其二,在形形色色诸多特殊差异的用法中亦有其共通之处,这就是在总体上倾向于在规则、规范性这一功能的维度上理解"制度"概念(当然,这并不排除其中有些已涉及结构层面)。由对"制度"概念习惯性用法中存在着的两个问题就带来进一步的问题:

一方面,一个缺失统一普遍性规定的概念,不仅意味着对这一概念本身缺失深刻把握与理解,而且在使用中难免生出歧义,以及由此歧义形成混乱。这就要求我们对于"制度"概念首先有一个普遍性把握。作为一种严格学术思想要求,当我们在讨论"制度伦理"时,除非有特别前提性预设规定,否则首先就不应是特殊意义上的,而应是在一般、普遍意义上使用"制度伦理"概念。

---

⑧ 参见托马斯 A.凯尔布尔:《政治学和社会学中的"新制度学派"》,苏国勋、刘小枫:《社会理论的知识学建构》第 3 卷,上海三联书店、华东师范大学出版社,2005,第 259—268 页。

⑨ 参见《邓小平文选》第二卷,人民出版社,1994,第 320—343 页。

另一方面，规范性的功能规定似乎是对"制度"概念的一个共同理解，然而，对于"制度"概念的这个共同性理解或规定本身亦面临着一个难以回避的更为基本性问题：任何功能均是某种实体的功能，那么，没有实体的功能是否可能？通常习惯以"制度"来表达的这些功能的实体是何？何以说明制度的规范性功能？是什么决定了制度的这些规范性功能？这些不同规范功能之间的关系是什么？这些功能的本体论依据是何？根据黑格尔的理解，任何权利—义务关系、任何规范性要求都是某种伦理实体性的要求，只有从伦理实体出发才能对规范要求、权利义务关系做出合理的说明。显然，从规范性维度对"制度"的规定并不是基础性的规定，"制度"还应有更为基础性的规定。要对"制度"概念做出更为深刻的把握就必须超越既有的功能性规定，必须在如黑格尔所说"伦理实体"这一社会存在本体论的维度把握，并做出穿透性理解。

在中英文词汇语义中，制度概念亦更多地是在规范、秩序等意义上被使用。《说文解字》解释："制，裁也。从刀，从未。未，物成有滋味，可裁断。一曰止也。""度，法制也。从又，庶省声。""制"系会意字，本义为修剪枝条，引申泛指裁断、裁制、制作、规划、规章、制度、限制、控制、约束等。"度"系形声字，本义为伸缩两臂量长短，引申泛指法度、度量。[⑩]"制度"作为一个概念，《词源》中解释为法令礼俗的总称或规定。[⑪]旧时还指政治之规模、法度。如《汉书·元帝纪》："汉家自有制度，本以霸、王道杂之。"制度的现代用

---

⑩　参见臧克和、王平校订：《说文解字新订》，华夏出版社，2002；谷衍奎主编：《汉字源流字典》，华夏出版社，2003。

⑪　参见《词源》。易经："经以制度不伤财，不害民。"书周官："考制度于四岳。"汉书·元帝纪："汉家自有制度，本以霸王道杂之。"元王实甫《西厢记》："红云：用著机般儿生乐，各有制度，我说与你。"又："末云：桂花性温，当归活血，怎生制度？"

法则主要指大家共同遵守的规程、准则,与特定条件下形成的社会政治经济文化等方面的体系。⑫ 英文中关于制度一词(Institution)的解释与中文基本相同,同样强调的是其规则、规范性,但更注意强调其机构实体性以及正式与非正式之分。⑬ 尽管上述中外关于"制度"概念的理解似乎支持对于制度的规范性功能规定,但是问题的关键是:这种理解、规定只是表明制度的规范性功能规定的合理性,而并不能证明这种理解合理性的(深刻)程度,并不意味着已经完满地回答了上述关于实体性的问题,并不意味着不要进一步揭示这种功能的实体性依据。

人们在思考人类社会文明时,曾将文明本身三分:器物、制度、文化。器物指称人类活动所创造的物质财富,制度指称人类活动所创造的组织结构体系,文化指称人类活动所创造的精神财富。人们对文明三分中所理解的制度首先就不是在规范、程序意义上的,而是在社会交往关系结构意义上的。在这种社会交往关系结构意义基础之上,人们才有可能进一步拓展至制度的规范、程序性内容。人们在上述文明三分意义上所使用的制度概念,是一个更具有一般性规定的制度概念。

马克思恩格斯在论及"人类生存"、"一切历史"的前提时曾揭示:物质生活本身的生产是一切历史活动的第一个前提;物质生活本身的生产直接包括两个基本方面,这就是物的再生产(创造物质财富的物质生产劳动)、人自身生命的再生产(人类生命繁衍的生

---

⑫ 参见莫衡等主编:《当代汉语词典》,上海辞书出版社,2001;《辞海》,上海辞书出版社,1980;黄台香主编:《百科大辞典(革新版)》,台北:名扬出版社,民国75年。

⑬ 参见:*The Oxford Guide to the English Language*. New York: Oxfors University Press, 1984. *Longman Dictionary of the English Language*, London: Longman Group Limited, 1984.

育活动)。然而,物的再生产与人自身的再生产均在一定的社会关系中进行,这两种再生产要成为现实的,就必定是在一定社会关系中的物的再生产与人的再生产,物的再生产过程就是人的社会关系的再生产过程。物的再生产与人自身生命的再生产具有"自然关系"与"社会关系"的双重属性与双重关系,应当在人的关系中理解与把握人类生存与人类历史,人类自身再生产过程所构成的人类历史,就是人的社会关系再生产的历史。人类的精神生活,人们日常交往中的规范性要求,应当在这种社会关系再生产过程中得到终极性意义上的合理说明。[14] 根据马克思、恩格斯的分析,作为现实人的活动总是在一定的社会关系中进行的,这个关系既由无数现实个体所构成,又作为一种社会既有的客观条件成为人们从事现实活动的客观基础与前提。这种社会关系不仅对于那个时代的具体成员具有规范、整合作用,而且还构成了借以区别不同时代人类活动历史类型的内在依据。值得注意的是,尽管这种社会关系在其现实性上通过一个个社会成员个体间的活动呈现,但是,这种社会关系又不简单等同于个体甲与个体乙间的个体间关系。因为这种个体间关系本身是偶在、或然的,不具有普遍性与必然性。它是那种隐藏在个体间关系背后、并支配着个体间交往关系的一种社会关系格局与结构,这种格局与结构,不以当事者个体自身的意志为转移。马克思、恩格斯通过社会关系及其再生产所揭示的,正是本文所说的"制度"及其内在规定性。制度是稳定的社会交往关系及其结构,它是人类一切文明活动的客观前提与基础,并对人类一切文明活动具有整合与规范功能。不仅如此,如果我们将马克思、恩格斯上述关于人类社会再生产思想,在时间、历史的维度

---

[14] 参见马克思恩格斯:《德意志意识形态》,人民出版社,1961,第21—24页。

展开,那么,我们就不难从中进一步领悟到这种社会结构中所包含着的人类交往活动与文明演进的基本机制:制度是人类社会活动所固有,它既是人类社会活动的前提、中介,又是人类社会活动的产物。人类社会性存在文明演进的过程,就是制度的文明演进过程。

从马克思思想中解读出的上述"制度"概念理解,亦可以从当代思想家那里获得进一步支持。当代英国著名社会学家安东尼·吉登斯(Giddens. A.)就曾从社会结构的维度理解"制度"概念,并做出极具启发性的阐述。吉登斯在论及社会自身再生产时提出了"结构性特征"概念,并用来指社会系统中"制度化了的特征"。吉登斯认为社会的"结构性特征"是"社会总体再生产中包含的最根深蒂固"的特征,"结构最重要的特性,就是制度中反复采用的规则与资源"。同时,他又认为制度具有"较持久"的特性。在吉登斯的理解中,事实上制度被规定为社会交往关系结构,这个结构具有稳定性与持久性特征。更为值得注意的是,吉登斯尽管也认肯制度对人的活动的规范制约性功能,但是在他看来,不能仅仅将制度理解为来自于外在的、形式的"制约",而应当更为深刻地理解为是事物内容、实质性的方面,它具有"实践的特征",是"行动的程序"。这种制约是人类实践过程中为维护"本体性安全"所形成的行动方式;"制度化实践""是在时空之中最深入地积淀下来的那些实践活动";实践本身存在着的制度、程序、结构与对这种制度、程序、结构的认识、概括、解释,是两个不同的问题,必须加以区分;制度或结构具有二重性特征,它既是行动、实践的中介,又是行动、实践的结果。遗憾的是,吉登斯在合理地揭示了社会结构反复组织起社会再生产活动、超越具体主体的"主体的不在场"特质的同时,却将社会系统与结构二分,以为是社会系统"纳入"社会结构之中,以为可以存在着没有结构的系统,没有认识到社会系统本身就是结构性的存在,结构是系统的结构。尽管如此,我们应当承认吉登斯还是以自己的方式,不仅将制度理解为社会交往关系结构,而且还将这种交往结构理解为内在于人的交往实践活动的东西。这与马克思、恩格斯思想异曲同工。[15]

2. 制度的本体论分析

如前述,制度是稳定的社会交往关系结构,这个稳定的交往关系结构具有社会整合与规范功能,且具有自我生长功能。社会基本权利—义务关系安排是制度的核心。作为稳定的社会交往关系结构的制度本身由于其结构性而具有层次性与层面性,每一个具体的社会交往关系层次与层面均有其特有的社会交往关系结构,进而具有特有的制度。正是这些层次性与层面性,一方面使制度总是作为系统存在,另一方面则使制度内在地拥有基本与特殊、一般与具体这样一些特征。我们通常所说的具有规则、程序、规范性的制度,是人们对于社会交往关系结构的自觉认识与郑重表达。这种自觉认识既是对现有社会交往关系结构的认识,亦包含对于既有社会交往关系结构的应有的趋向性及意向性认识。

尽管人们可以给制度诸多规定,并从不同层面下不同定义,但制度在根本上首先是客观、稳定的社会交往关系结构,这个客观稳定的社会交往关系结构,首先标识的是特定社会交往关系的框架结构、运行机制及其程序,这种框架结构、运行机制是对社会不同阶层、集团基本权利—义务关系的基本安排。社会总是由不同阶层所构成,这些不同阶层之间具有极为复杂的联系,在这些复杂联系中有一些稳定的、基本的联系,这些稳定、基本的联系方式就是

---

[15] 参见吉登斯:《社会的构成》,北京三联书店,1998,第78—91页。

社会交往关系结构。这个社会交往关系结构,不仅在总体上揭示了社会不同阶层之间的关系,而且在总体上规定了不同阶层之间的权利—义务关系;不仅在总体上规定了由这种权利—义务关系所决定的一般社会资源分配方式,而且也在总体上规定了由这种权利—义务关系所决定的一般交往规则及其秩序。

社会交往关系结构是人类社会性存在的最基本整合方式。社会交往关系结构的社会基本整合作用,可以从存在本体论维度与历史维度两个方面得到具体揭示。

从存在本体论维度言,社会性是人所无法摆脱的一种本体论规定,而社会性并不是一抽象空洞的东西,它标识人的社会关系结构性存在。正是这社会关系结构使每一个人成为人类社会中的一分子,进而成为现实的人。

尽管自古以来人们对"人是什么"充满论争与分歧,然而,无论人们可能会对人持何种规定性,人们事实上总是在以不同方式承认人总是生活在社会中,并是一个关系性的社会存在。[16] 关系是一种结构。尽管从发生学的抽象角度言,社会关系是无数个人活动所构成的关系,社会关系结构是无数个人交往活动所历史形成的结构,但是,一方面,严格地说,社会结构与人的活动这是一个无法分离的一体两面之存在。既没有没有人的活动的结构,亦没有没有交往结构的人的存在。另一方面,在其具体现实性上,这种社会关系及其结构相对于具体个人而言,却是先在的。每一个具体

---

[16] 马克思恩格斯所创立的历史唯物主义的鲜明特征是自觉以人的社会历史性为其出发点。但这并不意味着在此以前及其后的诸多思想家并没有以各种不同的方式提出与承认人的存在的关系性、社会性问题,区别仅在于是否自觉将此作为全部思想过程的出发点,在于是否将社会物质生产活动作为人的社会存在的基本内容。不过,这种区别至少就本文目前所论而言,并不具有多大意义,它并不影响由人的关系至人的结构中的存在这一基本论题。

个体都首先**在**关系中,作为关系中的具体存在,然后才有可能影响这个具体关系。我们每一个人都生活在历史性地构成的社会结构中,我们每一个人都是在这个历史性地构成的结构中发挥自己的作用。每一个人的具体社会历史性,就在于其社会结构的具体社会历史性。每一个人的独特性,除了其生理独特性这一自然独特性之外,就在于她/他在社会结构中的具体历史性存在。社会结构使每一个人一来到人世间就摆脱了纯粹的单子性,并在一个结构性整体中给予其具体规定,使其成为社会有机体中的一部分。

尽管个人是通过社会结构被整合进社会有机体,但是,社会结构对于人的存在的整合却首先不是对作为单个人存在的个人的整合,而是对不同社会阶层、集团的整合,在于规定不同阶层、集团间的相互关系及其在社会交往关系中的具体位置。社会结构通过对不同社会阶层、集团的整合来具体整合社会成员。每一个个体总是通过成为某一社会阶层、集团中的一员而成为现实的社会存在,并被进一步整合进社会生活的历史进程之中。每一个个体总是通过进入某一阶层、集团进入社会。

从历史维度言,每一个人进入社会的具体样式有其历史规定性。不同的历史阶段,不同的社会结构形态,个人会有不同的被整合进社会的方式。在英国历史学家梅茵看来,由前现代社会向现代社会的运动"是一个从身份到契约的运动"。⑰ 根据梅茵的这个分析,前现代社会的制度与现代社会的制度的区别,是"身份"关系与"契约"关系的区别;前现代社会的制度或社会结构整合以"血族团体为基础",⑱前现代社会结构的基本单位是扩大了的家庭而不

---

⑰ 梅茵:《古代法》,商务印书馆,1984,第 97 页。
⑱ 参见恩格斯:《家庭、私有制和国家的起源》"第一版序言",《马克思恩格斯选集》第 4 卷,1972,第 2 页。

是个人。⑲ 现代社会的制度或社会整合则以独立个人为基础。当代中国正在经历的社会变迁,在中华民族历史进程中唯一能够与之相媲美的只有春秋时代。之所以如此,就在于这种变迁是一种历史形态根本性的变迁,它是一个由"身份到契约"的变迁过程,是一个发现个人、个体独立的历史进程,是一个基于个体独立的新的社会结构、新的社会生活世界的形成过程。

社会结构通过社会整合及社会成员间基本权利——义务关系的确立,进而内在地具有规范性功能。社会交往关系结构是人类社会性存在的最基本规范方式,其他一切具体规范方式是在此基础之上的进一步展开与具体呈现。

以中国古代社会为例。中国古代社会是一个"礼"制社会,"礼"既是社会结构,亦是社会规范。中国最早的社会大法是《尚书·洪范》。《洪范》对中国奴隶社会的社会结构、规范伦常作了总体性的整理。中国古代"礼"的系统化始于周公制礼。⑳ 周公姬旦继承先人已有的尊礼之传统,将零乱分散的礼进行整理、补充、修订、论证,使之系统化,成为"法度之通名"。㉑ 周公制礼之要旨是确立一整套以尊尊亲亲为核心的社会等级秩序与宗法制度。宗法制度是西周礼制的重心。㉒ 仔细分析《洪范》、《周礼》,㉓ 就会发现其内容

---

⑲ 参见沈汉、王建娥:《欧洲从封建社会向资本主义社会过渡研究——形态学的考察》,南京大学出版社,1993,第143页。

⑳ 《左传·文公十八年》。

㉑ 《尚书·大传》。

㉒ 参见何炳棣:《原礼》;载王元化主编:《释中国》,上海文艺出版社,1998,第4卷,第2389页。

㉓ 虽然对于《洪范》的真实性、对于《周礼》是否为周公亲作手笔,历来有争论,不过,这种争论对于本文主题关涉不大。不论是谁作,都不会是凭空杜撰,也不是毫无意义的繁文缛节的记载,它们都有原始礼仪的原型,那些原始礼仪原型对初民社会具有极重要的规范整合作用。

相当丰富,既有政治制度方面的,也有行政管理军事方面的,还有日常举止方面的。㉔《洪范》《周礼》既是一套社会制度体系,也是一套系统的社会成员行为规范。礼制作为一种社会结构、制度体系必定呈现为一种相应的社会秩序,这种相应的社会秩序正是礼制的规范。孔子当年欲"克己复礼",就是针对社会结构混乱、社会秩序紊乱、社会行为失范的"礼崩乐坏"状况,要恢复社会礼制结构及其秩序,重振礼制规范及其权威。

封建制、宗法制、民主制,都既是一种社会结构,亦是一种社会基本规范秩序。封建宗法制所标识的是一种上下等级尊卑社会结构,以及由这种社会结构所规定的社会基本规范秩序,民主制所标识的是一种人身独立、人格平等的社会结构,以及由这种社会结构所规定的社会基本规范秩序。一种制度是一个社会的最基本规范秩序。

作为社会交往关系结构的制度本身具有结构性。这种关系的结构性意味其空间上的层次性与多维性,并进一步意味着制度的层次性与多维性。社会交往关系基本结构是社会的基本制度及其规范秩序。在这种基本结构基础之上的社会各具体交往领域,有其具体交往关系结构,有其具体制度以及由这种具体交往关系结构所规定的规范秩序。正是在这个意义上,制度的结构性、系统性,就不仅仅意味着在一般意义上制度自身是一个具有内在结构的系统,而且还意味着制度还可以进一步被划分为基本制度与非基本制度。制度是一个由基本制度与基于基本制度之上的各种具体的非基本制度所构成的复杂系统。基本制度是特定社会交往关系结构中的最基本、稳定方面,正是这个最基本、稳定方面决定了

㉔ 参见韩国磐:《中国古代法制史研究》,人民出版社,1997,第1章。

此特定社会交往关系结构中的其他具体方面。诸如,在前现代社会的宗法血亲等级制度中,宗法血亲等级是此社会交往关系结构中的最基本、稳定方面,正是此宗法血亲等级制决定了前现代社会在关于政治、法律、经济、社会(如婚姻)等一系列具体方面的具体制度。现代社会交往关系结构则建立在人身独立、人格平等基础之上。平等的基本自由权利关系,这是现代社会交往关系中的最基本方面。正是这个基本方面,决定了现代社会在政治、经济、法律、社会等一系列具体领域的具体制度。对一种制度的把握与理解,首要的是对其基本制度的把握与理解,只有把握与理解了其基本制度,才能合理把握与理解一系列极为繁杂的非基本制度。

制度的结构性与系统性当然还意味着无论是基本制度还是各种具体的非基本制度,亦是一个具有丰富内容的系统。正是制度的这种内在系统性,一方面构成了制度规范性的系统性,另一方面又决定了制度规范性的层次性。

社会结构确定了社会成员间的基本权利—义务关系。这种由社会结构所确定的社会成员间的权利—义务关系,有两个不同层次的规定:

其一,不同社会阶层、不同集团之间的权利—义务关系。这是通过确立不同社会成员在社会结构中地位的方式来确定。⑤ 马克思通过社会阶级分析所揭示的社会关系状况,以及当代社群主义所揭示的权利—义务的社会分层现象,均是这种意义上的权利—义务关系。不同社会阶层、集团之间的社会关系是利益关系,这种利益关系直接以社会资源占有或分配为内容。一种社会结构,首先

---

⑤ 参见托马斯·A.凯尔布尔:《政治学和社会学中的"新制度学派"》,苏国勋、刘小枫:《社会理论的知识学建构》第3卷,上海三联书店、华东师范大学出版社,2005,第258页。

确立的就是这种不同社会阶层、不同集团之间的权利—义务关系,并在此基础之上进一步衍生出一系列复杂的具体利益关系及其秩序要求。不同社会角色的权利—义务关系正是其的进一步衍生物。

其二,不同社会角色的权利—义务关系。这是一种近乎罗尔斯所说"职位与地位"意义上的权利—义务关系,它所直接指向的是作为个体存在的社会成员间的权利—义务关系。不过,这种作为个体存在的社会成员间的权利—义务关系,是一种抽象的角色性的权利—义务关系分配:它所直接针对的并不是某一个具体人,并不是直接指向某一具体个人应拥有何种权利—义务,而是一般指向抽象的角色、指向这个结构中不同纽结、不同位置的权利—义务。任一个体在本质上均是社会性存在,均为其所在的那个社会结构体系所规定,均是其所生活于其中的那个社会结构中的具体存在者。每一个人总是以种种身份存在于世界上:父亲(母亲)、儿子(女儿)、官员、职员、医生、病人、律师、法官、军人、警察,等等。每一种角色、身份都是社会结构体系中的具体纽结,都在享有由这种社会结构体系所赋予的某些特定权利的同时,承担着由这个社会结构体系所赋予的特定社会责任、义务要求。每一个人一来到世间,就同时获得某种规定与要求,并先在地获得或失却某种自由权利,这一切社会安排似乎是自然、天经地义的。㉖ 当人们进入社会分工体系从事某种具体职业活动时,就会受到这种职业活动的规定与约束,这种规定与约束似乎也是先在的。每一个人的这种角色身份要求,是这个社会结构系统出于整体功能而对其组成要

㉖ 诸如,在古代,作为一个奴隶的后代,先天地没有自由权利,作为自由民的后代,则先天地享有某种自由权利,作为奴隶有奴隶的职责,作为贵族有贵族的社会要求,不可僭越。在现代,在一个存在着城乡差别与城乡二元结构的社会中,作为一个农民的孩子,其受教育、就业、乃至婚姻自由权利,都会在事实上受到某种先在的限制。

素所提出的功能性要求。也正是在这个意义上,中国古人所说的"君君臣臣、父父子子",未必就完全没有道理。

社会结构是不同社会及其历史借以区别的基本标志。了解一个社会,认识其制度,首要的是了解、把握其社会结构,把握如同罗尔斯所说的"背景制度"。不同社会历史形态、不同社会发展阶段、不同社会发展模式之间的区别,首先在于这种社会交往关系结构、"背景制度"之间的区别。恩格斯在《家庭、私有制和国家的起源》中,根据摩尔根《古代社会》一书的研究成果,对母系社会、父系社会、私有制社会及野蛮时代与文明时代彼此区别与演进过程的分析,事实上正是从社会交往关系结构的意义上揭示这些不同社会历史形态之间的最基本制度性区别。正是不同社会阶层、集团的相互关系及其所构成的社会交往关系结构,以及各阶层、集团在这种交往关系结构中的位置,决定了不同社会历史形态之间的区别。[27]

社会交往关系结构,是人类社会类型的最基本规定。柏拉图所说的贵族政制、寡头政制、民主政制、僭主政制[28]等政制类型之区别,亚里士多德所说的平民政体、寡头政体、贵族政体等各政体[29]之不同,以及后来马克思恩格斯所揭示的原始社会、奴隶社会、封建主义、资本主义、社会主义社会等不同社会历史形态之间的根本差别,均建立在对社会交往关系结构的基本把握基础之上。正是不同的社会交往关系结构,构成了人类不同社会历史类型的基本规定。就我们通常所说的封建社会与资本主义社会、资本主义社会与科学社会主义社会的内在区别而言,这些不同历史形态

---

[27] 参见恩格斯:《家庭、私有制和国家的起源》,《马克思恩格斯选集》第4卷,人民出版社,1973。

[28] 参见柏拉图:《国家篇》,《柏拉图全集》第2卷,人民出版社,2003,第547页。

[29] 参见亚里士多德:《政治学》第5卷,商务印书馆,1965。

及其制度之间的区别,首先不是生产什么的区别,而是如何生产的区别;首先不是社会某个具体方面的区别,而是社会基本结构的区别;首先不是社会某个或某些价值规范的区别,而是由社会基本结构所决定的基本价值精神的区别;首先不是社会成员某个或某些权利—义务安排方面的具体区别,而是由社会结构所决定的社会基本权利—义务安排方面的根本性区别。当代中国正在进行的以改革开放为标识的现代化建设,之所以在中华民族发展史上具有划时代的意义,之所以说在中华民族历史上唯一能够与其相媲美的只有春秋时代,就在于当代中国改革开放所标识的是现代与前现代这种根本的区别:它以一种特殊的方式在全面否定传统根深蒂固的身份等级制,并开始构架起一种全新的社会结构。正是这种社会结构的基本变迁,才为改革开放的革命性性质做出深刻的注释。

如果对于制度的把握首先不是从社会结构的意义上着手,而是直接关注其规则、规范内容,那么,就会缺失对问题理解的穿透性与贯通力,甚至对于社会规范、规则的认识都难以深刻。一个社会的制度,首先就是这个社会的基本结构,正是这个基本结构规定了这个社会成员的基本关系,规定了这个社会各种社会要素的相互关系,以及其他具体层面上的各种具体规则、规范。应当从社会结构来解释制度,而不是从制度来解释社会结构。

制度的本体论理解所揭示的是制度的客观性。这种客观性并不是简单地指相对于主观性意义上的实有,更不是指被创制意义上的实有的法律、规章等制度,而是指制度本身就是人的现实存在关系及其结构。这就如同在一般抽象意义上讲人的客观性一样,这不是讲人的肉体、生命体的客观性,而是讲作为现实的人的社会关系的客观性,正是这种关系是人得以成为现实存在不可或缺的前提。作为现实的人,不能没有作为人的关系,而关系本身即是有结构的系统。这个使人能够作为现实人存在着的人的关系及其结构，就是制度。人的关系及其结构是客观的。人生活在关系之中即是生活在制度之中。正是在这种意义上，人、人的关系、制度几乎又是同等意义的范畴。

作为人的关系及其结构的制度自身又是存在着的。这个存在着的制度尽管与人同义，无所不在，涵盖、周延至人自身，但根据其存在样式与形态大致可以分为两类，这就是我们通常用伦理道德与法律概念所指称的那两类对象，就是我们通常所指称的非正式制度与正式制度两类。这样，作为社会关系及其结构的制度就有了一般与特殊之分：作为一般的制度指称这两类对象整体，作为特殊的制度则分别指称伦理道德与法律规范这两类不同的对象，并进一步用非正式制度与正式制度来指称二者。我们通常所说的广义的制度，其含义与"一般制度"大致相同，我们通常所说的狭义的制度并不等同于"特殊制度"，它指称的是不包括伦理道德在内的法律规范这种特殊制度样式。

作为社会关系及其结构的、客观存在着的制度被人们自觉意识与把握，就是关于制度的意识。制度的存在与制度的意识是两个不同的范畴，后者是对前者的自觉意识与把握，是前者在观念中的存在。当被自觉意识与把握了的作为客观关系及其结构的制度被人们进一步自觉表达出来时，就成为人们的制度要求，这种制度要求成为人们用来自觉整合与规范社会生活的工具。

由于作为社会客观关系及其结构的制度本身的丰富规定性，相应于其两大类基本内容，对其的主观表达就有两种基本样式：一种以伦理道德为表达样式，这是通常所说的非正式制度，一种以法律规章章程等为表达样式，这是通常所说的正式制度。根据黑格尔在《法哲学原理》中的分析，无论是成文法还是非成文法、主观法还是客观法,它们都是自由的定在;伦理作为"活的善"成为个体美德的内容,而伦理这个活的善则存在于一切实体性关系之中,并使一切由人的交往活动所构成的实体性存在成为伦理性的实体;伦理实体的伦理性要求通过专门的方式被正式明示并被特殊力量所维护,这就是法。如果我们这里并不过于关注黑格尔的具体论述,不拘泥于"法"与"制度"的字面差别,而是关注其所呈现出的思想路径与思维方向,关注其隐藏在这种论述背后的更为深刻的内容,那么,我们就能发现黑格尔事实上以自己的方式揭示了社会客观结构的两种表达方式,这两种表达方式正是人们通常所说的正式制度与非正式制度之分。

伦理道德是"关于人的生活方式与生活态度合理性的稳定的共享性社会精神。这种社会精神在世代社会生活中通过反思形成,它潜藏于人们的内心深处,流化为日常生活习惯,固化为日常生活行为规范,并成为人们存在意义与行为选择的价值根据。"㉚伦理道德、风俗习惯作为日常生活的行为规范,并不是纯粹主观的东西,它有其客观内容,正是这种客观内容从根本上解释了伦理道德、风俗习惯规范性合理性根据。而社会交往结构正是伦理道德、风俗习惯客观内容中的核心成分。当这种自觉意识与表达通过特定程序明确规定时,则是通常所说正式制度的正式表达方式。这样,当我们只是在一般意义上说社会交往关系及其结构为人们自觉意识并自觉表达时,这种被自觉意识与表达的社会交往结构就是人们通常所说广义的制度。制度经济学及社会学中的"制度"大致正

㉚ 参见高兆明:《伦理学理论与方法》,人民出版社,2005,第 26 页。值得一提的是笔者在本文此处并没有仔细区分"伦理""道德"概念,而遵从通常习惯模糊混同使用二者。因为本文此处主要是要说明伦理道德规范性内容的客观性,模糊混同使用并不是影响本文此处论旨。

是这种广义上的"制度"概念。这种被表达了的社会交往结构,即广义的制度,是客观交往结构的主观存在。在这种被自觉意识并自觉表达了的社会结构意识中,有一部分通过特定程序与方式明确规定,并借助特定的强力加以维护,这部分即为严格意义上的狭义的制度。相对于这部分的其他部分,则为人们通常所说的伦理、风俗。

现在的问题是:为什么人们对于社会交往结构的自觉意识与表达要取如此两种不同的方式?或者换言之,为什么要将其中的一部分内容通过特定程序以明确正式的方式规定,并以强力维护?这当然有其世俗生活中的机缘问题,有制度本身演进过程中的逻辑性问题,但是,就其根本追究之,至少在发生学的意义上而言,可能在于这些以不同方式被表达的内容对于人的存在意义的差别。那些被通过正式方式表达的社会交往关系结构,相对而言可能对人类社会生活具有更为基础性的意义,容不得任何冒犯,不允许社会成员对这些交往关系结构有任何的僭越或自由裁量。[31] 这不是说那些非正式制度对人类社会生活没有价值,更不是说那些非正式制度对人类社会生活没有基本价值、没有基础性意义,而是从发生学的意义上来解释正式制度与非正式制度形成的缘由。

对作为社会结构的制度的意识,是反思性的意识。这种具有反思性的对制度的意识有两个基本方面:其一,对实存制度本质的把握。实存制度具有多样性与繁杂性。这些多样、繁杂的实存制度并非每一个都必定具有存在的现实合理性,它们或者只有在一个系统中才能被完整理解与把握,或者就是完全失缺存在的理由的。只有在对实存制度本质把握基础之上,才能对制度存在有个

---

[31] 笔者曾通过对德、法规范同源异流、同本异本的分析,论述过类似的问题。具体请参见高兆明:《制度公正论——变革时期道德失范研究》,上海文艺出版社,2001,第188—190页。

较为完整系统的把握。其二,对实存制度的超越性把握。这种超越性把握建立在对实存制度的理性反思批判基础之上。实存的制度在实践与理想两个维度上总是欠缺的,因而,这种欠缺总是要被克服的。对于这种欠缺的实存制度的克服首先是来自思想中的超越。人们在对实存的有所欠缺的制度的自觉意识中,以一种超越的、否定性的方式反映与把握现实。这种以超越、否定的方式所反映与把握的实存制度,就是观念中的新制度。这种观念中的新制度有其形成的客观质料与基础,只不过它是以否定性的方式呈现。这种观念中的新制度是现实生活方式与主体价值选择意向性的统一。它作为一种自觉的制度要求,是一种制度创新要求。这种制度创新要求,内在地具有引领制度变迁的实践冲动性。

人们对于社会交往结构的自觉意识与表达,并不是简单直观的。它总是在某种理念指导之下进行,并依据于这种理念来系统把握与呈现生活于其中的社会交往关系结构——尽管这种理念本身就是在这种社会交往关系结构中形成。这样,对于社会交往结构的把握,就形式而言,首先就有两种直接的基本图式:其一,对某种实存交往关系结构的肯定性把握;其二,对某种实存交往关系的否定性把握。对某种实存交往关系结构的肯定性把握,是通过特定程序与方式对现有在实际生活中起作用的某种社会交往关系结构的自觉表达。而对某种实存交往关系结构的否定性把握,则是指生活中并不存在着这样的现实结构原型,相反,生活中实际存在着的社会交往关系结构类型本身正是要被否定的,人们所要确立起的社会交往关系结构类型正是这种现存社会交往关系类型在头脑中的否定性反映。然而,无论上述对于社会交往结构自觉意识与表达的两种图式中的哪一种,其所把握的内容本身均是客观的,且制度本身的确立亦通过人这一主体的创制性行为实现。当年前往北美的开拓者们在前往北美的途中基于对新大陆的信念与追求,他们要按照理想来安排现实,使北美新大陆成为没有等级身份制的自由民主新天地。这种信念与理想正是他们对当时西欧社会现状批判性把握的产物。当年为争取中华民族从半封建、半殖民地中解放出来而斗争的先驱们,他们要在这个古老的大地上确立起一种没有剥削、没有压迫的人民当家做主的人民民主国家制度,这种信念与理想正是这些先驱们对旧中国社会现状批判性把握的结果。

然而,绝对的肯定与否定不是事物自身的内在否定性生长过程。事实上,人们在现实生活中对社会交往关系结构的自觉意识与表达,是否定中的肯定,肯定中的否定。正是这种肯定中有否定、否定中有肯定,才构成社会结构自身的演进历史,才构成制度文明的演进史。这样,对于某种社会实存交往关系的把握就有第三种基本图式,且这种图式才是实际生活中制度文明演进的基本图式。这就是辩证否定性的把握图式。当年黑格尔以其思辨的方式说出"凡是合理的都是现实的,凡是现实的都是合理的"时,㉒不同立场的人们给出了不同的解读。其实,包含在黑格尔这个思想中最值得注意的内容之一就是:对绝对肯定与绝对否定形而上学思想方法的否定。革命是要改变旧的社会交往关系结构、改变既有的社会制度,然而,革命并不是要摧毁一切,并不是要否定人类历史既有的文明成果。既有制度体系中的根本制度的腐朽性,并不能意味着在这个制度体系中并不存在着某些人类一般文明成就。当人们在回首欧洲英、法资本主义革命具体路径时,会引发各种沉思与对话。其中所包含的最重要内容之一,可能就是这种制度演进过程中的绝对肯定与绝对否定关系问题。就中华民族建立

㉒ 参见黑格尔:《法哲学原理》"序言",商务印书馆,1962,第11页。

自由民主、人民共和的社会主义制度而言,这种制度创制是中华民族历史中的一个根本性变革,然而,这种根本性变革并不意味着我们不能合理地继承当时已经存在的某些具体法律。如果我们在创制人民共和制度时一开始就采取一种合理汲取的态度,很可能中华民族在其后来的几十年经历中会少走一些弯路,少付出一些代价,现代法治社会的历史进程或许会得到更好推进。

概言之,本文对于"制度"的理解首先是在存在本体论意义上把握。这种理解首先注重其作为社会基本结构这一客观内容,并以此为基础进一步展开揭示"制度"的规范、程序等具体内容。这样,本文所理解的"制度"就不同于制度经济学所理解的"制度"。制度经济学大致是在广义上使用"制度"概念,其旨趣是要强调提高经济效益必须重视各种规范对人的激励作用。[3] 尽管制度经济学的这种旨趣可以理解且不失某种合理性,但是这种理解至少是忽视了作为社会客观交往关系及其结构这一核心内容。本文所理解的"制度"亦不同于罗尔斯所理解的"制度"。罗尔斯的"制度"主要强调的是主体订制及其规范性。罗尔斯的理解同样有欠缺进一步深入揭示"制度"的社会结构客观性之嫌疑。本文所理解的"制度"亦不同于通常政治学所理解的"制度"。政治学在总体上如同罗尔斯一样,将"制度"理解为一种人为订制的权力结构及其规范体系,这主要还是一种文化学的解释。本文则首先在存在本体论的意义上理解"制度",并在此基础之上进一步深入揭示"制度"的丰富规定,为"制度"的文化学解释提供本体论基础。

由于作为社会关系及其结构的客观制度有着如前述广义与狭义两种基本内容,对于"制度"概念的把握亦可以相应有两种不同

---

[3] 参见诺思:《经济史中的结构与变迁》,上海三联书店,1997,第373—375页。

的维度,对于制度的伦理分析亦可以在这两个不同维度展开。不过,就本课题而言,对于制度的伦理分析,还是在上述视野之下从狭义的维度把握"制度"概念——即在相对于伦理道德这一类非正式制度而言的正式制度的意义上把握"制度"概念——并展开自身的分析。之所以如此,主要是考虑到一个社会的基本关系及其结构对于这个社会的重要性,考虑到现代社会不同于前现代社会的最基本特质之一就是对于宗法等级制的否定以及民主政治实践,考虑到宪政是现代社会中的基础性价值,考虑到宪政建设对于正在向现代社会过渡中的当代中国的根本性意义。这样做,并不是意味着伦理道德这个非正式制度对于现代性过程不重要,相反,它不仅亦具有基础性意义,甚至还可以这样说:没有伦理道德的现代转型,就不可能有现代人格类型,更不可能建立起现代社会。本研究之所以取这样的维度,除了上述的理由外,主要是表达了研究者对于此问题的两个基本理解:其一,伦理道德、风俗习惯这样一类非正式制度的现代演进及其分析,内容极为丰富。如此庞大内容的研究,不是这样一个课题所能直接胜任的。其二,对于当代中国而言,伦理道德、风俗习惯的现代演进,须通过宪政建设、并在宪政建设过程中推进,通过宪政建设建立起基本的现代社会关系及其结构,人们在这种社会关系及其结构中,或者更准确地说,人们在宪政建设实践过程中逐渐濡养成为现代人格类型,塑造出新的伦理道德与风俗习惯。

3. 制度的两个层面:价值与技术[34]

制度具有价值性与技术性双重特质或两个层面。所谓制度的

---

[34] 本部分内容中有相当一部分采用了笔者《制度公正论》"导论"中的相关内容。具体见高兆明:《制度公正论——变革时期道德失范研究》,上海文艺出版社,2001,第28—33页。

价值性特质或层面,指的是制度作为一种社会成员权利—义务关系的安排本身就是一种价值关系,表达了特定的价值理念,具有伦理性。即使是制度的程序性规定方面,亦内在包含着这种价值关系,亦是这种价值关系的具体呈现。所谓制度的技术性特质或层面,指的是制度有其内在的自洽性、自生性,以及社会治理的工具性。

制度首先体现的是一种权利—义务关系。任何现实的制度变迁都是以不同方式表达了社会成员权利—义务关系的变革。在抽象的意义上,迄今为止的制度基本可以分为两类:自由的与不自由的。所谓制度的自由不自由,所表达的就是那样一种社会关系中的权利—义务关系是否分裂、扭曲之状况。当一个社会中人际关系是如马克思所说的依赖关系时,这个社会中的一部分人拥有更多的权利,另一部分人则被剥夺了其应有的权利。近代以来思想家在论证制度的形成时,总是倾向于取契约论方法。这种方法的最大优点之一就是能以一种简洁的方法说明,自由的制度是公民拥有平等的基本自由权利的制度,在这个制度中公民承担起自由权利本身所赋予的义务。罗尔斯在《正义论》中亦取契约论方法,以"原初状态""无知之幕"的方式设定现代社会应当是一个公民拥有平等的基本自由权利的社会,并在此基础之上提出了正义的两原则。[35] 尽管罗尔斯对制度正义问题的思考与马克思自由人的联合体思想,无论就原则还是就方法而言,二者间均有重大的区别,然而,有一点彼此却是一致共通的,这就是他们均将平等的自由权利、权利与义务的统一性看作自己理想社会的特质与标志。他们至少都是这样设想自己理想中的制度的:这个制度应当是一个摆

---

[35] 参见约翰·罗尔斯:《正义论》第一编,中国社会科学出版社,1988。

脱了人身依附关系、所有公民都有平等自由权利的公正的权利—义务关系体系。㊱

在日常生活中，一个人事实上能（该）做些什么，不能（该）做些什么，拥有什么权利，承担什么责任，做了某事、作出了某种行为就会得到什么或失去什么，都是由其所生活于其中的那个制度体系先在地规定。在大众层面上一般地说来，一个人事实只能享受这个制度体系所规定、所赋予的权利，一个人事实上必须履行这个制度体系所规定、所加予的义务。也正是由于这个原因，制度本身不仅仅是社会的一种整合机制，同时事实上还是社会的一种行为引导机制。

正由于制度首先是作为一种权利—义务关系存在，具有价值特质，因而就有一个"制度公正"问题。㊲ 对于制度公正范畴的合

㊱ 虽然诺齐克对罗尔斯的正义论思想提出诘问，但是他所诘问的并不是公民不应当有平等的基本自由权利，而是如何理解经济生活中的平等的基本自由权利及权利—义务关系。他甚至同样认为一个制度应当有一种矫正的公正，主张经济领域中由于自由竞争所带来的某种事实上的不平等不能伤及公民的平等的基本自由权利。参见诺齐克：《无政府、国家、乌托邦》，中国社会科学出版社，1991。

㊲ "制度公正"范畴本身有两种具有微妙差别的理解：其一是指制度的公正，强调制度本身**应当**是公正的；其二是指公正的制度化，强调公正的理念与要求应当具体化为制度，旨在揭示制度化了的公正才是具有真实客观性的公正，这种制度化了的公正就类似于罗尔斯所说的公正的社会结构背景。这两种具有微妙差异的理解，往往会令人们产生这样的印象：在第一种意义上理解的制度公正其意旨所在可能是实质性的，也可能是形式性的，而第二种意义上理解的制度公正则是立足于实质性的，并具有一种内在逻辑，它要求将这种实质的制度公正进一步外在化为形式的公正，在实质与形式的双重意义上达于公正，因而，第二种意义上的理解更深刻于第一种理解。这种认识未必没有道理，但缺少历史感与贯通性。制度公正本身就是一历史的范畴，在历史过程中，公正会向不公正转化。然而，制度又是**应当**公正的，这样，这种意义上理解的制度公正就如同黑格尔所说的凡是现实的总是合理的命题一样具有一种革命性，它所指向的正是公正本身的制度化。这样，制度公正就应当被进一步规定为公正（交往关系）的制度化。如此看来，制度公正的上述两种具有微妙差别的理解，其实是二而为一的。

理理解,关键在于"公正"范畴。社会公正这个古老的范畴是对现实社会关系的评价性反映,它以理想完满的方式把握现实,即,它通过对不完满现实的批判,使不完满的现实以理想完满的方式在观念中存在,并反过来以这个观念中的理想完满要求现实。正由于公正是对现实社会关系的评价性反映,所以,公正的内容就是具体、历史的。不同的时代,不同的利益集团,有不同的公正内容。在最抽象的意义上,公正可以规定为以权利与义务关系为核心的人们相互关系的合理状态。尽管不同的时代、不同的人们均依自身对合理的理解赋予社会公正具体规定,但是,只有与必然性相联系的合理才有可能是真实的合理。[⑧] 罗尔斯曾以"作为公平的正义"为核心事实上对公正作了界定,这就是平等的自由原则与差别原则,以及自由的优先性与正义对效率的优先性的词典式次序。[⑨] 只要不过分挑剔,就应当承认罗尔斯对公正的这种理解在原则上是合理的,并且在现时代具有某种普适性。不管是哪个国家、哪个民族、哪种社会制度,只要是一种民主而不是专制的社会,对于公正的基本理解就有某种共通性。罗尔斯关于公正的这种认识,可以看作是对社会成员权利—义务关系的现代性合理状态的具体解释。

在人类文明发展的今天,公民间在平等的基本自由权利基础之上的权利、义务、责任的统一,是制度公正的基本内容。应当注意的是,不能简单地以权利与义务的统一来直接规定制度公正,它必须建立在平等的基本自由基础之上,否则,制度就有可能在公正

[⑧] 关于社会公正范畴的具体阐释,请参见高兆明:《存在与自由》,南京师范大学出版社,2002,第494—502页。

[⑨] 参见罗尔斯:《正义论》(中国社会科学出版社,1988)、《政治自由主义》(译林出版社,2000)、《作为公平的正义》(上海三联书店,2002)。

之名下合理地侵犯一些社会成员的基本自由权利。这主要有两种可能:其一,它在剥夺一部分公民权利的同时,隐去这些公民的某些义务,在一种低水平上、甚至在一种奴役的性质上保持这部分人权利与义务间的一致性。这就恰如古希腊城邦民主制中的奴隶一样,他们既没有享受民主的权利,也不用去履行作为城邦公民参加战斗的义务。或者恰如中外历史中的一些专制独裁者所做的那样,剥夺仁人志士的正当权利,将其投入监狱。其二,它以某些公民——诸如那些社会不幸者(残疾人、弱智者等等)——不能有效践履社会义务为理由,无视这些公民的基本自由权利,在权利与义务统一的名义之下造成一个事实上弱肉强食的社会格局。一个人民的、社会公正的制度,首先是人民平等的基本自由权利得到有效保障的制度,并在此基础之上实现每个公民权利与义务的统一。

这种对制度公正内容的规定是否有抽象人性论之嫌?答案是否定的。就它的现实历史性规定来看,《中华人民共和国宪法》规定了国家的性质,规定了公民是社会的平等主人。作为社会主人的公民相互间拥有平等的基本自由权利,这种平等的基本自由权利又反过来确证了这个制度的人道性与人民性,从而使这个制度本身获得价值合理性证明。就它的普遍性而言,这种对制度公正的抽象规定,又与人类千百年来在不懈追求社会公正斗争中积淀下来的、作为人类普遍文明财富的平等的自由要求相一致。

制度公正既是一种现实秩序,又是一种社会理想或社会意识。制度公正作为现实的社会关系状况,是一种现实秩序,作为人们的自觉要求与价值目标,则是社会理想。作为社会理想的制度公正,是对现实社会制度的批判性反映。

制度公正或制度正义问题,在现代社会首先是一个宪政正义问题。"宪政"(Constitutionalism)系宪法政治制度的简称。宪政是一个现代性范畴,它是现代民主共和政治的集中标识。在这个意义上,宪政是现代的权力关系。宪政的核心不是立宪,而是宪法治理,是生活在现代社会中的人们基于平等基本自由权利关系的民主政治实践。宪政不仅在总体上规定了社会的基本框架结构及其组织机构与社会成员的基本权利,而且还规定了各种权力行使的机制、程序与规范。[40] 宪政不仅仅是公民选举与政治参与,更是现代法治、权力分治制衡、社会各阶层与集团声音能够通过代表在公共生活中的有效表达。[41] "宪政正义"概念的提出是基于以下缘由:其一,由于人类近代以来宪政本身亦已成为一种时髦,因而,当代不同政治类型的国家几乎都有其宪法作为治理依据,这样,就存在着一个区分真假宪政的问题;其二,即使是在一个民主共和的政治结构中,其宪政制度本身亦是一个开放的发展过程,亦有一个不断反思与完备的任务;[42]其三,对于一个由前现代社会向现代社会转化的民族而言,有一个如何在既有宪法框架之内依照一定程序与规范有序地变更社会、实现制度变迁的历史任务。而这正是宪政及其实现的过程。如果说人类社会历史是一个开放的、而不是如福山(Francis Fukuyama)所说"终极"的过程,那么,宪政正义就是一个有待人类长期追索的问题。

制度还具有技术性特质或层面。制度的技术性层面主要指制度自身的自洽性,以及程序性。制度是一个结构体系,它由一系列

---

[40] 也正是在这个意义上,人们亦从政治学的角度将宪政理解为一种标识现代权力结构关系的"权力图"式。参见邓正来主编:《布莱克维尔政治学百科全书》,中国政法大学出版社,1992,第165—167页。

[41] 参见菲利普·佩迪特:《重申共和主义》;载应奇、刘训练编:《公民共和主义》,东方出版社,2006,第115—119页。

[42] 参见邓正来主编:《布莱克维尔政治学百科全书》,中国政法大学出版社,1992,第166页。

具体方面组成。这些不同的具体方面单独地看可能均会有这样那样的缺陷,且这种缺陷有时甚至较为突出,然而,在制度的结构体系中,这种有缺陷的具体方面会受到来自于其他方面的具体制度的规定、限制、补充、矫正,使制度结构在整体上呈现为一个无明显缺陷的存在。这是制度自洽性的一个方面。制度自洽性的另一个方面则是,制度结构体系中的一系列具体方面都应当内在地贯透着一种基本的价值精神,正是这种价值精神使得这些具体的制度拥有灵魂,并成为这个制度结构体系的一部分。如果这些具体方面不具有这种基本的价值精神,那么,这个制度结构体系就不是自洽的,而是内在离散、分裂的。正是在这双重意义上,制度的技术特质又并不纯粹是技术性的,它是制度本质内容的一个有机部分。

制度对于社会权利—义务分配的社会结构性安排,总是隐含着一切合程序而产生的结果均具有其特定的正当性与合理性这一信念与结论——甚至这种程序本身就是实质内容的现实存在。这正如佩迪特在论及基于多元民主的共和主义时所揭示的那样,在共和主义那里,对于程序的承诺是具有优先性的承诺。正是这些被共同认肯的程序本身首先决定了社会资源分配的正当性与合理性。尽管这种程序的具体实践可能在事实上是有缺陷的,但是,离开了这种程序则会失却多元民主社会中正当性与合理性的最基本前提。[43]

4. 制度是否必要?

尽管从常识看"制度是否必要?"这个问题的提出有点幼稚乃

---

[43] 参见佩迪特:《重申共和主义》,载应奇、刘训练编:《公民共和主义》,东方出版社,2006,第 115—144 页,尤其是其中的 122—123 页。

至荒唐,然而,严肃的思想追究过程却使人无法回避这一问题。一方面,出于思维严密的要求,这样一个似乎是常识的问题亦是一个有待证明的问题。如果不能给予明确肯定性的回答,则一切关于制度的伦理研究就有可能处于无根状态,乃至是一个伪问题。另一方面,事实上,人类自古以来、尤其是近代以来,思想界一直以各种不同的方式提出这个问题。人们所熟悉的无政府主义、国家消亡论乃至社会公共生活治理中的美德论取向,等等,均以不同方式在提出、质疑这一问题。

无政府主义作为一种思潮给人们留下一种印象,似乎是完全否定制度存在的必要。然而,这里需要注意的是:其一,无政府主义并不是在一般意义上否认制度的存在。确实,无政府主义的核心是反对任何国家强制性权威的存在,并以反对国家政府存在的必要性著称。但是,无政府主义也仅仅只是在反对中央集权、反对任何形式的强制性权威、反对国家存在的必要性等意义上否定制度的存在,而不是在一般意义上否认制度存在的必要性。相反,无政府主义也承认社会组织存在的必要,主张社会自治的制度。即,无政府主义只是在国家政府这一特殊意义上、而不是在一般普遍意义上反对制度性安排。其二,无政府主义思潮与现代法治社会、宪政政治这一现代性历史进程并不吻合。无政府主义思潮自形成之后,除了在社会批判的意义上影响社会外,并未占据社会的主流地位。在当今思想界,人们也主要是围绕"大政府"还是"小政府"问题展开论争,并理解自由主义与国家强制权威的关系。而在这一论争中,宪政政治、现代法治社会则构成其前提性条件。其三,根据系统自组织理论,任何系统都具有结构与功能,系统大于要素,结构决定功能。社会作为一种系统自组织,亦具有结构与功能,正是这结构与功能使得社会得以成为社会。根据我们对制度的上述理解,制度首先就是社会结构。正是在这个意义上,无论哪种理论形态,都无法否认这种结构意义上的制度的客观必然性。

马克思主义创始人曾提出过著名的"国家消亡"理论。人们如果不仔细理解马克思、恩格斯的真实思想,仅简单地依据字面臆断,那么,亦有可能据此否认制度存在的必要性与必然性。这里需要注意的是:其一,马克思主义创始人所说"国家消亡"是指作为阶级对立及其统治工具意义上的国家的消亡。仔细阅读并理解马克思主义创始人所说"国家消亡"思想后不难发现,他们关于"国家消亡"思想是要揭示:阶级、阶级对立及其相应意义上的国家,都不过是人类文明历史进程中某一特定阶段的现象;作为阶级对立及其统治工具的国家在人类文明历史进程中必定要被否定,自由人联合体是人类社会发展的必然归宿;无产阶级革命只不过是实现这一历史进程的现实运动,在这个现实历史运动过程中,无产阶级作为社会历史主体存在。其二,马克思主义创始人在揭示国家双重特质基础之上,揭示了国家的一般社会公共管理职能,并揭示:在消灭了阶级与阶级对立的社会中,作为阶级对立及其统治工具的国家消亡了,但是,国家作为"公共权力"的一般社会管理职能不会消失。[44] 即,根据马克思、恩格斯的"国家消亡"思想并不能得出否定制度存在的必然性结论。[45]

在对现代性进程反思过程中,人们基于自由主义基本思想,对现代政治制度的工具性做了深入反思,并强调公民美德在现代政

---

[44] 参见恩格斯:《家庭、私有制和国家的起源》;《马克思恩格斯选集》第 4 卷,人民出版社,1973,第 114、166—169 页。

[45] 笔者曾根据马克思主义经典作家的相关论述专门撰文论述国家制度"公共权力"特质。具体请参见高兆明:《公共权力:国家权力在现时代的历史使命》;载《江苏社会科学》1999 年第 3 期。

治生活中的意义。那么,能否根据美德论的这一价值取向得出制度存在的非必然性结论?回答亦是明确的。其一,公民美德论就其要旨而言,是强调公民美德在现代社会公共生活中的价值,其所直接针对的是现代性进程中在强化制度同时弱化公民美德这一现象。即,美德论对于公民美德的强调并不意味着否定制度本身存在的必要性。其二,西方思想界自古希腊以来一切严肃的思想家在探究人类政治生活时,无不同时关注制度与美德两个方面,无不认为一个理想良序社会既是一个制度公正的社会,亦是一个公民具有美德精神的社会。柏拉图的《理想国》、亚里士多德的《尼柯马可伦理学》与《政治学》、康德的《道德形而上学》、黑格尔的《法哲学》等,概莫能外。当代的罗尔斯在其《正义论》、《政治自由主义》中尽管强调制度正义优先于个体美德、并集中探索政治正义的现代良序社会何以可能,但他亦通过关于原初状态公民代表资格的规定,以自己的方式强调了公民美德对于现代良序社会的前提、基础性价值。

这样看来,人们对于"制度"的质疑与批判,并不是对于一般"制度"的否定,而是对于某些特定类型、特定内容的特殊制度的否定。公民美德与制度并不是一个二者不可兼容的东西,人们对于美德的强调并不意味着同时要否定制度。制度是人类自身存在的一种社会方式。人类永远无法摆脱制度的纠缠,问题的核心只在于是何种制度、一个理想的正义制度何以可能实现。

二、"制度伦理"

"制度伦理"(institutional ethics)既不是什么"制度的伦理

化",也不是什么"伦理的制度化",而是对于制度的伦理特质、伦理属性的揭示,其主旨在于指向、揭示"什么是好的制度"、"一个好的制度应当是怎样的"、"一个好的制度何以可能"。对于"制度伦理"概念的准确把握不能流于文字游戏,不能凭想当然的字义分析,必须深入它形成与提出的具体历史过程。

1. "制度伦理"概念的提出

"制度伦理"概念是 1990 年代中后期在中国学界兴起的一个概念,并很快得到广泛注意。[46] 任何一个有影响的概念的出现,必定有其缘由,必定承载着某种历史内容。"制度伦理"概念的出现亦不例外。

经过近 20 年的改革开放实践,中国思想界提出了"制度伦理"概念,这有两个基本缘由:其一,制度变迁问题凸显。一方面,改革开放通过事实上不断进行的制度变迁日益向纵深发展;另一方面,改革开放的进一步发展又将制度变迁问题日益明显地提到人们面前。经济、政治、文化、社会制度体制方面的改革,已成为制约改革开放的一个关键性问题。其二,道德建设任务艰巨。此时的中国在经济快速发展的同时,正围绕着所谓"道德滑坡"与"道德爬坡"在全社会形成广泛的思想争论。加强道德建设成了全社会的迫切

---

[46] 较早提出"制度伦理"概念或进行类似问题研究的主要有:胡承槐的《关于市场基础上制度性伦理道德秩序的探讨》(《哲学研究》1994 年第 4 期)、段治乾的《市场经济的制度伦理探析》(《郑州大学学报》1996 年第 5 期)、孙立平的《道德建设与制度安排》(《中国青年报》1996 年 10 月 29 日)、唐能赋的《市场经济疾呼"伦理制度学"的建构》(《哲学动态》1997 年第 1 期)、方军的《制度伦理与制度创新》(《中国社会科学》1997 年第 3 期)、苏晓离的《制度伦理与市场经济》(《哲学动态》,1997 年第 2 期)、王南堤的《论当前我国道德建设的三个维度》(《江海学刊》1997 年第 3 期)。其中对后来学术研究影响较大的主要是方军一文。

要求,如何有效地进行道德建设亦成了一个全民族都在认真思考的问题。这种思想争论所包含的真实内容是:一方面,在改革开放过程中既有的道德价值观念受到了深刻的冲击,社会出现前所未有的活力与生机;另一方面,社会又严肃地面临如何廓清社会风尚、确立合乎现代化建设历史要求的现代民族精神的问题。人们从实践中深切感受到:社会风尚清明、社会道德精神建设,绝不简单地只是一种舆论宣传教育的问题,更是一个生活实践教育的问题,是一个制度化了的规范力量引导的问题,是一个价值引导与通过制度安排所呈现的利益诱导的一致性问题。这样,人们从加强道德建设的维度将目光投向了制度。而上述两种视角的焦点均是制度创新、制度变迁,以及隐藏在制度创新、制度变迁背后的更为一般的制度"善"(或"好")的问题。

"制度伦理"概念提出的基本历史背景表明:"制度伦理"概念从其出现时起就承负了一种历史使命,这就是在制度层面变革社会关系,实现社会的结构性转换,并通过制度性安排的规范性力量改变既有的社会道德状况。"制度伦理"概念形成的历史背景意味着,对"制度伦理"的思考必然逻辑地向两个方向深入拓展:一方面深入至宪政政治这一现代社会善的制度的问题;另一方面拓展至在制度建设的视野中理解与加强道德建设,强调道德规范自身的合理性及其有效性。而这两个方向最终均集中于一点,这就是制度本身的创新与变迁问题:通过制度创新与变迁,在实现社会结构性转换的同时,对社会进行积极有效的价值规范与引导。明晰"制度伦理"概念提出的这种历史背景缘由,认清其所承负的历史内容,这对于把握"制度伦理"概念具有前提性意义。否则,对于"制度伦理"概念的认识、辨析,就有可能陷入自娱自乐的文字游戏泥坑。

就伦理学学科本身而言,提出"制度伦理"亦有其深刻意义。它意味着伦理学学科视野在其发展进程中正在酝酿着一场重要的历史性转向:由个体美德向社会伦理、向制度善的转向。㊼ 在一个相当长时间内,我们一直重视个体美德,我们试图通过培育起一代新人的方式,建立起一个理想社会。这种想法自然不失合理之处。然而,这种实践路径一方面难以与人治截然分清界限,另一方面亦难以提供一个培育一代新人的现实途径,难以提供一个走出所谓"道德沦丧"或"道德滑坡"的有效途径。在美德口号下的虚伪人格,以及普遍的社会道德失范现象,迫使人们将视野由个体美德转向社会制度善。这种视野的转向并不意味着伦理学不再注重个体美德,而是意味着一种思考问题范式的转变:个体美德在一种新的视野之下仍然被关注,只不过它不再是伦理学中的唯一或绝对宰制性的内容。

然而,遗憾的是,在其后学界关于"制度伦理"的思考中,可能是囿于自身所习惯了的伦理学学科限制,更可能是囿于一些文字字面理解,蕴含在"制度伦理"概念提出中的两个深入发展方向,即向宪政政治这一制度善与通过制度建设加强道德建设,均逐渐被忽视。人们事实上不同程度地陷于"伦理的制度化"、"制度的伦理化"这样一类概念极为混乱的泥潭之中。这种现象令人忧虑。它有可能使当代中国伦理学与原本应当承担起的历史使命失之交臂。这个当代中国伦理学原本应当承当起的历史使命是:通过自身特殊的理论方式承担起的推进制度创新、制度变迁,进而推进现代化历史进程。这种历史使命,有点类似于当年哲学认识论学科

㊼ 方军在《制度伦理与制度创新》一文中已明确提出这种转向:"在发展市场经济的过程中,道德进步必然获得新的历史形式,即从修养论道德向制度伦理转变"。参见方军:《制度伦理与制度创新》,载《中国社会科学》1997年第3期。

关于"实践标准"澄清进而推进改革开放的作用。

2. "制度伦理"概念的一般分析

"制度伦理"标识一种特殊的伦理类型,这种伦理类型以制度为核心,它所关注的是制度的伦理特质、伦理属性,其主旨在于指向并揭示"什么是好的制度"、"一个好的制度应当是怎样的"、"一个好的制度何以可能"。"制度伦理"作为一种特殊的伦理道德类型以制度为核心内容,这就如"美德伦理"、"责任伦理"分别是一种以个体美德、社会责任义务为核心内容的伦理道德类型一样。当这种伦理道德类型被人们以一种理论体系表达出时,这种理论体系就是制度伦理学(或美德伦理学、责任伦理学)。

根据现有资料,近年来国内较早试图对"制度伦理"下定义且对后来学术研究影响较大的是方军《制度伦理与制度创新》(以下简称方文)一文。方文认为:"从概念上分析,制度伦理不外乎两种:制度的伦理——对制度的正当、合理与否的伦理评价和制度中的伦理——制度本身内蕴着一定的伦理追求、道德原则和价值判断。"[48]尽管方文这个定义并不严谨、清晰,但其核心还是清楚的:它所指向的是制度的伦理属性,是关于"善"(或"好")的制度;它是要从伦理学维度关注制度的"善"问题,对实存制度进行价值分析。这个定义的核心内容,与其通过"制度创新"、"制度变迁"推进社会主义现代化进程的历史内容,在总体上相吻合。

后来,人们尽管也提出过一些不同的定义,但就总体而言均是

---

[48] 参见方军:《制度伦理与制度创新》,载《中国社会科学》1997年第3期。值得一提的是,施惠玲的《制度伦理研究论纲》是国内较早对"制度伦理"做系统研究的专门著作,其对"制度伦理"概念的定义基本是照搬方军的。具体见施惠玲:《制度伦理研究论纲》,北京师范大学出版社,2003,第25页。

在方军基础之上的展开,且在这个展开过程中逐渐忽略了方军"制度伦理"概念中关于制度的价值分析批判这一核心内容,而倾向于将"制度伦理"理解为"伦理的制度化"与"制度的伦理化"二者之统一。[49] 这种已成为时下主流的理解,值得认真质疑。

"制度的伦理化"是个颇为模糊、且在这种模糊背后存在着相当思想混乱的概念。它究竟是想表达何思想? 是要将原本在"制度"之外的"伦理"纳入进"制度"之中,使之具有某种伦理性? 是在主张应当实行一种善的"制度",这种制度不是反人性(人道)的,而是合乎人性(人道)的? 抑或是在主张严格的、冷冰冰的制度应当具有"人情味",应当"权宜而变"? 此外,此伦理"化"又该如何理解,"制度"能够"伦理化"吗? 如果制度能够伦理化,那么,还会有制度吗?

如果说是要将原本在"制度"之外的"伦理"纳入进"制度"之中,使之具有某种伦理性,但正如后文所述,"制度"之中有"伦理","伦理"就在"制度"之中,"制度"总是摆脱不了"伦理"的纠缠,因而,这种理解本身难以成立。

如果说是在主张应当实行一种善的"制度",这种制度不是反人性(人道)的,而是合乎人性(人道)的,那么,这种理解以一种特殊方式提出"制度善"的问题,仅就此而言这是合理的。但是,问题的关键是:一方面,"制度善"或"善的制度"与"制度的伦理化"是两个不同的问题,前者并不等同于后者,"伦理化"并不能表达制度的"善"这一核心内容;另一方面,制度的"善"既以制度与伦理的相对

---

[49] 施惠玲的《制度伦理研究述评》(《哲学动态》2000 年第 12 期)、覃志红的《制度伦理研究综述》(《河北师范大学学报》2002 年 3 月号,第 25 卷第 2 期)曾以综述的形式概念过这种"普遍"的认识。这两篇综述对相关问题已有研究的综合陈述介绍基本较为全面,但具体分析却应当别论。

独立为前提,又是以制度"善"而并非仅仅具有所谓伦理性为前提。正如后述,制度总是具有某种伦理性的,关键在于是何种伦理性,是善的还是恶的。

如果说"制度的伦理化"是要主张严格、冷冰冰的制度应当具有"人情味",应当"权宜而变",那么,这恰恰是应当引起足够警惕的。制度的特征就是无偏颇的一视同仁,这种无偏颇的一视同仁即是公正。制度具有权威性,这种权威性不容挑战。如果将私人领域的"人情"直接引入公共生活领域,那么,不仅会潜规则横行,而且会社会腐败盛行。

同样,"伦理的制度化"亦是一个十分模糊的概念。这种概念如果是想主张制度本身应当具有伦理性,那么,它与"制度的伦理化"并无大的区别。如果是想主张将伦理道德规范通过立法的方式向全社会推行,在使伦理道德规范获得权威性的同时,使其拥有现实有效性,那么,这种理解就不是笼统含混的所谓"伦理的制度化",而是一个如同笔者曾指出的"基本德规法规化"的问题。[50] 因为,这里存在着两个重要的问题:其一,通过立法方式只能使某些伦理道德规范成为正式成文法律规范,而不能使所有伦理道德规范均成为正式成文法律规范,且能够通过立法方式成为正式成文法律规范的,只能是那些对社会共同体生活有极重要影响的最基本伦理道德规范。其二,由于制度本身有广义与狭义之分,如果是在广义制度上讲伦理的制度化,那么,由于伦理规范本身亦是一种制度规范,故,这至少是一种毫无意义的同义反复。

严格的概念分析使我们不难发现:无论是"制度的伦理化"还是"伦理的制度化"这样一类对于"制度伦理"概念内容的界定,均

---

[50] 参见高兆明:《社会失范论》,江苏人民出版社,2000,第260页及其后。

是混乱的,不能成立。

剩下另一种对于"制度伦理"、"制度的伦理化"概念的可能解释是时下人们常提到的"制度的合伦理性"。然而,"制度的合伦理性"亦是一个混乱乃至错误的提法。制度的"合伦理性"究竟何指?此"伦理性"是何? 正如后述,制度总是摆脱不了伦理的纠缠,因而总是具有某种伦理性的。这里问题的关键不是制度合不合伦理的问题,而是合何种伦理的问题,是合善的伦理还是合恶的伦理的问题。泛泛讲制度的"合伦理性"既空洞无物,又含混不清。当然,这种提法的本意可能是主张要为制度确立一种合理的伦理价值标准,并在这种伦理价值标准指引之下进行制度创新与制度变迁。若是如此,则应当明确揭示:"制度伦理"的核心是制度的善、制度应当合乎善的伦理价值精神。

这样看来,"制度伦理"概念自身所包含的合理内容,或者换言之,其所指向的真实内容应当是:对于制度的价值审视,以制度的"善"为核心,分析与揭示制度的道德价值属性及其具体内容。由于"制度"本身有非正式制度与正式制度两种基本类型,对于制度的伦理价值分析,就包含着对于正式制度与非正式制度的伦理价值分析两种维度与类型。即,作为"制度伦理"论域中的"制度"概念可以在正式与非正式制度两个维度展开。对于正式制度的伦理价值分析,所指向的是宪政及其法律制度的现实伦理内容分析,对于非正式制度的伦理价值分析,所指向的则是实存伦理道德风俗习惯的伦理价值分析。这两个维度所追问的均是:作为具体对象的制度是否是善的? 是否是如马克思所力图追问的那样"合乎人性"健康生长的? 什么样的法律规章制度、伦理道德风俗习惯才是善的,才是合乎人性健康生长的?

由于前述已经申明的理由,本文仅在正式制度这一狭义意上展开自身的"制度伦理"分析。具体言之,本文关于"制度伦理"的研究,是在狭义的、即通常所说的正式制度的意义上使用"制度"概念,它指社会通过特定方式与程序所正式明确确立的关于社会的基本结构框架及其运行机制、程序与规范,以及在这种基本结构框架及其运行机制、程序与规范下所进一步衍生出的一系列具体结构框架性安排及其运行机制、程序与规范。正是这种社会结构及其运行机制、程序与规范,一方面明确了社会成员的权利—义务,以及公民权利获得与保障的途径与方式;另一方面使社会具有内在规范秩序,这种规范秩序使生活在这个社会中的人们可以据此对行为有合理预期,并在这种合理预期中逐渐濡养出公民美德精神。[51]

3. 制度的伦理分析是否可能?

将"制度伦理"理解为"制度的伦理化"或/与"伦理的制度化",首先以"制度"与"伦理"二分为前提。此"制度"与"伦理"二分,并不是在形式逻辑同一律意义上指"制度"与"伦理"是两个不同概念、故属于两个不同领域意义上的二分,而是指这种理解事实上以否认"制度"内在具有伦理属性为前提,即否认"制度"内在地具有某种伦理性,因而,将"制度"与"伦理"二者关系外在化,以为可以存在着无伦理属性的"制度"。将"制度"与"伦理"二者关系外在

---

[51] 值得一提的是,对于"制度伦理"理念的理解,在上述狭义基础之上还可以作进一步引伸理解。它可以进一步引伸泛指日常生活中各种组织通过特定程序与方式所正式明确确立的相关组织结构及其运行机制、程序与规范,这些组织结构及其运行机制、程序与规范受到明确有效保障,它们安排了这个组织中的基本权利—义务关系,规范约束了这个组织中一切成员或构成部门的行为,使这个组织的活动拥有秩序。这种引伸理解的"制度伦理"概念,可以成为认识、分析一切组织合理性问题的具有普遍性价值的重要思想工具。

化,在逻辑上就意味着对制度的伦理分析是不可能的。制度要能够进行伦理分析,二者就必须是内在相通的。

"制度伦理"以"制度"作为自身的关注点,并以制度的"善"作为其核心。制度伦理的这种内在规定性得以成立的前提是:制度能够被进行伦理分析。

"伦理"与"制度"是两个不同的概念。如果制度的伦理分析要得以成立,则制度与伦理二者之间要有内在的相通性。这样,制度的伦理分析是否可能就直接关涉两个方面的问题:一方面,制度是否内在地具有伦理属性？如果一个事物并不内在地具有某种属性,再用这种属性去分析此事物,就是鲁莽、愚蠢的,自然不可行。另一方面,伦理究竟以何种样式存在？如果制度内在地具有伦理性,那么,伦理又以何种样式存在于制度中？而对这样一些问题的追问,又将视野最终指向"自由"与"实践",指向人的自由存在特质及其现实实践活动。人类社会的一切文明成果均是人类自觉活动的结果,制度亦不例外。作为人类自觉活动的实践,不是简单地做、行动,而是在一定价值目的指导之下的有具体目的的自由意志活动。

对"制度的伦理分析是否可能"这一问题的回答,首先有赖于对下述三个互为相关的理论问题的清晰认识:

其一,自由与自由的定在。人是自由(意志)的。自由(意志)是人之为人的内在规定性。但是根据黑格尔的分析,自由意志有个定在的问题,没有定在的自由意志是抽象、空洞的,不能称之为真实的自由意志。柏拉图曾提出过理念论思想。尽管柏拉图的理念论思想存在诸多缺陷,但是,至少柏拉图以自己的方式提出了一般与特殊的思想,提出了一般不等同于特殊,但一般存在于特殊之中、特殊总是一般之特殊的思想。柏拉图以自己的特殊方式所提出的这种思想本身是深刻的。这种思想有助于我们准确把握制度这一自由意志活动的特殊产物。根据黑格尔《法哲学原理》中的基本思想,[32]自由意志是人的内在规定性。然而,黑格尔并没有停留在这一基本结论上,他还进一步深入揭示了自由意志的现实性,并从自由意志的现实性维度揭示自由的真实、客观存在。根据黑格尔的分析,一方面,自由总是要成为定在的。没有定在的自由是一个无规定性的、抽象的自由,进而不是现实的自由。另一方面,能够称之为人的活动,均是自由意志的活动,均是在自由意志指导之下的现实活动。没有自由意志,即无所谓人的活动。[33] 即,人的这种自由特质总是要通过自己的活动呈现于外、总是要成为具体的现象性存在的,总是要成为定在的。人的一切活动都只不过是人的这种自由意志精神的感性、现象性存在。如是,则不难得出结论,人的一切现实感性活动,都不过是自由意志的定在。如是,亦不难理解亚里士多德所说道德、优美灵魂的实践品性:灵魂的善就是灵魂的现实活动。人们通常所说的伦理道德内在地具有实践的品质,它们不仅仅是所谓的优美灵魂,更是优美灵魂的现实存在。仅仅是优美灵魂的伦理道德是苍白的,一切不可感性化的伦理道德均不能被称之为是自由的。制度作为人类特殊的社会活动现象,它是自由意志活动的产物,是自由意志的定在。离开了自由意志,制度本身就成为一个无灵魂的空壳僵躯。

其二,自由意志活动的目的性。在实践这一人的目的性活动中,内蕴着基于价值评价的价值选择活动。人们通常所说的伦理

---

[32] 康德等其他启蒙思想家均以不同方式表达了同样的思想。如果我们不是仅仅拘泥于字面表达,而是注意理解不同思想的真实内容,那么,在本体论意义上人类自古以来一切关于人禽之辨的相关思想中均包含了此类思想内容。

[33] 此时存在的至多是人形动物的活动。

道德,通过对实践主体所从事的行为目的、动机、手段的选择,通过对行为效果、从事活动的社会关系状态的评价,以及通过对主体行为态度的作用,获得实践品性,并渗透、存在于实践的全过程。通常所说的伦理道德实践性品格成为现实性的过程,同时即是成为人的现实活动的过程。通常所说的伦理道德存在于人的现实活动的每一个环节,并使这现实活动成为人的活动。正是在这个意义上,伦理道德作为实践—精神本身并不直接作为具体感性存在,但它却始终有要转化为感性现实存在的态势。人的一切自由意志行为,都是伦理道德的现象性存在,伦理道德是人类实践中隐而不露又无所不在的灵魂。

其三,自由意志活动的尺度。根据马克思的看法,实践是人的对象化活动,是人的本质性确证。人的实践活动有两个尺度:主体的尺度与客体的尺度。客体的尺度指外部自然世界的客观规律,主体的尺度指人的存在及其需要与人的活动目的。任何人类实践活动都是主体与客体这两个尺度相互渗透、交互作用的过程。人类认识外部自然,按照客观规律办事,是为了按照人自身的需要、目的、利益去能动地改造外部世界,使人的尺度现实化。人的尺度是使人的活动成为人的活动并且是为了人的。而人的尺度中离不开人的价值、人的关系、人的理想、人的目的等等一类的内容。即,人的价值、人的关系、人的理想、人的目的等就内在地存在于人的尺度中,且构成人的尺度的核心内容。

然而,通常所说的伦理道德作为一种人的现实生活样式,相对于人的其他具体生活领域又确实是作为一个特殊领域存在。人的日常生活样式有多方面具体内容,伦理道德、政治、经济、军事、科学技术等均是人的日常生活方式的具体领域,不同的领域又确实有其特有的存在样式与通行法则。这就是我们通常所说的政治生活(以权利—义务关系为核心)、经济生活(以物质财富为核心)、文化生活(以精神为核心)、伦理道德生活(以人性、心灵为核心)等。正是这多种具体生活样式,才使人的存在本身成为丰富多样的。现在的问题是,这种作为具体生活样式的伦理道德领域如何存在并如何与其他生活领域相区别?

这里的关键在于:首先,作为人对人性、心灵追求的伦理道德这一特殊方面,却成了人的普遍性活动:一切属于人的活动,都无一例外地被涵孕于其中。这样,大凡一切属于人的现象性活动,都无一例外地属于伦理道德的。㊼ 这种特殊性的普遍性,就在于这种特殊性是人之为人的内在规定性,是人的本体论根据。正是由于伦理道德的这种特殊性的普遍性,就进一步决定了:其次,伦理道德不同于人类其他具体生活领域,它没有自身独立存在的感性空间域,它作为主体的自由意志活动须通过政治、经济、军事、科学技术等诸多具体感性活动领域呈现于外。即,它存在并渗透于人的一切现实自由意志活动领域之中。人的道德品质操守、彼此间的道德关系状况、社会的伦理秩序状况等,均不能离开各种具体日常生活领域而独立自存。人的政治、经济、军事、科学技术等活动,并不纯粹是这些领域自身的,它同时亦是伦理道德的。因为当政治、经济、军事等具体领域由抽象变为现实活动,它就内在地包含着主体的目的、动机、手段选择,包含着行为态度、彼此关系评价等伦理道德因素。这样,伦理道德无所在又无所不在,它存在于各个

㊼ 唐君毅先生亦从文化的角度以自己的方式得出这一思想:"人类开始表现之精神活动与文化活动,或为经济的,或为家庭的,或为政治的、学术的、知识的,或为审美的、宗教的。此各种文化活动固均潜伏有一道德活动,……唯因吾人最初之文化活动,即潜伏有一道德活动,而人类一切自然之活动,皆多少含文化意义。"参见唐君毅:《文化意识与道德理性》,中国社会科学出版社,2005,第313页。

具体领域的具体活动过程中,赋予这些具体活动价值灵魂。再次,伦理道德尽管渗透、存在于一切现实自由意志活动之中,但是它与渗透、存在于其中的具体活动领域所关注的对象不同。一般说来,各具体活动领域所关注的主要是物自身,而伦理道德所关注的则是这些具体活动背后的人及其价值精神,关心的是其人性内容。以伦理道德与经济为例。经济活动所关注的是纯粹的经济—技术性内容,或者是如恩格斯所说"纯粹的经济关系",[55]而道德所关注的则是经济活动中的人及人的关系。[56]同样,伦理道德与一般政治行政领域对于制度的关注不同,前者所关注的是制度的价值属性,以及隐藏在技术属性背后的价值属性,而后者所关注的则是制度本身的技术、实证属性。[57]

根据这种理解,制度与伦理具有内在相通性,这种内在相通性就在于制度是人的自由意志实践的具体样式,是自由意志的定在。任何制度都内在地具有伦理性,即,伦理属性是制度的内在属性。正是制度的这种伦理属性,使得制度拥有灵魂并成为人的自由意志活动的一部分。也正是制度的这种伦理属性,才使得对制度的伦理分析是可能的。当然,制度内在具有伦理属性,并不表明这种伦理属性的具体内容是善的。其具体内容的善恶状态,须依据特定的价值标准、尺度具体分析。

---

[55] 所谓"纯粹的经济关系"是在相对于人的意义上而言。具体可参见恩格斯:《英国工人阶级状况》,《马克思恩格斯全集》第 2 卷,人民出版社,1957,第 565 页。

[56] 笔者曾以经济与道德关系为题,较为详细地阐释过道德的这种存在特质。请参见高兆明:《论市场经济的道德评价》,《江苏社会科学》1996 年第 5 期。

[57] 参见高兆明:《"伦理秩序"辨》,《哲学研究》2006 年第 6 期。

第 2 章 制度的"善"

对制度的伦理分析,其要旨之一,就是根据一个特定的尺度、标准去判断一个具体制度,以便确定是否为一个"善"的制度。①

一、制度"善"的一般分析

当我们在说制度的"善"时所指称的究竟是何?依据又是何?这些可能是制度伦理分析中首先需要澄清的问题。

1. 什么是"善"的制度?

人们在回答什么是"善"的制度时,首先面临着两个方法论方面的问题:其一,依据于何做出这种判断?其二,判断对象是何?是作为一个整体的制度,还是个别、特殊、单独的制度?前者是关于判断理据方面的,后者是关于判断对象方面的。

判断制度的"善"与否,有不同的理据立场。这些不同的理据立场大致可以分为两类:目的论的与权利论的。功利主义与自由主义契约论则分别是其典型代表。功利主义理据立场注重制度的

---

① 严格地讲,"善"与"好"是两个有所区别的概念,有时这种区别还比较明显。但本文并未将二者严格区分,而是基本通用的意义上使用"善"的概念。这种用法并不影响本文此处的基本论题与论理。

效率方面,并以此作为"善"的制度的基本判断依据。自由主义契约论理据立场注重制度的合法性与正当性,并以平等的自由权利作为"善"制度的基本判断依据。功利主义理据立场以自己的方式,合理地揭示了一个"善"的制度应当是有效率的、能够给社会全体成员带来最大福利的制度。但是功利主义理据立场的根本缺陷是以功能本身规定制度的善,进而使制度本身只是在一种纯粹工具性、技术性的意义上被估量;在这样的制度中,自由权利受制于社会利益的计算。自由主义契约论理据立场,则在两个方面超越了功利主义理据立场的这种局限性:一方面,制度"善"的核心是平等的基本自由这一制度内容规定,而不是其工具、技术、功能性规定;另一方面,它能恰当地把握现代社会的道德基础。或许正是基于这些缘由,罗尔斯制度正义研究取契约论而非功利主义的方法论立场。[②] 罗尔斯的这种思想方法不失深刻。权利论而非目的论的理据立场,应当成为制度"善"判断的基本理据立场。

制度是一体系,它是由基本制度与具体制度、一般制度与特殊制度等所构成的体系。因而,当我们在判断一个制度的"善"时,就面临着一个在何种意义上指称此制度的问题:是在作为系统体系整体的意义上的制度,还是在某些特殊、单独意义上的制度?或者换言之,是否可以在特殊、单独的意义上,而不是在整体的意义上判断制度的"善"?[③] 如果在特殊、单独意义上谈论、判断制度的

[②] 参见罗尔斯:《正义论》"序言"及第1篇第1章第5节,中国社会科学出版社,1988。不过,正如盛庆王来所指出的那样,罗尔斯的契约论方法内在地包含有某种功利主义的因素。其实,只要是指向人自身的人本主义终极价值取向,都会以某种特殊形式包含着某种对于人的终极性利益的实质性考量。

[③] 尽管每一个具体制度本身也可以在另一个特殊意义上视为一系统整体,但是,无论怎样,对于制度"善"的把握首先面临的是一个系统与要素、整体与部分的关系,是一个能否离开整体、系统而合理判断某一要素、部分好与坏的问题。故,这种发问本身仍然是存在的。

"善",就会面临机械论深渊。不是将制度视为一有机体,而是将其视为一些互不相干的独立部分的拼凑体,就会面临一些难以解释的社会困境:一些出于一般道德价值精神要求的特殊制度安排(诸如驾驶车辆的某些强制性保险,以及医疗养老保险等这样一类为了人身安全的某些强制性制度安排),会由于失却这种更高的价值理由而失却合理性。一个或数个具体制度单独地看可能是不合理的,但是,在一个更为深刻、完整的制度系统中,它却可能是合理的。反之亦然。一个或数个具体制度单独地看可能是合理的,但是在一个更为深刻完整的制度系统中,它却可能是不合理的。④对于制度"善"的考察,首先是立足于整体、系统意义上的考察,并在整体、系统中把握每一个具体个别制度规定。这样,才不至于混淆我们的思维。

在明晰了上述两个方法论方面的问题后,对于什么是"善"的制度的分析,就可以分别在形式与内容、基本的与非基本的这两个不同维度进一步具体展开。

2. "善"制度:内容与形式

一般地说,制度的"善"有两个基本方面:形式的"善"或技术的

---

④ 罗尔斯在考察制度正义时亦明确提出:评价制度时应注意较广还是较窄角度的区别。他强调:"要把单独一个或一组规范、一种制度或它的一个主要部分,与作为一个整体的社会体系的基本结构区别开来。这样做的理由是,一个制度的一个或几个规范可能是不正义的,但制度本身却不是这样。同样,也可能某一种制度是不正义的,而整个社会体系却非如此。不仅有这样一种可能:即单独的一些规范和制度本身并不是足够重要的;而且有这样一种可能:在一个制度或社会体系的结构中,一种明显的非正义可补偿另一种非正义。社会总体系如果只包含一个不正义部分,那么它就并非与那个部分是同等地不正义的。而且,以下情况也是可以想像的:一个社会体系即使其各种制度单独地看都是正义的,但从总体上说它却是不正义的,这种不正义是各种制度结合成一个单独的体系时产生的结果。其中一种制度可能鼓励或辩护为另一种制度所否认或无视的愿望。"参见罗尔斯:《正义论》,中国社会科学出版社,1988,第53页。

"善",内容的"善"或实质的"善"。⑤ 形式的"善"考量制度的技术方面,看其是否自洽、严密、有效。内容的"善"考量制度的实质的方面,考量制度所内在具有的社会成员相互间的权利—义务关系,看其是否有时代精神,是否以平等的基本自由权利为自身的内在规定性。

一个内容"善"的制度,总是通过一系列具体形式呈现于外,并得以成为具体存在。严格地说来,形式"善"有两种不同的规定与类型:一是作为"善"的内容的制度的具体呈现,这是"善"制度的内形式,这种"善"的形式是"善"的内容的制度不可分割的一部分;一是与"善"的制度内容无关的纯粹形式,这是制度的外形式。这种外形式是种纯粹工具性的因素,它可以为不同的制度内容服务。一个内容"善"的制度必定有一个形式"善"的制度,但一个形式"善"的制度未必必定是一个内容"善"的制度。

一个"善"的制度,是一个系统、完整、自洽的制度体系。制度是一系统。这个系统不仅有基本制度与具体制度之分,甚至基本制度与具体制度自身还会有一系列特殊制度,它们相互匹配,构成一个完整的社会结构系统与规范系统。尽管在制度系统中每一个作为构成要素的具体制度是重要的,但是,在制度系统中最重要的不是某一项具体制度的存在及其内容,而在于系统本身,在于各具体制度之间的吻合、协调、匹配。如果相互之间不吻合、不协调、不匹配,那么,即使单独地看是再善的制度也可能作用适得其反;不仅有可能使这些具体制度本身由于相互之间的不协调而失却有效

---

⑤ 这里的"形式"概念不是康德式普遍意义上的形式,而是指作为内容呈现样式的外在形式。与此相应,这里的"内容"指的是空洞无物相对的内在规定性。

性,而且还会从整体上伤及整个制度体系的结构性与规范性。可能会存在这样的情况,单独地看,一系列具体制度均有其明显的缺陷,但是这些有明显缺陷的诸多制度相互之间彼此协调、吻合一致,它们能够保证社会的基本秩序。相对于那些虽单独看来很好但缺少系统性的制度,这种虽有明显缺陷但却有系统协调一致性的制度,可能会更有利于秩序规范性,以及在秩序规范性之下的理性累积进步。

一个"善"的制度不仅是有"效力"的制度,而且是有"实效"的制度。一个制度具有合法性根据,并以合法明示的方式明确规定有约束力的行为规则要求,这是制度的效力。这个有效力的制度通过各种力量维护能够在日常生活中事实上有约束作用,能够有效地规范与调节社会日常生活,这是制度的实效。一个有效力而无实效的制度,是一个效力空虚的制度。一个"善"的制度至少在形式上应当是一个效力与实效相统一的制度。一个稳定的、效力与实效相统一的制度,不仅可以提供一个稳定的规范秩序,更可以在这种稳定规范秩序过程中,呈现与传达一种能够有效引导社会成员的价值精神。

一个"善"的制度应当具有形式上的普遍性。这个形式上的普遍性有两个基本方面:一方面,它至少在形式上不因人而异,能够被无差别地一致实施;另一方面,它至少具有一个合理的结构,这个结构能够保证制度内部契合一致、上下通达,而不存在号令不畅的"肠梗阻"现象。尽管这种制度的实质性内容可能是不正义的,但是,这种制度在其实施过程中却能够被平等实施;尽管在这种平等实施过程中,这种平等实施本身就可能因为其内容的不正义而包含着不正义,但是,这种平等实施本身却表明这种制度在其实施过程中,不因实施者的主观偏好性而反复无常、任意妄为,不会沦为实施者本身的手中玩物。⑥ 一个稳定的、能够前后一致实施的制度要求总比反复无常的制度要求要好。它至少可以使受这种制度约束的人们有明确的可预期性,能够在有限范围内尝试着根据这种制度安排来争取与维护自己的某些权益,并在这种可能的范围内反抗某些任意专制暴横,反抗不正义。⑦

一个"善"的制度是一个没有"潜规则"的制度。所谓"潜规则"是相对于"显规则"而言,它指称与正式明示的制度规则不一致乃至相反的那样一些不可明示、但又成为事实上的行为规则的一类规则。"潜规则"是一种没有效力但却具有实效的规则,它使有效力的规则失却实效。潜规则的存在表明:一个社会同时至少存在着两类相去甚远乃至截然相反的规则体系。这不仅使有效力的制度不再成为系统整体的,而且会使社会陷入由于两套规则体系所造成的混乱无序当中;不仅使社会基本结构与行为规范体系本身处于分裂状态,而且亦使生活在其中的人在人格上分裂,造成普遍的虚伪人格与伪君子。在现代法治社会,法制制度只能是一元的,而不能是二元的。从根本上说,现代法治社会不应当存在潜规则。

同样,一个"善"的制度也应当是一个有效率的制度。这个效率主要不是指在这个制度中的政府活动的高效,而是指这个制度本身具有活力,生活在这个制度中的人们有那样一种活动的积极性与创造性,进而能够创造出更多的社会财富。正是在这个意义上,一个不具有效率的制度不能称之为一个"善"的制度。尽管罗

---

⑥ 诸如各种歧视性的身份等级制规定本身是不正义的,但是,如果这种不正义的规则本身又不是任意不可捉摸的东西,那么,至少它能够给人某种规则面前平等的正义感,能够在有限范围内行为者的自我保护安全感。这种实质内容不正义的规则在这个意义上具有某种正义性。

⑦ 参见罗尔斯:《正义论》,中国社会科学出版社,1988,第54—55页。

尔斯在思考制度正义过程中以反对功利主义方法著称,但他事实上也没有否定善的或正义的制度应当具有效率。[8]

上述诸制度"善"的特质只是形式、工具方面的"善"。这些形式、工具方面的"善"只有在内容、实质"善"之下,才能获得其真实价值。一个在形式、工具方面"善",但在内容、实质方面却是恶的制度,在其现实性上是一个更加恶的制度:它是一个拥有完备工具的恶的制度。这种制度对于人性、对于公平的自由,具有更大的摧残与毁灭能力。一个"善"的制度,不仅仅是形式、工具意义上的"善",更是实质、内容意义上的"善"。根据黑格尔的分析,工具性"善"只有成为内容、实质性"善"的内在构成部分时,这种工具性"善"才能成为自由的定在。制度"善"的分析必须首先抓住其实质、内容方面。

强调分析制度"善"时必须首先抓住其实质、内容,并不意味着形式、工具方面的"善"不重要,而只是强调形式、工具性"善",应当是内容、实质方面的形式、工具性"善"。具体言之,制度"善"的权利论理据立场并不绝对否定对一个"善"的制度的判断应当注意这个制度的实际活动结果,并不绝对否定关于制度善的判断必须包括对于这个制度结果的考虑。它只是强调:不能离开正义来定义(具体)善,不能简单地以福利量来规定"善";制度的正义性优先于制度的福利量,制度的性质决定制度的功能与福利效果;[9]应当在制度的正义、制度性质考量前提之下考量制度的功能与福利效果。

---

[8] 罗尔斯认为在一个公平的正义中,"基本结构的制度作为一种统一的制度体系应该如何加以调整,以使一种公平的、有效的和富有生产力的社会合作体系能够得以持续维持、世代相继?"永远是分配正义中的永恒问题。罗尔斯以自己的方式揭示:一个好的、作为公平的正义的制度应当是有效率的、"富有生产力的"。参见罗尔斯:《作为公平的正义》,上海三联书店,2002,第80页。

[9] 参见罗尔斯:《正义论》,中国社会科学出版社,1988,第27页。

罗尔斯曾在良序社会话题之下讨论过"善"的制度应当具有的基本内容。根据罗尔斯的思想,当我们在讨论一个制度的"善"与否时,并不是空洞抽象泛泛而言,而总是在一个具体时代历史背景之下的言说。我们不能离开特定的时代泛泛说制度之"善"。我们在当今时代讨论制度的"善",是基于现代民主政治制度而非宗法等级或专制制度这一历史背景。[⑩] 一个"善"的制度,首先应当有能够标识我们这个时代的基本价值精神,它是这种基本价值精神的具体存在。没有这种时代精神,一个制度即使在其技术层面上再精微,也不配称之为一个真正意义上的"善"的制度。正是这种时代精神,揭示了制度"善"的实质性内容。

根据罗尔斯的分析,在现代民主政治这一历史背景中,一个"善"的制度或"良序社会"是"自由和平等的人们之间的公平合作体系"。[⑪] 这个"善"的制度至少具有如下特质:其一,有公共认肯的政治正义观念。即这个"善"的制度不是某些集团或阶层、而是全体社会成员所共同认肯的"善"的制度,全体成员的基本利益都能在这个制度中得到保护与实现。其二,社会结构与社会秩序受到这种价值精神的有效调节。即这种价值精神不是仅仅作为一种时髦标签招贴于外、实际上对现存社会结构与秩序缺少有效调节,而是能够有效调节现实社会结构与社会秩序。社会结构与社会秩序合乎这种公共认肯的政治正义观念。其三,生活在这个制度中的公民具有正义感,能够根据这个被公共认肯的政治正义原则恰

---

⑩ 罗尔斯明确申明:"作为公平的正义是针对现代民主社会的基本结构这个具体问题而言的一种政治正义观念。"离开了"现代民主社会"这一历史背景,就无法理解罗尔斯的"无知之幕"及"原初状态"方法设定。参见罗尔斯:《作为公平的正义》,上海三联书店,2002,第23、65页。

⑪ 参见罗尔斯:《作为公平的正义》,上海三联书店,2002,第24页。

当地采取自己的行为。即,这是一个如马克思所说的合乎人性生长的环境,生活在这个制度中的公民能够从自己的日常生活中获得培育与巩固这种价值精神的不竭源泉。⑫ 概言之,根据罗尔斯的分析,一个"善"的制度是时代精神的定在,具有时代合理性根据。

任何一种制度体制即使再精微,也只是某种特定价值内容的呈现,并服务于这种特定价值内容。离开了这种特定价值内容,就失却了灵魂与内在规定性,而沦为一种纯粹的工具。由于制度本身是以人与人关系为其基本内容,它总是有人与人关系这种内容性"善"的规定性,因而,根本不可能有一种不包含人与人关系实质内容、仅作为纯粹工具性存在的制度。正是在这个意义上,所谓工具性"善"的制度,只有在内容性"善"制度之下才能获得其充分的意义。

牟宗三曾以政道与治道这一特殊论题的特殊方式,论述了制度的工具性与技术性关系。牟宗三曾将政道、治道分别定义为政体的基本原理与政府基本职能之运作。⑬ 政道是关于社会国家生活的基本原理法则,是如中国古儒所说的天、道、理,治道则是关于管理社会国家生活的基本方法手段,是如中国古儒所说的法、术、势。如果我们不是过于关注其术语表达,而是关注其思想内容,那么,牟宗三的这种分析理路,同样适合于分析制度的工具性"善"与内容性"善"之关系。

牟宗三认为中国古代社会制度或政治生活是有政道而无治

---

⑫ 罗尔斯是以揭示良序社会理念所内在包含的核心内容的方式论及以上内容。参见罗尔斯:《作为公平的正义》,上海三联书店,2002,第14—15页。

⑬ 牟宗三甚至就以《政道与治道》为书名作一可称之为当代新儒家政治哲学的鼎力之作,其用心是想在总结剖析传统儒学政治思想的基础上,寻得一由传统政治向现代政治转化的通道。

道,有仁政精神而无科学精神。他针对中国古代社会制度或政治生活传统之弊端,主张道德之"仁"与科学之"智"的二元对立,使之生长出现代民主政治。⑭ 牟宗三根据中国传统文化的实际,强调必须发展科学精神,建立起一个现代科层制的政治制度,这是合理的。但是他却又进一步面临更为复杂的问题:工具理性能否独立于价值理性?对于中国传统政治思想来说,克服其伦理政治弊端是否在保留其伦理精神、道德理性要义基础上扩展一下其实证方面就行了?或者换个角度说,是否在保留传统的伦理道德基础上就有可能建设现代民主政治体制?即使从牟宗三所注释的"天下为公"这一"政"道出发,结论也是显然的。天下为公作为价值理想蕴藏于政道之中,它意味着国家是"公"的,故天下为公之"政"道,就不是以"家"为构建国之模型,而应以"民"为国之构建基点。家有家长,民则是民主,这正是两种政治原则的根本区别。现代民主政治制度建设,不仅仅是工具性操作层面的,更重要的首先是价值层面的,应当是平等的基本自由权利,以及民有、民享、民治人文价值精神的确立。在现代化过程中应当要求仁与智的分化,要求建立起现代科层制,但却并不能由此而得出结论,以为制度之工具理性与价值理性可以二元并立乃至割裂存在。那样,不仅在理论上科学精神与人文精神、工具理性与价值理性不能统一,而且在实践上也会使社会国家政治生活失却善的价值方向与价值灵魂。离开了政道的治道、缺失价值精神的制度,只能是无头脑、无心肝、无灵魂的怪物,只能是某种不可告人的价值目的的工具。

---

⑭ 用牟先生的话说是:"道德理性之自我坎陷(自我否定):经此坎陷,从动态转为静态,从无对转为有对,从践履上的直贯转为理解上的横列。"通过此转变,"遂有'道德中立'和'科学之独立性'。"参见牟宗三:《政道与治道》,广西师范大学出版社,2006,第50—51页。

与牟宗三相对应,在现代西方学界存在着这样一种认识,以为中国古代存在着历史悠久的行政科层制制度,并将其视为现代科层制的先驱。这种认识同样值得质疑。确实,中国古代早就以自己的特殊方式确立起包括科举制在内的某种科层制,然而,问题的关键在于:这种官僚科层制并不是现代意义上的官僚科层制。尽管中国古代社会存在着的这种官僚科层制具有某种现代官僚科层制的形式,但是,就其根本、实质而言,中国古代官僚科层制与现代官僚科层制,是两种具有根本性质区别的工具性存在,前者服从并服务于宗法等级制度,是那种制度内容的一种具体呈现,后者则服从并服务于现代民主制度,是现代民主制度的具体呈现。至高无上的王权,不仅使得那种官僚科层制时刻面临着王权肆意而为的生杀予夺威胁,缺少独立性,脆弱不堪,而且还使得那种官僚科层制本身就成为王权的御用工具。现代价值精神意义上的现代工具理性存在,只能是现代社会的产物。根据韦伯(Weber. M.)的看法,现代官僚科层制是现代社会的产物,是政治与行政二分的结果。⑮ 作为工具理性意义上"善"的现代官僚科层制,是现代民主政治这一价值理性意义上"善"的产物。没有这种现代民主政治制度,就无所谓现代官僚科层制。如果离开了现代民主政治、离开了立宪与立法,官僚科层制的行政就有可能是一个反对"作为公平的正义"的怪物。⑯

一个"善"的制度首先是一个实质、内容的规定,技术、形式上

---

⑮ 参见韦伯:《经济与社会》(下卷),商务印书馆,1997,第278页向后。
⑯ 罗尔斯在解释"作为公平的正义"的"正义原则"时揭示其"按照四个阶段的顺序来加以接受和应用",在这四个阶段中,行政只是其最后一个阶段,它只是将公民基于"平等的基本自由"原则通过立宪与立法所确立的法律、法则具体付诸实施应用而已。行政总是须通过政治获得其最根本的解释。参见罗尔斯:《作为公平的正义》,上海三联书店,2002,第77页。

"善"的制度是这种实质、内容"善"制度的定在。

至此,我们还只是在最一般意义上揭示对于"善"制度的考察,应当在内容、实质考察的前提下考察其形式与技术方面;还只是以最抽象的方式揭示一个"善"的制度,是具有现实合理性根据的价值精神的制度。我们还没有对此"价值精神"的具体内容做根本性揭示。在现时代,什么是"善"的制度?这种"善"的价值精神究竟是何?作为技术、形式意义上存在的具体制度,是何种价值精神的定在?

根据罗尔斯的看法,在现代社会,作为公平的正义的善的(或好的)制度是公民基于基本自由平等的合作体系。[17] 即,这个善的制度是以"公平的正义"为根本规定,在这个制度中每个公民具有平等的基本自由权利。平等的基本自由权利之"自由"精神,是"善"制度的根本价值规定。罗尔斯的这个基本思想合乎人类近代以来的一般文明演进趋向,具有如黑格尔所说的客观必然性。

尽管近代以来人类的历史运动以资本主义与社会主义的斗争为其现实过程,但是,这个现实历史运动过程本身却是追求自由真实实现的过程,它是在反对封建宗法专制、获得人身自由与人格独立基础之上的进一步展开。马克思、恩格斯所开创的科学社会主义运动,所要建立的正是那样一种"自由人联合体"的自由制度。根据马克思、恩格斯的思想,资本主义制度作为人类文明成就在历史上有其存在的合理性根据,这就是否定封建宗法等级制。科学社会主义运动的价值旨趣与实践指向,并不是要否定这种人类文明成就,而是要在此基础之上获得进一步发展,使自由真正成为现实。自由权利及其精神是人类现时代"善"制度的根本规定。

---

[17] 参见罗尔斯:《作为公平的正义》,上海三联书店,2002,第66页。

不过，当我们说"自由权利及其精神是人类现时代'善'制度的根本规定"时，又须对作为时代精神的此"自由"本身做进一步的深入分析。根据黑格尔、马克思等人的深刻思想，能够作为这种标识人类现代社会"善"制度根本规定的"自由"，只有在内容与形式统一的意义上才是真实的。这即意味着，一方面，这种作为人类不同于封建宗法社会制度的现代社会制度"善"之根据的"自由"，本身亦有内容与形式的统一问题；另一方面，只有形式与内容统一的"自由"精神，才能成为当今时代判断一个制度"善"的根本依据。

应当承认，资本主义与社会主义[13]是人类进入现代性历程以来的两种基本制度形态。资本主义社会制度本身亦建立在反对封建宗法专制制度基础之上。当年新兴资产阶级在推翻封建专制制度、建立新兴资本主义制度的资产阶级革命过程中，甚至首先高扬起"自由"精神，并表现出了某种英雄主义的革命气概。但是，尽管如此，正如马克思恩格斯曾反复深刻尖锐揭露的那样，资本主义制度的自由是资本、金钱面前的自由，是人民大众在资本面前失却自身自由、重陷资本牢笼的自由。因而，资本主义制度只是在形式上具有作为当今时代精神的"自由"精神，并不真正具有"自由"精神的内容。而科学社会主义制度则是具有平等自由权利的人民自己组织起来的社会制度，它不仅具有"自由"精神的形式，而且还具有"自由"精神的内容，它是形式与内容统一的"自由"精神。正是在这个意义上，资本主义制度又是必定要被科学社会主义制度所取代的。

对于"自由"的这种内容与形式方面的分析，至少从一个方面

---

[13] 考虑到马克思恩格斯当年对形形色色的所谓社会主义的批判，并坚持其所开创的事业是科学社会主义事业，考虑到当今世界存在着诸多自称为是社会主义制度的社会制度形式，为了避免歧义，此处的"社会主义"概念在"科学社会主义"意义上使用。

表明:作为时代精神并成为当今时代判断一个制度"善"的根本依据的"自由"精神本身,并不是一个抽象空洞的东西,它是一本具有丰富内涵的巨著。也只有基于这种理解,才能合理地认识与澄清当今思想界存在着的关于"自由"的诸多识见。

就当今思想界的学术论争而言,存在着一种认识倾向,这种认识倾向将"自由"视之为与"平等"相对应的价值精神,似乎"自由"与"平等"分别构成了现代社会制度善的两种对立价值取向,并将诺齐克与罗尔斯的思想论争视为其典型代表。这是对作为时代精神标识并作为制度"好"判断根本依据的"自由"的模糊认识。必须加以澄清。

其实,将自由与平等视为两种不同的制度内容规定,这仅在非常有限的意义上才能成立。在一般的意义上讲,二者是"自由"这同一"家族"的内部分歧。正如罗尔斯后来对《正义论》相关内容做必要修正时论及正义两原则所揭示的那样,作为基本善的平等的基本自由权利应当是复数的而不是单数的。这些特殊、各别的基本自由权利内容相互之间并没有一种价值上的优先性——否则这些特殊的自由权利内容就不能被称之为基本自由权利。[19] 自由是一"家族体系",它有如同罗尔斯所开出清单中的思想自由、良心自由、政治自由、经济自由、结社自由,以及人身生命健康与安全方面的自由,等等。人们对于自由理解的分歧,通常是由于试图给予这个由多方面内容构成诸多"家族成员"中的某一个或某一些以价值的优先性而引起。强调了其中的某一个或某几个,就会事实上"冷落"了其中的另一些内容,而这些内容原本具有同样的重要意义、因而不能被"冷落"。当人们更多地关注与强调经济自由这一基本

---

[19] 参见罗尔斯:《作为公平的正义》,上海三联书店,2002,第44—45页。

权利时，就是通常所说的自由优先，而当人们更多地关注与强调人身生命健康与安全等方面的基本权利时，就是通常所说的平等优先。通常所说的自由与平等的分立，其实只不过是对于作为公平的正义的基本自由权利中的某一些的优先性强调所致。这种分立与矛盾，是自由内部的"家族矛盾"。

具体地说，通常所说的自由优先，其实是在经济自由的意义上谈论自由权利，强调的是平等基本自由权利中的经济自由权利，以及由此而形成的财富差别的合理性。通常所说的平等优先，其实是在人身生命健康安全等意义上谈论自由权利，强调的是平等基本自由权利中的人身健康与安全，以及这种人身健康安全对于政治思想自由权利的基础性意义。无论是通常所说的自由优先，还是平等优先主张，其价值根据都是"平等的基本自由权利"。经济活动的自由以及由这种自由活动所引起的财富差别，本身就是自由权利的具体存在，否定了这种经济活动自由以及由这种自由活动所引起的财富差别，就是对于平等的基本自由权利的否定。同样，平等的基本自由权利意味着每个人有同等的人格尊严。然而，为了维护这种人格尊严（或者换言之，为了有尊严地存在着），就必须有基本的物质保证，正是这种基本物质条件保证了人有尊严地生活着。这种基本自由权利就要求社会能够提供这种基本物质条件，并要求社会财富差别保持在一定限度之内。这样，前者与后者尽管是两种不同的具体价值诉求，但却均基于平等的基本自由权利这一价值立场。这种价值诉求分歧并不表明自由"家族"的分裂，而只表明自由由于自身"家族成员"的多样性而须在诸多"家族成员"间寻求一种平衡、和谐。一个"善"的制度应当是能够兼顾这些自由诸多"家族成员"的制度。

在关于制度"善"的价值思考中，应当警惕通常所说的"自由"

优先或"平等"优先的误导性。不能浅薄地将这种特殊意义上的"自由"等同于一般普遍意义上的"自由",更不能由此而浅薄地否定"自由"精神是现时代制度"善"的一般规定。

"善"的制度具有效率,但是效率本身却并不能直接成为"善"的制度的直接依据。因为制度的效率本身需要从制度的实质规定得到解释。自由是制度效率的源泉。根据马克思的看法,效率的动力源泉是劳动者的创造性与积极性;而劳动者的创造性与积极性在于劳动者的自由而非依附、为自己的而非为他人的存在状态。这就如阿马蒂亚·森(Sen. A.)所说,自由既是发展的目的,又是发展的手段。[20]

3. "善"制度:基本与非基本

制度是一体系,依据各制度在社会结构中的位置与功能区别,制度大致可以分为基本制度与非基本制度。基本制度是制度体系中的那样一些制度,这些制度在社会结构中居于基础性位置,它们决定了社会的基本结构及其规则,并构成了其他各种具体规则存在与发挥作用的背景性条件。非基本制度是制度体系中相对于基本制度而言的另一类制度,这些制度在基本制度的背景性条件下存在并发挥作用,具体调节与规范日常社会交往活动。借用罗尔斯的语言表达就是:基本制度是关于社会基本结构与背景正义的制度,非基本制度则是直接应用于日常生活交往的制度。尽管基本制度与非基本制度统一构成一个完整的制度体系,其中任何一种的缺陷都可能导致制度体系的崩塌,但是基本制度与非基本制

---

[20] 参见阿马蒂亚·森:《以自由看待发展》第2章,中国人民大学出版社,2002。

度仍然是两种不同类型的制度,必须注意加以区分。[21] 这样,对制度"善"的判断,就应当首先是在区分基本制度与非基本制度基础之上把握基本制度,以及在此基础之上进一步展开的对于基本制度与非基本制度的统一性把握。不能颠倒把握问题的次序,不能以非基本制度的"善"代替、遮蔽基本制度的"善"。

罗尔斯在探讨"作为公平的正义"时将社会"基本结构"当作自己的主题。[22] 在对政治正义的研究中,罗尔斯首先关注的是社会"基本结构"这一基本问题。罗尔斯之所以要提出"原初状态"、"无知之幕"这样一类思想概念,其主旨就是要竭力奠定一个"作为公平的正义"的社会基本结构——这个社会基本结构只不过是两个正义基本原则的具体存在。在罗尔斯看来,正是这个基本结构从根本上决定了良序社会的形成及其长治久安的可能。罗尔斯所说的"基本结构"在此可以被理解为"基本制度"。

基本制度之所以重要,就在于基本制度具有特殊的功能:

首先,基本制度所提供的是社会"背景正义"。[23] 正是这社会"背景正义",一方面在总体上决定了非基本制度的存在条件、作用性质及其可能状况,另一方面在总体上决定了社会成员各种具体活动的可能结果。这恰如每一种生物都是其环境的产物、每一种生物的生物特性都是其环境背景的结果一样,每一个社会成员、每一个具体制度亦是其环境背景中的存在,这个环境背景构成了对每一个社会成员、每一个具体制度的基本制约。基本制度的这种"背景正义"首先是社会基本结构的背景实质正义。这种背景实质正义的内容是"平等的基本自由权利"这一"公平的正义"。正是这

---

[21] 参见罗尔斯:《作为公平的正义》,上海三联书店,2002,第86页。
[22] 参见罗尔斯:《作为公平的正义》,上海三联书店,2002,第84页。
[23] 参见罗尔斯:《作为公平的正义》,上海三联书店,2002,第84页。

种背景实质正义,一方面在社会基本结构的层面上规定了社会正义的基本内容,另一方面又内在地要求为了保证这种背景实质正义必须有相应的程序规范,这些程序规范保证了"公平的正义"的实现。这样,基本制度就内在地包含着历史的开放性,以及为这种开放性演进确立基本程序规范的内容。

其次,基本制度提供了社会"背景程序正义",正是这"背景程序正义"规定了基本制度本身可调整性的规范性。社会及其制度是一个不断演进的开放性历史过程。[24] 尽管这种演进的起点与终点并不是可明确预设的,尽管在这种演进过程中由于各种偶然性因素影响,每一个社会成员的具体状况会发生诸多变化,并在"公平的正义"理念之下要求基本制度本身有相应调整,但是,包括基本制度演进在内的社会演进本身,却应当是有规范的。[25] 因为一个有规范的演进过程本身就是社会文明的标志。基本制度作为社会的基本结构,不仅提供了一种基本结构背景,同时也提供了规范性的制度演进过程。

再次,基本制度通过对社会成员广泛而深刻的影响,培育与塑造社会成员的道德能力。[26] 尽管社会结构与规则是社会成员活动所构成的结构,没有社会成员就无所谓社会结构与规则,但是,只要不是在这种原初抽象意义上讨论社会结构及其规则与社会成员

---

[24] "社会是一个不断前进的公平合作体制,……既没有明确的开端,也没有明确的终结。"参见罗尔斯:《作为公平的正义》,上海三联书店,2002,第 87 页。

[25] 参见罗尔斯:《作为公平的正义》,上海三联书店,2002,第 84—87 页。

[26] 在一个"公平的正义"的社会基本结构中,"人类能够发展他们的道德能力,并成为一个由自由和平等公民组成的社会之完全的合作成员。"这个社会基本结构具有"教育公民的公共功能,这种功能使公民拥有一种自由和平等的自我观念;当其被适当调整的时候,它鼓励人们具有乐观主义的态度,对自己未来充满信心,而且感觉到按照公共原则自己得到了公正的对待,这些公共原则被视为是用来有效地调整经济不平等的和社会不平等的。"参见罗尔斯:《作为公平的正义》,上海三联书店,2002,第 91 页。

的关系,就应当承认社会结构及其规则对于社会成员内在精神的塑造意义。尽管非基本制度也有某种通过规范性作用而使社会成员形成某种道德能力的功能,但是,非基本制度对社会成员道德能力的塑造,主要还只是行为的规范性这一规范精神与规范品质的塑造。基本制度则总是那个时代精神的呈现。基本制度通过社会基本结构性安排所要引领与塑造的则是如黑格尔所说的"第二天性"。

一个"善"的制度首先是有一个"善"的基本制度。然而,"善"的基本制度又必须通过一系列具体制度得以呈现与具体化,因而,要求有与其相应的"善"的非基本制度。如果一个"善"的基本制度不能通过一系列具体制度呈现,成为具体存在的,那么,这个"善"的基本制度也是值得怀疑的。这就如一个人的机体一样,其健康总是通过其各个具体器官的健康状况得以呈现,如果其具体器官并不能有效地发挥其本应有的功能,那么,就很难说其是健康的。一个"善"的制度,是"善"的基本制度与"善"的非基本制度统一的制度。[27]

4. 制度"善"的历史主义:时代性与地方性

当我们说一个制度"善"时,总是在特定的时间、空间范围内针对某一特定的制度而言,因而,在这个意义上,无论我们是否承认,我们总是具有某种历史主义态度。制度"善"判断中的历史主义态度有两个方面的基本内容:一是时间性,这是关于制度"善"判断中

---

[27] 尽管制度的基本方面与非基本方面并不简单地等同于制度的内容与形式方面,因为,形式本身就有内形式与外形式之分,内形式本身就是内容的一部分,然而,在某种意义上,制度的内容、实质方面也构成了制度的基本方面,相应地制度的形式方面则构成了制度的非基本方面。

的时代感与时代精神的方面;一是空间性,这是关于制度"善"判断中的地方性与民族性的方面。[23] 对于制度"善"的判断,不仅应当有时代性,还应当有地方性(或民族性),应当是时代性与地方性(或民族性)的统一。

马克思恩格斯所创立的历史唯物主义之所以较之于他们同时代的诸多思想远为深刻,就在于这种思想方法立场摈弃了那种空洞无物的人性、人道、善之类的抽象性,采取了一种实践的、因而亦是历史的态度。马克思恩格斯的历史主义态度,不仅体现在他们寻求一条实现人类自由解放的现实道路上,亦体现在他们对资本主义制度的具体分析上。他们并没有因为资本主义制度必定要为更高形态的社会制度所取代,就否定资本主义制度的历史价值,相反,他们对其在可能的范围内给予了充分的肯定。也正是这种历史主义态度,才使我们有可能理解马克思恩格斯在关于英国东印度公司,以及对华贸易战争中的一些具体论述。其实,一切能够在人类历史上留下重要影响的政治哲学思想,无不以其特殊方式包含了某种历史主义的价值内容。

西方自古希腊起,关于制度"善"的认识就形成两种基本路径,这就是以柏拉图为代表的理想主义路径,与以亚里士多德为代表的经验主义路径。柏拉图要从绝对理念出发构建起一个现实的国家制度,并将各尽所能、各得其所作为这个制度的基本原则。亚里士多德则要从政治生活的现实出发,通过一种实践理性的方式构建起一个"善"的制度,这个制度以正义与幸福为指归。柏拉图、亚里士多德的思想内容看似相去甚远,其实,都不过是二者对自身生

---

[23] 这里的"民族性"可以在"空间"、"地域"这种更为广泛的"地方性"意义上被把握。这样,"制度"就不仅仅是在"民族"层面意义上的,它可以是在社会公共生活中任何具体层面意义上的。

活环境的一种理解。

西方启蒙时代的霍布斯、洛克、卢梭等人,则从"自然状态"出发来阐释制度的"善"。在这种"自然状态"的理论假设中,似乎存在着的是一种非历史主义的态度。其实,恰恰相反。正是在这种似乎非历史主义的"自然状态"的理论假设中,表达了启蒙思想家们的一种历史主义态度:以平等的自由权利作为理解这个时代、这个制度的最基本价值标准。在这个似乎最抽象的关于制度"善"的理解范式中,存在着的是最真实、最具体的历史主义态度,存在着的是现代性意义上的"善"的制度的理解。

作为德国古典哲学集大成者的黑格尔的政治哲学,通常被认为是保守的。其实,如果我们不是过于关注其表达形式,而是注意揭示其真实深刻内容,那么,我们不难发现黑格尔政治哲学思想中的革命性内容,在这革命性内容中包含着强烈的历史主义态度。黑格尔曾以"国家"范畴讨论了制度及其"善"的问题。在黑格尔看来,制度是一个生成、演进过程,其自身有一个由不成熟到成熟的过程。现代制度是成熟的制度形态,相对于现代制度的前现代制度形态是"不成熟的"制度形态。根据黑格尔的看法,成熟、善(或好)的现代制度较之于不成熟、恶的(或坏)前现代制度有一系列基本区别。其中最重要的有两点:其一,具有独立人格及其权利的个人。这是现代制度与前现代制度的根本区别。[29] 前现代社会是宗法等级制的,在那里只有等级身份、人身占有或依附,没有个人及其自由权利。现代社会则以独立个人及其平等自由权利为基石。这个由前现代向现代政治生活变迁的过程,就是梅茵所揭示并为马克思所认肯的由人的依赖关系向人的独立关系的转变过程。现

---

[29] 参见黑格尔:《法哲学原理》,商务印书馆,1982,第261—263页。

代国家是以独立个体的存在及其自由权利为前提的国家形态。现代国家政治生活及其制度是具有平等自由权利的个人实现自身利益的合作方式,这是契约论所包含的最为深刻内容之一。其二,权利与义务相统一。这是成熟的、善的现代制度不同于不成熟、恶的前现代制度的另一基本区别。[30] 在成熟的、善的现代制度中,权利与义务不再是两极分离的,而是处于统一状态;不再是一部分人履行义务,另一部分人享有权利。在人类历史的相当长一段时间中,权利与义务一直处于两极分离状态:一部分人专掌权利,另一部分人专司义务,那些专掌权利的人以普遍的名义支配并剥削专司义务者,并由此引发出社会的普遍敌对。[31] 在这种普遍敌对中,社会自身处于无休止的轮回毁灭之中。现代民主制度尝试着走出了一条摆脱社会普遍敌对的人类发展新道路。这就是共生共在的道路。无论后来的马克思,还是罗尔斯、哈贝马斯,均是对这种政治正义类型的理论揭示。一个"善"的制度必定是具有时代精神的制度。

制度"善"的历史主义态度,不仅意味着其时代性,亦意味着其民族性。这个民族性指的是,一个"善"的制度必须是这个民族历史与文化的结晶。具有时代精神的制度,是在人类文明发展特定历史阶段拥有普遍文明本质的制度。然而,这种普遍文明本质的制度的具体存在,却离不开每一个民族自身的独特历史及其制约

---

[30] 根据黑格尔的看法,在不成熟的前现代国家中,权利与义务被分别"分配在不同的方面或不同的人身上",而在成熟的现代国家中则相反,"义务和权利是结合在同一的关系中的","权利与义务相结合的那种概念是最重要规定之一,并且是国家内在力量之所在"。黑格尔笃信:"如果一切权利都在一边,一切义务都在另一边,那末整体就要瓦解。"只有权利与义务的统一才是"所应坚持的基础"。参见黑格尔:《法哲学原理》,商务印书馆,1982,第261—262、173页。

[31] 这是一部分人与以普遍身份出现的另一部分人的普遍敌对。

性。或者换言之,这种具有普遍性的制度总是以各民族自身历史与文化特色的特殊性样式呈现。这种普遍性存在于各特殊性之中,并且总是以特殊性的样式呈现。黑格尔在国家概念下对此亦有精辟阐释。在黑格尔看来国家制度的形成有其历史根据或"历史制约性"。这种历史制约性就在于:一个国家制度究竟是何种内容、这种内容以何种形式存在,它由其历史所规定。不能离开一个民族的特定历史任意确定一种政治制度。那种离开特定历史与文化而试图输入一种制度的做法,由于其无根性的主观性而注定会陷入困境。"如果要先验地给一个民族以一种国家制度,即使其内容多少是合乎理性的,这种想法恰恰忽视了一个因素,这个因素使国家制度成为不仅仅是一个思想上的事物而已……每一个民族都有适合它本身……的国家制度。"[②]黑格尔还以拿破仑为例,说明试图将一种制度强加给某一民族国家的做法是愚蠢的。"拿破仑想要先验地给予西班牙人一种国家制度,但事情搞得够糟的。其实,国家制度不是单纯被制造出来的东西,它是多少世纪以来的作品。"一个民族在长期的历史过程中,会形成自己特殊的生活方式及对这种方式的特有情感。正是这种特殊生活方式与情感,成为这个民族国家政治制度的基础。尽管"拿破仑所给予西班牙人的国家制度,比他们以前所有的更为合乎理性,但是它毕竟显得对他们格格不入,结果碰了钉子而回头,这是因为他们还没有被教化到这样高的水平。一个民族的国家制度必须体现这一民族对自己权利和地位的感情,否则国家制度只能在外部存在着,而没有任何意义和价值。"[③]任何一个"善"的制度都是在那个特定民族历史生活

[②] 黑格尔:《法哲学原理》,商务印书馆,1982,第291页。
[③] 黑格尔:《法哲学原理》,商务印书馆,1982,第291—292页。

中历史形成的,都是那个民族历史与文化的集中体现。一个即使在其他地方实践得再好的制度,如果不能考虑到这个特定民族的历史与文化而强行加予,很可能会出现"愈淮成枳"的现象。

以时代性与民族性为具体内容的制度"善"的历史主义特质,意味着制度"善"具有某种相对性。没有绝对普适的"善"的制度。然而,制度"善"的这种相对性并不意味着制度"善"是一种完全没有任何确定性内容的、纯粹主观任意的偏好。制度"善"具有某种绝对性规定或因素。这种绝对性规定或因素有两个方面:其一,在整个人类文明演进过程中的绝对性;其二,在人类文明演进特定历史阶段中的绝对性。如果我们能够将整个人类文明演进的历史过程视为一个走向自由的过程,那么,人的自由就是这种"善"的绝对性内容。人的自由在不同历史阶段固然有不同的具体内容,但是,在某一特定历史阶段其基本内容却是基本稳定的。这种稳定的内容构成了不同文明演进历史阶段相互之间借以区别的内在规定。正是在这个意义上,当我们说制度"善"的历史主义特质具有某种相对性时,其实即是意指:这是人的自由这一绝对性的相对性,它是人的自由这一普遍性内容的具体存在。

制度"善"历史主义所内在隐含的相对性与绝对性双重特质,表明了"善"的制度是普遍性的特殊性存在这一核心内容。当我们说制度"善"的历史主义、相对性特质时,我们务必小心:我们这是在制度存在的特殊性形式之下寻找其普遍性内容或规定。一个"善"的制度不仅仅是特殊的,而是自由精神这一普遍性的特殊。没有这种普遍性精神的特殊,失却了存在的理由,失却了"善"的根据。对此,我们同样可以借用黑格尔的表达方式来表达:任何一种能够配称之为"善"的制度,都是"自由"这种人类精神的定在。

黑格尔关于"国家"分析的思想进路与基本结论,会有助于我们对于制度"善"的历史主义立场的深刻把握。黑格尔曾在"国家"概念之下揭示了国家"善"的普遍性与特殊性定在统一的思想。黑格尔强调一个"善"的"国家"必定在特殊性之中有其普遍性内容,必定是"国家"理念的定在。因而,黑格尔特别强调在认识"国家"时尤其要注意揭示其本质、理念。㉞ 黑格尔这里所强调的正是对国家普遍性本质内容的把握,是对政治文明历史类型及其价值精神的总体性把握。黑格尔要求我们在考察国家政治生活及其政治正义时,首先应当舍去其具体特殊样式而把握其根本性内容:它是现代性的还是前现代性的政治文明,并在现代性政治文明及其价值精神之下具体把握与理解各个不同国家制度。黑格尔的这个思想并不是不要认识特殊,而是要合理、科学地认识特殊。

当然,对于制度"特殊性"本身亦有一个合理把握的问题。在认识制度"善"、认识当今人类政治正义时,我们确实应当注意其特殊性,因为如果我们不能注意其特殊性,就不能区分彼此,不能区分不同的政治制度。然而,这种"特殊性"之区分本身亦有两种不同的规定:其一,作为一种普遍性的特殊性。即,它是在何种类型的政治文明、何种"善"意义上的特殊性。这里提出的问题是首先应当确定其政治文明、政治正义的历史类型,应当区分是前现代社会的政治正义还是现代社会的政治正义。其二,作为一种普遍性的特殊存在样式。这种意义上的特殊性是要确定一种政治文明、政治正义类型的具体存在样式。在这两种不同特殊性把握中,前一种特殊性区分更具有基础性意义。因为,如果不能确定这种特

㉞ 黑格尔认为:"在谈到国家的理念时,不应注意到特殊国家或特殊制度,而应该考察理念,这种现实的神本身。"并认为"根据某些原则,每个国家都可被指出是不好的,都可被找到有这种或那种缺陷,但是国家,尤其现代发达的国家,在自身中总含有它存在的本质的环节。"参见黑格尔:《法哲学原理》,商务印书馆,1982,第259页。

殊性,就无法确定制度"善"的客观真实内容,无法把握与理解一个时代以及不同时代之间的区别,无法把握与理解以具体样式存在着的各种政治实体之间的联系与区别。不同政治文明历史类型,与同一政治文明历史类型中的不同具体存在样式,这是两类完全不同的问题。当我们在制度"善"、政治正义、国家政治生活这样一些问题上,谈论要有历史的、具体的观点时,必须注意上述两种特殊性的区别与联系,否则,我们的认识就不是真正历史的、具体的。⑤

现代社会是不同于前现代社会的社会历史形态。现代社会的特质是对宗法、等级、人身依附关系的否定。现代社会的基本价值精神是平等的基本自由权利。所以,我们在当代考察制度"善"时,首先应当考察这种现代社会的普遍性内容,即首先应当关注其是否为现代的"善",而不应当在一开始就为其特殊性所遮蔽、进而丧失洞察力。

普遍性总是以特殊性的方式存在着。人类的政治文明有普遍精神而无普遍形式,它总是以各种具体样式存在着。所谓东方文明、西方文明只是以地缘所标识的特殊文明样式。这些文明都是全人类的,它们只不过是人类文明以东方或西方的特殊样式存在着。苏格拉底、柏拉图、亚里士多德既是西方的,也是全人类的。同样,孔子、老子既是东方的,也是全人类的。尽管现代政治文明首先在欧洲出现,并以西方文明的样式存在,但是欧洲或西方政治

---

⑤ 这样,我们对于马克思关于国家的唯物史观的认识就会有新的收获。马克思批判黑格尔国家学说的抽象性并不是在前两种特殊性意义上而言,而是在第三种特殊性意义上而言。甚至马克思对于黑格尔国家学说的批判本身就是以对前两种特殊性意义上的政治文明、政治正义内容的肯定为前提。这样,我们也就不难理解马克思在关于资本主义对印度及中国殖民地扩张中的所谓道义与历史的"悖论"立场。马克思的这些认识建立在不同文明历史类型区别基础之上。

文明并不仅仅是欧洲或西方的,它们还是全人类的。在欧洲或西方政治文明中存在着作为现代社会人类政治文明的普遍性内容。我们不能因为这些普遍性内容所披上的欧洲或西方的外衣,而断然否定这种具有普遍性意义的真理性内容。我们应当以冷静理性的态度对待西方政治文明。当我们从西方先进民族那里学习现代政治生活及其正义秩序构建内容时,我们似乎在学习西方的政治文明,其实并非如此。我们这是在继承与学习人类普遍的文明财富。

不过,应当特别值得注意的是,在这样一种普遍性与特殊性相统一的意义上理解制度的"善"时,内在包含着一个不可忽视的内容:这种理解意义上的任何一种"善"的特殊性制度样式,不仅是时代精神的具体存在,更是以一种特殊方式在丰富与推进着这种普遍性的时代精神,在丰富着这种普遍"善"的制度。㊱

二、制度合理性根据的现代性转向

制度"善"的历史主义规定性决定了"善"的制度在人类文明演

㊱ 正是在这个意义上,我们应当充分认识到当代中国社会变迁过程中特殊制度实践对于人类普遍文明的伦理价值。当代中华民族以自身改革开放的特殊实践丰富并推进了人道、自由、民主等现代伦理价值精神;从实际出发,首先从经济层面切入理解与实践人道价值精神,以经济建设为中心,改善人们物质生活条件,奠定现代性伦理关系及其价值精神的客观基础;经济自由优先于政治自由,以经济自由注疏政治自由,以经济自由推动政治自由并逐步实现社会生活的全面自由,并使经济自由成为民主、自由的现实内容;坚持与维护社会的基本秩序,以秩序建立法治,在秩序框架内改良,并逐步推进民主秩序。这些有助于我们加深对于现代社会制度"好"的理解。当代中国改革开放实践,不仅是中华民族的,亦是全人类的。关于此可具体参见高兆明:《中国现代化建设的全球伦理价值》,《浙江社会科学》2005年第5期。

进的不同历史阶段有不同具体规定。人类近代以来的制度"善"之价值标准经历了一个现代性转向的历史过程。从身份到契约、从人治到法治、从仁政到宪政，构成了这个制度合理性根据现代性转向的具体内容。

1. 从"身份"到"契约"

英国著名历史法学家梅茵一百多年前就认为人类社会的进步运动，"迄今为止，是一个从身份到契约的运动"。[37] 梅茵"从身份到契约"运动的论断，虽然有特定的历史背景，[38]但不能据此就简单地认为梅茵所提出的"身份"关系与"契约"关系不能作为一种思想方式被用来认识当代人类社会现象。事实上，如果我们通过欧洲这样一种由身份到契约的特殊历史演进过程，深入人类历史过程中的人与人之间关系，并进一步剥除罩在其外表的特殊社会表现形式，就不难发现：从宗法等级人身依附关系，到摆脱这种宗法等级人身依附关系的独立人格的出现，是人类历史的普遍文明进程。正是在这样一种视野与思维方式之中，"身份"关系与"契约"关系的分析方式或分析框架就获得了某种普遍性解释力。

值得特别提出的是，这里的"契约关系"标识的是一种交往关系的历史形态，指涉的是以人身自由为基础、以平等协议为基本调节手段的一种社会关系，它所表达的是关系各方的平等特征。[39] 契约

---

[37] 梅茵：《古代法》，商务印书馆，1984，第97页。
[38] 梅茵具体指的是由前资本主义社会中的人身依附关系，即奴隶对奴隶主、农奴对封建主的人身依附关系，转变到自由资本主义社会中的人身自由关系这一历史过程。
[39] 当然，这种平等只是在关系双方在交往活动中均是人身自由的主体这一意义上而言的，如果进入这种交往活动内容自身，则未必又是真实平等的。所以就有了人们所说的真实平等与形式平等的问题。不过，一方面这已属另一问题，另一方面这也并不能否定彼此具有某种平等性。

关系是一个历史的范畴。这有两个方面的含义:首先,尽管契约活动是人类社会由来已久的现象,但契约关系作为人类的一个普遍历史现象,却是近代以来的事情。不能简单地以为只要存在契约活动现象,人类就处于契约关系阶段。这就恰如商品现象一样。尽管商品现象由来已久,但商品经济社会却是近代以来的历史现象。不能因为一个社会有商品现象,就简单地断言此社会就是商品经济社会。[40] 在商品经济大规模发展以前的社会中,契约关系只是一种偶然的社会现象。只有在商品经济大规模发展的历史条件下,契约关系才能成为社会的普遍现象。其次,任一社会时代具体契约行为中契约双方的具体关系,都带有那个时代的历史印记与历史规定性。在契约行为之下,可以包含不同社会生产方式内容。[41]

人类在一个相当长时间内曾一直以"身份"关系作为制度"善"的客观内容与判断标准。"身份"关系的核心是宗法血缘等级关系基础之上的人身依附关系,一切权利—义务关系均从这种人身依附的宗法血缘等级关系中给予具体规定。在这里,没有个体与个人,只有家庭与家长。直到近代,这种状况才开始逐渐改变,制度

---

[40] 泰格等曾从法律的角度具体论及此问题,表达了契约实践的普遍化是社会关系、社会物质力量、社会制度体制等因素综合作用结果的思想,明确指出:不要以为"只要自由协议这一法律观念充分发展,资产阶级社会关系就会出现。契约法并不是由于它的原则显然合于正义,就突然降世而得以确立的。契约的运作领域要受到经济关系体制限制,而后者又决定于技术水平、对立阶级的力量,以及生产力的一般发展状况。精妙的契约理论并不足以保证会有实行该理论诸所必需的种种力量配合。"参见泰格、利维:《法律与资本主义的兴起》,学林出版社,1996,第 204 页。

[41] 诸如杨白劳与黄世仁间的契约,穷人的卖身契等契约行为,显然不同于现代社会的契约行为。麦克尼尔曾从法学的角度谈及契约的根源,他认为社会、劳动的专业化和交换、选择、未来意识是契约得以存在的根源,他以为"把契约同特定的社会割裂开来,就无法理解它的功能",并强调"个别性交换"不是契约的初始根源,这样,他就以自己的方式同样揭示了契约范畴的历史性。参见麦克尼尔:《新社会契约论》,中国政法大学出版社,1994,第 1—4 页。

"善"的"身份"关系内容与判断标准才逐渐为"契约"关系所取代。

从以身份关系居主导地位的身份社会到契约关系居主导地位的契约社会的转变,东西方有不同的经历。在以西欧为代表的西方社会,这个转变历程与市民及市民社会的兴起与发展直接相一致。契约最初起源于私人权利间关系,契约的第一前提就是独立利益主体的存在,契约的核心就是承认个人的自由权利。西方近代以前的法律、政治、哲学思想中,贯穿了某种对于个人自由权利追求的精神。这种精神发源地是古希腊罗马。"国家起源于人们相互间的契约,起源于 contrat social (συυζ'ηχη)[社会契约],这一观点就是伊壁鸠鲁最先提出来的。"[42]作为"最伟大的希腊启蒙思想家"[43]的伊壁鸠鲁,通过原子的偏斜运动,以自己的特殊方式最早揭示了个体自由及其在人类文明演进中的价值。[44]伊壁鸠鲁所开创的这个思想认识,在欧洲思想史上为后人所继承。霍布斯、洛克、卢梭等概莫能外。而这种思想所代表与反映的,则是欧洲历史上摆脱身份关系、实现个人自由权利的现实运动。

中国古代社会在其家国一体的社会结构与价值取向之下,长期处于普遍的身份化之中,缺失个人的独立与权利。究其主要原因,首先,是落后社会生产力基础之上的商品经济的幼稚。因为在商品经济中,"人的依赖纽带、血统差别、教育差别等等事实上都被打破了,被粉碎了(一切人身纽带至少都表现为人的关系)"。[45]其

---

[42] 参见《马克思恩格斯全集》第3卷,人民出版社,第147页。
[43] 参见《马克思恩格斯全集》第40卷,人民出版社,第242页。
[44] 伊壁鸠鲁通过自然法的方式对人的自由权利作了论证,并将契约、公正、自由做统一理解。如他认为"自然法是一种求得互不伤害和都不受害的[对双方]有利的契约";"公正不是某个自身存在的东西,而是存在于人们的互相交往中,它是一种契约,是每一次在一些国家内为了不损害他人和不受他人损害而制定的契约。"伊壁鸠鲁:《格言集》;转引自《马克思恩格斯全集》第40卷,人民出版社,第34,267页。
[45] 参见《马克思恩格斯全集》第46卷(上),人民出版社,1980,第110页。

次,是高度集权的宗法专制统治。历史地看,在一个高度集权专制的社会中,既不会有商品经济的大规模充分发展,也不会有个人独立自由权利的存在基础。再次,是僵化的宗法思想意识根深蒂固,这种僵化的宗法思想意识如同鲁迅所揭示的那样能够吃人。其中,商品经济具有最终制约的作用。事实表明,确立起制度"善"的现代性合理性根据,仅仅依靠政治革命本身远远不够。它必须以彻底消除宗法专制赖以存在生长的经济生活方式为客观物质基础。商品经济的大规模发展会以不可抗拒的物质力量彻底摧毁宗法等级人身依附关系体系。如果在一定意义上可以说以西欧为代表的西方社会已完成了从身份到契约的转变,那么,东方古老文明则尚须通过进一步发展社会生产力、改变既有的日常交往活动方式,来真正彻底实现这一转变。需要特别注意的是,市场经济的发展并不能自发带来普遍的契约关系。根据马克思的分析,它只是为契约关系的普遍化奠定坚实的基础,提供强有力的物质批判武器,并使之成为一种现实的可能,但是,这种可能要成为现实,还必须同时通过政治、思想文化领域里的艰苦斗争。不过,一旦人们开始拥有了经济领域中的自由活动权利,拥有了独立人格与财产权,作为现实的利益主体存在,那么,这种自由权利终归要反映到社会生活的各个领域中。

作为现代制度"善"合理性根据的契约关系,是一种社会普遍交往方式及其基本结构。麦克尼尔在为现代契约法指点迷津时,曾仔细将契约区分为个别性契约与关系性契约两种形态。他将个别性契约理解为是一次性的交换,且"除了物品的单纯交换外当事人之间不存在关系";将关系性契约理解为非一次性的,且当事人在物品交换之外还存在着复杂的社会关系的契约。[46] 我们于此借

---

[46] 参见麦克尼尔:《新社会契约论》,中国政法大学出版社,1994,第10—32页。

用这对范畴以区别两种不同的契约关系:一种是当事人间的简单、一次性自主协议性的个别契约关系,另一种是于复杂社会关系之中反复交往过程中结构化了的普遍契约关系。只有后一种契约关系才是作为社会基本结构历史形态、进而作为现代制度"善"合理性根据的真实契约关系。

个别契约所缔结的是偶然、任性的关系。契约以自由、平等、守诺、诚信为基础。个别契约并不排斥守诺与诚信,甚至也并不排斥个别契约当事者之间的平等、自由关系。然而,一方面,正如黑格尔所说契约本身具有任性的特点,[47]个别契约能极为明显地放大其任性特性,从而增加彼此关系的或然性;另一方面,由于个别契约并不是建立在普遍、持久联系基础之上,因而,短视与浅见会使人们相互间的交换成本增加,并使人们在这种个别的、有所预期的交往中,明显感受到交往关系的不确定性,从而减少了生活环境的可信赖感与安全感。个别契约虽是社会成员对自身自由权利的自由行使,但人们在这种行使权利过程中却感受到极大的不自由。伴随着市场经济出现的是相对独立利益主体的普遍出现。这些相对独立利益主体间的交往方式在最初则是个别契约式的,充满了随便、偶然与任意,甚至这种契约本身也变成随便与任意的:一口胡言,一张废纸。这种个别契约式的交往方式一方面增加了社会由一种生活方式向另一种生活方式转变过程中的混乱与成本,另一方面在增加了人们对这种新生活方式本身怀疑的同时,败坏了诚信有诺的社会风尚。理性在痛苦的实践中醒悟:只有结构化了的普遍契约关系才是真实的契约关系。

普遍契约关系是一种全面、整体、稳定关系结构中的契约。在

---

[47] 参见黑格尔:《法哲学原理》,商务印书馆,1982,第255页。

这种契约关系中仍然有偶然性因素,但是这偶然性是全面、整体、稳定社会结构背景中的偶然性,人们交往活动中的偶然性只不过是这种稳定社会关系结构中的具体环节。这种偶然性并不改变社会关系的基本方面,同时又使这种社会关系丰富多彩、生机勃勃。在普遍契约关系中,契约当事人双方是作为个性的而不是个别的存在。他们不是孤立、瞬逝的个体,而是稳定的关系体系中的具有个性的个人。即使交往双方当事人在契约交往中出现某种纷争,其中的弱小一方在原则上也不会因为其弱小而遭受不公。因为社会整体的关系结构体系调整与制约着这个社会中的每一个具体交往活动,并保证这种交往活动的自由、公正。在这种关系中,平等自由权利与独立个性摆脱了纯粹偶然性而成为必然性的:它们已不再简单依赖于交往双方当事人的简单承诺与个人信用来维系,而是靠社会基本结构、靠制度化体制化了的承诺与信用来保证。

值得注意的是,契约论思想在经历了古典时期的荣耀后,就不断受到批评诘难。[48] 这些批评诘难有许多确实击中了契约论的弱点。不过,冷静地说,尽管契约论存有这样那样的缺憾,但它仍然有其不可磨灭的理论价值。至少它能以一种理论的抽象,揭示个人间自由权利的平等性,揭示国家社会的人民性,揭示法律价值合理性最终根据之所在。即使对契约论持批评态度的罗素也承认"社会契约说当作一个法律拟制,给政治找根据,也有几分道理。"[49]对社会正义问题给予重要关注的罗尔斯,弃功利主义方法,

---

[48] 黑格尔就批评"(社会)契约乃是以单个人的任性、意见和随心表达的同意为其基础的"。参见黑格尔:《法哲学原理》,商务印书馆,1961,第 255 页。罗素也曾以一种苛责的口吻说:"社会契约按这里所要求的意义讲,总是一种架空悬想的东西。"参见罗素:《西方哲学史》下册,商务印书馆,1976,第 166 页。

[49] 罗素:《西方哲学史》下册,商务印书馆,1976,第 166 页。

以契约论方法构建起自己的社会正义理论,并在全球思想界引起一场关于社会正义的新讨论,这再次证明了契约论本身的理论价值。

其实,个别契约也不是在纯粹个别真空中进行,特定的社会政治、经济、文化及其制度体制构成个别契约交往的现实环境。这正是契约的具体历史性之所在。如果说在自由资本主义之初,个人还没有受到社团、行业协会、国家政府较多干涉的话,那么在社会交往日益扩大、科学技术高度发达的今天,情况则发生了重大变化。早在1931年,正是梅茵《古代法》一书的编者,英国法学家C.亚伦就清楚地指出,梅茵关于个人自决、契约自由的"这些文句在它写成的当时是适当的、可以接受的——那个时候,19世纪个人主义的全部力量正在逐渐增加其动力。""我们可以完全肯定,这个由19世纪放任主义安放在'契约自由'这神圣语句的神龛内的个人绝对自决,到了今日已经有了很多的改变;现在,个人在社会中的地位,远比著作《古代法》的时候更广泛地受到特别团体,尤其是职业团体的支配,而他的进入这些团体并非都出于他自己的自由选择。"[50]自从20世纪上半叶凯恩斯主义出现后,在自由主义与凯恩斯主义的激烈争论中,西方发达国家对社会经济生活过程的宏观调控干预明显加大,作为19世纪自由资本主义市场经济"两大支柱"的个人所有权和契约权,已经受到了巨大的"侵犯"。个人自由活动在越来越多地受到社团、行业协会自律控制的同时,也越来越多地受到国家政府宏观调控的制约影响。今日,社会基本制度体制的公正,已是个人自由平等关系的先决条件。关心个人自由平等权利,就必须关心社会基本结构与基本制度体制的公正。

---

[50] 梅茵:《古代法》,商务印书馆,1984,第97页。

严格地说,契约是种私约。[51] 然而,契约又是一种社会性行为。因而,尽管契约是私人自由权利的行使,但是在某种意义上私人权利及其相互间的契约关系又是被先在地由社会所规定与赋值。私人自由权利的行使总是在一定的社会制度框架内进行。私人的自由权利不是绝对的自由权利。私人的自由权利受制于更高的社会公共权利。纯粹私人的契约是形式的契约,没有必然性,因而未必是有效的。只有在公共权利或"公约"这一客观规定性中,私约才是真实的、因而也是有效的契约。伯尔曼曾从法学的角度深入研究了西方发达国家契约中的这种私约与公约的从属关系,贝勒斯则从实在法的角度得出了同样的结论。[52] 伯尔曼、贝勒斯等明确地揭示:契约关系作为个人权利间关系应以公共利益为前提,作为私法应以公法为前提。在伯尔曼、贝勒斯上述思想背后还隐含着更为深刻的内容:契约关系是平等的自由权利关系,个人间的平等自由权利关系只有在客观化了的社会结构中才能真实

---

[51] 在法学领域,契约被归入私法领域研究。参见泰格等:《法律与资本主义的兴起》,学林出版社,1976,第237页;伯尔曼:《法律与革命》,中国大百科全书出版社,1996,第40页;贝勒斯:《法律的原则》,中国大百科全书出版社,1996,第172页。

[52] 伯尔曼认为伴随着国家政府对经济、社会宏观调控干预的加强,"契约法,在传统西方法律制度中被看作是在广义公共政策确立的限度内使根据当事人的意愿达成的协议发生效力的一套规则体系,而在20世纪它却致力于使自己适应一种全新的经济境况,在这种情况下,立法对最重要的契约种类专门规定了详细的条款","提出标准的契约形式",即使是作为个人私有财产的房屋,"个人所有者未经政府的许可,则几乎不能种植一棵树或扩建他的厨房。"参见伯尔曼:《法律与革命》,中国大百科全书出版社,1996,第40页。贝勒斯在对契约法研究中从实在法的角度提出了有关契约法的20个原则,其中首要内容之一就是"公共利益原则:为了公共利益,诺承义务的执行应受到社会政策的限制","该原则仅仅是更为概括的、支持为了公共利益而限制自由的政治原则的一种具体形式,它证明了对财产的公益限制以及某些刑法的合理性。"另外与此相关的是"不法契约原则",这是指违背了"为公序良俗所必需的公共政策"的契约属于不法契约,而法院"一直都在这样限制着承诺义务,拒绝招待那些有违公共政策的契约"。参见贝勒斯:《法律的原则》,中国大百科全书出版社,1996,第179、220—222页。

实现。

制度"善"合理性根据由"身份"向"契约"关系的转变,内在包含着这种合理性根据由"人治"向"法治"的转变。因为平等的自由权利这一制度"善"的现代合理性根据,在其现实形态上必然是法治、而非人治的。

2. 从"人治"到"法治"[33]

近代以来,伴随着人类文明由身份关系向契约关系转变过程的,是由人治向法治转变的过程。从"人治"到"法治"是制度"善"的现代性转向的又一重要方面。

以"身份"关系作为制度"善"的合理性根据,其实质是以家长或帝王君主作为制度"善"的合理性根据。即,制度"善"的根据在于家长或帝王君主及其意志。因而,这种制度"善"的合理性根据同时即意味着以家长或帝王君主意志之"人治"作为制度"善"的合理性根据。[34] 以"契约"关系作为制度"善"的合理性根据,其实质是以平等自由权利为核心,因而,作为平等自由权利集中标识的"法治",就必定成为这种制度"善"的合理性根据。概言之,人治作为制度"善"的合理性根据,是以家长、君主意志作为制度善与否、正当与否的合理性依据。法治作为制度"善"的合理性根据,则是以集中标识平等自由权利的宪法法治为制度善与否、正当与否的基本根据。制度"善"中的"人治"合理性根据是个别、主观的,"法

---

[33] 本节内容主要转摘自高兆明《制度公正论》(上海文艺出版社,2001)第 3 章第 1 节相关内容。

[34] 根据牟宗三的分析,人类自有史以来的政治形态大体有封建贵族、君主专制与立宪民主三种类型。无论是封建贵族制还是君主专制,政权皆在帝王,且为世袭制。帝王专权世袭,不仅是这两种政治类型的政治特质,亦是此制度"好"合理性根据所在。参见牟宗三:《政道与治道》,广西师范大学出版社,2006,第 1 页。

治"则是社会、客观的。

人治(rule of ruler)与法治(rule of law)是两种基本政治模式。柏拉图将人治看成是最好的统治,将法治仅看成第二好的统治,而亚里士多德则认为法治是最好的统治。在亚里士多德看来,人尽管聪慧睿智,但作为统治者的人是有感情的,且会有理性的局限,因而会产生不公正,而法治社会中所有治者与被治者都是自由公民,都是平等的,都享有法律上平等的权利,即使是统治者也不敢为所欲为,也要受到法律的监督。[55] 亚里士多德甚至还揭示了"法治"一词的三项规定:其一,为了公众的利益或普遍的利益而实行的统治;其二,是守法的统治;其三,法治意味着对自愿的臣民的统治。因而,他反对将法治看作是种权宜之计的做法。[56] 在柏拉图与亚里士多德关于人治与法治之争中,我们已经感觉到人治与法治的基本内容及其彼此原则差异。人治是治者的统治,故与独裁、专制具有内在相通性;法治则是以民主为基础的人民依法治理的社会,故与专制、独裁相对立。人治与法治,首先表达的是政治模式的性质,而不是统治的具体手段、方式。

作为人类文明历史形态的法治(rule of law),不同于作为社会治理手段的法制(rule by law)。法制是人类自古以来就有的现象,法治则是人类近代以来才有的现象。正如哈耶克所论及的那样,法治"不是一种关注法律是什么的规则(a rule of the law),而是一种关注法律应当是什么的规则,亦即一种'元法律原则'(a meta-legal doctrine)或一种政治理想。"[57]英国人戴西曾赋予法治

---

[55] 参见亚里士多德:《政治学》,商务印书馆,1995,Ⅺ—Ⅻ。

[56] 参见沈汉、王建娥:《欧洲从封建社会向资本主义社会过渡研究》,南京大学出版社,1993,第348—349页。

[57] 哈耶克:《自由秩序原理》,北京三联书店,1997,第261页。

三个方面的含义:法律保有绝对至高无上的地位,排斥专制特权的存在;法律面前人人平等;宪法、法律不是个人权利的渊源,而是其结果。在戴西的基础之上,还有人作了进一步的发挥,认为法治是主张有限政府的。㊳法治的核心是法究竟代表哪些人的利益,其主体是谁。所以,法治总是以一种政治理想为其价值灵魂,它所强调的是人民主权,个人平等的基本自由权利与尊严,法律面前人人平等,甚至国家也必须服从法律、依法行事。法治只有在历史哲学、政治哲学的意义上才能真正被把握。严格地说,法治是一种社会历史形式、一种政体,它所表达的是人民主权、个人平等的基本自由权利得到有效保障的社会历史形式与社会架构,因而,在这个意义上,法治是与民主同等意义上的概念。法治的社会必定是民主的社会。判断一个社会是否法治的,关键不在于健全的法律体系,而在于真实的人民民主或人民主权,在于人民的个人平等自由权利得到充分的尊重与保护,在于政府国家置于人民的有效监督之下、并严格在法律规定的范围内活动。㊴同样,民主也不是一个空洞的东西,它必须是法治的,必须通过法治而变为现实实在的。

作为制度"善"合理性根据的法治之实质,不是指具有法律制度,也不是指根据政治需要而制定法律条文、并通过法律来治理社会,而是指**人民的权力**与**人民的自我管理**所构成的一种社会秩序架构范型。真正的法治是指一整套特别的法律秩序架构模式,以及在这个秩序之内的法律的实施。在法治社会中,以宪法为根本大法的法律高于政治运作,一切政治运作都须在法律之下进行。法治之下的司法机构不但有权审理与裁定普通民众行为是否合

㊳ 《布莱克维尔政治学百科全书》,中国政法大学出版社,1992,第 675—677 页。
㊴ 参见邓小平:《党和国家领导制度的改革》;《邓小平文选》(1975—1982),人民出版社,1983。

法,而且有权审理与裁定所有公民、所有党派团体、所有行政立法机构的行为是否合法。[60] 在这里,没有任何可以超越于法律之上的特殊人物、团体、党派与机构。在这里,个人实质上是自由的,他/她只需服从法律而无须服从任何个人。[61]

这样,法治与法制的区别就显而易见。首先,法治是关于政治制度实质、内容方面的,法制则是关于政治制度的具体形式、手段方面的。法治往往被认为是依法治国,这种理解混淆了"法治"(rule of law)与"法制"(rule by law)。法制至多是种形式合法性、形式的公正,法治则是实质合法性、内容的公正;法治必定要具象化自身成为法制,但法制自身却不能升华为法治,法制必须从法治获得自身的合理性证明。任何政府都可以通过各种手段获得形式合法性,但却未必能真正拥有实质合法性。有法律未必是法治国,因为欧洲中世纪教会就是一个"以法律为基础的国家"。[62] 法制可以是民主的,也可以是非民主的。**法制并不是民主的专有物**。法制可以为不同的社会历史形态所具有,可以为不同的阶级与社会利益集团所使用。

法在法治社会与人治社会中的作用方式与权威性有极大区别。法治社会中的法是**无差别同一性**的法,它不因执法者或行为主体的不同而变化自己的权威。人治社会中的法作为社会治者的工具,是**有差别性**的法,它会因人因事因治者的主观好恶而变化自

---

[60] 参见林毓生:《两种关于如何构成政治秩序的观念——兼论容忍与自由》,载其著:《中国传统的创造性转化》,北京三联书店,1988,第123页。

[61] 林毓生认为法律的两个最重要特性是"普遍性(法律面前,人人平等)与抽象性(没有具体的目的,不为任何特殊的目的服务)"就揭示了法治的最重要内容。参见林毓生:《两种关于如何构成政治秩序的观念——兼论容忍与自由》一文中的文字极长的尾注1,载其著:《中国传统的创造性转化》,北京三联书店,1988,第133—134页。

[62] 参见伯尔曼:《法律与革命》,中国大百科全书出版社,1996,第259页。

己的权威。这样,法治与人治或法治与法制的另一个重要区别就在于,就法律作为一种行为规范而言,社会成员在法律面前是否有等差。法治是一种无差别的同一性行为规范,即它一视众人,并不因为行为主体的变更而变更自己的作用效力。法制则可能是一种差别性行为规范,即它因人而异,随着行为主体的变更而变更自己的作用效力。造成这种区别的根本原因,在于社会政治制度本身。如果一个社会的法律亲疏有别,那么,这个社会必定不会是法治的,而是人治的。中国古代之"礼",就其实质而言,乃是差别性行为规范。㉝虽然古代法家反对刑法有别的思想,对于今天建设民主法治可以提供某种思想养料,㉞但是,由于古代法家也是基于宗法政治基础之上的,所以,其思想从根本上也难以逃脱人治之归宿,在骨子里仍然是以礼入法。㉟

不过,法制在逻辑上又确实包孕着对人治的否定。如果真的将依法治理贯彻到底,那么法制本身要求否定人治。即,甚至在人治之下生长出的法制就孕育着人治自身的否定物。㊱法制不仅仅是法律条文的颁布——仅仅有法律条文的法制是空幻的。法制要变为现实,除了要有一种能为社会普遍认同的价值理念以外,还须有一系列条件,诸如严密的法律体系,这个法律体系应当是**公知**且**确定**的。法律本身应当为全体民众所公知,只有公知的才能是全

㉝ 所谓"礼辨异","定亲疏,决嫌疑,别同异,明是非。""人道莫不明辨,辨莫大于分,分莫大于礼"(《荀子·非相》)。"曷谓别?曰:贵贱有等,长幼有差,贫富、轻重皆有称者也"(《荀子·礼论》)。

㉞ "所谓一刑者,刑无等级"(《商君书·赏罚第十七》)。"亲亲则别,爱私则险。民众而以别险为务则民乱。"(《商君书·开塞第七》)

㉟ 参见瞿同祖:《中国法律之儒家化》。载王元化主编:《释中国》,上海文艺出版社,1998,第2523—2546页。

㊱ 伯尔曼从西欧法制的角度探究资本主义诞生的秘密的做法极有见地。参见其《法律与革命》。

民可践履的,只有确定的才能被全民成功预见并安排自己的行为;所有个人、阶层、团体在法律面前平等,根据同样的法律行事,同样受到法律的限制;严格护法,任何个人、阶层、团体都不得侵犯法律的尊严,任何违法的行为都必须受到相应的惩处。[67] 这样,法制一方面对治者本身是种约束(不管这种约束程度究竟如何,但这种约束本身的存在却是无可否认的),另一方面还为被治者提供了反对治者的某种合法武器。法制所强调的是法律制度本身的权威性,它自身关注的焦点是制度而不是人。正是在这个意义上,治者只要是在推进以法治国,建设法制,那么在客观上总是在培育自己的否定物,终究是会有利于社会进步的。也正是在这个意义上,应当克服过去那种简单地纯粹以意识形态的观点看待法律的做法,应当在法制中看到某种人类的普遍财富,应当重视法制建设。[68] 法制建设可以成为走向成熟的民主社会的桥梁。

民主应当是法治的。然而,民主却未必就是法治的,民主甚至可以蜕变为无政府主义、多数人的暴政、寡头政治。故,古希腊的

---

[67] 参见哈耶克:《自由秩序原理》,北京三联书店,1997,第 267 页。

[68] 值得一提的是,哈贝马斯曾批评马克思对资本主义法律仅注意其作为阶级统治工具的一面,对资本主义诸如立宪、法制等采取了简单化的否定态度,而对关于无产阶级获得解放后实现自由的具体建构方式却采取了忽视的态度。哈贝马斯批评马克思"对立宪民主狭隘的功能主义的分析","对马克思来说,第三共和国是这种形式政府的化身,而他对它居然如此轻蔑地斥之为'庸俗的民主'。因为他把民主共和国理解成资产阶级社会中最后的国家形式","所以他对它的建构持一种纯粹工具性的态度","《哥达纲领批判》毫不含糊地告诉我们,马克思把共产主义社会理解成民主的唯一可能实现","但他对自由可能构建的方式则一点也不再说"。(Habermas,"What does Socialism Mean Today? The Rectifying Revolution and the Need for New Thinking on the Left", *New Left Review*, No. 183, Sept./Oct. 1990,p. 12)中肯地说,如果考虑到马克思当时所面临的主要任务是为无产阶级提供推翻资本主义的思想武器,考虑到实践尚没有提出在推翻资本主义制度以后如何构建新社会的具体任务,那么,就不应当对马克思持苛刻的态度。不过,哈贝马斯于此所表达的应当注意民主、国家的具体构建形式的思想,则值得注意。

修昔底德斯、苏格拉底、柏拉图对于民主政治的批评,应当认为是作为思想家的古希腊哲人对民主制的冷静反思[69]。民主的核心是人民主权[70]。民主政治可以追溯至古希腊城邦民主制。不过,柏拉图、亚里士多德鉴于当时城邦民主制实践常常与激情冲动相连,所以对单纯的民主政体表示怀疑,认为民主制度是将感情置于理智之上的统治,这会造成政治上的不稳定,因而主张实行混合政体[71]。他们以自己的睿智体悟并洞察到了:民主政治必须转化为一系列具体制度体制,必须通过法律治理。如是,民主才不至于变为一帖鸩药,才能成为维护人民平等自由权利的真实有效武器。现代社会规模已远非古希腊城邦的小国寡民可比,人民直接统治的民主政治是不可能的,唯一可取的就是建立一种制度体制,使人民可以严格监督自己的委托人,并保证自己的正当权益受到有力保护。[72] 这种民主的制度体制就是法治。人民主权要在日常生活中得到体现与保证,就需要民主的制度。人民主权与民主制度,互为表里。所以,民主内生着法治。

中国古代社会在本质上是人治社会。尽管中国古代也有某种依法治国的思想与实践传统,但它至多只属于法制,与法治有天壤之别。[73] 黑格尔在比较东西方古代精神时认为,中国古代终古无

---

[69] 参见施治生、郭方主编:《古代民主与共和制度》第6章,中国社会科学出版社,1998。

[70] 民主Democracy一词具有极大的歧义性,乔·萨托利对其作了十分精彩的考证分析。然而,本文仍然取其常义规定民主,即将民主理解为人民主权。参见乔·萨托利:《民主新论》,东方出版社,1997,第2章。

[71] 参见柏拉图:《理想国》(商务印书馆,1986);亚里士多德:《政治学》(商务印书馆,1995)。

[72] 参见《顾准文集》,贵州人民出版社,1995,第367—368页。

[73] 参见林毓生:《中国传统的创造性转化》,北京,三联书店,1992,第92、292、318页。

变的精神是"家庭的精神",在这里,家庭是消灭个人意志的"实体",而"实体"事实上只是一个人即皇帝,皇帝意旨就是一切的法律,就是普遍意志。⑭ 黑格尔的这个见解是深刻的。尽管中国古代社会法律传统久远,⑮也不乏严格执法之例,甚至一些开明君主亦十分强调要依法治国,但就其根本而言,由于宗法专制的家长制,由于法的君主意志的内在规定性,因而说到底,那是人治社会。在那种情况下,法律制度只不过是治者手中的统治工具,它是为治者的特殊目的服务的。

通常所说的中国古代社会的"法治",与西方人所说的现代化的法治不同。在西方文化中,法治是顺着民主政治之保障自由、保障民权而来。而我们通常所说的中国古代社会的法治则是顺着法家的观念而来,相对于儒家的"礼治"或"德治"而言,它所关注的并不是一种政道,而是一种治术,所指向的是要通过法律制度而不是德化来治理国家社会,因而与其说这是法治,毋宁说是法制。⑯ 由于中国古代的法治思想是与法家直接相关联的,因此,在中国历史上有时一提起法治这个词有可能产生令人可怕的感觉。这涉及对于古代法家兴起的正确了解问题。按照牟宗三先生的说法,中国历史上有三个重要的发展环节,其中之一就是春秋战国的政治社会结构转型。这个转型是由法家直接完成。法家废井田,废封建,立郡县,行吏治,并通过尊君的方式打击贵族,使王权取得一种较

---

⑭ 参见黑格尔:《历史哲学》,北京三联书店,1956,第164—165页。
⑮ 早在中国奴隶制的夏商周三代,就有其立国的基本大法,《尚书·洪范》就是记载这种大法的传世文献;《周礼》虽非周公手笔,成书较晚,但却记载了西周的行政法规;《唐明律合编》则记载了中国封建社会法律集大成的唐律及以后的明律。中国古代法律无论就其历史悠久还是就其系统完整而言,丝毫也不逊色于西欧古代的法律。
⑯ 牟宗三先生曾对此问题多有论述。参见其《历史哲学》(台北学生书局,1984)、《中国哲学十九讲》(上海古籍出版社,1997)。

为超然的客观地位,进而力图在全社会确立起一种客观的精神而不是主观的精神。但尊君的客观效果却是君主权力与地位成为无限、绝对的。⑰一旦政治组织中的任何一个人成为无限、绝对的存在,那么,他/她就不可能具有客观性。这样,由法家所完成的春秋战国政治社会转型,带来的事实结果就是由尊君而滑向人治。且这种人治伴随着这种政体绵延数千年。

尽管相对于发达民族而言,中华民族由人治向法治转向的历史过程要晚得多,进而作为制度"善"合理性根据的现代转向亦要晚得多,但是,中华民族毕竟已以自己的方式进入了这样一个历史转向过程。

3. 从"仁政"到"宪政"⑱

所谓制度"善"的合理性根据由"仁政"向"宪政"转向,其核心是这种制度"善"合理性判断根据进一步由基于治者个别人的美德,向基于社会平等自由权利客观关系的转向。这里的"仁政"指的是立足于治者主观道德品性、治者对被治者施以仁爱亲民体恤之善政。这里的"宪政"指的是立足于平等自由权利的社会基本结构之宪法法治。因而,这种转向本身并不意味着一般地否定"仁政",而是指对那种一人在上、绝对支配社会的社会等级身份结构的否定。这种转向过程与由"人治"向"法治"转向过程,有着直接的内在一致性。

---

⑰ 参见牟宗三:《中国哲学十九讲》第9讲,上海古籍出版社,1997,第150—151页。

⑱ 本节有部分内容转录自高兆明:《制度公正论》(上海文艺出版社,2001)第3章第1节相关部分。

"人治"社会是英雄主宰的社会。在"人治"社会,制度及其治者"善"的合理性,除了依系于一般所说血缘等级身份之外,还依系于通过作为治者所具有的英雄魅力。这种英雄魅力由德、力两个方面构成。德,是治者的人格美德,力则是其世俗事业。德、力两个方面构成治者英雄的完整人格魅力,[79]并直接成为人们制度认同的基本依据。如果考虑到帝王权力来源合理性根据的"以德配天"思想,那么,在"人治"社会中,制度"善"的合理性根据就至少有两个方面的规定:一方面是权源层面的,是"以德配天"这一权力合法性根据;另一方面则是实践层面的,是以"仁政德治"反对暴政、暴君这一制度合法性根据。"仁政德治"的实践是"以德配天"的具体呈现。

在上述意义上,"人治"社会中制度"善"的核心是以德代暴,是反对暴君、暴政。就中国古代社会而言,"仁政""德治"[80]思想一直在制度"善"中居于关键地位。这是因为在中国古人看来,暴君暴政问题的理想解决方式是"以德代暴"。这便是中国早期政治思想传统中重"德"的内在缘由。中国古代早期文献中的"德"大多体现于政治领域,大多与政治道德(political verture)相关。其缘由是:在君主制下,政治道德首先是君主个人的道德品性与规范,君主个人的品性在政治实践中体现为政治道德;中国古代社会早期政治思想传统的核心问题是暴君与暴政问题,其理想解决方法是"以德代暴",而这又是以三代交替的以德代暴的历史经验为历史底蕴。先民们正是在对生活实践、历史经验的领会体悟中,演化出这种价

---

[79] 参见牟宗三:《政道与治道》,广西师范大学出版社,2006,第1、60—68页。

[80] 值得注意的是,这里在"仁政德治"意义上所说之"德治"并不简单等同于通常所说作为社会一般治理手段的"德治",它主要是指称治者的仁政而非暴政、亲民而非掠民、爱民而非伤民这一类治者的政治方式。

值理性与政治理想。㉛ 中国古代社会早期重德治之要旨,是防止政治道德的堕落。德治当然首先强调的是有德者、贤者的治理,是贤人善者对社会的治理。其要旨是通过贤者圣人来担任社会政治领袖,通过其道德影响力,建立一种政治秩序。当一个社会出现了政治动荡、权力腐败、政权不稳时,德治所能设法诉诸的主要政治思想资源之一,就是政治人物的人性善,或者说为政者人性中的自觉力量。这有两个具体途径,一是新一代圣人贤者的出现,以其道德影响力统一社会,返浊归清;一是希望为政者通过心灵的反省,自觉幡然醒悟,不滥用权力。而无论哪一条,其实质均是化政治为道德,变制度为人性(治)。这种化政治为道德的价值取向固然有某种合理性因素,也存有某种善良的愿望,但是,作为一种政治模式却严重先天不足。它既使政治不能作为独立的因素出现,又使政治沦为一种泛道德化的伦理政治。㉜

暴君与暴政问题,所体现的是统治者与被统治者之间紧张关系这一政治学永恒问题。而暴君与暴政的出现,则是原始氏族部落联盟制度瓦解、政治权力家族继承制的伴生物。在原始氏族部落联盟制度之下,由于禅让制与选举制的存在,原初形态的政治权力会受到有效的制约,因而,不可能产生暴君与暴政。当这种有效的制约由于父系宗亲之间的权力传递而不再存在时,即,当政治权力本身失却有效的内在监督与制约时,暴君与暴政的出现就成为可能。在这种情况下,对于政治权力的约束就自然地转向对道德

㉛ 参见陈来:《古代宗教与伦理——儒家思想的根源》,北京三联书店,1996,第296—298页。

㉜ 林毓生认为"政治之为政治,无法在中国思想中产生中性的独立范畴。"参见林毓生:《两种关于如何构成政治秩序的观念——兼论容忍与自由》,载其著:《中国传统的创造性转化》,北京三联书店,1988,第110页。

力量的诉求：通过对君主个人道德的强调，"以德代暴"，来解决暴政即统治者与被统治者之间的紧张对立，保持政治统治的长治久安。

这就不难理解：中国古代早期社会的"德治"，首先强调的是有德者、贤者的治理，是贤人善者的治理，是治者实践中的"仁政"。它的重点在于对治者本身的贤、善、德之要求，要求治者应当有高尚的道德修养与良好的道德品质与能力，要求的是好人贤良政治，亲民惠民的"仁政"，而不是横征暴敛、强取豪夺的"苛政"。正是在这个意义上，中国古代早期的"德治"思想具有相当的合理性，不失其普遍有效性。在一种抽象的意义上它可以被理解为：在任何一种社会结构或权力运行范式中，治者本身的道德素质是至关重要的，因而，治者应当具有优秀的道德操守与良好的道德实践能力，百姓也有权以"仁"德的尺度审视与要求所有的治者。在这个意义上的"仁政""德治"，有其积极意义，不能简单直接等同于"人治"——尽管它直接针对的是治者之个人，并且具有蜕变向人治的内在逻辑通道。⑧中国古代早期社会关于"德治"思想中的德者贤良、亲民惠民的仁政核心思想内容，此后基本为后人沿袭。

就中国传统社会而言，其政治类型是伦理政治，仁政德治是其核心内容之一。中国古代政治所遵循的是"正心、诚意、修身、齐家、治国、平天下"的逻辑。这个逻辑完全是个体道德的逐级放大。换句话说，中国古代的社会政治生活是建立在个人道德基础之上，是以个人的道德修养、社会的伦理关系涵盖与代替政治关系。因

---

⑧ 严格地讲，中国古代"德治"还应当包括道德教化等极为重要内容，且在中国古代道德教化本身亦蜕变为人治的一个重要方面，但本文此处主要是从"德治"原初意义阐释始，揭示德治原初所体现的君王个人美德对于政治生活之意义及蜕变为人治的逻辑通道，故"德治"中的道德教化之内容存而不论。

而,尽管其政治构建精微至极且圆融实用,但从根本上说,中国古代的政、治之道,并没有分化发育成熟。伦理政治有两大特征:一是直接建立在血缘宗法伦理关系基础之上,且直接将这种血缘宗法伦理关系作为政治关系,以伦理代替政治;一是将政治建立在个体德性基础之上,希求通过个体的内在修养这一主观因素,而不是社会客观运作机制,来组织社会政治生活,所以它只能是人治而不是法治的。伦理政治也正是在这个意义上应当被否定。

在这里值得注意的是,第一,对伦理政治的否定,并不简单地意味着对政治的伦理属性、伦理特质、伦理基础的否定。这里的关键在于:a.以何种伦理为基础;b.作为基础的伦理与政治的适当分界;c.在一定的价值基础之上,深入政治生活的具体过程,对其作科学实证分析,并在此基础上制定能体现那价值理想的实际运行制度、体制、规则、程序。中国古代国家政治生活中的伦理政治之过失,不在于以一定的伦理为基础,而在于以宗法血缘伦理为基础,在于直接以这种宗法血缘伦理代替政治生活及其关系,在于伦理与政治混沌一体,在于其立足个体德性流于人治,而不是立足客观机制立于法治。

第二,对传统仁政德治的否定,并不简单地意味着否定仁政德治。仁政总是要好于暴政,贤君总是要好于暴君。问题的关键在于,传统的仁政德治以在上者与在下者的身份等级差别为前提,是在上者对于在下者的道义怜悯与关爱。因而,这种仁政德治不仅使得在下者由于没有独立性而必须仰赖于在上者,而且这种仁政德治本身亦是不可靠、偶然的。因而,这种仁政德治在双重意义上应当被否定:一方面,出于社会成员平等自由身份的理由;另一方面,出于以仁政形式出现的社会成员安居乐业幸福生活状况可靠、稳定、必然性的理由。民众需要幸福祥和的生活,但是这种生活不是基于治者的仁慈,而是基于平等自由权利的社会客观制度安排,这就是法治及其宪政。

从泛道德主义中走出来,将政治与道德从混沌一体中二分区别,使政治成为相对独立的存在,这是近代以来人类政治生活的最大成就之一。[84] 就本文主题而言,其基本缘由就在于:其一,判断制度"善"合理性根据的立足点发生了根本性变化,由原先基于英雄治者个人的等级身份立场,变为基于社会平等基本自由权利的民主立场;其二,制度"善"合理性根据所包含的具体内容发生了根本性变化,由原先绝对一元的身份等级关系,变为多元平等关系。

现代社会是多元社会。多元社会具有价值多样性。根据罗尔斯在《正义论》与《政治自由主义》中的分析,多元社会是一个具有多种完备性学说或意识形态体系的社会,这些不同完备性学说或意识形态体系之间并没有绝对的价值上的优先等级秩序——否则就不能称之为多元社会。然而,这些多元价值体系之间也不能是完全离散的,否则,现代多元社会就没有内在凝聚力,也就不可能有一个现代良序社会。在现代良序社会中,这些不同价值体系之间的关系是"重叠共识"的关系,彼此间对某些基本价值精神会从不同维度获得某种共识。这种"重叠共识"理念的目标与动机均是道德的。正是重叠共识的这种道德的属性,在使这种共识达于稳定的同时,又使这种稳定性本身有了正当的理性基础。[85] 正是由于这种缘由,在现代多元社会讲制度"善"的合理性根据,就不能在

---

[84] 参见牟宗三:《政道与治道》,广西师范大学出版社,2006,第52—53页。
[85] 参见罗尔斯《正义论》(中国社会科学出版社,1988)第4讲第3节,及《政治自由主义》(译林出版社,2000)"平装本导论"第29页。

一般道德的意义上而言,而只能在政治的意义上而言。⑯

多元社会中社会成员间的关系是平等基本自由权利关系。这种平等基本自由权利作为一种社会基本结构存在,就是作为社会历史形态的法治社会。法治社会中制度"善"的合理性根据就只能是宪政本身。制度"善"的法治根据必定意味着制度"善"的宪政根据。

由身份到契约,由人治到法治,由仁政到宪政,这一系列制度"善"合理性根据的现代转向,为我们在当今时代合理认识制度"善"提供了基本的判断依据或标准。

三、社会转型期的制度"善"

所谓社会转型指称的是社会制度变迁以及由这种变迁所标识的社会文明历史形态的跃迁。因而,本文所说的社会转型或制度变迁,指的就不是某一文明历史形态之中的某些局部性的变化或变迁,而是两种不同文明历史类型之间的跃迁。具体地说,本文是在前现代性文明向现代性文明跃迁的意义上使用社会转型这一概念。因而,本文所说社会转型期的制度"善",实则指由前现代性向现代性历史变迁过程中的制度"善"及其基本标准。⑰

根据前述,这个转型期的制度"善"应当是自由精神的具体存

---

⑯ 参见罗尔斯:《政治自由主义》,译林出版社,2000,"平装本导论"第23—26,第1,11—14页。

⑰ 如是,当我们讨论社会转型期的制度"好"这一问题时,实际上是在当代中国以改革开放为标识的社会主义现代化建设这一历史背景下,讨论由前现代性文明向现代性文明变迁过程中的制度"好"的基本标准。

在。这有两个基本方面：

首先，这是一个质的、内容的规定，是一个具有历史性根据或客观内容的"善"。这是"善"的时代性根据。契约、法治、宪政关系或秩序，是转型期具有充分价值合理性根据的制度"善"的客观内容。如果我们能够说贯穿在契约、法治、宪政关系或秩序中的基本精神是自由精神，如果我们能够说贯穿在启蒙运动、资产阶级革命、科学社会主义运动，以及在科学社会主义运动压力之下的资本主义社会自身变革等，整个近代以来人类历史中的基本价值精神是自由精神，那么，自由精神就是当今人类的时代精神。当代中国正在进行的社会主义现代化建设，以及由这种现代化建设所开启的历史变迁，正是这种自由精神的现实存在。契约、法治、宪政关系或秩序，平等的基本自由权利、公民自由能力培育，以及由这种平等的基本自由权利所进一步包含着的公民的自由能力提高，应当是此制度"善"的基本规定——这种公民自由能力培育与提高的过程，同时就是引导与塑造公民现代美德精神的过程。不能因为中国国情的特殊性而否定这种实质性规定，不能因为中国历史的特殊性而否定中国现代化历史进程应当向更高文明演进的价值取向，也不能以所谓"中国特色"为借口而固守旧有。

其次，这是一个具有民族性、地方性的规定。契约、法治、宪政关系或秩序，作为时代精神的自由精神在中国的具体实践，不能离开中国的历史、现实、传统、文化。不能简单地将他国或他民族的制度照搬进中国——哪怕这种制度在他国、他民族经过相当长时间实践已表明取得相当成功，在那里具有相当的合理性与有效性。一个"善"的制度必定是适合中国国情的自由精神的实践。

在自由精神定在这一基本规定之下，社会转型期的制度"善"还包含着一系列拓展性、次生性的规定。这些规定主要是功能方面的。其中主要包含秩序与效率。

制度本身具有规范性。尽管在社会变迁时期存在着规范本身的变迁问题,但是,对于一个社会而言,即使是在变迁时期,一个"善"制度也应当是一种既能给社会提供基本秩序,又能促进社会变迁的制度。如果不能提供一种基本秩序,那么,社会就有可能陷入失范无序乃至无政府状态。在一个有组织领导的社会变迁过程中,如果一种制度不能给社会提供基本秩序,相反却使得社会陷入失范、混乱、无序乃至无政府状态,那么,这种制度不能称之为"善"的制度。在社会变迁过程中,一个"善"的制度是一种能够引导社会有序性变迁的制度。

社会转型时期中的"善"的制度,由于是自由精神的定在,由于是具有基本规范的有序性的变迁,因而,这种制度就在双重意义上能够给社会带来效率:一方面,由于自由精神而给社会成员带来的积极性、创造性、活力这一意义上的效率。用马克思的思想表达,这就是变革生产关系所直接带来的解放生产力这一效率。另一方面,变迁的基本有序性使这种社会成员的积极性、创造性、活力能够被系统整合成一种积极的力量,而不至于使这种活力成为一种破坏性的力量,在彼此相互抵消中毁灭文明。

一个"善"的制度,应当是一个人民当家做主、自由民主生活的制度,应当是充满活力、社会生产力在其中能够得以持续发展的制度,应当是一个没有贫富两极严重分化、社会和谐有序的制度。

中篇　善制论

在其现实形态上,一个"善"的制度至少应当具有以下三个基本因素:第一,从存在论角度言,它应是一个基于平等基本自由权利的多元平等的制度,这种制度能够公平地分配社会基本资源;第二,从人性论角度言,它应能够通过日常生活中的利益分配方式有效地防止人性中弱点的破坏性作用,并能够将这种人性的弱点有效地转化为积极力量,使之成为社会成员创造新生活、建设新世界的内在动力;第三,从运行的角度言,它应是一个自身运行及其演进变迁有着稳定基本规范的制度。在这三个基本因素中,第一个因素是关于"善"的制度的基本性质、特质的规定,标识其是一个现代性的社会关系及其结构。第二个因素是关于"善"的制度的人性或基本功能的规定,标识其是一个合乎人性健康生长的环境。第三个因素则是关于"善"的制度运行演进规律特质的规定,标识其自身是一个有序生长的开放性过程。

当然,作为"善"的制度的伦理考察,还应当有其他一系列具体方面的具体内容,诸如权力结构及其运行机制。一个"善"的制度,不仅权力应当受到有效监督,且权力结构及其运行机制亦应当是合理的。

本篇从善制这一制度体制本身内在结构的角度,研究"善"的制度应当是怎样的,并以多元、和谐两个核心概念切入、展开。本文试图在一般意义上揭示:当今时代,一个善的制度体制应当是多元和谐的。多元和谐的核心是分配正义。尽管社会物质财富分配是分配正义的重要内容,但是,构成分配正义研究对象或论域的,主要不是社会物质财富分配,而是更为重要、更为一般的权利—义务分配。通过对分配正义的研究,揭示一个"善"的制度的基本权利—义务关系构架。这种权利—义务关系构架,一方面成为"善"的制度的内在规定,另一方面又成为"善"的制度具体运行、演进的前提与载体。

第3章 多元和谐

罗尔斯在政治哲学的角度研究什么是"公平的正义"的"善"的制度或良序社会时,提出了正义的两原则。而正义两原则的提出与确立,又是首先借助于"无知之幕"与"原初状态"的提出,并借此确立了基本善的内容。这些基本善是作为合作社会成员所不可或缺并应平等拥有的。不过,正如罗尔斯本人所理解的那样,这些基本善的具体内容的确立,本身依赖于人们的政治理念。只有在自由与平等的政治理念基础之上,才能确立起罗尔斯所提出并确立的那些基本善的内容。①

这样,当罗尔斯在提出并确立基本善的内容时,事实上就隐含着两个方面的前提:其一,以自由与平等为注疏或规定的多元社会。罗尔斯所讨论的"善"的制度,并不是任意一种"善",而是现代多元社会中的"善"。其二,这些基本善的内容是多元社会中的基本善。它所揭示与标识的是多元社会及其和谐这一政治正义的实质性规定。这就进一步意味着:一方面,罗尔斯所做的确立社会基本善的内容这一工作,可以转化为多元社会中的多元和谐问题,且后者系思考"善"的制度或良序社会时更为一般、更为前提性的问题。另一方面,由于基本善的内容是一种带有枚举式的开放性规定,因而,这种基本善就是一个并不完全周延的、带有某种或然性

---

① 参见罗尔斯:《作为公平的正义——正义新论》,上海三联书店,2002,第94页。

的规定。这就启示我们:我们在关于"善"的制度的思考过程中,与其首先重视其基本善的具体内容(尽管这种重视是必要与重要的),毋宁首先重视隐藏在这些基本善具体内容背后的多元和谐这一更为一般、更为深刻的内容,更加重视多元和谐是否可能、何以可能的问题。

现代社会是一个多元社会。但多元社会不是一个单纯数量的概念,而是一个有着内在秩序的社会。一个"善"的现代社会制度,应当是一个多元和谐的制度。这个多元和谐首先是基本制度层面的安排。这个基本制度的核心价值精神是多元的自由与平等,这个基本制度通过一系列具体制度系统定在。

一、多元社会

严格地说,社会和谐并不是一个现代性概念,更不是一个现代性问题。社会和谐自古以来就一直是人类的政治理想。就古代社会而言,就有老子的小国寡民的社会和谐,孔子礼治的社会和谐,柏拉图的等级社会和谐,亚里士多德的城邦社会和谐,等等。任何一种政治方式都在寻求一种社会和谐,差别仅在于对社会和谐内容的理解及其实现方式。和谐本身只表明一种社会关系秩序,而并不能表明这种社会关系秩序自身的类型与特质。不同的社会历史阶段会有不同的社会和谐规定。当我们在现代社会寻求社会和谐秩序时,它首先意味着这是不同于前现代社会的现代多元社会和谐秩序。

1. 作为现代性概念的"多元社会"与"多元和谐"[②]

严格地讲,任何一个社会只要是作为一个共同体存在,就有自身的内在结构、统一法则与实践逻辑。正是在这个意义上,任何一个社会均是一元社会。除非一个社会自身处于内在分裂与毁灭之中,除非一个社会不是作为统一体存在,否则,这个社会总是具有一元性的一元社会。然而,这种意义上所言的一元社会,又都是以其内在差别为前提,总是存在着特殊利益集团。这个作为共同体存在着的社会,是由这些特殊利益集团所构成的社会。不过,值得注意的是:这种意义上所言的任何一个社会均是"一元社会",也仅就"共同体"意义而言,它并没有进一步关涉这个共同体内部各特殊存在者之间的相互关系。因而,它除了"共同体"之外,没有更多的意义。当我们讲多元社会是一个现代性概念、并以此隐含着前现代社会不是一个多元社会的结论时,所强调的就不是"共同体",而是强调这个共同体内部各特殊存在者的相互关系与交往方式。唯有在这种意义上讨论"一元社会"、"多元社会"概念,才是有价值的。本文讨论一元社会、多元社会概念,所关注的也正是这种社会共同体内部不同存在者之间的相互关系与交往方式。

多元社会与多元和谐是现代性概念,并构成现代性问题。

多元社会并不是简单地指有多个利益集团的社会,而是指不同利益集团间相互平等包容、社会结构开放、价值评价体系非单一性的共在、共生的社会。

严格地讲,任何一个社会都有多元(个)利益集团,但并非所有

[②] 本节及下一节中的部分内容转录自高兆明《制度公正论》(上海文艺出版社,2001)第282—295页。

社会均是多元社会。一个社会只有在经过充分分化基础之上，不同社会利益群体彼此间获得平等身份，拥有平等基本权利，相互包容，才有可能是多元社会。正是在这个意义上，多元社会是一个现代性概念。③ 这样，即使是在现代性意义上讲多元与多元社会，它也内在地包含着一个前提：社会不同利益集团及其差别、矛盾乃至冲突的存在，只不过，这种社会差别、矛盾乃至冲突以一种不同于既往的方式呈现，并以不同于既往的方式处理。

多元社会是一个非排他性的生活世界。在这个生活世界中，所有存在者身份都是平等的，并以一种理性的态度在日常世俗经验生活中彼此商谈、交流，构建起主体间关系。说现代多元社会是一个非排他性社会，并不是指这个生活世界中不再存在着利益矛盾、对立、冲突、斗争——事实上，一方面，在这个社会中，每一个社会成员均是作为一个独立的现实利益主体存在，都有自身独特的存在利益与存在价值，且这种独特存在利益与存在价值并不能为他者所取代；另一方面，这些独特利益与独特价值之间会有矛盾、对立、冲突、斗争，有时这种矛盾、对立、冲突、斗争还十分尖锐激烈——而是指作为一种生活范型，现代社会不同于以往社会的基本区别之一就在于：这是一个以平等身份为前提、每一个社会阶层与社会成员拥有平等的基本自由权利的社会，平等对话、协商共处、共在共生是其基本社会关系范型。

现代社会区别于以往社会的一个基本特征，就是对于人身宗

---

③ "历史地看，单纯的多元主义（指这个观念，而不是最近才出现的这个词），是在16和17世纪蹂躏欧洲的宗教战争之后，随着对宽容的逐渐接受而出现的。……多元主义以宽容为前提，……多元主义坚持这样的信念：多样性和异见都是价值，它们使个人以及他们的政体和社会变得丰富多彩。"——萨托利（Giovanni Sartori）：《民主：多元与宽容》，冯克利译，载于《直接民主与间接民主》，三联书店，1998年第53页。

法等级制的否定。这个否定人身宗法等级制的斗争,在欧洲历经市民社会运动的孕育与兴起,历经资产阶级革命,不乏悲壮与轰轰烈烈。然而,新兴资产阶级革命所实现的还只是在资本面前的人人平等。新兴资产阶级在否定人身宗法等级制、使人从直接人身占有与依附状态中解放出来的同时,确立起了资本、金钱的绝对宰制性社会地位,使社会的一切商品化。资产阶级革命所实现的,在总体上还只是改变了人的具体依附性状态:由对人的依附性变为对物的依附性,由直接对人身占有变为通过资本金钱占有与支配人身,由宗法血缘等级变为资本等级。这正如马克思所深刻揭示的那样,资产阶级革命所实现的还只是一种形式上的平等。资产阶级革命的实现向人类提出了一个新的历史课题:由形式平等向实质平等的过渡;不同社会集团之间的经济差别如何不至于扩大到那样一种程度,以至于能够通过对经济的支配实现对人身的支配;这些具有利益差别的不同利益集团之间如何由彼此敌对、排他性的,到非排他性的。人类所面临的这个新的历史课题,正是科学社会主义思想及其运动的精髓。

马克思主义创始人曾对未来理想社会作过如下经典性描述:这是一个消灭了阶级对立的社会联合体,"在那里,每个人的自由发展是一切人的自由发展的条件"。④ 马克思主义创始人这个思想的核心就是:每个人之间的存在非但不是敌对排他性的,相反,是互为条件共在共生的。如果把握了这个思想核心与精髓,那么,我们对马克思主义创始人的这个思想就可以在不同利益集团关系的维度做进一步引申理解。在其现实性上,人类社会总是由不同

---

④ 马克思恩格斯:《共产党宣言》,《马克思恩格斯选集》第 1 卷,人民出版社,1972,第 273 页。

主体所构成。这个主体可以是每一个个体,也可以是集合体。这些不同主体各有其自身独特的利益,这种利益的独特性并不意味着彼此之间必定是排他的。这种不同利益主体之间的排他性存在状态,只是人类历史上的一个暂时现象。现代人类的历史使命就是要消灭这种排他性存在方式,实现不同利益主体之间互为条件、共在共生的多元和谐存在。正是在这个意义上,所谓现代性思想家们所提出的"协商"、"商谈"、"对话"等思想,只不过是以一种特殊方式在展示着马克思主义创始人所揭示的上述自由人联合体思想;我们所说的"多元社会"概念,也只不过是以一种特殊方式在进一步展开并呈现马克思主义创始人的这个思想。

"多元社会"相对于"一元社会"而言。然而,"一元社会"概念本身则极具歧义性。"一元"可以被理解为社会共同体。任何作为统一体存在的社会共同体,均具有统一性,这个统一性即是一元性。只要有社会共同体,就有一元性。然而,正如前述,社会共同体中有不同利益集团,这些不同利益集团之间的具体关系直接决定了"一元"的具体性质。这样,相对于前述社会共同体中不同利益集团关系的两种基本类型,"一元社会"就可以具有两种完全不同的规定:绝对排斥多元的绝对一元社会,以及内在包含多元的一元社会。绝对排斥多元的一元社会是等级、集权、专制的社会,这种一元社会是前现代的概念。内在包含多元的一元社会是现代民主社会,这种一元社会是现代性概念。这就意味着,当我们讲"多元社会"时,一方面,这并不排斥"一元社会"的存在;另一方面,必须仔细区分与其相对的"一元社会"概念,这是多元的一元社会,而不是等级集权专制的一元社会。

绝对排斥多元的绝对一元社会,尽管是一个存在着差别的社会——这种差别是任何一个社会都无法摆脱的近乎"命定"现象——但是却不仅无视这原本存在着的差别,以及基于这种差别的多种价值,而且还基于这种价值态度,通过强制专横的方式,使这些原本存在着的差别与多种价值仅仅服从一种价值。这种绝对排斥多元的一元社会,是集权主义的代名词。

不过,值得特别注意的是,多元社会并不是一味纯粹强调多元本身,更不能误以为这种多元相互之间是一种不包容的分裂、离散的状态。相反,多元社会在强调多元独立价值的同时,更注重多元之间内在的融合性、凝聚性、向心性。内在包含着多元的一元社会,不仅承认社会存在着差别,不仅承认这个社会中的每一个特殊存在者都有其存在的理由与价值,更承认每一个特殊存在者相互之间沟通、包容、融合的可能。一个没有沟通、包容、融合可能的多元,在严格意义上不能称之为多元,更不能称之为多元社会。这正是当今人类在面对多元化、多元社会建设时必须引起重视的重大问题。

在多元社会中,这些特殊存在者相互间并不是彼此离散的偶在。相反,他们至少具有某种一元共识,具有某种共通的交往法则,以及基于这种一元共识、共通交往法则而具有的彼此融合、共在的存在方式。正是这种一元共识、共通交往法则,彼此融合、共在的存在方式,使得这个具有多样性差别的多元社会本身,具有内在凝聚力,并作为一个有生命力的整体存在。这个一元社会是多元的一元社会。这种多元的一元社会的现实呈现,就是多元和谐社会。本文以下所说的一元社会,正是这种多元和谐的一元社会。

同样,"多元和谐"亦是一个现代性概念。"多元和谐"指称的是多元社会中的多元存在者间的和谐。而如前述,多元社会是一个现代性概念,它并不是指具有多个不同利益主体的社会,而是指这些不同利益主体之间平等、共在共生的社会;不是指这个社会不再有利益差别、矛盾乃至冲突,而是指这些利益差别、矛盾、冲突的主体在总体上以一种理性的方式沟通、协商处理,以寻求共在共生共荣。事实上,在人类文明演进的任何一个历史阶段,都有社会和谐问题,其关键只在于这种和谐的内在规定性是何。

"和谐"是表示事物状态的概念,它所揭示的是不同事物、不同主体间的协调、平衡、秩序关系状态。和谐只表明事物相互间达到了一种平衡、有序,但并不能表明此平衡、有序的实质性内容。一般地讲和谐好,也只是在有序总比无序好的意义上而言。和谐相对于不和谐而言,和谐所要指向的是不同主体间的协调、平衡与秩序。但是,至于这种协调、平衡、秩序关系具体究竟怎样,其内在具体规定性是何,须具体分析、考察。尤其是当我们在人类文明历史进程中考察不同利益集团、不同主体间关系时,这种考察就必须有历史的规定。对社会"和谐"的考察,若离开了对和谐的内在规定性这一质的考察,则既无法真正把握社会"和谐"之身,亦无法合理揭示社会达至和谐的现实路径与方式。

和谐相对于不和谐而言。一般说来,相对于不和谐,和谐是"善"(或"好"),但不能简单地说,任何和谐,或者换言之,任何协调、平衡、秩序均是"善"(或"好")。初民社会有初民社会的和谐,宗法等级制社会有宗法等级制社会的和谐,专制社会有专制社会的和谐,民主社会有民主社会的和谐,自由人联合体有自由人联合体的和谐。人类文明演进的不同历史时期,均有对于和谐的独特规定性,正是这种独特规定性,造成了不同历史阶段之间的区别。当我们说到社会"和谐"时,必须要有历史感,必须在这种历史感基础之上获得自身价值合理性的坚实根据。我们在当代社会谈论当代社会"和谐"时,就必须基于近代以来人类文明历史进程所确立起的自由、平等的价值立场,基于多元社会的价值立场。舍此,则会使社会"和谐"失却其内在规定性,这不仅会使社会"和谐"成为一个空洞无物的奢谈,而且有可能在这种空谈之下迷失实践的历史方向。

多元社会的"和谐"是基于"多元社会"的社会和谐,它所标示的是不同利益主体间的平等共在共生的和谐关系。"多元和谐"正是指称基于平等自由权利的社会和谐。

如是,我们就不难发现,当我们在谈论"多元和谐"时,并不否认社会的差异、矛盾,而只是强调这个有差异、矛盾的社会,亦是一个具有平等包容性、开放性、多样性的社会;强调这种社会差异、矛盾不应当是一种绝对二元对立状态,它仅仅应当存在于共在共生这一生活世界及其秩序范围内;强调多元社会和谐秩序的实现方式不同于宗法等级专制集权秩序的实现方式,它有其独立的方式与途径。

2. "共识"与"共存"

现代民主制度所面临的最重大问题之一,或者说关涉民主制度长久稳定性的问题之一是:一个正义的理想或民主制度,如果不能公平地协调这个社会中不同利益集团之间的利益关系,如果不能得到这个社会中具有不同价值体系的公民的普遍认肯与支持,如果不能得到这个社会中不同利益集团的普遍认同与支持,就可能失败。前者是关于多元利益关系之间的协调问题,后者是关于多元价值理念之间的协调问题。

马克思在批判空想社会主义并创立科学社会主义理论时,面临的一个基本问题是:如何消灭劳动异化现象,如何从人类历史上消除阶级剥削与阶级对立现象,如何在人类社会彻底消除资产阶级与无产阶级这一最后的阶级对立形态?马克思最终通过科学主义道路来解决这一问题:通过组织起来进行阶级反抗的方式,使无产阶级这一社会的被压迫者上升为统治者,并进而消灭产生阶级压迫与阶级对立的那个社会自身。在这个过程中,国家这个原本是一部分人统治另一部分人、少数人统治大多数人的工具自身亦消亡,其仅作为人们自我组织起来的一种公共性存在物;在那样一个社会中,劳动不再是人自身的异己物,相反,只是人自我实现的一种方式,与此相应地,人不再是物的附属,人自身是目的;人与人之间亦不再处于尖锐利益对立状态,每一个人的自由发展成为其他一切人自由发展的条件。在马克思关于科学社会主义的思想中,除了无产阶级革命、科学社会主义道路这样一些关于人类走出阶级对立与阶级剥削的具体途径揭示外,其核心内容是:每一个人的平等的自由权利,这些平等的自由权利不仅具有独特的价值,亦具有普遍的价值;这种不仅能够消除相互之间的利益对立、而且还能使社会长治久安的平等的自由权利的实现,需要来自于个体与社会、主观精神与客观关系结构等多方面的努力。

马克思通过科学社会主义思想所提出的关于不同主体间利益关系的协调这一思想,迄今仍然是人类所面临的理论与实践主题。马克思关于建立这样一个理想联合体必须有武器的批判与批判的武器的思想,仍然为我们解决这一问题提供了基本思维与实践方向。改变人类既有的利益对立关系、协调不同主体间的利益关系,在根本上是改变现实活动着的人自身的问题。人类唯有从既有的那种两极对立不相容的思维与存在状态中超越出来,唯有确立起平等、尊重、包容、共在的生活理念与精神,并在这种理念与精神的指引下坚定不移地实践着,建立起一个客观的社会结构及其运行机制,才有可能构建起多元和谐社会。当代人类的和谐社会,必定是一个对于共存具有共识、并在这种共识基础之上维护共存生活方式的社会。

　　罗尔斯在关于公平正义的良序社会思考时曾提出"无知之幕"的"原初状态"、"重叠共识"等一系列思想方法。尽管罗尔斯的这些思想方法存有这样那样的缺陷,并受到来自于诸多方面的合理诘难,但是,罗尔斯提出这一系列思想方法的核心,却是直指具有公平正义的现代良序社会之根基。罗尔斯通过自己的这些具体工作是要揭示:一个"善"的现代社会应当具有何种基本价值精神,作为生活在这个"善"的现代社会中的公民相互间应当是怎样的关系,这种应当具有的相互间关系何以能够建立,其内在又应当贯注着何种精神。尽管我们可以对罗尔斯正义两原则的相关具体内容提出各种批评,但是,我们却无法否认罗尔斯通过这种工作所试图揭示的核心内容的价值。罗尔斯所做工作最有价值的内容之一,就是以其特有的方式揭示:一个没有基本价值共识、没有就基本正义原则取得某种共识的社会,不可能是一个"善"的现代社会;一个"善"的现代社会并不是一个思想、价值绝对一元的社会,它只是在基本正义原则、基本价值精神共识基础之上的具有多元追求的共存社会;一个"善"的现代社会是一个具有某种共识的社会,但这只是对于共存及其基本原则这种现代社会根本内容与原则的共识——正是在这个意义上,与其说它是一个共识的社会,毋宁说它是一共存的社会。一个"善"的现代社会,追求的并不是共识本身,而是多元主体间的共存关系。共识只是实现这种共存的必要前提、基础。

　　一个"善"的现代社会,必定有其内在的规定性,必定有其起着内在凝聚力的价值精神——正是这种内在规定性、价值精神,既使这个"善"的现代社会不同于既往的一切社会,又使自身具有长治久安的稳定性。然而,一个"善"的现代社会,又是一个具有多元主体、多元利益、多元文化,以及基于这种多元主体、多元利益、多元文化基础之上形成的多元价值的多元的社会,如何使这些多元主体和谐共存,则是现代社会所面临的核心问题之一。

现代社会中的公民具有思想、良心、信仰的自由,而且事实上他们会在历史过程中形成不同的理想、信仰,会形成如罗尔斯所说的不同的合理的"完备性"思想学说体系,诸如哲学、宗教、道德思想学说体系。这是不同价值体系之间的关系。这些不同的价值体系在自由而平等的公民中产生、存在,使公民发生分化。如何使这种分化不至于伤害民主制度本身,并在这种分化存在的情况下,保持社会的长久和谐稳定?这是一个将价值体系本身所关注的善的问题,转化为政治正义的问题。即将关于善的冲突,通过平等的思想与良心自由,转化为政治正义的制度问题。⑤ 超验的善、不同价值体系之间,是不可通约、不可实证的,但是政治正义的制度却是可以兼容、实证经验操作的。平等的思想良心自由,可以避免由于思想、良心、信仰的差别,而使一个社会出现具有征服性的不宽容,可以避免社会动荡不安,消除社会的不安全感。——任何善的冲突,任何宗教信仰的冲突,如果不能转化为政治的正义,不能转化为平等的思想与良心自由,则任何一种理想、价值体系或"完备性"思想学说持有者,即使是暂时处于独断主宰的地位,也会潜藏着对自身安全的担忧,这种担忧反过来又会强化其独断性,进而使社会陷入一种恶性循环之中。

一个现代民主制度的政治哲学或政治文化,具有三个基本事实特征:a. 存在着多样性的价值体系。这就是罗尔斯所说的多种"合理完备性"宗教学说、哲学学说、道德学说等,且这种现象将长

---

⑤ 参见罗尔斯:《政治自由主义》"导论",译林出版社,2000。

期存在。b. 除非借助于强权性的国家权力,否则不能维系一种完备性学说、理想信仰体系在全社会的持续共享性。c. 任何一种合理的完备性学说,事实上都不能得到全体公民的一致认肯。这样,一个现代民主制度中的公民,就在平等的思想与良心自由权利之下,应当至少拥有两个方面的思想与良心内容:一是为公众所认肯的基本正义理念,一是以某种特殊方式与这种公众认肯的基本正义理念相联系的合理完备性学说或价值体系。⑥ 如果将这两个方面聚焦到一点,那就是:在现代民主制度中,存在着多元的公民、多元的思想、多元的自由、多元的权利、多元的利益;然而,这多元的公民、思想、自由、权利、利益相互间又不能是绝对离散、拒斥的,它们中贯穿着一种基本价值精神,正是这种基本的价值精神将整个社会凝聚为一个生命整体,并保持社会的生动活泼、长治久安。这种贯穿其间的基本价值精神,就是多元社会多元价值体系中的一元共识。⑦ 在这个多元社会中,确实存在着多元的价值体系,然而,每一个价值体系中,都有那样一种晶核,这个晶核所占的绝对空间可能并不大,但它一方面处于价值体系的核心地位,另一方面又与其他价值体系有着某种可沟通对话之处。

多元社会确实以利益间差别为基础,因为每一个主体都有其特有的利益,且这种差别不仅仅是经济的,还有政治、文化、信仰、习俗的。然而,既然合理多元社会是一个平等的自由社会,那么,社会成员相互间关系就应当是合作共存共生的关系。所谓合作共存共生关系,并不简单地是一个协作关系,因为协作关系可以是在一种最高权威发布命令之下的共同协调活动。合作共存共生关系

---

⑥ 参见罗尔斯:《政治自由主义》,第1讲,第6节,译林出版社,2000。
⑦ 这个基本价值精神,罗尔斯用"重叠共识"来表达,本文则用"一元共识"来表达。"一元"共识,相对于多元社会,更能揭示其内在的统一性,多元的共生性。

意指:这是一个由平等的基本自由权利主体所构成的关系;它是由公共认肯的活动规则与程序所引导所规范了的;所进行的每一个合作项目都是由每一个参加者所认肯与合理接受的;所有介入合作并按规则与程序行事履行职责的人,都能合理得利,且这种合理得利能为每一个参加者所接受。⑧ 多元社会确实是一个竞争的社会,然而,这种竞争不是一种格斗,而是一种合作性竞争、冲突性共谋。⑨ 多元社会确实以个体独立自由权利、独特界域为基础,然而,每一个个体又都是首先以对他人权利与界域的承认、尊重为前提。麦金太尔曾对现代社会公正之主体性失落表现出深切担忧。其实,现代社会公正之主体及其价值合理性根据并不会失落,只是须以一种不同于以往社会的眼光与方式去认识。公正及其价值合理性根据并不外在于现实活动着的人,并不是一个既定的实体,它存在于我们的生活世界中,存在于大家通过对话、商谈而达成的一致中。生活世界是我们的,生活世界的公正与价值合理性根据也就存在于我们——主体中。

霍布斯与卢梭曾对人类自然状况做了两种截然不同的规定:兽性的与神性的。其实,他们均以自己的方式表达了对社会多元性的一种认识:排他性多元无异于绝对一元。所以,他们试图从契约的立场将这种排他性多元引向包容性多元。他们以先验人性论作为理论出发点,并分别从经验主义与理想主义两个方向寻求对问题的解决。他们的具体做法尽管存有诸多缺憾,然而,他们寻求主体间性的做法这一思维方向却是合理的,并给后人留下诸多启示。严格地说,无论是霍布斯还是卢梭的自然状态,都不是多元社

---

⑧ 参见罗尔斯:《政治自由主义》,第1讲,第3节,译林出版社,2000。
⑨ 参见高兆明:《存在与自由:伦理学引论》,南京师范大学出版社,2004,第513页。

会。多元社会中的人既不是兽也不是神,而是人,——以人的方式相互承认与尊重,并在经验世界中,通过理性学习寻求共同生活的方式。人是理性的存在,这个理性人不仅是指人具有如经济学所规定的追求自身利益最大化的经济人之理性,更是指人具有在人类世代发展过程中形成的某种永恒性人文精神之理性。每一种理论形态都带有时代的印记。霍布斯、卢梭所采用的理论方法,反映的是他们所处的资本原始积累时期的历史状况,而当代罗尔斯所采用的无知之幕理论方法,则反映了与古典时代大不相同的当代社会政治经济生活。[10] 如果我们以一种更彻底的理性反思态度对待罗尔斯的理论方法,那么,与其说无知之幕这一理论方法是理性主义的,毋宁说是经验主义的:罗尔斯以一种理性的方式表达了自己所感受到的主体间应当平等这一经验事实,表达了在一个民主的社会结构中,只有通过协商、达成共识,才能实现各自的真实利益这一经验事实。多元社会是一个理性—经验主义的社会。每一个体都具有理性能力,都能直面大家都是平等的自由主体这一事实,在经验世界中,通过经验提高自己实践理性的智慧能力,实现存在的价值。

多元不是杂多。排他性多元是以多元面貌出现的杂多,一切均处于偶然性支配之下,漂泊孤离,因而是形式的多元而不是真实的多元。真实的多元以自由为其内在规定,在非排他性的独立自主活动中,整个社会表现出一种生动有序性。真实多元即为合理

---

[10] 虽然罗尔斯的"无知之幕"设定表现出一个思想家的理论睿智,但罗尔斯通过这个设定事实上回避了一个至关重要的问题:个体间如何才能是平等的?罗尔斯的这个做法,或许更多地是在提醒人们:现代性社会的基本结构本身应当使生活在这个结构中的公民具有平等的自由权利,正是这个社会结构本身先在地规定了作为公民的个体间(应当)是平等的。

多元。在合理多元社会中,每一种存在都有其存在的理由,每一种存在都将其他存在真诚地视作与自己一样拥有平等的自由权利的存在,因而,都承认、尊重乃至维护其他存在的正当权利。然而,那些伤害其他主体基本权益的存在(如法西斯主义、黑社会势力集团、邪教等),则由于其反社会、反他在的性质,而规定了其不具备存在的合理性,故不在合理多元社会之例。所以,合理多元社会是一个有限规定的无限样式社会。

任何一种社会都以一种结构方式存在,因而也总是要以一定的秩序状态存在。纯粹杂多的社会由于缺少内在的统一性、凝聚力与秩序,因而难免毁灭的厄运。排他性的多元社会,或者通过纯粹的生物竞争走向强权霸道,或者通过无政府主义走向独裁专制。合理多元表明社会不同阶层或成员彼此在日常经验生活世界中,能通过日常生活学习提高生活的智慧与能力,形成一个平等的基本自由基础之上的社会秩序。

在这个非排他性的、合理多元的生活世界中,不同社会集团之间的价值评价体系可能是不同的。然而,一般说来,除了那些违反法律或为法律所特殊规定的情况外,这些不同的价值评价体系之间亦不是绝对排他性的。在这里,存在着的是价值宽容,是对异的尊重。当然,这种价值宽容并不意味着相互间没有批评、交锋。相反,彼此间会有批评、交锋,只不过它们都以一种平等的身份、在法律的范围内通过说理的方式进行。这样,多元社会价值评价体系的非单一性,事实上又隐含着一个前提:多元社会起码存在着一种为多元价值评价体系所共同接纳的一元价值评价标准,且这种共同认肯的一元价值标准在一个立宪民主社会中又必定通过立宪立法而制度化。换言之,在现代社会,当人们生活在这样一个社会制度之中,形成、表达并维护自己的思想与价值要求时,已经隐含着一个前提:大家对于在这个社会中生活的最基本方面有某种共同识见。正是有了这样一个共同识见,才能够畅所欲言,表达自己的意见。虽然人们在日常生活中,对这样一个最基本的共识隐而不言,但它却深藏于人们内心。这个基本前提的具体表达可能是多样的,但它的基本精神则是:平等的自由权利,遵守规则,服从多数,尊重少数。这样,共同认肯的多元共识,就集中体现为法治精神以及在法律面前人人平等精神。一元法治表达了合理多元社会的基本价值要求,只不过这种共同认肯的基本价值要求以法律的形式被肯定、固化。这样,在一个多元民主社会中,只有法律的统治,才有可能不仅具有形式上的合法性,而且具有实质上的合法性。

其实,只要是作为一个社会共同体存在,只要这个社会共同体还保持有某种秩序,它总是存在着某种共识的。这种共识借用卢梭术语表达,就是公意(general will)。问题是这种共识、公意是什么,它如何形成?中国传统社会中产生共识的方式,主要有两种:一是道德的规范与训勉,二是由上而下所施予的强制性权威。[11] 即,这种共识内容是道德的,其形成则是通过行政强制性的(道德的规范与训勉,依照德治的原则是上者对下者的示范与教导,内中亦包含了某种自上而下的近乎强制的方式)。对于普通民众而言,这种共识是外在强加的东西,而不是在日常生活中自己主动参与构成的。"民可使由之,不可使知之"就从一个侧面集中地揭示了上者、治者对这种社会共识、公意的垄断性。这种共识内容及其形成方式,与自由、民主制度、民主生活有天壤之别。影响中国古代

---

[11] 参见林毓生:《两种关于如何构成政治秩序的观念——兼论容忍与自由》;载其著:《中国传统的创造性转化》,北京三联书店,1988,第92—93页。

社会这种共识形成方式的缘由是复杂的。其中,除了宗法血缘精神的弥漫外,与中国古代早就形成大的帝国相关。大的帝国,产生了相当大的行政问题,必须有强大的政治权威制定行政方面的制度与规定,用官僚与军队强迫的办法使民众服从上者的权威与命令。[12]大帝国的行政权威与宗法血缘精神,互动互补,相得益彰,既强化了宗法血缘精神,又巩固了帝国中央一元集权。古代东方民族的共识是被加予的共识。在这种共识中不包含个体的自由意志内容,是没有多元的一元。

相比之下,西欧文明发展过程中的共识形成方式与东方有原则差别。这种共识形成方式与自由民主精神的孕育,从源头上可以上溯到希腊城邦民主制。古希腊的基本政治构架是城邦政治。那是一个由自由民构成的政治实体。人数很少,地域极小,类似于中国古人所说的小邦寡民。因为人数少,地方小,不用繁杂的行政系统就可以治理公共生活,形成一种社会秩序。同时,城邦公民都能直接参与城邦政治事务。如古希腊雅典公民很少有私人生活,时间大多花在开会、辩论等公共事务上,通过辩论达成共识或公意。这是一种自生的共识。在这种共识中包含着个体的自由意志内容,是内涵了多元的一元。以古希腊为文明源头的西欧文明,虽然在其后的发展过程中,曾有过波折,曾出现过独断与排他,但相对于东方文化而言,总体上,在社会政治生活中承袭了古希腊公共生活中的自由民主精神。这种自由民主精神在法治精神中得到了集中体现。

值得指出的是,西欧文明这种社会共识形成方式及其内容较

---

[12] 参见林毓生:《两种关于如何构成政治秩序的观念——兼论容忍与自由》,载其著:《中国传统的创造性转化》,北京三联书店,1988,93页。

之东方民族的原则不同,还应当归功于其在中世纪曾出现过的建立在"两个世界"基础之上的"政教分离"的理论与实践。欧洲中世纪,在王室与教廷、王权与教权的紧张冲突与斗争中,最终形成了政教分离的现实状况及其理论。世界被分为两个部分:世俗世界与神圣世界。王权是世俗的权威,其合理性界域是世俗世界,它负责世俗生活世界的秩序,但对精神领域却无法亦无能染指。教权直接秉承上帝的旨意,负责精神领域,是人类精神世界的导师。王权是世俗的领袖与权威,教权是精神的领袖与权威;王权是世俗王国的,教权是神圣天国的。这样,社会事实上存在着两个权威:一个是政治权威,这由王权为代表;一个是精神、信仰、价值权威,这由教权为代表。[13] 在世俗政治生活中,即使是拥有最高权力的帝王,也不是至善神圣的,不能成为民众的精神领袖与导师。任何一个凡人,哪怕他/她拥有令人畏惧的世俗政治权力,他/她都不可能是十全十美的,都不能替天布道,代民出意。政治权力与价值合理性、真理完全是两码事。拥有政治权力,并不能拥有价值合理性与真理,不能成为真理的代言人。这样,一方面限制了政治权力,另一方面又通过价值合理性问题——经过一系列中介环节——将社会的公意从政治家手中归还到社会与民众。一元共识不是由某一个人物所垄断的,而是社会、民众在公共生活中自觉形成的。

西欧的"政教分离"思想及其传统,与中国古代"内圣外王"思想恰恰相反。内圣外王的理论内涵是:社会政治生活中的领袖,不仅负有政治责任,而且还负有道义责任,不仅是政治领袖,而且还是精神领袖,因而不仅具有政治权威,而且还具有精神权威。如

---

[13] 奥古斯丁《圣城》中所提出的俗城与圣城之区分,对于其后欧洲政治实践乃至思想文化的影响十分深刻。

此，就在政治权力与真理之间直接划起等号，在上者替天行道，代天言命，就是理所当然的了，加予性共识亦获得了合法性。在这种共识之下，一方面存在着权威与功能极为巨大的政治权力，另一方面悄悄地、但又名正言顺地取消了社会公众对于政治权力有效监督的权利。在加予性共识之下，没有合理多元，更没有自由与民主。

正如前述，现代化社会是一个多元社会。在这个多元社会中，有一元共识，且这种一元共识又实体化为基本的宪法法治秩序；宪法法治秩序是大家在共同生活的经验世界中通过理性累积学习而成的基本生活规则要求，宪法法治规范是一个社会的最基本规范，它不仅是应当的，而且是必需的，因而，宪法法治就是自由的另一种存在样式，就是统摄多元社会的一元内在规定。多元社会与一元法治，互为依赖，互为规定。在社会主义民主的现代社会中，社会的整合首先是法律的一元整合。社会活动的内容、样式可以无限，用以调节社会活动的基本规则则是一元公共的。规则面前人人平等，不存在任何能够超越于法律之上、不受法律约束的力量。以法治国，法治社会，这是多元和谐的基本路径。多元和谐的实现有赖于法治社会的建立。

概言之，一个"善"的现代性社会制度，除了在平等的基本自由权利、平等的自由存在权利，以及对于宪法法律的尊重与遵守这一最基本意义上的基本价值共识之外，就是一个价值多元共存的制度。正是在这个意义上，一个"善"的制度与其说它是一个多元间的普遍价值共识的制度，毋宁说它是一个多元共存的制度——这是一个建立在对共存价值共识基础之上的共存制度。同样，与其说多元社会是一个一元共识社会，毋宁说它是一个共存社会——它是一个对共存及共存基本法则具有共识的共存社会。

二、多元和谐是否可能？

一个"善"的制度是一个多元和谐的制度。然而，这种"善"的多元和谐的制度是否可能？它究竟仅仅是一种乌托邦式的理想，还是一种现实可能？如果仅仅只是一种乌托邦式的理想，那么，它最多只是一种类似于人们对天堂向往式的美好愿望，可望而不可即——只是多了一种宗教式的精神寄托形式而已。如果它是具有必然性的现实可能，那么，它何以可能？其现实实践内容是何？何以变为人们日常世俗生活中的日常行为？何以能够通过人们日常生活的交往行为建立起这样一个"善"的制度？这些恰恰构成制度伦理性思考的核心问题。

没有哪一种思想工具较之契约论思想更能深刻合理理解现代"善"制度的要义与精髓。契约论思想揭示：现代和谐社会秩序构建必须基于多元对话协商这一基础。然而，多元对话协商又以多元平等为条件，只有多元间的平等，多元和谐才有可能。这里首先就面临一个近乎前提性的问题：多元平等是否可能？

1. 多元平等

根据契约论思想，契约方式是现代民主社会达至和谐的基本方式。但是，契约本身就意味着差别与平等共在的二重特质：一方面，意味着不同利益主体及其差别的存在；另一方面，意味着尽管这些不同利益主体在利益、财富的现实持有上可能有很大差别，但这种差别并不妨碍他们相互间的平等商谈对话身份。这里就存在着一个极为重要的问题：为什么这些在利益、财富等世俗生活中具有很大差别的主体,相互间能够并愿意以平等的身份对话商谈? 尤其是那些在利益、财富上占有优势地位的社会成员,为什么愿意与那些在利益、财富上处于明显劣势的人取一种平等的身份对话商谈,并通过契约达至一致? 这种具有差别的主体间以平等身份对话达至一致的社会共在方式,是否具有必然性? 如果不能对此做出明确合理且令人信服的说明,那么,现代多元社会制度合理性本身的正当性、善就是值得怀疑的,就缺少必然性。对现代社会制度"善"(或"好")以及客观性、必然性的考察、分析,首先必须正视这种具有利益差别的社会成员之间平等对话的可能性与必然性问题。否则,一切与此相关的研究,只是或然性的,不具有真理性。

当然,对于这样一个极为重要的问题,可以取一种较为方便、简捷的解释方式:平等是我们的时代精神,因而,人们在日常生活交往中必定会以此为引领。其实,这种似乎方便、简捷的解释方式说出了一切,又什么都没说。为什么平等会是时代精神? 人们为什么据于理性会接受这种精神并以此引领日常生活? 即使是从政治斗争的角度对此试图做出进一步的解释,仍然不能合理、有效地做出回答。为什么不同利益集团之间的抗争、反抗,最终却是承认对方平等身份这一结果? 尤其是那些在利益、财富、力量上占有优势地位的集团,为什么会在政治生活过程中出于理性最终达到这样一种价值立场? 对于这样一个问题的思考,不能离开哲学的高度,不能没有来自道德哲学的审视。

康德曾明确提出"人是目的"的思想。当然,"人是目的"这一思想可以在不同的维度被理解:在反对宗教神学的意义上被理解为人从神、从上帝庇护下的解放,不再是自身所创造了的异己存在物神、上帝的创造物,不再需要通过神、上帝来认识与说明自身。人自身成为世界的主人。这种意义上的"人是目的",正是人类从中世纪走出来的伟大成果之一。然而,康德所提出的"人是目的"却并不是在这个意义上而言。他是在作为主体存在的人的普遍意志、普遍立法的实践理性意义上强调"人是目的"。⑭ 康德这里所说的人不是特殊、个别意义上的人,而是普遍的、抽象的、一般意义上的人。他所指向的核心是:每一个人、所有的人均是目的,而不是仅仅作为手段存在。这是意志的普遍立法,这个普遍立法并不是使某一个或某些人成为目的,而是要使所有人均成为目的。因为,唯如此,人才有可能在普遍意义上成为目的性存在,才不会沦为纯粹手段性存在,才能消除人类自身主人与奴隶两极对立、一部分人压迫另一部分人的存在状态。也唯有如此,才能使"人是目的"本身具有必然性。

黑格尔以思辨的方法表达了与康德同样的思想。在《法哲学原理》中,黑格尔反复表达了一个思想:自由、权利的抽象性。只有抽象的自由、权利,才是真实、普遍的自由、权利。黑格尔所要求的自由、权利的抽象性,并不是在空洞无物的意义上而言,而是在普遍性、客观性、必然性意义上而言。这个"抽象"相对于特殊、具体而言。黑格尔通过这种抽象性所试图表达的一个重要思想是:那种只是某些人、某些集团的自由、权利,不是普遍的自由、权利;那些只表达了某些集团要求的自由,不是普遍的自由,不具有必然性,总是或然的;只有无一例外地表达了所有人的权利的自由,才是真实的自由,才具有普遍性、客观性、必然性。因为,在其具体现实性上,每一个人均是由一连串的偶然事件所构成。如果一个人的自由与命运由这种外在偶然事件决定,即使这种外在偶然因素

---

⑭ 参见康德:《道德形而上学原理》第 2 章,苗力田中译本,上海人民出版社,1986;《实践理性批判》第 1 卷第 1 章,韩水法中译本,商务印书馆,1999。

对其有所惠顾,并使其处于一个较为优越的状态,那么,由这种偶然性所决定的自由与命运总是偶然的。⑮ 在这里,只有不是以部分人的特殊权利、而是以所有人的权利为内容的自由,才是摆脱了或然性的真实的自由。只有抽象、普遍的,才是客观、必然的。只有在这种抽象、普遍,即客观、必然的自由之中,每一个人无论其具体境遇如何,都不会因为外在偶然性因素的变化而改变自身的自由存在状态,更不会因此而失却自己的自由。

康德、黑格尔的上述深刻思想,在马克思那里得到了进一步弘扬。马克思在讲到无产阶级的历史使命时曾提出:无产阶级只有解放全人类,才能最终解放自己。如果不能解放全人类,那么,无产阶级作为被压迫、被剥削阶级就会被始终再生产出来。只有使每一个人都成为自由的存在者,只有使这个世界上不再存在着被剥削与被压迫现象,无产阶级自身才能真正得到解放。马克思主义创始人终身孜孜不倦追求的"每个人的自由发展是一切人的自由发展的条件"⑯这样一种理想社会关系状态,正是上述思想的集中表达。只要一个社会还没有做到使生活在其中的每一个人都得到自由,这个社会中的任何一个人的自由就均是或然性的,这个社会本身也就不可能是一个真正自由的社会。

康德、黑格尔、马克思等通过自己的工作反复向我们揭示一个深刻的思想:特殊只有成为普遍中的特殊,才是真实的特殊,才具有必然性。任何一个离开了普遍的特殊,均不具有自身的真实规定,均不可能获得自身存在的客观必然性。作为主体存在着的人,总是在追求着自身的权利、幸福、自由。然而,如果这种对于自身

---

⑮ 人生这种受外在偶然因素影响的无可奈何的偶然性,正是人生焦虑、畏惧的根本缘由之一,也是人类对于某种彼岸超验性存在追求的存在本体论缘由之一。

⑯ 《马克思恩格斯选集》第1卷,人民出版社,1972,第273页。

权利、幸福、自由的追求,是基于与他者的彻底对立、否定的立场,那么,这种权利、幸福、自由即使暂时获得,也是偶然、暂时的。这种偶然、暂时性表明了这种自由的不真实性。

人类自有文字记载以来的文明演进历史,就是一部充满刀光剑影与血腥味的历史。不同利益集团所做的一切,均是为了争取获得或维护自身的权利与利益,均是在为所谓自身的自由而抗争。然而,人类演进的历史本身又表明,这种你死我活、执著于各自特殊利益的斗争,最终结果或者是两败俱伤,或者是同归于尽,伴随其间的总是焦虑与不安全。幸运的是,人类又是一个具有理性的、能够从生活中学习进而"累积进步"的存在者。现时的人类作为人类文明演进在现时的现实承担者,已从自身的历史中逐渐开始明白仅仅固执于一己特殊权利的自由,只能是一种幻想。宽容、对话、商谈、普世主义价值要求,等等,正是这种文明取向的某种现实呈现。

超越凭借外在力量获得自身权益的动物性,学会凭借理性、文明精神在互相尊重中实现自身的权益,这正是人类脱离动物界而成为人的一个根本性标志。人不同于动物处,就在于人是一个文明的存在物。人的自由并不是特殊命题,人的自由是一个普遍命题。人的自由要成为必然的,就必定扬弃其偶然性、特殊性。这些正是人类有可能相互间平等尊重的存在本体论根据。

抽象、普遍的自由,是多元间的平等自由。这种多元间的平等自由,意味着多元间对于平等权利、身份、尊严的相互承认。这种多元间的相互承认,是多元社会、"善"的制度的必备条件。

2. 多元间的承认

多元平等的前提之一是多元间的相互承认,是特殊存在者对他者存在的承认。这种相互承认是一切契约活动的前提。这种多元间的相互承认显现在社会交往结构的具体存在上,就是以宪法法律制度为核心的制度体系对于所有公民的平等对待,就是所有公民无一例外地享有平等的基本自由权利,享有平等的身份,享有平等的尊严,以及享有为了维护这种平等尊严所应当且必须拥有的最起码的社会资源。

不被承认的他者,总是会以自己的方式表达并争取被承认。不被承认的他者,亦是有自我意识的现实利益主体,并会在可能的范围内争取获得被承认——尽管这种自我意识的程度、内容及表现形式,会因主、客观等诸原因而有不同。在某种意义上可以说,人类迄今为止的一切反抗剥削与压迫的斗争,都是为了争取承认的斗争。甚至当今社会一切在关于社会正义或社会不公主题下所出现的各种社会问题——无论是国际政治生活中的"恐怖"与"反恐怖"活动,还是国际经济生活中的全球化与贸易保护主义;无论是所谓"群体性事件",还是各种个别极端"突发事件";无论是所谓舆论上的七嘴八舌,不做"房奴"、"读书吃亏",还是所谓的民工荒、抛地荒现象,等等——无不是以各种特殊形式所呈现出的这种弱者争取被平等承认的现实活动。

承认本身亦有两种类型:一是有限、形式的承认,承认他者作为人的存在,但是不承认他者具有与自身一样的权利;一是普遍、本质的承认,承认他者作为人与我具有一样的权利。那种有限形式的承认他者作为人存在,尽管较之绝对不承认他者作为人存在是一个进步,[17]但是这种承认本身则是以人格等级、权利差别为前提,总是以各种标准、各种方式将人分为三、六、九等。在这种有限

---

[17] 亚里士多德所说的作为"会说话的牲口"的奴隶,就是一个绝对不被承认作为人的存在。这是一个人身绝对占有与被占有、支配与被支配的关系,不被承认的被占有、被支配者,只不过是占有与支配者的一个纯粹物而已。

形式承认中，人总是有等级差别的。在有等级差别的这种社会关系及其结构中，不同的人具有不同的社会地位及其相应的权益。

人类近几百年来的文明演进过程，是一个努力消除这种等级差别、并试图建立起一个人与人之间普遍平等关系的过程。在这样一个过程中，人类在一般意义上否定了基于宗法血缘、人身占有与依附的等级制。但是，一方面，即使是这种意义上的对于等级制的否定，仍然是一个未竟的艰巨事业；另一方面，人类在一般意义上否定了宗法血缘、人身占有与依附等级制的同时，又确立起了金钱的绝对标准地位。金钱面前人人平等，这似乎摧毁了一切既有人身占有依附、人格不平等的根基，但是，它自身却又造成了一种新的人格不平等：这种人格不平等不是依据于宗法血缘等先验根据的不平等，而是直接依据于财富占有本身所形成的人格金钱化的不平等。以金钱为代表的财富成了社会的主宰，并直接成了人格、社会等级的具体规定性。因而，尽管现代社会是一个历经自由主义思想数百年锤炼的社会，是一个应当通过契约（洛克、霍布斯、卢梭、罗尔斯等）、商谈（哈贝马斯）构建长治久安秩序的社会，但是，它仍然是一个事实上存在着社会等级、人格差别的社会，仍然是一个不同社会等级、阶层的人们之间需要相互承认的社会——甚至契约、商谈本身，就以对对方存在及其权利的承认为前提。只有在承认他者与自身一样拥有平等的自由权利基础之上，才有可能建立起一个真正自由的、长治久安的良序社会。[⑱] 对他者的承认，是现代社会的一个基础性问题。

从表面上看，在上述等级差别的有限、形式承认中，似乎主要

[⑱] 在这个意义上理解罗尔斯在关于政治正义问题研究过程中所提出的"原初状态"的"无知之幕"思想方法，就不难发现罗尔斯事实上已以自己的方式感觉到，并直面这样一个对他者平等自由权利承认的实质承认问题。

的是处于社会下层的人们要求获得处于上层的人们对于自身权益的承认,似乎更多的是这些下层的人们祈求那些处于上层的人们能够出于良心、怜悯、同情,对这些不幸者命运的关照、基本权益的承认。但就实质而言,情况并非如此。即使是在这种等级差别社会中处于上层的人们,亦需要来自于在下者的承认。事实上,他们会以各种方式试图获得来自下层人们的承认:承认他们拥有的地位、财富、权力、名望等的正当性、合理性,承认他们拥有的可以用来支配一切的权力的合法性、权威性。如果他们不能通过理喻的方式从受他们支配的下层人们中获得这种承认,他们就会毫不犹豫地运用强制的手段强制地获得这种承认。之所以在上者需要在下者的承认,就在于:只有通过这种承认,在上者才会在一种秩序感中获得安全感,才不至于永远生活在被他人推翻、打倒的恐惧之中,不至于永远如坐针毡,不至于连睡觉时都得睁着一只眼。没有得到在下者承认、没有获得安全感的在上者,与没有得到在上者承认、没有安全感的在下者一样,在焦虑、不安全这种存在方式上,并无二样。

如是,则多元社会的相互承认问题,在根本上就是一个"我"的普遍性的问题——去除"我"的纯粹特殊性而成为普遍性的,"我"即为"你"、"他",就是一个不同主体间共在的问题,就是一个由纯粹的"自我主体"上升为"交互主体"的问题。

康德提出"人是目的"思想并不是要否定人的手段性一面,相反,他承认人的手段性一面,因为人的一切必须通过人自身的活动获得。他所要坚决反对的是一部分人将另一部分人视为纯粹手段的这种不平等社会关系。康德提出"人是目的"的主旨是要揭示:在人类社会,每一个人的自由权利均是平等的,没有任何人可以有凌驾于他人之上的资格,没有任何人在人格上先在地比他人优越;

在人类社会,既没有作为纯粹目的性的人存在,也没有作为纯粹手段性的人存在。[19] 康德所追求的,是一个具有平等自由权利的交互主体性社会关往关系及其结构。

交互主体是对纯粹自我主体的否定,是交往双方互为主体的存在关系。在纯粹自我主体状态中,每一个人在将自己视为主体的同时,均将他者视为纯粹的手段,均不承认他者与自身平等的主体地位与权益,均以自我为中心与世界建立起联系。然而,在这种将他者作为纯粹手段的自我主体状态中,一方面,每一个人将自己视为纯粹主体的交往者;另一方面,每一个人又都在他者那里作为纯粹手段性的存在。因而,在这种状态中,尽管每一个人试图将自身作为一个纯粹目的的主体,但是,在普遍的意义上,每一个人却是一个不具有目的性的纯粹手段性存在。只有承认他者的存在,承认他者存在的目的性,并视他者是与自己一样具有平等自由权利的存在者,自己才有可能成为一个真实的目的性存在者。互为目的性的交互主体性,是现代社会交往关系的现实基础。

对他者承认的交互主体性以社会成员相互间的人格独立、平等为前提,而相互间人格独立、平等又以经济关系中的平等地位确立为基础。在人类文明演进历史过程中,市场经济这一经济历史形态的广泛确立,使相互承认的交互主体性获得了经济生活方式的客观基础:人们至少在形式上摆脱了人身占有与被占有的主奴状态,获得了平等的身份。不过,市场经济在否定人身占有、等级依附关系,为交互主体性存在方式提供客观经济生活基础的同时,又以其特有的方式确立起金钱的绝对宰制性地位,使人们在金钱

---

[19] 参见康德:《法的形而上学原理——权利的科学》(商务印书馆,1991)一书中关于"道德形而上学总分类"部分,尤其是第36—37页。

面前形成不同的等级与身份,进而又以一种特殊的方式侵蚀交互主体性关系。一个善的现代性社会制度,必定是这样的制度,这个制度在否定人身等级占有宗法关系基础之上,进一步否定金钱主宰性地位,否定由金钱主宰性地位所造成的另一种人格等级差别。

多元间的平等自由权利的承认,是一种双向彼此间的承认。这种承认在时空上融为一体、不可分离。如果时空上不能融为一体、彼此可以分离,那么,这种承认还不是一种普遍意义上的承认,多元间的关系仍然不能是平等与和谐的。严格说来,交互主体性仍然可有两种情形:轮换的与共在的。轮换的交互主体性关系,是主、客体相互分裂的共同客体化的关系。只有交往各方同时融主客体为一身、时空不分离的共在方式,才是真实的交互主体性关系。人总是生活在一个关系的世界中,每一个人的自由都与他人有"牵涉"[20]关系。我们所生活于其中的这个世界,是一个与他人互为决定条件的世界。但是,如果社会成员间关系仅仅只是牵涉性关系,只是一个各自自由实现不能离开他人的关系,那么,这除了说明人的存在的社会性外,并不能说明更多的内容。因为,这种牵涉的性质是何?以何种方式牵涉?是以占有、被占有的方式,还是以共在的方式牵涉?是以同时实现相关者各自权益的方式,还是以其中一方权益为代价实现另一方权益的方式牵涉?如果是在一个时空分离、轮换的方式下实现牵涉,那么,这就是"我"首先以主体身份存在、将自己作为纯粹的目的,并将他者作为纯粹的手段,然后,就是他者的反客为主,将"我"作为纯粹的手段。在这种牵涉性中,社会成员处于主、客二分状态,似乎谁都是绝对目的,但是,谁又都是绝对的手段,因而,没有一个人可以真正作为目的性

---

[20] 萨特在《存在主义是一种人道主义》中曾提出过"牵涉"概念。

存在。将他人视为纯粹手段性存在,就是将自身视为纯粹手段性存在。这种轮换的交互主体性关系,是绝对自我主体的一种特殊存在样式。它不过是现实生活中互相欺诈算计,今天你坑我、明天我加倍伤害你的写照。

只有交往双方在时空上互不分离地同时成为主体、通过互相服务的方式实现各自的利益,才是真实的交互主体。真实交互主体是人们基于共同利益而共同主体化,是在相互依存下求得共同发展的互在共生状态。康德所说"人是目的"、马克思恩格斯所说"每个人的自由发展是一切人的自由发展的条件"等,均是指的这种在时空上不分离的、互为目的手段的平等主体性状态。在这种真实的交互主体性存在状态中,每一个人同时既是目的又是手段;每一个都不是纯粹的手段性存在,每一个人都须通过为他人提供服务、平等交换的方式,满足自己的需要,实现自己的目的性存在。"我"的目的与手段的统一,即是他者目的与手段的统一。[21]

对他者平等身份的承认,这是多元社会和谐的前提性条件。这种前提性条件显现在宪法法律中,就是全体社会成员的人格平等以及基于这种人格平等的平等的基本自由权利。[22] 只有在这种平等承认的基础之上,才有可能进一步通过商谈、契约创造出平

---

[21] 马克思曾在论述商品交换的自由、平等性质时,曾在一个特殊的维度揭示了这种主体存在的目的性与手段性的统一。马克思说:"(1)每个人只有作为另一个人的手段才能达到自己的目的;(2)每个人只有作为自我的目的(自为的存在)才能成为另一个人的手段(为他的存在);(3)每个人是手段同时又是目的,而且只有成为手段才能达到自己的目的,只有把自己当作自我目的才能成为手段,也就是说,这个人只有为自己而存在才能使自己变成为那个人而存在,而那个人只有为自己而存在才能使自己变成为这个人而存在。"参见马克思:《政治经济学批判》,《马克思恩格斯全集》,第46卷(上),人民出版社,第195—196页。

[22] 一切宪法、法律中的事实上具有歧视性的不平等规定,均不过是社会不同成员间不承认的反映,且这种不承认是以一种强者对弱者权益不承认的形式直接展示于外。

自由权利的日常世俗生活秩序。㉓

所有民族在其现代化过程中均会经历这样一个实现多元承认的痛苦历史过程。然而,无论会有怎样的痛苦,这种多元之间的相互承认,以及作为这种承认的制度化定在的宪政,却是任何一个民族走向现代化、获得自由必不可少的阶段。对于一个宗法等级集权制根深蒂固又缺少启蒙运动的后发民族而言,这个任务格外艰巨。多元及多元间的相互承认,平等的人格身份与尊严,平等的机会以及作为平等机会必要前提的社会各阶层之间的普遍开放与流动,平等的生存权利以作为这种平等生存权利保证的社会普遍福利保障体系,等等,是多元相互承认的现实内容。多元相互承认的实践形态,就是社会契约关系。㉔

根据马克思唯物史观思想,多元之间平等人格、平等身份与尊严的相互承认,只有奠基于平等的经济生活之上、植根于平等的经济关系之中,才是有现实可能。一个善的、多元和谐的制度,必定是一个在利益关系上平等互惠的制度。

3. 平等互惠㉕

在制度伦理视域中谈论平等互惠,或者说从平等互惠这个特

㉓ 民主不是简单的票决制。民主首先是一种生活态度与生活方式。平等身份、平等对话、平等协商,是民主这种生活态度与生活方式的核心内容。正是在这个意义上,民主生活内在地以主体的民主素质为前提。

㉔ 无论是根据马克思的实践理论,还是根据哈贝马斯的理性学习理论、哈耶克的理性累积理论,我们都可以得出这样一个基本结论:具有理性能力的人们在自由平等经济交换活动过程中,必定会在实践中逐渐学会由个别契约向关系契约过渡,必定会在经济自由的基础之上,努力建立起一种能够保护与维系其自由平等权利的稳定的社会关系结构。

㉕ 本节的部分内容主要转摘自高兆明《中国市民社会论稿》(中国矿业大学出版社,2001)第1章相关部分。

殊维度来研究、判断一个制度的"善",此平等互惠就绝不是在单独、个体、私人间的偶然利益交换意义上而言,而是在社会交往关系结构的客观、普遍、必然意义上而言。即,这个社会交往关系结构本身,能够给生活在其中的社会成员提供一个平等互惠的客观生活背景,能够具有如罗尔斯所说作为公平的正义之特质。在这样一个平等互惠的社会结构中,既不会出现这种现象:任何一个社会成员因为其权力、财富、地位上的优越,就可以肆意伤害他者的正当权益而不受到相应的惩罚与纠正;也不会出现另一种现象:任何一个社会成员因为其在权力、财富、地位上的不利,就可以受到来自强者的肆意掠夺而得不到有效的保护;既不是绝对无私,也不是绝对自私,而是介乎两者之间的中道状态。㉖

现代社会是以市场经济为基础的社会。如是,以市场经济为其具体经济生活方式的"善"的制度,就直接向社会成员、向由这些成员组成的社会提出了两个重要社会关系及其构成问题——它们直接关涉社会基本结构的内容与稳定——这就是:其一,自利与互惠的关系。具有独特存在价值的主体须通过对他者的承认,以及在为他者提供服务基础之上才能实现自身的利益。这是主体间互惠的社会关系结构。其二,市民社会与公民社会的关系。市场经济的互惠经济关系,须在政治正义的社会背景下沉淀为普遍的平等自由关系。唯如此,市场经济的互惠才能成为平等基本自由权利的定在。根据黑格尔、马克思等人所开启的对市民社会经济活动的理解理路,市民社会是作为主体存在的社会成员的市场经济活动过程,市民社会的原则是主体的原则与平等交换的原则。然

㉖ 参见罗尔斯:《作为公平的正义》,上海三联书店,2002,第123页。马克思恩格斯在《德意志意识形态》中所说未来理想社会既不拿自我牺牲反对利己主义,也不拿利己主义反对自我牺牲的特征,正是社会结构互惠性特征的表达。

而，并不存在着一个没有任何社会制度安排背景、没有任何社会规范约束、没有任何社会公共产品调节的纯粹市场经济。市场经济作为一种经济的历史形态，总是特定社会交往关系类型在经济生活过程中的呈现，总是自由精神在经济活动过程中的具体存在，因而，总是以特定的社会政治正义关系作为自己的现实背景。合理的经济生活方式必须基于合理的政治生活方式框架之内。一个缺失公民社会建设、缺失合理有效公器建设的市民社会或市场经济的经济交往方式，并不能有效地维护人们的平等的基本自由权利。本文此处主要讨论社会结构中的自利与互惠关系。

作为一种经济历史类型，市场经济是普遍交换的经济。这不仅仅是指其空间的广袤性，更是指其内容的普遍性——这是主体间利益的普遍交往。它是对那样一些绝对牺牲与绝对占有、绝对不平等社会经济关系类型的否定，它是建立在平等交换、互惠互利这一形式之上的经济活动方式。㉗自从人类近代以来否定了人身占有与依附、剥夺与掠取的经济关系以后，人们相互间所建立起来的经济关系就应当是平等的利益交换关系。平等的利益交换关系是人们平等的自由权利在经济生活领域中的最基本表现形式。平等交换，意味着没有特权与强权，意味着交换双方的平等地位，意味着双方协商解决的处理问题方式。平等交换在经济领域就是等

㉗ 在资本原始积累时期，这种利益交换还只是停留于形式，甚至这外表形式都被置之一旁，呈现出赤裸裸的血与火的强暴掠夺。随着殖民地被奴役民族争取民族独立与民族解放运动的兴起，随着被压迫被剥削人民的日益觉醒与反抗，随着世界市场的逐渐形成，随着资本原始积累时期的结束，在市场经济建设初期处于资本原始积累阶段的那种近乎野蛮掠夺的不平等关系，逐渐失却了存在的理由。如果说数百年以前人类开始由农业文明向工业文明转变时，这种资本原始积累现象的出现尚可理解的话，那么，在人类文明发展的今天，尤其是在一个人民当家做主的、以科学社会主义作为自己价值理想的社会中，它就是不可理解、不可容忍的。

价交换,正是这经济领域中的等价交换,构成了社会—政治生活中平等关系的基础。[28]

从事市场经济活动的社会成员并不是为交换而交换,而是由于置身于普遍联系与普遍依赖的市场体系之中,只有通过交换才能实现自己的劳动,并从市场获得自身的生活与生产资料。从事市场经济活动者的劳动是为他的,但其主观动机则是为"我"、利"己"的。即,他们为"己"而生产,但为了实现为"己"之目的,又必须立足于为"他"而生产。在一个普遍联系与普遍依赖的社会中,绝对的利己就是绝对的不利己。利己必须利他。要增进私人财富,就必须增进社会、他人财富。这就是生活的辩证法或生活的法则。[29] 不过值得注意的是,并不能由此就简单地得出结论,以为在市场经济这一普遍联系与普遍依赖的关系之中,生产者或从事市场交换活动者天性就是利他的,不具有自利心。恰恰相反,自利心是市场行为或全部市场运作体系中的逻辑出发点。

在市场经济的利益交换中,行为主体主观精神的直接内容就是"主观为自己,客观为别人"。"主观为自己"即是说从事劳动交换的行为者的行为动机是"为己","客观为别人"说的是行为者要

---

[28] 等价交换是拥有平等自由权利的人在经济领域中的行为原则,包含在等价交换这一经济原则之中的人文精神就是平等互惠。等价交换与平等互惠既有联系又有区别。不能以为说经济领域中的等价交换是社会—政治生活中平等关系的基础,就是将等价交换原则引进社会—政治生活以及一般的人际关系之中。

[29] 这正如黑格尔曾指出的那样:"在劳动和满足需要的上述依赖性和相互关系中,主观的利己心转化为对其他一切人的需要得到满足是有帮助的东西,即通过普遍物而转化为特殊物的中介。这是一种辩证运动。其结果,每个人在为自己取得、生产和享受的同时,也正为了其他一切人的享受而生产和取得。在一切人相互依赖全面交织中所含有的必然性,现在对每个人说来,就是普遍而持久的财富。这种财富对他说来包含着一种可能性,使他通过教育和技能分享到其中的一份,以保证他的生活;另一方面他的劳动所得又保持和增加了普遍财富。"参见黑格尔:《法哲学原理》,商务印书馆,1982,第210—211页。

实现自身的利益,必须在客观上给别人带来利益,通过为别人来实现为自己,为别人是为自己的手段或途径。"主观为自己,客观为别人",这是市场经济中经济利益交换的法则。"主观为自己"在道德上并不能说就是恶的,在市场经济的历史过程与现实运作机制框架中来考察、评价,还会发现它不仅是必然的,甚至还具有善的属性。尽管从"主观为自己"出发可以有不同的发展方向——这具体取决于每一个从事劳动交换的人的社会存在状态、思想内容、智识水平、精神操守等——但在总体上则取决于既有利益交换者之间相互关系的制度性安排,取决于这种制度性安排所内含的交换者实现自身利益的手段与方式。"客观为别人"这是较为成熟健全的市场经济制度安排下的利益实现途径。如果说在一种社会结构性安排中,通过为他人,即"客观为别人",并不能实现为自己的目的,那么,在这种社会结构性安排下就很难有普遍的"客观为别人"的社会行为,社会盛行的可能是损人利己、以邻为壑。如果一个社会有这样一种制度性安排,在这种制度性安排下,"客观为别人"是实现"主观为自己"的基本途径,那么,在这个社会中不仅会出现普遍的"为别人"的这一客观社会现象,而且会在社会正义的主观感受之下强化公正的社会制度性安排。

"主观为自己,客观为别人"的市场交换,是一种互惠的交换。在这里没有绝对的牺牲与奉献,也没有绝对的占有与享用,存在的只是等价交换、互利互惠的经济利益交换。互惠是对交往各方既是目的又是手段的肯定,是对纯粹手段性原则的否定。在互惠关系的社会中,不存在主体的绝对牺牲。因为绝对的牺牲就意味着绝对的占有,意味着社会被分裂为两部分:一部分绝对地占有,另一部分绝对地牺牲。但是,在互惠关系中却存在着牺牲。这不仅是指道德意义上的自我牺牲,还指互惠关系,从否定性角度看同时就意味着交往双方各自利益的适当让渡或某种放弃——问题的关键是这种牺牲不是单向度的,而是双向且公平的。

然而,市场交换的互惠关系也有其局限性。它不能仅仅被理解为简单的对等利益交换,不能被简单地理解为交往双方的共同得益。这是因为:第一,在现实中它有可能成为徇私枉法的肮脏交易。互惠必须既正当又善。正当是合法。然而,仅仅正当也很可能是种交易,[30]它还必须是善的。即不仅仅直接交往者双方拥有形式上的直接共同得益互惠,而且这种互惠既不使彼此共同被手段化,也不侵害其他潜在的或现实的相关利益者的正当利益。互惠应当是我们—主体的现实利益关系结构,这种关系结构内在地包孕着对简单的纯粹物的交易关系的超越。第二,互惠所直接强调的是利益交换的对等,这就不能排除如下可能:自然秉赋、财富占有、权力拥有的贫乏者,由于能够用以进行交换的东西微乎其微,他们会"自然"地被淘汰出局,孤立于社会交往活动之外。在简单的利益交换意义上的互惠,所实际导致的就是近富有、疏贫困、近权贵、疏平民,即近一切能给自己带来好处者,疏贫者、弱者、不幸者。这样,简单利益交换的互惠就内在包含着市侩的算计。因而,互惠就应当进一步为道德所矫正,或者说互惠就内在地要求有道德的补充。这就是同情、仁爱。这种同情、仁爱,既应当来自于社会又应当来自于个体,既应当来自于客观又应当来自于主观。第三,互惠所直接表达的是交换双方的共同得益,但即使是互惠的交换对于交换者双方来说也未必是公正的交换。因为通过劳动交

---

[30] 尤其是对于手中握有一定权力的官员来说,它很可能是在合法的名义之下进行的灰色交易,使交往双方彼此均被手段化。

换会产生一个由于交换本身而出现的"交换剩余"或"合作盈余",就会出现由此而带来的彼此间"交换剩余"或"合作盈余"的分配或占有份额的问题。㉛ 这即意味着在互惠交换的情况下,也可能存在着极大的不公正。㉜ 对"互惠"的理解,必须超越单纯的个体间等价交换范围,升华为在多元主体间的共在这一社会存在关系结构上把握。

不同利益主体间的互惠关系,有形式与实质两个方面的规定。形式方面的互惠是程序性的。交换双方必须公平地参与交换,不存在强迫、欺诈或滥用其他一方意愿和认识的行为。实质方面的互惠是内容性的,是进行交换的双方在负担与利益上的公正。即使是自愿平等参与的交换,也不得使任何一方承受与他所获得的利益极不相称的代价,且这样的交换也不能不正当地损害第三者的利益或一般的社会利益。㉝

当交往只是一次性时,互惠往往成为交易的代名词,并以对方相等的当下立即回报为直接祈盼。当交往处于一种无限开放可能性时,互惠虽然最初并不能完全摆脱交易的纠缠,但由于这是一种无限可能的开放性交往过程,人们的理性计虑往往使得自己并不过于重视当下对等的回报,相反很有可能在某种信赖感、友情等的支配之下,做出某种帮助与牺牲。尽管做出这种帮助与牺牲者会于有意识或无意识中相信自己未来会得到适当的回报,然而这毕竟已不同于赤裸裸的交易。它已开始迈向一种社会存在关系结构

㉛ 参见麦克尼尔:《新社会契约论》,中国政法大学出版社,1994,第40—42页。

㉜ 诸如农民进城打工,收入较之原有在农村会得益很多,但同时他们却又成为城市的廉价劳动力,在这互惠交换之下,显然存在着交换剩余分配的某种不公问题。

㉝ 参见伯尔曼:《法律与革命——西方法律传统的形成》,中国大百科全书出版社,1996,第418—419页。

的互惠生活方式。㉞ 这就提示人们：在一种规范化的社会条件下，交往活动越广泛、深入、持久，人们的利益交换关系就会在一种"自然的"状态下逐渐超越简单的等价交易，而升华为一种存在的互惠关系结构。在这种开放性的、广泛深入持久的利益交换为基础的交往活动中，仍然会有利益矛盾与冲突。然而，由于这种利益矛盾冲突是在一种远为广阔与智慧的社会与心理背景中进行的，因而也就获得了一个更大的弹性容纳空间，并在一种过程的而非静止的立场上寻求彼此的利益协调统一。而这样一种立场与视野的改变，本身就意味着人们在交往活动中解决利益矛盾冲突能力的提高。日常交往中的矛盾冲突是永恒的，但是人们解决这种矛盾冲突的能力却可以不断提高。这种不断提高的能力，反过来又会改变日常交往活动中的矛盾冲突对于人的存在意义。这种能力就类似康德所说的实践理性能力，类似于马克思所说的人的自由能力。人类的希望就在于这种解决矛盾冲突能力的提高。

严格地说，在对以市场经济为基础的社会关系的思考中，"互惠"仅是一初始概念，个体间利益平等交换的互惠性就其实质而言，仍然是偶然的。只有在以社会公正为内容的结构中，互惠才有可能成为普遍必然的。在抽象的原初状态中（如罗尔斯所设想的那样），人们以互惠为纽带构成利益共同体。不过，在一个复杂的社会关系体系中，由于联系的复杂性，中介的多重性，利益的广泛性，作为个别存在的社会成员有时无须付出即可得益，甚至也并不排除这种可能：凭其恶性即可得益。这种由于社会结构自身的庞大性、复杂性而造成的个别成员之间利益互惠关系的缺失（以及随

㉞ 关于交往活动的一次性与无限多次性可能对交往双方行为及心理的影响，博弈论已以其特有方式做了研究，值得注意。

之而来的损人、作恶),又往往由于社会成员相互间联系的多重中介性而难以为人们所立即意识,所以,互惠本身应当在社会结构体系中被进一步规定或保证。互惠不应当建立在社会个别成员相互间的简单交往基础之上,而应当建立在社会全体成员的普遍交往结构基础之上。这样一种立足于社会全体成员普遍交往的互惠,就是公平正义的社会结构。[35]

根据功利主义思想方法,基于交往各方自身利益的互惠,在其具体实践形态上可以有两种不同方式:一是直接依据于交往各方当下利益计虑平衡的互惠行为,一是根据人们在交往实践中形成的能够给交往各方带来互惠利益的法则、规范行为。前者是基于直接利益计虑的简单互惠。在这种互惠中尽管包含着共同利益的实现,但是,这种共同利益实现还只是局部直接——对应式的。后者则是依据人们在长期合作过程中形成的有利于共同利益长期稳定实现的"公认的理据"而行为。这种"公认的理据",一方面是人们在长期交往实践中形成;另一方面又是经过长期实践检验证明它们能够将每个人的权益、福利均考虑、包括在内,是能够为"共同利益"提供有效支持与实现途径的方式。[36]

契约论亦是人们用以解释平等互惠的一种思想方法。传统契

---

[35] 仅仅私人契约的互惠关系,并没有超出功利性关系范畴。它虽能够给社会带来某种秩序,但却不能给社会以善美。只有超越了私人契约关系的互惠,才可能不是纯功利的,才可能有一种人性的光辉,才可能是一种适合人性生长的环境。这里所直接隐含着的就是社会的功利与德性、社会结构与个体美德、真与善美的统一这一历史性的课题。这样,对于社会结构体系的思考逻辑就应当是:作为出发点与基础的"自利"或"权利",作为中介的"互惠",作为活动背景的社会客观制度结构体系的"公正",与行为主体主观道德操守的"同情"或"仁爱"。

[36] 对于这方面内容,不仅传统的功利主义对此做了详细的论述,而且当代共和主义思想家亦从特殊的维度论述了同样的内容。具体可见佩迪特:《重申共和主义》;载应奇、刘训练编:《公民共和主义》,东方出版社,2006,第120—121页。

约论方法以孤独个人作为出发点,并依据于行为者的理性自利展开其全部分析,它是建立在自由市场、自发交换基础之上的思想理论方法。现代契约论的出发点不再是处于自然状态下的孤独个体,而是具有道德善与政治正义能力的个体。这种契约活动建立在公共理性基础之上,其根据是那些被人们所共同认肯的基本道德价值精神、而不是当事者的直接利益计虑。现代契约论还是一个超越了传统契约论当事人个体当面自发进行的简单自发交换行为,内在包含着作为公共产品的公共部门及其专家据于公共理性代为订立的利益交换活动。这样,现代契约论思想方法所确立起的社会交往关系,就不是一种简单的个体间正义关系,而是一种社会正义关系。㊲ 正是在这个意义上,现代契约论又是非自利的契约论。这种非自利的契约论思想方法,是用康德式义务论思想方法解释、说明现代性社会交往关系的一种合理、有效的尝试。㊳

三、普遍自由视域中的公共权力

多元间的平等互惠社会交往关系所指向的核心是:自由权利并不能在特殊的意义上被实现,自由权利只有在普遍的意义上被实现。

自由权利当然是一个个具体个体的自由权利,离开了这些具体的个体,自由权利本身就会成为一个空幻的东西。正是在这个意义上,似乎自由权利首先应当是特殊的,而不应当是普遍的。然

㊲ 笔者曾对传统契约论与现代契约论的区分有过具体讨论,具体请见高兆明:《伦理学理论与方法》,人民出版社,2005,第381—384页。

㊳ 美国哲学家斯坎伦(Scanlon, T. M.)是非自利契约论的突出代表。

而,这里必须区别两个虽有关系但却有重大区别的内容:自由权利的现实承负者,与自由的真实实现。自由权利不能没有自身的现实物质承负,这个现实物质承负就是无数现实个体。这就恰如没有个体就没有人类自身一样,人类的解放、幸福、自由,总是要具体落实为一个个现实个体的解放、幸福、自由。不过,作为自由现实物质承负的个体的自由,有其进一步的内在规定性:它是自由的具体存在,是普遍自由的特殊存在。如果个体的自由不是普遍自由的特殊存在,那么,此个体就无所谓自由,或者换言之,此个体是否真的自由就是值得怀疑的。

就存在本体论而言,任何一个个体都是偶然、特殊的,因而又都是欠缺、不足的,任何一个个体都不能在纯粹自身的范围内实现自由。她/他只有在普遍、类的范围内,才有可能摆脱自身的纯粹偶然性与特殊性而成为自由的。这正是黑格尔在研究自由及其实现时以其特有的思辨方式向我们揭示的最深刻内容之一,正是马克思只有解放全人类才能解放自己、自由人联合体思想的精髓之所在,也正是罗尔斯提出公平的正义、哈贝马斯提出共在的基本理据。

如前所述,自由的真实实现不能建立在相互敌对、拒斥的基础之上,它只能以共在共生为基础。只有无差别地保证了所有人的自由权利实现的社会生活方式,才是个体自由权利能够普遍得到实现的生活方式。离开了这种普遍性,任何自由权利都是偶然的,不具有必然性。自由权利只有在普遍的意义上才能真实实现。

自由权利在普遍的意义上才能被实现,这既是对自由内在规定性的一种揭示,亦是对作为自由存在者主体内在精神世界的一种揭示,也是对自由实现方式、途径的一种揭示。它表明:自由权利的真实实现,既要求个人确立起超越狭隘一己之心的普遍精神,亦要求社会确立起一种能够使所有社会成员自由权利得到有效实现的社会交往关系结构。这种社会交往结构作为一种客观力量，能够保证生活在这个社会关系中的成员无论处于何种状况之下，其基本自由权利均能不受伤害。一个"善"的制度，必须是这样一个能够使自由普遍实现的制度。在这个制度中，存在着一种公共权力，这种公共权力能够合理且有效地发挥作用，以保证社会每个成员的基本自由权利的实现。

一个"善"的制度是一个多元和谐的制度。多元和谐的核心之一，就是多元主体间的利益平等互惠。这种平等互惠如果仅仅是建立在私人间交往基础之上，那么，它就是偶然、不真实的。只有在一定的制度框架背景之下，在具有公共性的公共权力的合理干涉之下，多元和谐才是现实可能的。

在欧洲关于自由主义精神的思想传承过程中，有一个令人感兴趣且值得注意的问题，这就是康德与黑格尔对于自由秩序研究的区别。在关于自由秩序的研究中，康德与黑格尔的一个共同之处是：均强调作为内在自由精神的道德与作为外在自由秩序的法律。这可以分别从二者的《道德形而上学》与《法哲学原理》构架可见。康德的《道德形而上学》中的《法的形而上学原理》与《道德形而上学原理》两部分所讨论的内容，大致相当于黑格尔《法哲学原理》中"抽象法"与"道德"两篇所讨论的内容。这两部分内容分别是权利论与美德论。但二者却有一个明显的区别，这就是黑格尔在分别讨论权利论与美德论后，又在"伦理"的名义之下讨论了社会客观结构、讨论了国家生活。黑格尔这种理论或理解框架结构，内在地隐含着黑格尔的一个重要思想或理解：个体美德的养成、个体权利的实现，乃至个人自由的存在，并不是纯粹个人的事件，而是社会的事件，它必然受到社会关系结构、制度的限制与规定。只有在一个作为自由定在的社会结构或制度中,个体美德养成、个体权利实现、个人自由存在,才能摆脱偶然性,才具有客观必然性。黑格尔理论框架中所隐含的这个可能思想,较之康德要深刻得多,[39]亦给我们留下诸多启示。

基于自由主义思想的契约论方法自近代提出以来,就一直被人们用来解释现代国家权力合法性来源,且在这种解释过程中,一直伴随着大、小政府之争。霍布斯、洛克、卢梭之间的思想差别,人们自是耳熟能详。20世纪后半叶随着罗尔斯《正义论》的问世,诺齐克与罗尔斯之间的对话,再一次将公共权力的作用问题鲜明提出。作为公共权力的国家政府究竟是否"守夜人"式的?这个问题的关键不在于政府本身外在形式的大小,而在于作为公器的政府公共权力是否必要,以及这种公共权力是否应当在现代社会中发挥积极的作用。[40]

在作为公平的正义这一制度背景框架中,公共权力对于私人活动的干涉是否必要?是否合理?这是现代社会制度"善"所内在包括的核心问题之一。这个问题又可以进一步转换成相应的一系列问题:平等自由权利是否在私人间就可以完全实现?被组织起来的社会性存在着的人,其自由权利的真实实现真的能够离开某种超越于个体之上的公共权力?为了实现平等的基本自由权利,个体必须具备哪些基本条件?这些基本条件是否个体本身能够完全独立提供?公共权力对于个体存在、私人交往活动干涉的合理

---

[39] 康德也以自己的方式寻求这种必然性,不过他则通过上帝永在的方式来证成这种客观必然性。

[40] 尽管诺齐克本人持有"守夜人"式小政府的立场,但是他却并没有否定作为公共权力的政府在矫正正义方面应当发挥作用。如果根据诺齐克的这个思路进一步展开,那么,诺齐克很可能要走向自己所持观点的反面。

性范围是何？或者说,这种干涉是无限的还是有限的？

人类在争取自由的现代性进程中,对于自由本身的认识亦有一个不断拓展深入的过程:从个人自由权利实现中的"不干涉"到"不(专制)支配"。[41] 即,由原初的主张个人自由权利不受任何干涉的绝对自由权利,到主张个人自由权利的实现不能没有来自于公器的必要干预与保证,只是这种公器干预必须在一个合理的限度内,必须不是任意的。这种认识演进过程,不仅表达了人类争取自身自由在不同历史时期的不同历史内容,而且在以下两个方面拓展、深入了人类关于自身自由存在的认识。其一,人类自由存在的生活方式,必须摆脱人身占有、依附关系,必须实现人格独立。这就是反对宗法等级专制社会交往关系的历史要求,及其现实社会历史运动。其二,人类自由存在的生活方式,只有摆脱了偶然性、获得了客观必然性,才有可能是真实存在的。这就要求摆脱纯粹个体间交往的偶然性,要求建立起一个正义的社会关系结构。这个社会关系结构能够在一个合理的范围内、以一种强力的方式,给每个社会成员提供自由存在的基本社会条件,维护每个社会成员的平等尊严。这个社会关系结构要求有一个能够合理并有效安排社会资源的公共权力。这个公共权力并不简单地是所谓的"守夜人",而是一种虽是有限权力但在某种意义上却又在人世间承负秉持公正无偏颇"上帝之手"职能的公器。

人类对于自身自由存在状态的这种认识过程,直接反映了人类争取自由实践的历史进程,且这种认识过程本身又在社会成员对社会制度或关系结构的要求中得到反映。在某种意义上可以

---

[41] 参见佩迪特:《共和主义的政治理论》,载应奇、刘训练编:《公民共和主义》,东方出版社,2006,第86—114页。

说，人类近代以来的历史是一部争取人权或人的自由权利的历史。这种争取人权的现实运动，大致呈现出三个历史阶段。第一代人权运动的特点是争取基于个人主义原则基础之上的公民政治权利，争取的是限制政府干预、要求个人的自由。第二代人权运动的特点是要求个人的社会、经济、文化权利，争取政府的适当干预，从而维护个人利益并兼顾个人权利与集体权利。第三代人权运动所要求与争取的人权之主体，已不再是前两代的个人主体，而是特定的社群。他们所要争取的是"和平权"、"发展权"、"资源共享权"这样一类作为社群共享的集体共享性权利。第三代人权运动要求的特点是：必须建立在一定的社群基础之上，并由一定的社群共享之。[42] 三代人权运动的历史演进过程本身表明：不能离开合理的制度性安排而奢谈平等自由权利的实现。[43] 合理的制度安排，以及这种制度安排所内在包含着的公共权力对于个体间关系的合理干涉，是社会成员平等自由权利实现不可缺少的条件。

个人平等自由权利的实现，在双重意义上离不开公共权力的存在。其一，在个别的意义上，个人由于存在的偶然性而不能保证自身平等自由权利的真实实现。其二，在作为集合体的社群意义上，社群由于能力的偶然性而不能保证其自身平等自由权利的真实实现。在霍布斯所说的自然状态，以及马克思所说的商品经济的纯粹自发竞争状态中，最终所遵循的是弱肉强食的丛林法则，是

---

[42] 三代人权的认识表达了"人权"理念是一个不断丰富、深化了的历史性概念。然而，这并不简单地意味着晚近出现的人权内容比早先更为重要。严格地说，早先人权理念中的人权内容，通常更为基本。故，人权理念演进的三代说，只能作为统一整体的三个阶段、且互为依托、逐步生长来理解。——参见夏勇主编：《走向权利的时代——中国公民权利发展研究（修订版）》，中国政法大学出版社，2000，第 7 页。

[43] 可具体参见俞可平：《从权利政治学到公益政治学——新自由主义之后的社群主义》，载刘军宁等编：《自由与社群》，北京三联书店，1998，第 84—86 页。

弱者在强者面前不得不拱手相让、俯首称臣的垄断状态。私人间交往是种偶然性关系。它不仅取决于当事者内在的道义责任精神,还取决于当事者的活动能力、认知能力、表达能力、博弈能力等。在这种由纯粹偶然性所支配的关系中,不存在着平等自由权利实现的必然性。黑格尔在《法哲学原理》中讨论警察与公共权力问题时的做法,似乎有点不合常理。黑格尔是在市民社会及其自由交换论题之下,而不是如我们时下根据常识所习惯的那样在国家政治生活这一论题、范畴之下,讨论警察与公共权力问题。㊹ 其实,如果我们不是过于关注黑格尔有点僵硬的三段式形式,而是关注于其思想内容,那么,冷静思考后,就不难发现黑格尔其实是在以自己的方式揭示:主体间的平等利益交换不能没有一种具有公平性质的社会规范框架背景,㊺不能没有一个类似于亚当·斯密所说的作为中立的第三者这一公共权力的存在。事实上,正如佩迪特所揭示的那样,人总是生活在各种干涉之中,问题的关键仅在于是何种干涉、干涉的程度而已。在日常生活中,如果没有来自于作为公器的制度(政府)的干涉,就有来自于雇主、老板、工头、夫权等多方面的干涉。㊻ 甚至如果没有来自于作为公器的制度(政府)的必要干涉——诸如消除贫困使之不至于沦为"贱民",提供必要的教育使之具有自由生活的能力,提供必要的法律援助使之能够

㊹ 参见黑格尔:《法哲学原理》第3篇第2章,商务印书馆,1982。

㊺ 对于通常基于公共领域与私人领域二分理解所提出的公共权力仅限于公共领域的理解,必须做进一步谨慎规定。不能简单地据此以为所有涉及私人领域范围内的关系,公共权力就不能调节。这不仅因为公共领域在一定意义上就是由私人活动所构成,更重要的是因为私人领域范围内的私人活动本身不能没有一个客观的社会框架背景,且这个框架背景应当是如罗尔斯所说具有公平的正义之性质。这个作为私人活动框架背景、规范内容的东西,须由公共权力提供与维护。

㊻ 参见佩迪特:《重申共和主义》,载应奇、刘训练编:《公民共和主义》,东方出版社,2006,第133—137页。

免于受到不公平的对待等等——很可能连私人间平等交往、利益平等交换的基本前提均不存在。在一个具有公平的正义的制度背景中,来自于作为公器的制度或政府的干涉,是抵消来自于其他方面有可能引起严重不公平的干涉的必要"恶"。来自于公共权力在一定限度范围内对个人自由权利行使活动的适当合理干涉,是对个体私人间交往关系偶然性的一种合理矫正。

当然,公共权力合理性干涉的必要性,以这种权力的"公共性"为前提。所谓权力的"公共性",就是指权力的普遍性特质:它不是某些人、某些集团的,而是这个社会中所有人、所有集团的权力;它不是与私人利益相对立的权力,而是以私人利益为其原则与规定的权力——不是某些私人的利益、而是所有私人的利益为其原则与规定。⑰ 普遍私人的,即为公共的。

如前所述,一个"善"的制度应当是一个基于平等基本自由权利的多元平等的制度,以及基于这种多元平等的社会基本资源公平分配的制度。多元平等的核心是多元间的政治关系,这种政治关系又集中体现在多元间的权利—义务分配问题上。多元间的平等、承认、互惠关系,最终都要通过权利—义务关系来体现。离开了分配正义,多元平等、多元和谐不可想象。

---

⑰ 黑格尔曾以其特殊思辨的方式表达了这个思想。在黑格尔看来,在市民社会中,私人福利、特殊意志是公共权力的原则。参见黑格尔:《法哲学原理》,商务印书馆,1982,第 238 页。

第4章 分配正义

社会基本结构或制度"善"的核心是权利、义务分配的正义性。分配正义是社会基本结构"善"的基本价值要求。

一、"分配正义"的一般考察

"分配正义"是一个含混模糊的概念。依通常的认识,分配正义指的是对社会财富、社会基本权利分配的正义性。然而,这里包含着一连串值得追问的问题:其一,此用来分配的"财富"或"权利"究竟指的是什么?是有主的,还是无主的财富?其二,分配的主体是谁?如果是有主的,[①]除了财富所有者外还有谁有理由与权利去分配?如是,则如果是对有主财富的分配,那么,这个分配主要还是在经济学交换及其正义意义上而言,否则,就难免"掠夺"、"强取"之嫌疑。如果说是在一般权利—义务的社会基本结构及其制度安排意义上而言,那么,"分配正义"则是一个抽象的表达,它是一个没有一个分配主体的分配,是所有当事人之间的契约共识或契约正义。其三,当我们通常说国家、政府分配财富的正义时,是

---

① 人类交往活动到了今天,无主的财富越来越成为一种例外现象。

在何种意义上而言？或者换言之，国家、政府在何种意义上才可以说有"分配正义"的使命？如果我们能够排除分配中的掠夺、强取存在的合理性、正当性，那么，国家、政府就不是以社会全部财富唯一主人的身份出现，而是以公共代理人身份出现进行社会财富分配。这种社会财富分配就不是市场交换中的，而是市场交换以外的，是作为公共代理人在对市场交换活动进行一般规范基础之上，对市场交换活动结果所做的合理矫正与调节。其四，何种分配方式才是"正义"的？其标准、依据是何？是否除了平等的基本自由权利，及其经济、社会生活各个环节的定在以外，还有其他任何基本依据？

从财富分配的对象而言，分配正义有广义与狭义两个理解维度。广义的分配正义是在社会一般权利—义务分配意义上而言，狭义的分配正义则在社会物质财富分配意义上而言。广义的分配正义为狭义的分配正义提供一般社会背景，且只有在广义分配正义这个一般背景中，才能合理认识狭义分配正义。狭义分配正义是广义分配正义在社会物质财富分配这个特殊方面的特殊体现，它标识了社会一般权利—义务分配的正义状况。本文此处所说分配正义，是在广义分配正义之下重点考察物质财富社会分配这个特殊方面。之所以如此，是基于如下两个基本理由：其一，基本的社会物质财富是保证平等的基本自由权利不可或缺的物质前提，一切关于平等的基本自由权利的诉求，如果离开了基本的社会物质财富这一前提，不是流于空洞，就是失于幻想；其二，在日常生活中，社会物质财富分配是一个更易为人们所感受到的问题，分配不公之类的抱怨往往更直接来源于社会物质财富分配。

"消费资料的任何一种分配，都不过是生产条件本身分配的结果。而生产条件的分配,则表现生产方式本身的性质。"② 社会关系结构作为人的现实生活世界背景,在决定人们相互间基本关系类型的同时,亦决定了人们获取作为自身自由存在所必需的各种资源的方式。有什么样的社会关系结构类型,就有什么样的社会资源分配方式。而社会关系结构是一个历史的概念,因而,社会资源分配方式本身亦是一种历史的规定:人类文明演进的不同历史阶段、社会发展的不同历史时期,会有不同的社会资源分配方式,会有不同的分配正义内容。分配正义是一个历史的范畴,不能离开特定的社会历史背景空洞谈论分配正义。我们在当今时代谈论分配正义,必定是据于现代社会的基本价值立场,必定是以每一个人平等的基本自由权利为基础,否则,就会陷入荒谬。这是分配正义中"义"与否的基本价值立场。

根据罗尔斯的分析,在平等的基本自由权利这一现代性的基本价值立场基础之上,分配正义与否的价值判断,还直接依赖于人们在日常生活中所形成的关于"应得"的基本价值认识。人们在日常生活中所形成的关于社会物质财富分配"应得"的价值认识有三种基本类型:其一,基于严格道义立场的应得。这是由德性决定幸福、决定分配的价值认识立场。其二,基于合法期待立场的应得。这是根据社会基本结构、制度安排的激励行事而获得的分享社会财富的权利的价值认识立场。其三,基于公共规则体系立场的应得,这是直接根据行为规则、由(行为过程)合行为规则决定应得的价值认识立场。③ 然而,在制度伦理分析中,尤其是在"原初状态"

---

② 马克思:《哥达纲领批判》,《马克思恩格斯选集》第3卷,人民出版社,1972,第13页。

③ 参见罗尔斯:《作为公平的正义》,上海三联书店,2002,第117—118页;《正义论》,中国社会科学出版社,1988,第300—304页。

的这样一种平等自由权利的理论假设中,第一种严格道义立场的应得价值认识立场不能成立。故,在制度伦理分析中,能够直接作为分配正义与否判断依据的、人们在日常生活中所形成的"应得"价值认识立场,只能是后两种。④ 不过,值得特别注意的是,上述人们在日常生活中所形成的、直接作为分配正义与否的判断价值立场,仅在狭义上讨论分配正义问题时方有效,而对分配正义的广义分析则不具有充分的有效性。这是因为,一方面,这种合法期待所依据的社会基本结构、制度安排本身是否合理,乃是一个前提性的问题。一个不合理、不正义的社会基本结构、制度安排,提供给具有平等基本自由权利思想的人的合法期待,必定是令人痛苦的。另一方面,只有分配正义的广义分析,才能提供一个基于平等的基本自由权利的基本价值立场。因为唯如此,才能合理揭示这个社会基本结构、制度是合理的、正义的。

一般说来,就所要分配的对象(what)而言,分配正义事实上包含两个密切相关的方面:权利与义务。在这里,权利可以被理解为与人的自由存在相关的一切社会资源,义务可以被理解为社会成员所应承担的责任。在这个意义上,分配正义所指涉的是:社会如何在自己的社会成员中间分配其权利与义务。当我们在讨论一个"善"的社会制度时,当然首先得关注其在社会成员间社会资源的分配情况,然而,我们不能据此就忽略义务、责任在社会成员间的分配情况。因为,权利与义务、享用社会资源与承担社会责任,毕竟是两个不同的范畴,我们甚至也不排除这种可能:享有权利与

---

④ 参见罗尔斯:《正义论》,中国社会科学出版社,1988,第300页;《作为公平的正义》,上海三联书店,2002,第119页。

社会资源,但并不承担相应的义务与责任,或者相反。⑤ 正是基于这种缘由,我们在思考"善"的制度的分配正义问题时,不能放弃权利与义务统一的基本立场,或者换言之,不能放弃享有社会资源与承担社会责任统一的原则立场,不能放弃首先在社会基本结构的维度把握分配正义、且只有在此基础之上才能进一步论及具体物质财富分配正义的原则立场。

不过,即使如此,这里仍然有值得注意的两个方面:第一,社会资源的分配与社会义务的分配,是两个具有层次差别的概念。不能简单地将社会义务分配直接与社会资源分配相提并论。因为,在这里,社会资源分配的核心是社会基本结构、制度安排问题,是如康德所说的"人是目的"的制度性安排问题,它不能无条件地以承担义务、以"人是手段"的承诺,作为个体从社会获得资源的前提。否则,从一开始就排除了一部分先天不幸者平等获得自由存在条件的可能。罗尔斯在《正义论》中确立社会资源分配的正义基本原则时,合理地区分了社会基本结构或制度与个人两个不同层面,并合理地强调了制度正义优先于个体善、个体职责义务以制度正义为前提。但是,遗憾的是罗尔斯并没有明确地揭示为何在社会资源分配的意义上制度正义优先于个体善,没有明确揭示社会基本资源分配问题上制度正义甚至不以个体善为前提,⑥没有明确区分类似于康德"人是目的"与"人是手段"命题的内在逻辑关系。在这里,甚至罗尔斯有将广义与狭义两个不同层次分配正义

---

⑤ 宗法等级特权制度的一个基本特征,就是社会基本结构或基本制度安排上的权利与义务的分离,一部分人只享有权利,另一部分人只承担义务与责任。

⑥ 一个有劳动能力但不愿意劳动的流浪者,尽管没有承担其本应承担的社会职责义务,但是却并不能因此而否定其应有的基本自由权利,不能阻止其从社会获得基本救助的权利。

问题相混淆的嫌疑。⑦

第二,在社会基本制度安排或社会结构性分配社会资源的意义上,不能直接简单地将权利与义务统一作为原则,而是只能如罗尔斯所合理揭示的那样,以平等的基本自由权利为原则。这是因为,在权利与义务统一之下,可以包含完全不同的存在关系类型,它既可以包括如康德所说的"人是目的"这一存在关系类型,也可以包括如亚里士多德所说古希腊公民与奴隶的二元社会结构,以及黑格尔曾揭示的"主奴"关系类型。在后一种类型中,甚至可以在不要一个人承担社会责任、义务的名义之下剥夺其全部权利。⑧然而,正如我们前已分析的那样,在基本制度安排或社会结构分配社会资源中,又应当坚持权利与义务相统一的基本立场,否则,就会给宗法等级专制留下余地。坚持这种价值立场,不是简单地在社会基本结构或基本制度安排社会资源的实践中,将社会成员个人承担义务作为享有权利的前提,而是要坚持权利的普遍性,即坚持所有社会成员享有平等的基本自由权利这一基本价值立场。即,通过使权利普遍化的方式坚持这种价值立场,并在社会结构与基本制度安排中实现权利与义务的统一。权利的普遍化,即为义务的普遍化,即为所有社会成员平等的基本自由权利。所有社会成员既是权利享有的主体,又是义务履行的主体。

就社会资源分配的主体(who)而言,分配正义具有二维结构。它事实上包含着两个层面:基本制度或社会基本结构,与社会成员个体。在这二元结构中,社会基本制度这一分配主体具有基础性意义,社会成员个体通过自身活动从社会获得资源的方式,首先取

---

⑦ 具体可见罗尔斯:《正义论》第1篇第2章尤其是第15—18节,中国社会科学出版社,1988。

⑧ 在这种理念之下可以"合理地"将一个人从肉体上消灭。

决于这种作为前提性的社会基本制度安排。

社会基本结构及其制度安排具有对包括社会物质财富在内的社会资源分配的功能。这是一个没有主体的主体自我分配。罗尔斯在论及政治正义的核心问题是社会权利—义务、社会基本资源的合理分配时,曾合理揭示:这个意义上的"分配",首先并不是指存在着那样一种机构,这种机构通过某种特殊权力来分配既有的社会资源,而是指人们从社会中获得社会资源的基本方式。罗尔斯通过这种揭示事实上是在强调:分配正义首先是在社会基本结构意义上而言这一深刻内容。不过,值得注意的是,尽管罗尔斯强调政治正义中的分配正义首先不是在有一个强力部门、并通过这个强力部门的意义上来分配社会资源,但是,罗尔斯在其正义两原则及其词典式次序的规定中,事实上又隐含了存在着这样一个作为公共产品的特殊强力机构。因为,正是有了这种作为公共产品的特殊强力机构,才有可能使正义两原则中所包含的平等原则与差别原则付诸实践。正因为在罗尔斯的思想中隐含了这样一个特殊内容,才使得诺齐克有理由得以与罗尔斯在自由主义立场展开对话。

罗尔斯以正义的两原则及自由、平等、差别原则词典式次序规定,提出了现代政治正义的社会结构应当如何合理分配社会资源的原则方案。在罗尔斯的思想过程中,始终以平等基本自由权利为价值基点,始终在探究一个实质性问题:在现代民主社会,具有平等基本自由权利的社会成员间的贫富差别,究竟在何种程度上才是合理的?罗尔斯的思想是深刻的。但是,罗尔斯由于其原初状态设定的方法论缘由,并没有进一步展开追问下列更具有实质性规定的内容:在现代民主社会,这个社会的基本结构及其制度安排,究竟通过何种基本方式在社会成员间分配社会财富,具有平等基本自由权利的社会成员究竟依据什么从社会中获得自身的物质财富？即使是作为社会矫正手段的公器调节，在何种限度内才是合理的？或者换言之，人们据于平等基本自由权利的信念，在社会财富分配问题上对于社会基本制度安排的合理期待限度是何？本文下面对"善"制度分配维度的探究，正是试图在罗尔斯基础之上进一步展开讨论这些具体方面。

本文此处对于分配正义的相关研究，首先是在社会基本结构层面，以社会物质财富分配展开，其焦点是一个"善"的制度应当如何合理分配社会资源。具体言之，社会成员以何种方式从社会获得社会财富？社会财富贫富差别在何种限度内是合理的，一旦超出了这种限度就是不合理的？这种限度是一个实质性的规定，还是一个程序性的规定？社会结构所决定的社会成员从社会获取自身财富的方式，是以公平为取向，还是以效率为取向，还是二者兼有？如果兼有，在何种意义上兼有？等等。这些构成本文在分配正义这一特殊问题维度对"善"制度追问的基本内容。

在现代多元社会，社会财富分配的一切环节都应当是平等基本自由权利的具体呈现，都应当合乎平等基本自由权利这一基本价值精神，因而，公平的正义是社会财富分配的基本价值追求；劳动作为社会成员获得自身物质财富的基本方式，应当是社会基本结构内在具有的基本规定；在合规则的财富交换基础上所出现的社会贫富差别，应当以不伤害弱者的做人尊严为基本限度。

二、劳动：社会财富初次分配的基本方式

平等的基本自由权利不仅仅是一种价值信念，也不是一纸规定。作为一种现实的权利，它必须是定在的，它必须体现于人类交

往过程的每一个环节,体现于日常生活的每一个领域。就人类社会物质生活过程而言,这种平等的基本自由权利有两个基本方面的要求:一方面,这种平等的基本自由权利必须体现于物质生活过程,必须体现在这个物质生活过程中的社会财富分配过程中,舍此,则无所谓平等的基本自由权利。即,社会物质财富分配的每一个具体环节,都应当是这种平等基本自由权利的呈现,都应当贯注这种平等基本自由权利的精神,都应当是这种平等基本自由权利精神的实践。另一方面,这种平等的基本自由权利必须植根于一定的社会物质生活方式基础之上,必须以一定的客观物质条件为保障;没有一定物质基础的所谓平等的基本自由权利,只是一种空想。即,如果平等的基本自由权利不能以定在的方式存在,其在社会物质生活过程中不能获得自身的物质基础,不能存在于这种物质生活过程中,那么,它就是一种乌托邦式幻想。⑨

然而,平等的基本自由权利在社会物质财富分配过程中的定在,并不简单地意味着社会所有成员平等分配社会财富,并不简单地意味着在物质财富分配过程中的这种平均主义要求及其实践。平等的基本自由权利,在社会物质财富分配的每一个具体环节都有其特殊的具体规定性。正是这些具体环节及其特殊规定性的统一,才最终构成平等基本自由权利在社会物质财富分配中的完整、丰富的具体内容规定。对一个以平等的基本自由权利为内容的现代民主社会而言,其社会物质财富分配过程,应当首先是以所有社

---

⑨ 1949年新中国建立以后,人民确实获得了自己从未有过的自由及其权利感。但是由于诸多原因,人民的自由又是亟须发展的。那种大一统下的劳动方式虽然有它存在的历史条件,甚至也做出了某种值得肯定的贡献,然而毕竟不利于人民自由权利的有效行使。那种劳动方式之所以缺少活力与效力,可能与人民这种自由权利行使受限不无关系。若在这个意义上认识市场经济实践,那么,我们就会超越于经济领域而洞悉其深刻的人文内容。

会成员人格平等为起点与目的的活动。

罗尔斯在关于政治正义两原则的论述中,提出了平等原则与差别原则及二者间的词典式优先次序思想,并认为平等原则优先于差别原则。罗尔斯的这个思想事实上是在以自己的方式表达了社会财富分配中的一个基本原则:一次分配讲平等,二次分配讲差别。在此前提下,如果要有机会的不平等,那么,这种不平等就只能是向弱者的倾斜。值得注意的是,其一,这里所说一次分配讲平等并不是指财富分配本身的平等乃至平均,而是指机会的平等,是机会向所有人平等开放下的劳动面前的平等。其二,罗尔斯所强调的是机会的平等,通过这种机会平等来进一步强调社会基本结构的平等基本自由权利特质。但是,罗尔斯在关于社会财富分配问题上如果只是讲机会平等,那么,他关于社会财富分配的讨论还只是停留在一般政治学的意义上,而没有进一步深入社会财富分配的实际过程,没有进一步深入揭示一个"善"的社会基本结构安排究竟应当首先依据什么分配社会财富。或者换言之,社会成员究竟应当首先凭借什么从社会获得自身的财富,且这种依据本身又能够直接体现平等的基本自由权利这一价值原则?离开了劳动,是否还有其他更为合理、更为合乎平等的基本自由权利的作为初次分配依据的东西?

根据通常的看法,社会财富分配有一次分配与二次分配。一次分配是通过市场交换的分配,二次分配则是政府通过税收对社会成员财富占有状况的再分配。一次分配是社会财富分配的基础性环节。它一方面在总体上标识了社会基本结构的性质、特征,另一方面它亦为二次分配确定了一个现实前提。对于一个社会而言,初次分配与再分配均是这个社会保证分配正义不可或缺的环节。然而,在这两次分配中,初次分配具有基础性的意义。如果初次分配不能做到基本公正,即使是在再次分配中要努力做到正义性,调整既有的财富差别,这种再次分配的正义性及其效果还是要大打折扣。⑩ 正是在这个意义上,一个"善"的社会基本结构对于社会财富的分配,首先应当重视初次分配,并在初次分配正义的基础之上重视再次分配。这个社会的基本结构及其制度所具体体现的社会物质财富分配方式、途径,应当首先是具有平等人格的社会成员以体现这种平等人格精神的劳动(而不是特权、身份等其他一切与平等人格相悖的东西)为依据,从社会获得自身的物质生活财富。在现代多元平等民主社会,劳动应成为社会财富初次分配的基本方式与途径。

这里所包含的进一步内容主要有:a. 为什么现代社会必须以劳动作为社会财富初次分配的基本途径?劳动对于平等人格、对于人自身存在的意义、价值是何?这些就是对劳动自身的存在本体论意义的认识。b. 现代性社会中劳动的具体规定性是何?劳动是否等同于劳作、活动之类?劳动是否无条件地即为善的?劳动作为现实的实践活动,须有哪些基本条件与规定?离开了这些基本条件、规定、要素,劳动还能否成为现实的?这些就是对劳动自身规定性的认识。c. 在这样的社会基本结构中,作为具有平等基本自由权利的存在者,应当具有哪些内在规定性?或者换言之,只有具备了哪些基本能力,才能作为一个现实的人存在?以劳动作为获得社会财富的基本方式,意味着社会成员是具有一定现实

---

⑩ 这就如一个人生病治疗,治疗缠身重症终究不如小病初起治疗方便、效果好。当代中国在社会分配领域出现的问题,就宏观大处言,不仅仅是社会二次分配出了问题,不仅仅是作为公器的政府没有自觉并有效承担起应有的社会调节职责的问题,而是社会初次分配亦存在着大的问题。这种初次分配中存在的问题,涉及社会基本结构的安排与调整,这并不是简单的二次分配本身所能解决。

实践能力的存在者这一规定性。这就是劳动能力、劳动机会的存在本体论意义。

1. 劳动的存在本体论解释

劳动是以物质生产活动为基本内容的现实客观活动,它具有行为主体的目的性、意志性以及现实性的品质。在哲学上"劳动"与"交往"、"实践"是同等意义上的范畴。⑪

根据马克思、恩格斯的分析,劳动创造了人类,劳动是人的本质力量的确证与显现,是人类存在与发展的第一前提。劳动并不如人们通常所以为的仅仅只是人们从社会获取物质生活资料的基本手段。劳动更重要的还在于:它既是人自我确证、自由存在的方式,亦是人发挥创造力、实现潜能的基本方式,还是人陶冶心志、升华灵魂的基本方式。当然,劳动作为人的存在方式,既使人有权利从社会得到自己应有的物质资料,享受健康丰富的文化生活,完善自己的体魄与心智,还能使人获得一种精神的宁静与陶冶,热爱生活,珍惜生活,善待人生。⑫ 麦金太尔在其著作《德性之后》中提出实践的内在利益与外在利益问题,就以他自己的方式表达了劳动或实践对于人性提升、德性养成的意义。这不乏灼见真知。⑬

劳动是人的自由存在方式。没有劳动,就没有人类自身。劳动既是人性的,又应当是合乎人性的。劳动既应当是人不可剥夺的基本权利,又是人自身确证、做自身主人的方式。⑭ 剥夺人的劳

---

⑪ 参见高兆明:《道德生活论》,河海大学出版社,1993,第50—51页。
⑫ 托尔斯泰在《战争与和平》中就表达了劳动使人内心宁静的思想。
⑬ 参见 A. 麦金太尔:《德性之后》,中国社会科学出版社,1995,第14章。
⑭ 当然,这种对劳动的把握,不仅仅立足于其创造人们赖以存在的社会物质财富的立场,更重要的是立足于其对于人的自由解放、全面健康发展,对于促进人性升华的立场。

动权利,就是剥夺人做人、做自身主人的权利。剥夺人的劳动机会,就是剥夺人做人、做自身主人的机会。劳动是人们的最基本权利,也是做人的最基本依据。一个组织良好的社会,首先应当使民众人人有劳动的机会。这样,民众才能不仅自食其力、安居乐业,而且还能自我陶冶心性、修养情趣,社会才能繁荣祥和、风尚清明。

当然,当我们对劳动做出上述基本理解时,均是立足于人类不同于动物、人类的自主自由意志活动这一存在本体论立场而言。人类不同于动物之处,不在于活动本身,而在于活动的目的性、自由意志性,以及在这种活动过程中的社会性。人类并不消极地服从于外部自然界,人类具有动物所不具有的自由意志能力,具有这种自由意志能力中所包含的目的性、创造性能力,并以自身的自由意志能力能动地改变自身的生活世界。动物尽管也有活动,但那只是一种基于本能的活动。人的活动则是一种超越了自然本能的自由意志活动。人不同于动物的这种活动即为劳动(或实践)。本文此处之所以强调劳动的这种存在本体论意义,旨在为现代社会人的基本自由权利实践提供最基本的学理性支撑:劳动的权利、能够称之为劳动的劳动条件、平等人格的定在,等等。因为,如果不是首先在这种人的存在本体论意义上认识、把握劳动,那么,我们就会误将一切不具有人性、不合乎人性的活动,均称为劳动,就会对现代社会劳动在分配社会财富中的具体作用、劳动的具体要求、现代社会成员应当具有的基本素质、社会应当为社会成员所提供的基本劳动条件等,或者淡漠,或者误解。

阿伦特(Hannah Arendt)就曾以一种特殊方式认为,那种不是作为自由定在的活动不是劳动。阿伦特在对现代人类批判分析时认为,现代社会的人们存在着一个根本的缺陷,这就是人们在追求个人物质生活的生活实践中迷失了方向,仅仅局限在个人一己的狭小空间,而不关心社会公共生活。在她看来,现代人类的这种迷途将不会使人类得到解放;个人的自由不能离开社会,不能离开公共生活领域。因此,她主张人类应当重新回到公共生活领域,主张由单数的人向复数的人的转变。阿伦特在对现代性社会做出这种批判时,她区分了劳动、工作、行动三者,强调了现代社会的人们要作为自由的存在者存在,应当要行动而不是仅要劳动、工作,强调了思想、公共生活对于人的存在的意义。阿伦特的这个思想看起来似乎是在明白无误地否定劳动,否定劳动对于人自由存在的意义,其实不然。她在这里所讲的劳动,指的是仅仅为了满足自身自然生存而在日常生活中忙碌的活动,而不是作为人的存在本质、作为自由定在的劳动,不是作为人自由存在的现实活动的劳动。在阿伦特的语境中,这种为满足自身自然生存的活动与动物无异。阿伦特在这里以其特殊的方式揭示了一个极为深刻的道理:作为人自由存在的现实活动的劳动,绝不简单地是我们日常生活中往往所以为的那样一种体力、智力的付出;如果仅仅是体力与智力的付出,人就不能真正成其为人;劳动在其本质上应当是人的自由的存在方式;没有思想、没有自由意志,就不能称之为人的活动,就不可能获得自由。

至此,至少我们可以在最一般的意义上回答,为什么现代多元民主社会的社会基本结构,在社会财富分配上应当以劳动作为基本方式的问题。这是因为:

其一,劳动是人的自由存在方式。以劳动而不是以其他任何东西作为社会财富的基本分配方式,是基于人的平等的基本自由权利,基于人的平等的人格尊严,基于人的自由权利的平等实现这一现代性社会最基本的价值精神。

其二,在社会基本结构中,只有劳动作为社会财富分配的基本方式,才能保证平等基本自由权利的实现。而以其他任何内容作为社会财富分配的基本方式、手段,诸如身份、等级、权力,乃至人的自然存在等等,非但不能有效地保护平等基本自由权利实现,反而会伤害平等的基本自由权利。一个"善"的社会制度,应当是倡导人人自食其力的社会制度。在这个社会中,不允许对他人劳动无偿占有与掠夺,不应当姑息寄生虫的存在。在这个社会中,人们的物质生活幸福应当首先取决于自身的努力程度。一个"善"的社会应当是这样的:它向社会所有成员证实,每一个人只要通过自己的诚实合法劳动,就能改变自己的物质条件与生活状况。社会最可信赖的,也正是那些通过艰苦劳动不懈努力从贫困中奋斗出来的人。诚实合法劳动应当成为社会的通行证。社会的开放性应当建立在诚实劳动基础之上,甚至平等互助、互利互惠也只有建立在诚实劳动基础之上,才能真正有意义,否则,上述的一切都会变味。

其三,在人的自由存在视域中树立起热爱劳动的社会精神。劳动作为人的自由存在方式表明:劳动本身没有尊卑高下之分,劳动者通过自己诚实、创造性劳动获取社会物质财富,这既是对自身自由能力的确证,亦是对自身热爱劳动美德的一种培育。一个"善"的制度,只有通过自身社会基本结构,引导其成员树立起不鄙视劳动、平等地对待每一项具体劳动、热爱劳动的生活态度,才能使这个社会从根本上营造出自由、平等、民主的丰腴土壤,才能使社会成员的心境变得宁静、恬淡,才能使社会既有活力,又有秩序。

然而,关于劳动是人的自由存在方式的这种认识,还只是在人的本质、人不同于其他万物的内在规定性意义上而言。这种意义上所理解的劳动,是人自由能力的显现,是自由精神的现实存在,而不是简单地任意指称任何一种现实的人的现象性活动。借用马克思的语言表达,作为人的自由存在方式的劳动,是消除了异化现象的活动。由于人的自由存在本身就是一个历史过程,就是一个不断克服劳动异化走向解放的过程,因而,作为人的自由存在方式的劳动,本身就既是一个理想的概念,又是一个历史的概念。作为一个理想的概念,它是批判的思想武器,批判人类历史上曾有或尚存的劳动异化现象,引领人类走向自由的未来。作为一个历史的概念,它的具体内容有其具体历史规定性。它的这种具体历史规定性标识了人类自身文明演进的历史状态,标识了人类的文明程度,它引领人们将既有的一切劳动历史形态视为人类走向文明、自由的中介环节——那些历史形态尽管曾有其历史的理由,但总是要被否定的。

我们关于劳动的认识,一旦从人的抽象本质的维度走出,进入现实生活过程并关注劳动的社会历史内容,就不难发现:劳动未必真的是劳动者的自由存在方式,劳动事实上有时甚至是人的一种沉负,它使劳动者沦为动物。劳动的具体方式,就是人的具体存在方式。当人失却做人的资格时,劳动也只不过是如牛马般的劳作活动。如果劳动成了人的异化存在方式,那么,这种劳动就不是人的自由存在方式,就不是作为人的本质存在着的自由意志活动。没有消除异化、没有远离自然界的所谓劳动,不但是人的艰难重负,更是没有远离牛马等纯粹自然存在的存在论证明。

自人类进入文明社会以来,劳动自身经历了一个由强制劳动到自主劳动、并争取向自由劳动演进的历史行程。在劳动的不同演进阶段,人类建立起不同的社会生活方式与社会秩序,拥有不同的社会财富分配方式。[15] 在强制劳动历史阶段,社会分裂为劳动

---

[15] 关于劳动的历史形态问题,具体请参见高兆明:《社会变革中的伦理秩序》,中国矿业大学出版社,1994,第10—16页。

与占有劳动两大集团。劳动创造他人的所有权,所有权则支配他人的劳动。劳动这一人的类本质存在也如马克思所说成为人的异己存在。劳动成为一种苦役,劳动者为自己的创造物所支配。在强制劳动阶段,人类只有两种人:主子与奴隶。奴隶生产财富,主子占有财富;奴隶是人格上的卑劣者,主子是人格上的高贵者。自主劳动是劳动者以人格平等、自由选择这一主体自主行为形式出现的劳动方式,它是与市场经济相适应的一种劳动方式。尽管自主劳动使劳动者至少获得了形式上的人身自由、人格平等、自主选择,但是自主劳动并没有使劳动者真正摆脱劳动作为谋生手段的状态,并没有使劳动者在市场经济这个汪洋大海中获得足够自信的安全感与自由感。在这里,物本身成了追求的目的性,劳动成为达到物的一种手段。如果哪一天劳动不再是令人厌恶的、不得不承负的谋生手段,而是人发挥自身潜能、富有魅力的创造性活动,不再是以对物的占有为目的,而是以人的自由健康发展为目的,是人创造与享受完美统一的活动,那么,这就是自由劳动。

应当注意一种特殊的劳动形式,这就是在集权之下以平等主义为分配原则的指配劳动。笔者曾将新中国建立以后、市场经济建设以前那种大一统计划经济,称之为指配经济。在这种经济之下的劳动,即为指配劳动。在指配劳动中,生产高度计划性,要素缺少流通性,产品缺少市场性,分配是在城乡二元结构下的平均主义大锅饭。在指配劳动中,劳动者的独立利益主体地位得不到真正承认,积极性得不到有效发挥,并在严格的指令之下表现出某种强制性特征。指配劳动是在特殊历史条件下产生的一种带有过渡性的特殊的具体劳动形式。若在历史的视野里观察问题不难发现:我们通过市场经济建设这一特殊途径,汇入了人类劳动方式、或者说人类自身发展演进的一般进程中。⑯

现今,一方面,对于绝大多数人而言,劳动仍然是谋生手段,仍然是一种不得不承负的生活重压;另一方面,对于另一部分暴发户、"贵族"而言,劳动则是一个令其鄙视的行为。对于这两种人中的无论哪一种人而言,劳动均失却了自由存在的意义,并因此使其自身失却了作为自由存在者的地位。一方面,人们试图确立起劳动平等、劳动光荣的社会精神,但是另一方面,人们在日常生活中又事实上以不同方式认为劳动有贵贱,且这种意识又不断地受到来自劳动报酬差别这一日常生活经验的强化。⑰ 自由劳动以及由自由劳动所标识的人的自由健康生长环境,仍然是一个有待长期追求的目的。

2. 劳动与财产权⑱

以劳动作为社会财富初次分配的基本依据,这是社会基本结构所蕴涵的平等基本自由权利精神在财富分配问题上的显现。而平等基本自由权利及以劳动作为从社会获得财富的基本方式,均以对社会成员人格独立,以及对社会成员财产权的承认与保护为前提。因为一个没有人格独立、没有对于社会成员财产权保护的

---

⑯ 社会主义市场经济建设使我们这个民族的所有成员获得了空前解放,社会的交往方式、生活方式、结构方式正在发生根本的变化。这个民族进入了一个发展的新时代。能够造就出一个个现实利益主体的社会主义市场经济条件下的自主劳动,为自由、平等、民主等社会人文价值精神生长提供了坚实的基础。

⑰ 劳动本身所具有的创造性、挑战性与机械性、刻板性差别——诸如作为一个虽薪酬不高但却具有自由创造精神、自由活动时间与空间的"书生",与流水线上的装配工乃至整天在手术台上不断地开着同一种手术、缺少挑战性的外科医生之间的劳动性质差别——也在不断强化人们的这种认识。

⑱ 本节部分内容高兆明曾以《作为自由意志定在的财产权——黑格尔〈法哲学原理〉读书札记》为题发表于《吉首大学学报》(社科版)2006年第1期。

社会,无所谓平等的基本自由权利。对于社会成员财产权的承认与保护,还是交换正义必不可少的前提。因为没有财产权,就无所谓交换正义。

(1)自由意志与财产权

西方在20世纪出现了所谓私人财产权衰落现象。对此必须冷静分析、理性对待。切不可望文生义,并以此为据简单粗暴地否定私人财产权的正当性与合理性。一方面,西方发达民族的这种私人财产权衰落现象,是已经实现现代化后所出现的所谓现代性危机的一部分;[19]另一方面,这种衰落现象并不意味着私人财产权在现代社会已失却其存在的普遍意义,它只是表明在西方发达民族私人财产权问题正以一种新的方式存在。因而,对于那些正处于现代性进程中兴起阶段的民族来说,不能简单地因为西方发达国家出现了所谓私人财产权衰落现象,就忽视私人财产权问题。在建设多元和谐社会、寻求分配正义的实践中,必须重视私人财产权这一根本性问题。正是在这个问题上,黑格尔留给我们诸多极具启迪性的深刻思想。根据黑格尔的看法,[20]人的自由必须有其定在,财产权是自由意志的定在。[21]人通过对物的占有而成为现实的存在。离开了财产权,个人自由、人格独立就是一个空洞的东西。私人所有权的出现既是社会的一大进步,更是构成共同所有权的现实基础。

人的自由、权利如果仅仅只是停留在一般抽象主观的层面,那

---

[19] 参见肖厚国:《所有权的兴起与衰落》,山东人民出版社,2003,第194—269、(前言)7页。

[20] 黑格尔财产权思想承袭了洛克的广义财产权思想理路。这种思想理路的一个明显长处就在于能够为自由权利的理念提供更为丰富、更为深刻的说明。

[21] "人为了作为理念而存在,必须给它的自由以外部的领域。"黑格尔:《法哲学原理》,商务印书馆,1982,第50页。

么,这种自由、权利就不是现实的自由与权利。人格、人的自由及其权利必须从其纯粹抽象性、主观性中走出来,必须通过客观、物的东西使自己成为现实的。所有权就是人格走出这种纯粹主观性成为客观定在的中介。"所有权所以合乎理性,不在于满足需要,而在于扬弃人格的纯粹主观性。人唯有在所有权中才是作为理性的存在的。"[②]人格独立及其权利,建立在所有权基础之上。

自由意志的定在过程,就是对物的占有、使用、转让过程。对物的占有通过人对外部世界的能动活动实现。人对物的占有过程是一种对象化存在的过程。在这个对象化存在过程中,同时存在着两个方面的运动:将物变为自己的意志,将自己的意志变为物。[③] 即,人对物的占有,一方面使人的自由意志成为实在的,另一方面,又扬弃物的纯粹自然性而使其成为自由意志的。如是,则在对物的占有中,物就是意志,意志就是物,物与意志二而一体。

人对物的占有不是空洞观念性的,而是现实性的:当我能够说我占有某物时,我就已"把某物置于我自己外部力量的支配之下"了。[④] 这是一个具有感性直接性的事实。在这种感性直接性中,标识出我自己是作为现实的主体存在。如果人们不能将物置于自己外部力量的支配之下,或者换言之,如果人们不能有效地对物行使支配权,就无所谓对物的占有,亦无所谓主人身份或主体性地位。占有是将某物变为我的东西,使此物成为特殊的规定,并进而构成了我的"特殊利益"。这样,主体及其特殊利益就既通过占有得到表达,又通过占有得到实现。

[②] 黑格尔:《法哲学原理》,商务印书馆,1982,第 50 页。
[③] 黑格尔:《法哲学原理》,商务印书馆,1982,第 53 页。
[④] 黑格尔:《法哲学原理》,商务印书馆,1982,第 54 页。

对于占有、所有权范畴，可以有来自于两种不同方面的规定：满足需要，自由的定在。前者是从需要及其满足这一自然角度上的规定，后者则是从"自由的角度"所做出的规定。占有财产当然有满足各种需要的因素，正是在这个意义上，占有、拥有财富是"满足需要的一种手段"。但是，占有并不仅仅是为了满足需要，甚至满足需要并不是占有的首要目的或"首要的东西"。占有是自由的具体存在。没有财产权，就没有自由。没有财富，一切自由都是空洞虚幻的。如果一个人连基本的生存都得不到保证，各种所谓的人格权、自由权，都不过是水月镜花。所以，"从自由的角度看，财产是自由最初的定在，它本身是本质的目的。"⑤要真正获得自由，必须争得财产权。这也正是马克思从政治经济学角度分析资本主义生产关系，要求打破资产阶级所有权，使无产阶级获得经济上的解放这一思想的深刻之处。

从所有权是人格的定在、人格以所有权为基础等思想出发，就会逻辑地得出作为自由意志单一定在的单个人的所有权及其肯定的结论。这种所有权甚至还是个人得以成为自由的现实存在的前提：单个人拥有这种所有权，其关键并不在于满足自己的某种生理、心理、社会的直接需要，而在于这本身表明"我"是作为"我"这一独立主体实际存在着，"我"不仅在观念中是自由的，"我"在现实中也是自由的。这种单个人的所有权就是私人所有权，其实质内容就是人格实在性。不能否定这种私人所有权，否则就事实上是在否定人格的独立性。也不能以公共的名义否定私人的所有权。因为，一方面，一般说来公共所有是所有权的公共所有，而所谓所有权的公共所有总是指的某一些部分人的公共所有，故，它总是以

---

⑤　黑格尔：《法哲学原理》，商务印书馆，1982，第 54 页。

一个个具体人为所有权主体;㉖另一方面,私人所有权直接构成个人作为独立人格现实存在的基础,对于私人所有权的否定,并不仅仅是否定个人的物权,而是否定个人的人格权。没有现实所有权的自由意志、独立人格,难免空幻。

(2)私人财产权

"我"的意志定在于"物"中,不仅使"我"成为单一的具体存在,而且亦使"物"成为"我"的。这样"我"的意志就被引入所有权中,所有权就获得了私人的性质,这就是"私人所有权"。㉗"私人所有权"有其"必然性",这个必然性就在于私人所有权使个人、个人人格及其意志成为现实的存在。个人借助于这种私人所有权使自己获得定在,成为社会生活中的现实存在者。

私人所有的"物"有两类:身体与财富。身体是私人所有"物"的基本内容之一。"我"固然有自己的意志,然而,"我"的意志之存在却是以"我"的自然生命体存在为前提,或者换言之,"我"首先具有自然生命的自然特质。"我"这个单一的意志通过对我这一自然生命"物"的"占有"成为现实的存在。"我"首先是个具有自然生命的生命有机体。这个生命有机体与我是不可分割的。这样,私人所有首先就是对于这个生命有机体的所有。在这个生命有机体中,不仅仅有我的生命,我的意志,我的精神,而且其本身就是我的人格之所在。㉘我的这个生命有机体是我的精神、意志、灵魂、人格之所在,任何其他人没有任何权利可以对我的生命做出任何伤

㉖ 不能分割的公共所有权,诸如公共资源、公共绿地等,与此并不矛盾。这种公共所有权亦不能否定个人所有权。只不过,此时这种个人所有权已具体表现为拥有这种所有权的个人对这种公共资源平等的享用权。如果以公共资源为名,否定一部分人对此公共资源的平等享用权,就是在特殊意义上对这种个人所有权的侵害。

㉗ 黑格尔:《法哲学原理》,商务印书馆,1982,第54页。

㉘ 黑格尔:《法哲学原理》,商务印书馆,1982,第55—56页。

害。对这个生命、身体的任何伤害,就是对我的人格及其尊严、对我的自由的伤害。[29] 黑格尔以自己的方式揭示了自由权利的人类学或自然前提,并为尊重和保护人的自然生命这一最基本人权、道义精神,奠定了学理基础,同时亦为社会二次分配的合理性提供了某种理论依据。

财富是私人所有"物"的另一个基本内容。既然财产、物是自由意志的定在,所以私人应当拥有财富。然而,问题的关键在于:私人是如何占有、占有多少财富?对此,黑格尔关注的焦点是财富占有、分配问题上的平等、合理、公正。其所采取的思维路径与逻辑过程,与后来罗尔斯在《正义论》、《政治自由主义》中所取正义两个基本原则及其词典式次序的思维路径与逻辑过程基本相同。每一个人在人格上一律平等,这是指每一个人拥有平等的自由意志权利。但是,每一个人在财富的占有上却未必是平等的。具有平等人格、自由意志权利的人,在财富的占有方面,作为抽象人格是平等的,但是在占有内容上,则是不平等的。究竟"占有什么,占有多少",充满了偶然性。这个偶然性既有先天、主观的因素,又有后天、客观的因素。"平等只能是抽象的人本身的平等……关于占有的一切——它是这种不平等的基地——是属于抽象的人的平等之外的。"平等是人格、自由意志的原则,公正、合理是财富占有的原

---

[29] 作为人格的完整统一性而言,身体与自由意志精神是不可分的。但是,自由意志本身与其定在毕竟不是一回事。作为生命有机体的自然身躯受到伤害,当然表明自身人格的统一性受到伤害(甚至在有些时候,会由于身体的种种情况而失却自由),但是,这并不意味着我的自由精神本身亦会随之失却其自由本性。虽身陷牢狱,但仍可固守人格之清高与精神之尊严。"我可以离开我的实存退回到自身中,而使我的实存变成外在的东西,我也可以把特殊感觉从我身上排除出去,虽在枷锁之中我也可以是自由的。"(黑格尔:《法哲学原理》,商务印书馆,1982,第57页)正是在这个意义上,"我"不仅仅是肉体的存在,"我"更是自由人格的存在。人的尊严固然离不开生命肉体,但却主要不在于肉体,而在于自由的人格精神与高尚灵魂。

则。不能将人格、自由意志的原则,直接简单地搬到财富占有领域中来。㉚

在财富占有与分配上的平等,有两个方面的规定或含义:其一,作为主体,其人格是平等的。这是说,在抽象的意义上,每一个人毫无例外地都有占有财富的这种权利,不能在财富占有与分配问题上一开始就将某些人排除在外,不能一开始就规定一些人能够占有财富,另一些人不能占有财富。与此相关,其二,每一个人在其现实性上只要是作为人存在,就必须拥有最基本的财富,因为正是这种最基本财富能够保证或维持其作为人的自然生命的存在。拥有保持生命有尊严地存在的最基本的财富,这是属于平等人格权利中的最基本内容之一。一个人可能会由于先天后天、主观客观等方面的原因,使自己失却了劳动的能力,失却通过自己的劳动占有与获得财富的可能。这并不应当妨碍其作为人存在的最基本人格权利。他作为一个人存在着的平等人格权利,使其拥有获得最起码的物质财富的权利。在这一点上,每一个人都是平等的。也正是在这个意义上,"每个人必须拥有"。㉛对于这种特殊的权利要求,社会必须通过其特殊的救助机制来帮助满足。只有具备这种救助机制的社会,才有可能说是一个真正拥有平等人格、自由权利的社会。

平等的人格与自由权利,在现实中就是财富占有的不平等。因为每一个具体人的存在,都是特殊、偶然的。由于其先天后天、主观客观方面的差别,会使其在使用平等的自由权利过程中,导致对财富占有多少上的差别。对于这种由于自由意志权利行使而造

㉚ 黑格尔:《法哲学原理》,商务印书馆,1982,第57—58页。
㉛ 黑格尔:《法哲学原理》,商务印书馆,1982,第58页。

成的差别的认肯,就是对于平等的人格权利或平等的自由权利的认肯。若否定这种在财富具体占有内容上的不平等,就是事实上否定人格、自由权利的平等。在抽象的意义上说,在财富占有上的不平等,本身就是人格、自由权利平等的具体显现。——至于这种财富占有多少的不平等应当保持在何种程度之内,这属于财富分配中的社会矫正这一另外问题,二者不可混淆。

一般而言,劳动是一个人占有或获得财富的基本方式。② 之所以在财富分配上要依赖于一个人的劳动,其理由不仅仅是功能上的:不这样,就会鼓励每一个人不劳而获,使得社会财富坐吃山空,失却创造财富的动力。它更重要的是内容上的,是自由的理念的:唯如此,才是平等的自由意志权利,才能真正体现与尊重平等的自由意志权利。

直接简单地将平等人格搬到财富的占有与分配上来,就是对平等人格的误解,就是财富占有与分配上的平均。这至多是道义上的善良愿望,却缺乏客观性。除非在一些特殊情况下(诸如严重自然灾害面前,在食品极有限的情况下,为了使每一个人都能获得维持生命的最基本食品,采取平均分配的方法,这是公正),否则,财富分配的平均都是不公正。

根据黑格尔的论述,我们就可以获得如下关于财富占有的基本内容:每一个人作为财富占有主体,在人格上是平等的;劳动是一个人占有或获得财富的基本方式,每一个人都有权利通过劳动获得自己的财富,社会依赖劳动分配财富;一般而言,平均分配财富是不公正;每一个人作为人存在都应当且必须有最基本的财富,

---

② 这即是黑格尔所说财富占有"依赖于勤劳"。参见黑格尔:《法哲学原理》,商务印书馆,1982,第58页。

以维持其人格尊严。

(3)共同财产权

"私人所有权"相对于"共同所有权"而言。所谓"共同所有权"是共同意志的定在,是共同意志对物的占有。这里直接关涉两个问题:其一,作为这个共同意志主体的共同体如何理解?其二,共同意志如何形成,共同体如何存在?共同作为普遍、一般,不能离开特殊、个别。真实的共同体、共同意志,不能离开个体、私人的意志。这是黑格尔、马克思等关于普遍与特殊、真实集体与虚幻集体等思想所提供给我们的一般结论。

在历史的、逻辑的视野中观察,共同体、共同意志、共同所有权之类,是一个具有内在否定性的发展过程:从原初混沌一体的共同体及其共同意志、共同所有权,到经过分化了的个体或私人③及其私人意志、私人所有权,再到由私人或个体所内在构成的共同体及其共同意志、共同所有权。

在历史上看来,个体独立、个性及其自由意志,以及私人所有权等,都是人类经过艰苦卓绝、长期反复的斗争,才得以确立。黑格尔所提及的古罗马、欧洲中世纪后期是这样,中国历史上也是如此。这种个体、个性、私人财产权的争取与独立,在其现实性上,并不是真的反对共同体本身,而是要否定那种失却生命力的、虚假的共同体。

不过,值得注意的是,上述这种历史、逻辑的演进过程,只是从抽象意义上表明人的自由存在的文明进程,表明自由自身的生长过程,它并不表明对于一切物的绝对无例外地都要经过私人化过

---

③ 这里我们对于"个体"与"私人"这两个概念不再做进一步的严格区分,因为这并不影响问题本身的讨论。

程。有些物由于其特殊性,诸如一些土地、河流、海洋、山川、矿藏、空气等等,由于其不可分割性,由于其对于人的生命存在的基本意义,它们就一直以共同财产权的方式存在。这种共同财产权的核心在于:表明每一个人的平等的基本自由权利,当然包括平等享用的基本自由权利——这里就直接隐含着这种平等享用权利不得伤害其他人的平等自由权利这一规定性。

私人所有权对于共同所有权并不是一种纯粹消极否定性,相反,它是对于共同所有权的一种积极的或辩证的否定:它使得共同所有权获得新的规定性,并使得作为共同所有权主体的共同体本身成为一种新质共同体。具体言之,当无私人所有权时,表明这个社会或共同体不存在私人,即这个共同体是一个无内在规定性的抽象普遍性。它没有单一的意志,只有共同体的意志。然而,无单一,即无共同,共同的真实存在须有单一存在。混沌一体的共同体在其展开过程中分化为诸多特殊、个别,即个体、私人。个体、私人的出现,既是哲学上的一个否定性飞跃,亦是人类文明史进程中的一个进步。个体、私人的出现,就同时意味着私人所有权的出现。

私人所有权的出现,使得共同所有权也获得了新的内在规定性:"共同所有权由于它的本性可变为个别所有,也获得了一种自在地可分解的共同性的规定。"[34]这种可分解的规定性,同时就是可构成的规定性。这就表明,这种共同体及其所有权是个体的共同体及其所有权。因而,这种共同体就是具有内在否定性或异质性,进而富有生命与活力的共同体。在一个共同体内,私人可以自由地支配自己的财产,行使财产权,那么,这个共同体就是一个真

---

[34] 黑格尔:《法哲学原理》,商务印书馆,1982,第 54 页。

实的共同体,这个共同所有权就是真实的共同所有权。

黑格尔曾说过私人对于物的占有有"绝对的"权利。这似乎表现出私人所有权的绝对性与无限性。不过,黑格尔这是针对人的自由意志活动具有无限性、人是目的这一特质而言,是指人的自由意志必定取定在的形式这一普遍性、绝对性。不能简单地据此以为私人所有权拥有无限绝对的权力,具有至上性。

所谓"私有财产神圣不可侵犯"的说法,有两大根本缺陷:一是在公正无偏颇之表象背后,存在的是无视获得财富的手段与途径这一要害问题。换句话说,任何不义之财都会在这面大旗下获得神圣性——这即意味着它有可能成为罪恶的遮护所。二是无视个人正当利益与公共正当利益合理协调这一社会公正问题。在这一名义之下,私人可以断然否定任何与公共正当利益的协调之可能,从而事实上可能造成对公共正当利益的损害。社会不能以公共的名义侵犯个人的正当私有财产。然而,个人也不能以正当私有财产为理由断然否定与公共利益合理协调。因而,私有财产神圣不可侵犯这一价值立场缺少合理性的充分前提,必须经受理性的批判。它的严格内容应当是"正当的私有财产神圣不可侵犯",并以"个人的私有财产应当与社会公共利益合理协调"为进一步补充。所谓"个人的私有财产应当与社会公共利益合理协调",是指当正当的私人财产因公共利益而受损时,必须受到足额补偿。在这里,虽然正当本身仍然极其抽象、仍然应当得到进一步规定,然而,有一点则是极其清楚的,即,通过诚实劳动、合法途径得来的私有财产是正当的,因而应当是神圣不可侵犯的,这种神圣性在于人格尊严、劳动权益、个人自由权利的神圣性。对这种私有财产的保护,就是对人格尊严、劳动权益与个人自由权利的保护。没有这种保护,社会就没有最基本的公正,亦难祈望社会的繁荣稳定。

一个正义的社会,其要旨不是取消私人所有权,而是在合理地承认与保护私人所有权基础之上,如何防止在财富占有或分配上的两极分化与两极对立。这既是当代西方政治哲学的主题之一,也是当代中国现代化进程中的主题之一。

3. 劳动要素与分配

当我们说劳动应当成为现代多元平等民主社会财富初次分配的基本方式与途径时,是指这种社会财富分配不应依据身份、等级、特权等一切与平等人格相悖的东西为依据,而应依据能够体现平等人格精神的创造社会财富的劳动为依据。也仅仅在这个意义上,劳动是社会财富分配的基本依据这一命题才有其充分的合理性。超出这个范围,对此命题就得格外小心。

在其现实形态上,劳动是诸劳动要素的有机统一。劳动如果作为具有现实感性形态的具体存在、而不是纯抽象的存在,那么,劳动则是劳动者与劳动资料的结合过程。没有诸劳动要素的有机结合,就无所谓劳动。马克思当年就曾明确批判泛泛空谈"劳动是一切财富和一切文化的源泉"这类观点。在马克思看来:"劳动本身不过是一种自然力的表现,即人的劳动力的表现","劳动不是一切财富的源泉",劳动只有与劳动资料、劳动对象相结合,才能"成为财富的源泉"。[35] 马克思的这种不是抽象地谈论劳动、而是注重劳动现实存在的思维方向与思想内容,极为深刻。即使是在今天讨论社会财富分配时,它仍不失指导意义。

根据马克思的劳动价值论,只有劳动者的劳动才能创造价值,

---

[35] 马克思:《哥达纲领批判》,《马克思恩格斯选集》第 3 卷,人民出版社,1972,第 5 页。

其他物质资源只是财富存在形式的转换而不能创造价值。马克思的这个思想,对于揭示劳动者及其劳动力在劳动及其诸要素中的主导性作用,对于揭示无产阶级与资产阶级的阶级对立,无疑是极为深刻的。不过,马克思当时所承负的历史使命是为科学社会主义实现寻求现实道路——首先是寻求承担这种历史使命的历史力量。马克思通过劳动价值论找到了无产阶级,并将无产阶级视为推翻一切剥削与压迫关系的物质力量。即,马克思由于当时的历史使命及其自觉意识,他是从阶级斗争、社会革命的维度提出劳动价值论。

对于马克思的劳动价值论可以有新的解读。事实上,人们过去看到的仅仅是马克思劳动价值论中的劳动创造价值这一方面的内容,并未看到隐藏在其后更为丰富、更为深刻的思想内容:只有作为现实感性存在的劳动,才是能够真正改变世界的现实劳动;作为现实存在的劳动有一系列要素,在这些要素中,既有物的因素,更有人的因素,其中,人的因素占主导性地位;只有这些要素间的有机统一,才能有现实的劳动;一个理想的社会是这样的社会,在这个社会中,这些要素不再是彼此孤离的,不再是一部分社会成员拥有物的要素,另一部分人仅仅拥有劳动力的要素,且这两者间处于绝对对立状态之中,在这个社会中,这些劳动要素,即拥有不同劳动要素的人之间,处于和谐统一的状态。

根据马克思的劳动价值论,作为现实存在的劳动是诸要素的统一。在其抽象形态上,这些要素至少包括劳动力(劳动力还可以进一步被区分为体力与智力两个部分)、劳动资料这样人与物两大部类。劳动力与劳动资料是劳动或财富创造中不可或缺的两部分,二者的结合,不仅使对方从纯粹抽象中走出来成为现实的存在,而且在这种走出其纯粹抽象性过程中,各自均对现实财富创造做出了贡献。正是在这种劳动力与劳动资料有机结合、使各自摆脱抽象性而具有现实性的意义上,各自均应当感恩对方——感恩正是对方使自己摆脱抽象性而获得现实性。

马克思的劳动价值论揭示:正是不同劳动要素的统一,使劳动成为现实的创造财富的过程。在市场经济条件下,这个劳动要素的统一通过交换的方式实现。离开了这种劳动要素间的交换,就没有创造财富活动的劳动本身。尽管交换并不直接等同于财富创造,但是如果我们能够在抽象的思维行程中舍去一些进一步具体条件性的规定,而只是注重事物的一般运动过程,并能够假定我们具备了这样一些条件,在这些条件下,不同劳动要素通过交换达到统一后能够进行现实的创造财富的活动,那么,我们就可以在这个意义上说,创造财富的现实活动过程依赖于劳动要素的交换过程,实现了劳动要素的交换就是进入了财富创造过程。[36] 在这个财富创造过程中,每一个劳动要素对于劳动的现实化、对于财富的创造,均有其不可替代的作用。[37]

同样根据马克思的思想,一切物的关系背后存在着的是人的关系,应当透过物的关系看到存在其后的人的关系。使劳动成为现实存在的劳动诸要素的统一,乃是作为拥有这些劳动要素的社会成员之间的统一。劳动诸要素的统一是一个历史的概念,不同历史阶段有不同的规定。在以往一切阶级对立的社会中,这种统一以绝对的占有与被占有这一二元对立的方式实现。马克思所追求的理想社会,正是要消除这种二元对立的劳动要素统一方式,并

---

[36] 如何使这些劳动要素有效地结合在一起,这当然是一个重要的问题,但是,这个问题至少在本文目前的意义上,属于另一个范畴。

[37] 同理,流通在作为财富创造过程中财富由抽象潜在到现实实现的一个环节意义上,亦参与创造财富。

以一种彼此协调共在的方式取代之。如果这种理解能够成立,那么,根据这种理解,我们在当代所发现的劳动价值论的核心内容,就不是简单的阶级对立及其消除,而是在不同社会成员之间利益协调基础之上的劳动诸要素的统一。一切能够使劳动成为现实存在的劳动诸要素,均是社会财富创造过程中不可或缺之部分;一切拥有这些不同要素的社会成员,因为他们通过相互合作使创造社会财富的劳动成为现实,因而,他们均对社会财富的创造做出了自己的贡献,他们均应从所创造的社会财富中获得自己的相应部分。这正是按劳动要素分配。

如果我们不是静止地停留于劳动力与劳动资料这样的区分,而是进一步从财富及其交换的角度理解问题,那么,我们就会对按劳动要素分配社会财富有新的认识。

我们下面的讨论均建立在一个基本假设前提之上,这就是持有正义。即,作为交换过程起点的用以交换的财富本身,均系通过合法正当途径得到,是正义的。

黑格尔在《法哲学原理》中曾以思辨的方式对此做过极具说服力与启发性的论述。黑格尔认为自由须是定在的。私人财产权即是作为独立个体的自由定在。根据黑格尔的看法,私人所有权的实现有三个环节,这就是占有、使用、转让。[38]

占有是关于持有正义。但占有并不是纯粹个人范围内的事,占有是一种社会关系,或者说,占有在社会关系中实现,并且表达了一种社会关系。单有鲁宾逊而没有星期五,在那个荒岛上无所谓占有与所有权。这就意味着占有作为一种社会关系,其合理性、

---

[38] 黑格尔:《法哲学原理》,商务印书馆,1982,第61—62页。

合法化，须得到"他人承认"。㊴

　　对物的占有方式从根本上说是"我"的对象化活动。在黑格尔看来："把自然物据为己有的一般权利所借以实现的占有取得，作为外部行动，是以体力、狡智、技术，总之我们借以用身体来把握某物的一切手段为条件的。"在这个对象化活动过程中，自然物已不再是与"我"对立的东西，它已为"我"所有，在这个物中已存有"我"的意志与精神，与此同时，"我"的意志亦摆脱了抽象性而成为具体现实。因而，这个对象化活动过程，就是"我"与占有对象均以特殊、具体、单一方式存在的过程。㊵黑格尔的这个思想与马克思后来的实践观念直接相通。

　　对物的具体占有方式有三种类型：直接的身体把握，给物以定形，给物加上标志。㊶通过身体直接对物的占有，固然有使用工具且在将物变为我所有的意义上具有人的自由意志活动，但是，通过人的创造性活动，改变既有物的存在形式，将观念中的东西、主观意图变为现实，这种占有方式是一种更具创造性的占有活动。

　　人还有一个对自己的占有问题。这个对自己的占有指的是：人是自身的主人，能够按照自己的观念、意志而自主、自由地存在。如果人缺失这种精神与能力，那么，就不能说人占有了自己，不能说是自由的存在。人"只有通过对他自己身体和精神的培养，本质上说，通过他的自我意识了解自己是自由的，他才占有自己"。㊷"人应当是自由的"与"人是自由的"这是两个不同的概念。"应当"的维度指的是人的本性或如黑格尔所说的"概念"，"是"的维度指

㊴　黑格尔：《法哲学原理》，商务印书馆，1982，第 59 页。
㊵　黑格尔：《法哲学原理》，商务印书馆，1982，第 60—61 页。
㊶　黑格尔：《法哲学原理》，商务印书馆，1982，第 62 页。
㊷　黑格尔：《法哲学原理》，商务印书馆，1982，第 64 页。

的是人的实存状态。在实存的意义上,人未必是自由的。人作为一个自然生命存在,这是自然实存,人作为一个自由意志的存在,这是自由存在。自然实存并不意味着自由存在。因而,人的创造性活动,不仅仅是一个对象化活动占有外在自然物的问题,更是一个将自由"概念"在自身具体存在、占有自己的过程。占有自己,就是成为自己的主人。㊸ 占有自己,亦内在地包含着对自身知识、劳动能力的所有。知识、劳动能力等亦是人自身所拥有的一种财富。这样,从人占有财富的角度讲,这个财富就不仅仅有通常所说的一般物的财富,还有知识、劳动能力等这样一类特殊的无形财富。

对物的纯粹占有不是我的目的。对物的占有既是我自由意志定在之内在要求,亦是实现我自由意志目的之要求。占有物是为了使用物。通过占有达到使用,以满足我的意志之需要。在这个意义上,使用权是占有权的实现。没有使用权的占有权是空洞的所有权,不具有真实性的所有权。要通过对物的使用来表达对物的占有权,表达意志的存在。㊹ 在这个意义上,对物的占有权与使用权应当是统一的。但是,由于所有权与使用权是两个不同的东西,因而,这就意味着在二者存在着分离可能。这就进一步意味着所有权与使用权关系会有两种类型:我拥有所有权并同时我自己在使用物;我拥有所有权但我自己并不直接使用物,他人行使物的使用权。前者为占有的使用,后者为不占有的使用。这就是黑格尔所称之为的"完全使用"与"部分使用"两种类型。㊺ 不占有的使

㊸ 在这个意义上,奴隶就不仅仅指那些人身被他人占有者,亦指在精神上自愿放弃对自己的占有、甘愿听命于他人者。对身体的控制与占有,未必就等于对精神心灵意志的控制与占有。真正的奴隶是那些甘愿在精神、心灵、意志上被他人控制与占有者。参见黑格尔:《法哲学原理》,商务印书馆,1982,第64—66页。

㊹ 黑格尔:《法哲学原理》,商务印书馆,1982,第66—67页。

㊺ 黑格尔:《法哲学原理》,商务印书馆,1982,第68页。

用属于所有权与使用权分离现象。

物的所有权与使用权分离是一个历史现象。在人类文明历史进程中,它成为人类走向更高文明程度的中介。不过,黑格尔本人对这种所有权与使用权的分离现象,持一种否定的态度。对黑格尔的这个否定性态度,必须仔细体会与把握。

黑格尔认为所有权与使用权的分离是一种"绝对矛盾的关系",是"空虚的意志"、"空虚的理智"、"人格的疯狂"等。他之所以持这样一种态度,是因为他认为在所有权与使用权分离的情况下,同一物会出现两种意志、两个主人。使用者不拥有(所有权),拥有(所有权)者不使用。使用者在以自己的意志改变物的存在的意义上,是物的所有者,拥有者在占有的意义上是物的所有者。但是,由于拥有者并不将自己的意志定在于物中,并没有通过自己的意志改变物的存在样式,因而,在这个意义上,他只是此物"空虚的主人"。物的所有权者或占有者由于放弃其使用,就变成了此物"空虚的主人"。与此同时,物的使用者由于将其意志贯穿于物中,他在事实上就成为此物的所有者。黑格尔还以领主与臣民、采邑与佃租等内容来说明这一点。[46] 黑格尔的这个思想,与其在《精神现象学》中关于劳动、主奴关系及其转化的思想异曲同工,如出一辙。黑格尔在这里反对物的使用权与所有权的分离,有其深刻的历史内涵,这就是对历史上的奴隶制、农奴制的否定,为新兴资产阶级所有权呐喊。所以,黑格尔才认为,尽管关于人的自由的思想及其信念伴随着基督教的传播已有 1500 年,但是,"所有权的自由在这里和那里被承认为原则,可以说还是昨天的事"。[47] 只有新兴资产

---

[46] 黑格尔:《法哲学原理》,商务印书馆,1982,第 68—70 页。
[47] 黑格尔:《法哲学原理》,商务印书馆,1982,第 70 页。

阶级、近代市民社会出现以后，财产所有权的自由，才逐渐成为人的自由原则中的现实内容。正是在这个意义上，我们从黑格尔对所有权与使用权分离的否定性态度中，可以体会到其思想的深刻性、革命性与战斗性。在这里，黑格尔事实上以自己的方式表达了这样一个思想：在一个自由真实得到实现的社会中，物的使用权与所有权应当统一。

然而，在当今时代，物的所有权与使用权分离已成为一种普遍现象。对此，我们应当如何做出合理的分析、判断？在当今普遍存在的所有权与使用权分离现象，是否仍然等同于黑格尔所批判的那种奴隶制、农奴制社会关系结构？如果不同，其根本区别又何在？

当今时代普遍存在的所有权与使用权的分离，已不同于黑格尔所批判意义上的。这种所有权与使用权分离所隐藏着的真实内容是：一种新的所有权与使用权的统一方式。

其一，作为这种所谓分离前提的所有权本身有质的区别。在黑格尔所批判意义上的所有权与使用权的分离，是以身份、等级制社会结构为规定。在这种社会结构中，所有权、占有是以身份等级的方式获得，是一种绝对的占有与被占有；在这种社会结构中的劳动，并不是占有财富的基本方式与途径。而在现代社会中的所谓所有权与使用权的分离，则以平等人格为前提，并以劳动作为获得财富的基本方式与途径。这正是我们在前面强调这种讨论一开始就是以占有或持有的正当性、合法性为假设前提的重要缘由。在现代多元社会中，这种人身占有与依附及其所表达的身份、等级制，无论在道义与法律上，均已不再有存在的合理性与正当性基础。它们已不再是获得社会财富、拥有所有权的基本方式。在这种社会结构背景下，我们对于问题的一般、抽象分析，就必须舍去各种枝节琐碎的东西,而抓住本质、一般、普遍的内容,抓住由这种社会基本结构所规定的道义的与法律的占有合法性、正当性基础,抓住这种占有的基本特质。这就是通过劳动,而不是身份、特权、等级,从社会获得社会财富。

其二,在这种分离中,所有权者并没有放弃自己的使用权,而是在以一种特殊方式行使自己的使用权。在这种所有权与使用权分离现象中,物的所有者似乎没有使用物,似乎将使用权转让给了他人,但是,即使是他人在使用此物的过程中,所有者仍然是在以特殊的方式使用此物,即,所有者以转让使用的方式使用此物。在这个意义上,所有者仍然是所有权与使用权的统一,只不过这种统一以一种特殊方式呈现罢了。这样看来,物的所有权是排他性的,物的使用权却未必是排他性的。在某物的排他性所有权明确的情况下,其使用权却可以是多人共同使用、非排他性的。

其三,通过这种分离,可以实现所有权的共同所有。在这种分离中,无论是物的所有权者的意志,还是使用权者的意志,都是不完整、不彻底的意志。即,他们均不能将自己的意志在此物中贯穿彻底,故,在这个意义上,无论是对于所有权者还是对于使用权者来说,这个权利都具有如同黑格尔所说的"空虚"性。不过,通过人的对象化活动、通过劳动使占有与使用在其现实性上达到的统一,使物摆脱了或者说超越了其原先意志的纯粹单一性,变为共同的意志。物之主体亦由原先的单一之"我",变为"我们"。原先物的所有权者与实际使用者,各以自己的财产权(具体物权或具体劳动、知识、管理等财产权)组合成一个新的实体,共同占有与使用此物。在这个意义上,所有权与使用权的分离本身就构成了新的共同体、新的所有权者的中介环节。

其四,更为重要的是,在现代社会,由于知识、能力等亦作为特殊的社会财富存在,过去传统意义上的所有权与使用权分离状态的分析方法,已不再适用于分析当今时代现实劳动关系状态。一个人即使不拥有通常所说的物质财富,但是具有知识、具有专门技能这样一类精神产品,具有管理这样一类广义的劳动能力,具有一般意义上的劳动能力,那么,这个人仍然占有某种特殊财富,对这些特殊财富拥有所有权。在这个意义上,作为拥有这些财富的主体使用自己的这些知识与能力,就不能简单地说是所有权与使用权的分离。

如是,我们就不难发现,现时日常生活中所说、并成为产权改革讨论热点话题之一的所有权与使用权分离与统一问题,事实上还并没有真正在现代意义上理解与使用所有权这一概念。现时的这种认识还没有将知识、管理、能力这一类特殊东西作为财富占有的内容来把握,还是停留在未将劳动力视为劳动者自身占有的财富这一传统意义上讨论问题。当然,时下讨论的所有权与使用权关系问题,更多关切的是传统体制如何向现代市场经济体制过渡,探讨如何使各种生产要素能够有效统一、进一步解放社会生产力的途径问题。在这个意义上,仍不失价值。

至此,我们就可以发现,在通常所说财产所有权与使用权统一关系问题之下,实质隐含着的是:现代社会诸劳动要素的统一问题。一切创造社会财富的劳动过程,都是诸劳动要素的现实统一过程。在这种创造财富的现实劳动过程中,任何一个基本要素均不可或缺。任何一种使劳动成为现实存在的劳动要素,均为物质财富的创造活动做出了自己的独特贡献。一个善的、能够解放生产力的社会基本结构,就在于能够使这些诸要素更合理、有效地统一在一起。

构成劳动要素的具体内容尽管在其现实性上极为丰富,但在总体上可以分为物质的、精神的,⑱有形的、无形的这几大类。货币是一种特殊的劳动要素。这不是在经济学资本的意义上而言,而是在货币是一种以特殊形态存在着的物质财富的意义上而言。货币是既往通过劳动所获得、占有的物质财富的抽象符号性存在,它所承载着的现实内容是物质财富本身。在日常生活中,货币之所以能够构成劳动创造过程中不可或缺的要素之一,就在于货币本身就是以抽象符号形式存在着的财富。在财富占有正当性、合法性前提之下,如果我们能够承认各种劳动要素均是劳动成为现实存在不可或缺的因素,均为社会物质财富生产做出了自己的贡献,如果我们能够承认这些要素都是拥有这些要素的主体的财富,那么,我们就应当承认所有这些要素,以及由这些要素所代表的主体对社会物质生产过程均做出了贡献,我们就应当承认这些主体均以自己的特殊方式参加了这个创造物质财富的生产过程,他们应当从中获得自己应有的一份。如果我们能够承认货币不过是主体既往劳动过程所创造的物质财富的特殊存在样式,能够承认货币作为现实物质财富创造过程中的一要素,那么,就是在承认货币持有者以货币这一特殊物参加到生产过程中来,其实就是在将以一种特殊方式存在着的既有物质财富投入物质再生产过程,并构成物质再生产过程的现实要素;如果我们能够承认在创造物质财富的现实过程中,为再生产投入自身所拥有的各种财富的人,均有理由从这个劳动所创造的财富中获得自身所应有的一份,那么,我们就应当承认上述以货币这一特殊形式投入再生产过程中的货币拥有者,也有理由获得自己应有的一份。

在抽象的意义上,按劳动要素分配财富其实原本就是按劳动

---

⑱ 这有点类似于马克思所说的物质生产力与精神生产力之分。

分配。这里关键的是需要对劳动及其财富持一种动态的、多形态的理解。

一个善的社会基本结构,应当能够使各种抽象、潜在、且各自孤离的劳动要素,有效地统一为能够创造社会财富的现实劳动过程。在这个现实劳动过程中,这些抽象、潜在、孤离的劳动要素成为现实的劳动要素,并能够创造出新的社会财富。如果一个社会基本结构不能使这种抽象、潜在、孤离的劳动要素成为现实的统一,那么,这个社会不仅仅物质再生产过程会出现严重问题,而且自身亦会由于其成员之间的这种孤离、分裂而趋于瓦解。

一个善的社会基本结构在初次社会财富分配中应当以劳动作为社会财富分配的基本方式,这内在地包含着承认按劳动要素分配的道义性与正当性。如果一个社会基本结构的初次分配,不以劳动为基本分配方式,不以劳动要素分配,那么,就必定以劳动、劳动要素以外的其他东西作为社会财富分配的基本标准,就必定会由此引发出严重的社会利益冲突。当然,按劳动要素分配这只是初次分配的一个基本原则,至于如何合理按要素分配,则应当仔细、谨慎考量,以免出现由于不同要素在初次分配中的权重明显扭曲,而使初次分配明显不公。

不能进入现实劳动过程的劳动要素,只是一种抽象的存在。它们不仅不能为社会创造财富,不仅不能通过成为现实存在来证实自身的价值,相反,它们有可能是社会的一种负担与危机,甚至有可能是一种自我毁灭的象征与信号。使各种劳动要素以恰当的方式进入劳动过程,使之成为现实劳动过程中的要素,是一个善的制度、善的社会基本结构的基本规定。社会就业问题是任何一个社会都必须直面相对的重大社会问题。在现代化进程中存在着城市化过程。在这个过程中,一大批原来的农民要成为市民,他们的就业问题是无法回避的严重问题。他们中的大多数人,除了拥有健康的身体这一传统意义上的劳动能力之外,几乎一无所有。那些或多或少拥有货币资本或其他形式的物质财富者,如果能够通过创业提供就业机会,这事实上就是一个使不同劳动要素有机统一成为创造财富的现实劳动的过程。在这个过程中,不仅那些所谓"农民工"有了生存、养家糊口的劳动收入,而且那些拥有货币资本或其他形式的物质财富者也会财富增殖。这个变各种抽象劳动要素为创造财富的现实劳动过程,亦是拥有各种劳动要素的主体的互惠过程。正是在这个意义上,"农民工"、为"农民工"提供就业机会的"老板",二者由于摆脱了各自原先的抽象性与潜在性、并获得了现实财富,应当相互感恩。当然,如果"老板"对这些"农民工"克扣工资、竭尽盘剥,使不同劳动要素在分配中的权重明显扭曲,那么,"农民工"们就会以自己的方式反抗,并以脚投票造成用工荒。在一个较长期的视野中,包括"老板"在内的各利益主体或劳动要素的主体,会通过生活学习或博弈,使各劳动要素在财富分配中的权重达到一个大致的平衡状态。必须重视各劳动要素在财富分配中所占比例问题,使之合理。分配正义内在地包含着这种比例关系的合理性要求。

劳动作为社会财富分配基本方式所内在包含的一个基本结论是:既然劳动是社会财富分配的基本方式,那么,要作为一个自由存在者存在,就必须获得劳动的机会,必须有使自己潜在劳动能力成为现实劳动的可能。这既是作为自由存在者的证明,更是独立人格的证明——这个独立人格具有通过创造性活动证明自食其力、独立自尊的能力。这样,一个善的社会基本结构及其制度在社会财富分配问题上的最重要任务之一,就是为社会成员提供一个能够发挥其劳动潜能并自食其力的劳动机会。为社会成员提供能够自食其力的劳动机会,不仅仅是通常所说的要在社会财富分配中消灭不劳而食的社会现象,更是要塑造具有自立、自强、自信精神的健全人格,进而为社会长治久安奠定坚实基础。

三、分配正义的两个考察维度

　　分配正义是一个含义极为丰富、又极可能引起歧义性的问题。它可以在初次分配与二次分配,持有—转让—矫正,起点—过程—终点等多种含义上被理解,如果将这些不同层次、不同含义混淆一体,那么,就会陷入迷惘与谬误。

　　对于这样一个复杂的问题,必须仔细辨析区分,明确所论及其逻辑关系,方可获得正确理解,方有可能在社会基本结构安排上是正义的,而不是不正义的。

　　本研究此处抓住分配正义中的持有—转让—矫正、起点—过程—终点这两个不同维度,具体讨论社会基本结构的分配正义问题。之所以抓住这两个维度,其基本理由在于:一方面,这两个维度均构成了完整的行为过程,各具有逻辑的完满性,且在这两个逻辑过程中均既有形式的考量,也有实质的考量。另一方面,这两个逻辑过程又不一样。前一维度是从主体的维度集中关注财富运动以及运动过程中的财富分配问题,后一维度是从财富运动过程的维度集中关注主体的存在状态,以及这种存在状态所呈现出的分配正义状况。这两个维度分别从主体与客体(或财富)方面构成了对社会财富分配的大致较为完整的考察,且在这种考察中能够大致包括关于财富分配正义的一系列主要问题。

1. 持有—转让—矫正

持有—转让—矫正这一关于分配正义的考察维度，在总体上是从主体的维度考察财富运动及其运动过程中的财富分配。在这个维度中，在持有的基础之上，转让与矫正构成两个基本环节。这两个基本环节遵循不同的运动法则。转让环节是作为平等自由权利主体对自身所拥有财富在平等互惠之下的转让，是财富的初次分配，它所遵循的是平等交换的市场法则。矫正环节是公共权力对初次分配结果的适当调整，是财富的再分配，它所遵循的是超市场的公共权力调节的法则。这两个环节事实上就是我们通常所说的社会财富初次分配与二次分配两个不同分配过程或方式。

(1) 转让公平

在现代多元社会，社会财富初次分配是市场分配，二次分配是政府分配。作为社会财富初次分配的转让环节即为商品交换环节。转让过程即为交换过程。社会财富初次分配之所以是市场分配，这是由现代社会的本质特征所决定。现代社会是一个全体社会成员具有平等基本自由权利的社会，除了自愿、平等交换以外，没有其他任何财富分配方式合乎现代社会的本质特征要求，或者换言之，除了作为具有平等基本自由权利的公民自身外，没有其他任何力量能够支配其既有的正当财富。否则，这就是一个在财富分配上存在着剥夺与被剥夺的社会，就不是一个社会全体成员具有平等基本自由权利的社会。这样，当我们在讨论转让公平时事实上就有两个前提性规定或假设：转让或交换主体间的人格平等及其自主权利，持有正义。

转让如黑格尔所说是"意志对意志的关系"，这是一个意志间相互认肯的过程。这个意志间相互认肯的过程通过契约的方式实现。^㊺在转让这一市场交换财富分配过程中,除了作为市场交换社会背景的制度规范约束外,以及除了在某些特殊情况下市场交换中的当事者出于道义而对某些自认为不妥的市场利益交换行为做出某种事后补偿外——这种补偿亦属于市场交换中的偶然现象,不存在着财富再分配意义上的矫正。

在一般的意义上说,转让是转让者将自身所正当拥有的财富,在自愿、平等互惠原则之下通过契约与对方的财富交换过程。然而,即使是自身所拥有的财富,是否在自愿原则下就可以无条件、无限制地用以交换?对于那些认知能力、交换背景有局限性的现实存在者而言,如何保证在自愿前提之下的交换真的是互惠平等的?这些均是社会基本结构初次财富分配必须给予规定的基本内容。否则,就会由于社会财富初次分配中的诸多问题,而伤及平等基本自由权利这一社会基本结构的本质特征。

a. 转让什么?什么可以转让?是否一切均可以作为商品转让?

财产所有权的真实实现,不仅仅在于占有与使用,更重要的在于转让:如果只能使用而不能转让,没有处置权,则不能说是真正对此物实现了占有。这是因为转让不仅表达了我对于物的意志,而且实现了我对物的真实占有。不能转让、没有处置权的,就是没有真正占有的。所以黑格尔合理地"把转让理解为真正的占有取得",把转让理解为所有权取得的否定之否定环节。^㊻

转让所表达与实现的是主体的自由意志权利。那么,人能转让什么?转让是对"物"的转让,因而,转让的内容似乎是不言而

㊺ 参见黑格尔:《法哲学原理》,商务印书馆,1982,第80页。
㊻ 参见黑格尔:《法哲学原理》,商务印书馆,1982,第73页。

喻、极易判断的。其实未必。正如前述,"我"所拥有的财产是一个具有广义规定的内容,甚至"我"的自然实体、精神等亦包含在内,那么,这是否意味着"我"对于自己的这一切均可以无条件转让?这需要仔细逐一考察"我"所可能拥有的财富的一切方面。但是,由于"物"在其具体现实性上具有无限多样性可能,因而,我们无法就可以转让的物给予规定。对此,我们只能通过否定性方式确定哪些物不能转让。

人首先有两样东西不能转让:一是人格,一是精神。通俗地讲,这就是人格与做人的原则不能放弃。[51] 为什么这两样东西不能转让?因为它们是"我之为我"的内在规定性。我的本性是自由的,没有人格与精神,就没有了我作为人存在的资格或依据。那样,我或者成为一个仅仅自然的实存,或者成为没有定在的幽灵。[52] 那样,我或者是沦为与动物无异的东西——这就是奴隶、农奴等人身依附性存在;或者是沦为他人的纯粹工具——这就是没有自己的思想、精神、灵魂与良知,完全听命于别人的东西。[53] 正是根据这种不能转让的权利,人们有绝对的权利抗拒那些违反其伦理精神与良知而被雇佣去行窃杀人的交易,[54] 人们也有绝对的

---

[51] 这就是黑格尔所说的"我的整个人格,我的普遍的意志自由、伦理和宗教"是"不可转让的"。参见黑格尔:《法哲学原理》,商务印书馆,1982,第73页。

[52] 这就是黑格尔所说的仅仅作为"自在地存在着的东西",或者是仅仅作为"自为地存在着的东西"。参见黑格尔:《法哲学原理》,商务印书馆,1982,第74页。

[53] 对这两种沦落情景,黑格尔曾做了具体揭示:"割让人格的实例有奴隶制、农奴制、无取得财产的能力、没有行使所有权的自由等。割让理智的合理性、道德、伦理、宗教则表现在迷信方面,他如把权威和全权授予他人,使他规定或命令我所应做的事(例如明白表示受雇行窃杀人等等,或做有犯罪可能的事),或者我所应履行的良心上的义务,应服膺的宗教真理等等均属。"参见黑格尔:《法哲学原理》,商务印书馆,1982,第74页。

[54] 参见黑格尔:《法哲学原理》,商务印书馆,1982,第75页。

权利拒绝与反抗那些牺牲自己人格尊严与良知的、出卖灵魂与肉体的交易。(55)

人所不能转让的另一个东西是:人的全部时间与全部能力。因为若转让出“我”的全部时间与全部能力,在其现实性上就等于将“我”包括人格在内的全部东西都转让了。因为那样“我”事实上将一无所有,甚至“我”那抽象的人格、精神亦将成为无所住处、漂泊流浪的幽灵。在其现实性上,“我”所能转让的只是“我身体和精神的特殊技能以及活动能力的个别产品”,且这种转让是“在一定时间上的”转让。奴隶与雇工的区别,正是这种全部转让与部分转让的区别。无论奴隶的具体劳作状况如何,其总是没有自由的,故总是作为奴隶存在。雇工则不同。雇工拥有自己的人格独立性与自由意志。(56) 人不能将自己的全部时间与全部能力转让出去。

人还有一个不能转让的东西,这就是生命。因为生命是同人格直接同一的东西。放弃生命,就是放弃人格。(57)

在市场交换中,“我”只能在有限范围内转让属于自己的部分财富,而对于那些不属于“我”的财富,“我”作为“我”个人则无权转让。即使是“我”不是以“我”个人的身份转让这些不属于“我”的财富,那么,也由于这些用以交换的财富原本就不属于“我”的,因而,交换、转让后所得财富也不属于“我”。作为社会成员受托者的公共权力行使者,其所行使的公共权力及其公共财富,并不是其私人

(55) 独立人格、自由精神,它们是人的生命,不能让与,不能放弃。黑格尔作为一个启蒙思想者,甚至还针对宗教精神牧师明确表达了自己的否定性态度:人不需要精神牧师。否则人就不能作为自由意志存在。参见黑格尔:《法哲学原理》,商务印书馆,1982,第75页。

(56) 黑格尔:《法哲学原理》,商务印书馆,1982,第75—76页。

(57) 在黑格尔看来,一个人的生命之死“必须来自外界:或出于自然原因,或为理念服务,即死于他人之手”。参见黑格尔:《法哲学原理》,商务印书馆,1982,第79—80页。

的,因而,她/他既不能将此本不属于自己的公共权力或公共财富,用于私人交换、转让,也不能占有以公共身份转让、交换后的财富。

社会基本结构的社会财富初次分配,仅是市场经济范围内自愿、平等交换的分配,且这种自愿、平等交换的内容也是有限范围内的。社会基本结构对于社会财富初次分配的这种基本规定表明:一个"善"的现代社会,是一个以市场经济为经济生活类型的社会,但是它绝不是一个一切均市场化、商品化了的市场社会;在社会经济生活中,每一个社会成员只能支配原本属于自己的正当的财富,并在一个有限的范围内,通过自愿、平等、互惠转让获得自己的那份社会财富,而不能将人格、良知、灵魂、生命以及那些本不属于自己的财富(诸如公共权力),作为转让获得财富的方式。

b. 转让的社会背景规则。

转让是社会成员基于平等基本自由权利的财富平等交换过程。为了保证在这个财富交换过程中真实实现平等的基本自由权利,就必须有作为背景存在的社会基本结构及其规则。正是这个社会基本结构及其规则,以一种客观力量的方式,保证了社会成员间财富交换的过程,即是平等基本自由权利的现实呈现过程。

社会基本结构对于社会财富转让的背景性规定,在三重意义上保证了社会成员在社会财富初次分配中平等基本自由权利的实现:其一,这种背景结构规定了社会成员在日常生活自发交换活动中的合道义、正当的有限范围,并避免使社会本身成为受等价交换法则所支配的市场社会。其二,这种背景结构规定了市场交换中的平等身份、平等交换、平等竞争。这种背景结构在最大可能范围内消除由于财富垄断而形成的对平等的基本自由权利的伤害,并在最大可能范围内提供一种自由平等交换的客观可能。在这个背景结构中,某些人并不会因为拥有财富的寡贫而事实上失却等价交换的博弈资格与能力,并受那些财富巨头在所谓平等交换名义下任意剥夺。其三,如果在市场交换中出现了纷争与不公,这种背景结构能够以一种客观中立的立场做出恰当裁决,以保证市场交换本身的正义性。

市场分配社会财富,在根本上是自愿、平等、互惠下的有限范围内的财富交换过程。这个有限交换内容当然可以寄希望于主体的自律,然而,作为一种社会基本结构安排,则必须由社会基本结构及其规则明确、严格规定。

市场自由交换有趋于垄断的倾向。由于资源的稀缺性,基于垄断的交换是一种完全不平等的交换。尽管这种交换仍然取自愿、平等的形式,但是这是一种一方面基于垄断造成资源稀缺,另一方面对这种稀缺资源不得不需求的"城下之约"。在这种"城下之约"中,交换双方的博弈能力处于完全不对等状态,其中有一方由于对这种稀缺资源的不得不需求而几乎处于无讨价能力的状态,因而,那些对被垄断的稀缺资源有需求者,在所谓自愿、平等交换名义之下,事实上成了资源垄断者的刀下俎。市场交换中的垄断,意味着社会财富初次分配过程中存在着以和平、温和方式掠夺财富的可能。对于这种市场自发财富交换过程中产生的垄断现象,市场本身无法解决。对这种垄断现象的克服,唯有待于来自市场以外力量的作用。能够构成对市场垄断现象稳定有效克服的力量,只能是社会基本结构及其制度安排。

社会结构背景直接决定了商品交换的结果。尽管市场经济已是当今人类社会经济生活的普遍现象,但是,在不同地区、不同民族,其客观作用结果却差别极大。其重要缘由之一,就是商品交换、市场经济运行的社会基本结构及其制度背景的差异。有一个健康健全的市场经济运行环境,不仅一切市场交换活动均有严格规范可循,且一切建立垄断的试图都会受到严格有力的打击。

一个善的社会基本结构应当是这样的社会基本结构:社会不同行业、不同阶层的社会成员通过财富转让、交换所实现的社会财富初次分配,应当是所有成员基本认肯为公平的;在这里,不存在着基于垄断、基于人为准入限制带来的机会不平等而造成的以各种形式存在的财富不平等交换与掠夺。

在以市场自由交换为特征的社会资源初次分配过程中,由于各交换主体存在偶然性所决定的认知能力、判断能力、表达能力、以事物事件的恰当把握能力、博弈能力、抗风险能力等方面的差异性,由于各交换主体间的信息不对称性,会出现在平等形式之下不平等的财富转让、占有情形。这种平等形式之下的不平等财富转让、占有情形,可能事实上不为受到不公平待遇的另一方所知觉,亦可能即使他们有所知觉但又无可奈何。但是,无论是否为他们所知觉,事实上都明显违背了他们自身的真实意志。市场自发交换的财富分配,在本质上并没有、也不可能脱离弱肉强食的自然竞争法则。市场自发交换过程所遵循的法则是强者通吃法则。因而,在纯粹市场自发交换的财富分配意义上,不可能真正实现公平的平等。一个善的社会基本结构必须要有这样的安排:在这种安排中,有一个超越于市场各方利益之上的客观中立力量,这个客观中立力量不仅能够使那些在自发交换中处于不利地位的一方为维护自身正当权益而有申诉之处,而且还能够客观中立地根据自发交换的实际情况,理性地判断那些所谓平等交换是否违背当事者的真实意思,能够运用强力强制性地阻止与纠正这种违背当事人真实意思的所谓平等交换。这种客观中立力量的存在,并不是对市场经济自身的粗暴干涉,而是使市场经济本身真正保持平等自由交换这一精神,进而在保证市场经济自身健康发展的同时,保证独立人格、平等基本自由权利这一现代性价值精神，在经济生活中得到真实践履，使市场经济本身真正成为社会成员平等基本自由权利在经济生活中的具体存在。

作为社会财富初次分配方式的财富转让或交换，之所以要有一个善的社会基本结构及其制度背景，还有一个重要的缘由，这就是合作盈余及其分配的问题。(58) 在市场经济条件下，财富的转让、交换过程，既是一个合作的过程，亦是一个财富本身的创造过程。而合作就有一个合作盈余及其分配的问题。交换、合作为何有盈余？因为不同劳动要素之间的交换、合作，是一个创造财富的过程。不同劳动要素通过等价交换成为现实的劳动，这既是一个交换活动，又是一个现实的创造活动。在日常生活中，人们之所以会产生通常所说的剩余价值及其分配问题，就在于将劳动要素通过交换而成为现实劳动的过程，仅仅简单地视为一个纯粹的交换活动过程，而不是视为一个财富的创造性活动过程。在劳动要素的统一及其现实存在中，有交换、合作，就有创造，就有合作各方对于所创造财富的分配问题。合作盈余并不是交换、合作过程中某一要素单独的结果，而是所有各方综合作用的结果。因而，所有各方均对合作盈余分配有正当的权利。

这种合作盈余分配的具体方式，在根本上取决于社会基本结构及其制度背景。在此处，合作盈余大致在两个方面被提出：其一，在劳动要素由抽象、潜在变为现实的意义上，原本作为抽象、潜在的诸劳动要素，通过相互统一成为现实的劳动过程，不仅使各自摆脱了原初的抽象性与潜在性，而且同时还作为现实能力存在成

---

(58) 参见麦克尼尔：《新社会契约论》，中国政法大学出版社，1994，第40—42页。诸如农民进城打工，收入较之原有在农村会得益很多，但同时他们却又成为城市的廉价劳动力，在这互惠交换之下，显然存在着合作盈余分配及其公平的正义问题。

为创造财富的现实活动。其二，通过私人间不同财富的转让、交换，既实现了各私人的价值，又使各私人在进一步创造出新的需要的同时，不断满足日益增长着的新的需要。以各种特殊形式存在着的、并为各私人占有的财富，除了在纯粹用以自我满足直接消费的意义以外，一切在此之外多余的财富，仅是一种符号、抽象。当它们不能用于创造新的需要、不能满足私人其他诸多需要时，它们事实上也就仅仅是一种以各种特殊实物形式存在着的虚无。而通过财富交换转让，则不仅创造出各私人新的需要，而且还使那些原本事实上作为多余存在的"虚无"成为现实的。

合作盈余的公平分配，这是一种较之简单等价交换远为复杂得多的财富分配。它不仅取决于合作各方对于合作盈余本身的认识能力与判断标准，而且还取决于分配合作盈余时合作各方（包括信息是否对称在内）的博弈能力。

在现代多元法治社会，社会财富初次分配中出现的问题，主要不是传统社会中那种赤裸裸的掠夺行径，[59]主要是财富转让交换及合作盈余分配公平的问题。一个善的社会基本结构及其制度至少应当对此提供一个公平的社会背景，使得社会财富初次分配中的合作盈余分配在一个公平、规范的背景中进行，并在宏观与微观两个层面受到有效规范约束。

基于自愿、平等、互惠市场交换的社会财富初次分配结果，是社会不同成员对财富占有的差别。这种差别是平等基本自由权利在市场自由交换活动中的具体存在，因而，仅仅有差别存在本身就表明一种公平的正义。但是，为了不至于使这种差别伤害平等基

---

[59] 但是，在一个法制不健全、公器失效的情况下，这种赤裸裸财富掠夺情形仍然存在，有时甚至在局部地区仍很猖獗。如2007年上半年曾引起全国上下强烈关注的山西"黑砖窑"事件。

本自由权利本身,就必须使这种差别保持在一个合理的限度内。这就在初次分配基础之上提出了二次分配这一矫正正义问题。

(2)矫正正义

a.矫正正义是否必要?这是讨论矫正正义问题的前提性问题。矫正正义的必要性同样在于平等的基本自由权利。具体言之:

其一,社会初次财富分配是市场分配,这是一个依据等价交换原则的财富分配方式。尽管在这种财富分配过程中,社会成员自由、自愿的等价交换活动是平等基本自由权利的具体行使,但是,这种平等交换意义上的基本自由权利的具体行使具有相当的偶然性与不确定性,这种偶然性与不确定性会伤及平等基本自由权利自身。一方面,根据马克思的分析这种分配首先取决于交换本身能否实现。即使一个人拥有某种财富并试图用来交换,但是如果由于种种原因而不能实现交换,那么,这种不能实现交换的财富还只是抽象的财富。因而,即使一个人原初持有某种财富,这种财富如果不能进入交换并实现交换,那么,他并不能从社会的初次分配中获得一份真正属于自己的财富。[60]另一方面,由于社会成员各自存在的偶然性及其交换能力的差异性,社会初次财富分配总体上是以财富占有多寡的差别性为特征,且这种差别一方面存在着财富积累马太效应,趋向于贫者愈贫、富者愈富。对于一个善的社会基本结构及其制度而言,这时所面临的一个最基本问题就是:这种通过自由交换而形成的社会财富初次分配中的财富差别究竟在何种范围内才是恰当的,在这个范围内社会成员平等的基本自由权利不会因为财富本身占有的差别而受到伤害?

---

[60] 恰如一个人拥有高超的劳动技能,但是却找不到工作,找不到能使自己这个作为财富的劳动技能变成现实存在之处,这个作为极具价值的财富仍然是抽象、空幻的。

其二，社会财富初次分配是一个不考虑社会成员具体存在状态的分配，它除了遵循自愿等价交换原则之外不再有任何原则。这种平等是形式上的，而不是实质上的。作为现实社会成员的具体存在状态，由于先天后天、主观客观等诸多原因，各不相同。一方面，人们在进入市场交换前所拥有的资源、财富（如先天秉赋、能力、机会以及遗产有无及多寡等）各不相同，因而，即使是以平等人格身份进入市场交换、并通过这种交换获得社会财富，但其进入交换前占有状况的不平等，事实上已决定了这种平等人格身份进行的市场交换是不平等的。另一方面，即使是通过初次分配获得同等的财富，但是由于各自的家庭背景、赡养人口，以及家庭成员健康教育状况等方面的差别，这些似乎获得同等财富的人事实上仍然处于一种不平等享有财富的状态。由于多元社会是一个社会成员具有平等基本自由权利的社会，因而，我们既不能（也不可能）通过某种强制的方式"抹平"一切先在、偶然的差别，也不能通过粗暴地否定个人对于自身财富自由支配的权利而断然地取消社会初次分配。我们所能做的，就是在这种形式平等基础之上，如何使这种事实上的不平等保持在一个合理限度之内，在这个限度之内，不因为财富差别而伤害一部分人的平等基本自由权利。

b. 如果说作为社会财富二次分配的矫正正义是必要的，那么，能否由此得出上述通过市场自由交换实现的初次分配就不应当存在，就应当直接由公权力作为"上帝之手"来一次性分配社会财富？

现代多元社会是社会成员具有平等基本自由权利的社会。平等基本自由权利并不是一个空洞的东西，它作为一种理念、时代精神，须存在于日常生活的各个环节、各个方面。对于自身财富的自由支配权、财富的平等交换权等，是这种平等的基本自由权利的具体呈现。通过社会矫正正义方式实现的社会二次分配,亦是这种平等基本自由权利的具体呈现:在日常生活中,每一个社会成员为了保持其自由、自尊的存在,必须以拥有一定的物质财富为基础,必须享有一定的物质财富。正是在这个意义上,社会初次分配与二次分配,只不过是平等基本自由权利自身展开过程中的不同环节。它们均是平等基本自由权利这一家族内的成员。无论取消其中的哪一个方面,均是对平等基本自由权利的伤害:通过对平等基本自由权利的某一特殊方面的伤害,而伤害平等基本自由权利本身。

以上还只是在自由权利这个一般抽象的意义对于社会两次分配存在合理性的证明,它证明这两次分配对于平等的基本自由权利均是不可或缺的。但是,一方面,它并没有进一步证成为什么初次分配与二次分配一定得以现有这种次序呈现或展开;另一方面,它并没有进一步证成两次分配在社会财富分配中各自所应占有的比例。对于前一个问题的回答,属于哲学伦理学的任务。而对于后一问题的回答,哲学伦理学除了在一般意义上揭示"恰当"外,无法进一步实证分析——定量实证分析属于经济学、政治学的任务。

罗尔斯在提出政治正义两原则时,提出了平等的原则、差别的原则及其相互间词典式的优先次序。罗尔斯以自己的特殊方式,事实上证成了社会两次分配的内在逻辑结构关系。罗尔斯通过其无知之幕、原初状态设定,假定了一个具有理性能力的人,尽管存在着利益差别,但是出于理性会首先认肯相互间的平等的基本自由权利,这种平等的基本自由权利在日常生活中就呈现为机会平等等,机会不平等也仅仅在向那些由于各种原因从社会得利最少者倾斜时才是合理的。差别原则这种词典次序中的具体位置,由其作为对既有状况调整的性质所决定。如果现有社会财富两次分配的次序——或者如罗尔斯所说平等原则与差别原则的次序——

发生颠倒，那么，这就会直接否定由平等的基本自由权利所直接规定的自由、自主这样一类核心内容。

社会是一有机体，社会财富分配中的这种逻辑次序，实为社会有机体内在结构及其分工的呈现。如果这种逻辑次序发生颠倒，那么，社会结构就会被扭曲，这个有机体本身就会出问题。不能因为有后序内容的存在，就以此为理由而否定前序内容存在的必要。

c. 公权的限度。

如果说社会财富初次分配取的是社会成员通过市场自由交换方式，在这里分配的主体是社会成员自身，那么，作为矫正正义的社会财富二次分配则取的是作为公器的政府分配的形式，在这里分配的主体是作为公器、拥有公权力的政府。在这里，掌握公权力的公器是否为二次分配财富的绝对拥有者？是否拥有无限的支配权力？

政府进行社会财富二次分配，以拥有一定的财富为依据或前提。政府所拥有的财富并不是私法意义上的无主财富，政府所拥有的一切财富均是有主财富。政府所拥有的财富之主人似乎是政府自身，因为唯有拥有并支配这些财富，政府才能有权利对这些财富进行分配，但是，严格说来，政府所拥有的财富的主人并不是政府，而是这个国家的所有公民。即使是由于历史原因形成的一些从来没有私有的财富，如公共土地、矿山、河流等，它们也是生活在这个环境中并一直能够共享这些财富的社会成员所共同拥有。这些社会成员将共同拥有的这种财富委托政府管理。故，政府对于这些共同财富的处置权，在根本上是公民们所委托的财富处置权。

根据契约论，作为公器的政府本身并不能创造财富，故以政府分配形式出现的矫正正义，并不是政府将自身的财富分配给社会成员，而是社会成员以纳税的方式汇集成公共财富，并委托政府对这部分公共财富进行再分配。因而,政府所拥有的财富,并不是政府自己的财富,而是公共的财富。这样,作为公权的政府在社会财富分配活动中的活动边界,就不是那些没有被委托的私人财富,而是那些被委托了的公共财富;就不是私人领域,而是公共领域。政府没有任何权力可以滥用这部分本应用于公共事业,用于救助社会弱者、不幸者,以保证这些弱者、不幸者平等的基本自由权利的财富。然而,无论从抽象逻辑还是从现实实际来看,委托人与代理人、公权与公权的现实行使者、公权规定的有限性与公权行使的权力无限性可能、公共利益与作为公共利益代表的特殊公权力集团,均构成了社会财富分配的内在矛盾,这些矛盾具有无法摆脱的"公权悖论"特质。"公权悖论"是当今人类社会演进过程中所面临的最为重要问题之一。对此,本研究稍后第 7 章将有专论。

d. 矫正正义的二次分配惠及所有社会成员,而并非仅仅是惠及弱者。

二次分配具有这样的形式:那些在初次分配中得益较多者(所谓富人)的部分财富通过税收的方式被收取,并将其转移给那些在初次分配中得益较少者或不幸者(所谓穷人)。人们往往根据二次分配的这种形式,凭直觉简单地以为:社会财富二次分配是一个所谓富人绝对失去、穷人绝对获利的过程,即,富人在社会二次分配中是一个利益的受害者。这种认识必须澄清。从学理上言,如果不能证明在适当的范围内富人也是二次分配的受益者,那么,不仅基于契约论立场的正义论会受到根本挑战,而且会从反面证成二次分配是对富人的掠夺,是劫富济贫——而现代多元社会恰恰不应当存在掠夺现象。这就提出一个极为重要的理论课题:社会财富二次分配合理性与必要性的证成,要求必须证成这是一个对包括所谓富人在内的所有社会成员均有益的分配,它是平等的基本自由权利的一种现实存在样式。契约论的有效解释范围,不仅应当包括初次分配,也应当包括二次分配。

罗尔斯通过"原初状态"与"无知之幕"设定,所得出的正义两原则中对弱者偏好的最大最小原则,严格地讲还不是基于经典契约论的,而是基于美德论、同情论的:罗尔斯通过对作为原初状态订立契约者的条件性规定,通过作为代表所须具备的正义感与善能力这两个公民能力规定而悄悄置进。即,在声称坚守契约论方法的罗尔斯那里,关于二次分配的合理性在根本上还是通过现代性人所应具有的美德、同情所确立,而不是通过严格的利益交换这一契约论立场得出。显然,如果不能从经典契约论立场证明,在适当的范围内富人也是二次分配的受益者,那么,不仅二次分配的合理性不能得到充分合理辩护,而且基于契约论立场的社会正义论就会受到根本挑战。

对二次分配是否伤害富人利益问题的认识,取决于两个认识前提:其一,认识问题的视野,是否仅仅就市场等价交换这个一次分配意义上而言?其二,二次分配程度,二次分配是否控制在一个较为合理适当的范围内?如果不是仅仅在当下直接物质财富的意义上理解财富,如果二次分配控制在一个较为合理的范围内,那么,契约论仍然对其有解释力。

事实上,如果我们不是在当下、具体、偶然的意义上来看待社会财富的二次分配过程,而是在长远、一般、必然的意义上来认识问题,那么,我们就完全可以发现:契约论可以合理解释社会财富二次分配的合理性与正义性;社会财富二次分配恰恰是平等基本自由权利的具体实践样式,它是为了维护与保证社会全体成员平等的基本自由权利的一种必不可少的分配方式。社会二次分配看起来是如罗尔斯所说是向弱者、不幸者的倾斜,但是,实际上它是在抽象、普遍的意义上所有社会成员通过契约达至的一种利益平衡与互惠。社会所有成员通过一种特殊的委托方式,委托专门机构代为订立与实践一种合乎所有人利益的契约。这个被委托的专门机构以一种特殊方式为这个社会创造这样一种普遍的条件:这个社会中的无论哪个社会成员、无论由于何种原因,都不会因为社会财富占有(或分配)上的不利境况而危及其平等的基本自由权利,社会均会在财富分配上采取有效手段保证其拥有有尊严地生活的社会条件。这对生活在这个社会中的所有成员无一例外地适用。正是这种社会财富分配的基本机制,给了这个社会中所有成员有尊严地做人的安全感。正是在这个意义上,社会二次分配对于任何人而言均不是掠夺,而是保险。这是一种通过客观机制让每一个具有偶在性的个体,无论在何种情况下都能摆脱偶在性,都能成为(具有平等基本自由权利的)自由存在者的保险机制。

即使是对于那些在二次分配中被征税较多的所谓富人而言,他们亦可以从社会财富二次分配中受益。这可以得到有效证明。

假定这个二次分配是在一个恰当的范围内,那么,那些富人亦会通过以下方式从这种二次分配中获利:

首先,通过摆脱财富获得中的偶然性因素,而获得一种自由生活的必然性。这种必然性,既是作为自由存在者有稳定的自由日常生活的必然性,亦是作为平等基本自由权利拥有的必然性。对于任何一个具体社会成员而言,即使其暂时富可敌国、权倾天下,也可能由于一些偶然原因,而陷于不幸,即使是其暂时没有遇到这些不利的偶然性,他亦会为个人命运无常而悄悄困扰。这种没有充分安全感与稳定感的生活,不能称之为一种真正自由的生活。而社会财富二次分配则通过社会基本结构及其制度安排,能够对一切社会成员中的那些不幸者给予有效救助,保证这个社会中的每一个人，无论在何种情况下都能拥有平等基本自由权利并有尊严地生活着。社会二次分配所提供的这种自由存在的必然性，使每一个生活在这种社会基本结构中的成员都能获得安全感与稳定感，都能拥有做人的尊严。这种必然性及其所内在包含着的安全感、稳定感，是无法简单用个人财富来衡量与代替的。

其次，获得更好的社会生活环境。人总是生活在社会中，任何一个人无论通过何种方式总不能将自己与社会绝对隔离。即使是那些通过社会初次分配获得很多财富的所谓富人，尽一切可能使自己生活在同类中，然而，再大的富人生活区，也不能将富人完全从这个社会中隔离开来。贫民区总是以不同的方式，构成富人现实生活世界的一个部分。一个充满贫穷与不幸的社会生活环境，并不会使富人感到自己生活完美。

再次，获得社会生活秩序及其安全感。在一个社会财富拥有贫富差别极大的社会环境中，社会秩序紊乱、社会犯罪率上升是一种较为普遍的现象。而社会秩序紊乱、犯罪率上升则会使富人生活在恐慌之中。即使是高院深宅、铁甲护卫、钢窗铁门，也未必能保护得了其财富与生命安全。一个具有恐慌的生活，并不是高质量的、好的生活。

复次，通过提高社会成员劳动技术、劳动态度的方式，获得获取更多财富、享受更好生活的可能。社会二次分配确实直接用于在初次分配中获得财富较小者的所谓穷人，似乎是直接用于改善穷人们的生活，提高他们的生存能力。然而，在一个更为广阔的视野中考虑问题就不难发现，改善穷人们的生活状况、提高他们的生存能力，其实就是在为社会再生产提供合格的劳动力。穷人劳动技能、劳动积极性、劳动态度的提高，有助于富人在商业竞争中获得更多的财富并享受更好的生活。

正是基于以上一系列理由,我们有理由说:不能简单地说社会财富的二次分配是富人对穷人的施舍,更不是劫富济贫;只要二次分配是在一个合理的范围内,富人同样从中得益。社会全体成员都在这种社会财富合理二次分配的矫正正义中受益。

由于社会成员都是具有平等基本自由权利的主体,因而,无论在初次分配中还是在二次分配中,都必须是公平的。即,初次分配与二次分配各自所遵循的法则,都必须是在具有平等基本自由权利的主体看来是公平的。只有在这些具有平等基本自由权利主体看来,不仅社会财富初次分配是公平的,而且二次分配也是公平的,这个社会的财富分配才是真正正义的,由这种社会分配所透视出的社会基本结构才是"善"(或"好")的。

持有正义—转让正义—矫正正义,是一个具有如罗尔斯所说词典式次序的分配正义过程。这个具有词典式次序的分配正义过程,是平等基本自由权利在财富占有问题上的具体存在形式之一。平等基本自由权利在财富占有问题上的另一具体存在形式,是起点—过程—终点过程中的分配正义。

2. 起点—过程—终点

广义财富分配或权利义务分配的起点—过程—终点正义,其核心同样是:作为主体的存在者无论在财富运动的哪一阶段,其平等的基本自由权利均能得以具体实现。或者更广泛地说,无论在人的哪种具体社会生活实践中,无论在人生的哪一阶段,社会成员平等的基本自由权利都能得到实现,这是一个"善"的社会基本结构及其制度的基本规定。

(1)起点公平

卢梭曾说过,人生而自由,但人无不生活在锁链之中。尽管卢梭这是在反对宗法等级社会的启蒙意义上而言,并曾经直接成为法国大革命的思想武器,但是卢梭的这个思想亦可以在更为一般、更为普遍的意义上被理解。即使是在否定了宗法等级制的现代多元社会,人生而平等,却无不在与不平等抗争,人生而自由,却无不生活在不平等之中。

在现代多元社会,人既是生而平等,又是生而不平等。所谓人生而平等,是在人格没有高下、人人平等的抽象意义上而言。所谓人生而不平等是在人具体存在的偶然性意义上而言。每一个人的存在都是具体的,每一个人的出身背景、先天资质、后天机遇各不相同。正是这些具体存在及其差别,注定了每一个人事实上拥有的自由生活的能力各不相同,注定了每一个人能够用以交换的广义财富各不相同,有时甚至有天壤之别。

平等的自由权利在其现实性上而言,以每一个社会成员拥有平等的行使这种自由权利的能力为前提。没有平等的自由存在能力,就无所谓平等的自由权利。

所谓起点公平,指的是社会成员不仅具有抽象的人格平等,更重要的是下述两点:其一,在包括社会财富分配在内的一切社会交往活动中,具有平等自由人格精神与主体性意识的主体的存在;其二,社会成员用以进行交换的个人财富及其机会亦尽可能是平等的。

没有主体意识与平等自由人格精神的人,不可能在社会生活中真正获得平等的社会地位。在这个意义上,没有主体意识与平等自由人格精神的人,在社会生活中从一开始就注定是不平等的。人生而具有不平等性,但是,只要具有主体性意识与平等自由人格精神,就能够始终为争取自己的平等自由权利而斗争,就能够在精神上以平等的身份进入社会生活的具体过程,并以精神追求的特殊方式试图实现起点的平等,就有成为平等自由权利者的希望。

起点公平就其实质而言,是权利(或广义财富)的初始持有公平。这种原初持有的公平,一方面确证每一个平等基本自由权利存在的主体地位,另一方面,确保进入市场经济平等交换过程的起点相同。然而,作为现实存在者的社会成员又总是作为不平等来到世间的。不同的出身背景、不同的先天秉赋与资质,注定了人在其现实性上的不平等。这种不平等对于人类社会而言,并非绝对坏事,它甚至还是人类社会得以发展的某种内在动因。正是人的先天秉赋与资质差异,才使得人类社会有可能具有多样性及其生动性特质。不过,即使如此,这种先天不平等毕竟标识了社会成员之间自由存在能力的先在差别,这种先在差别必定会影响社会成员现实生活中的平等基本自由的存在状况。一个善的社会基本结构及其制度,为了保证社会成员平等的基本自由权利的真实实现,从一开始就应当尽可能缩小这种先天因素所造成的自由能力差别。这种缩小不是通过否认差别、抹平秉赋的方式实现,而是在承认这种秉赋等差别基础之上,在为所有社会成员提供能够有尊严地生活的基本物质生活条件的同时,通过向所有社会成员、尤其是那些先天秉赋资质并不突出者提供适当的教育,激发各自的潜能,培育适合各自特点的自由存在的具体能力,在多样性中实现起点的基本平等。

在这个起点平等中,用以保证有尊严地生活的基本物质条件,只是人自由存在能力的外在方面。尽管这种外在方面是重要且不可或缺的,但是,对于一个人的自由存在而言,除非其已彻底丧失了创造性活动的潜能,否则,其自由存在能力的关键在于内在创造性活动潜能的培育与激发。因为只有这种创造性潜能,才能使其获得主体尊严、人生价值与自由的真实感受。而创造性活动潜能的培育与激发离不开教育。正是在这个意义上,对于一个善的社会基本结构及其制度而言,为了使生活在这个社会结构中的成员真正能够做到拥有平等的基本自由权利,为了在社会财富分配中做到起点公平,首先就必须向全体社会成员提供平等的教育。平等受教育,这既是社会成员的平等基本自由权利,亦是社会成员实现这种平等基本自由权利的能力训练与培育。

孔子曾提出"有教无类"的思想。尽管孔子这一思想的提出是基于其"礼"、"仁"思想境界,但是,这个思想中所包含着的合理因素经过重新诠释后,在今天可以获得新的生命。这就是所有社会成员平等的受教育权,以及基于这种平等受教育权的人生起点平等这一社会价值追求。

黑格尔同样以思辨的方式揭示了教育对于人的自由存在能力的意义。在黑格尔看来教育是塑造人性的艺术。[61]"教育的绝对目的就是为了人的解放",是要将人从纯粹的自然性中解放出来。[62]根据黑格尔的看法,人从自然天性中的解放有双重规定:从外在自然中的解放,以及从人的纯粹内在自然中的解放。从外在自然中的解放,是指基于对外部自然的认识而拥有的改造能力,这

---

[61] "教育学是使人们合乎伦理的一种艺术。它把人看做是自然的,它向他指出再生的道路,使他的原来天性转变为另一种天性,即精神的天性……使这种精神的东西成为他的习惯。"黑格尔:《法哲学原理》,商务印书馆,1982,第170—171页。

[62] "教育的绝对目的就是为了人的解放"意味着:不是为了人的自由解放的教育不是真正的教育。当我们说教育是人的自由解放的中介、途径时,所指的正是在这种"真正的教育"意义上的教育。或者换言之,不是这种"真正"意义上的教育,非但不能使人自由解放,反而会摧残、扭曲、禁锢人性。正是在这个意义上,黑格尔明确提出要区分"真正的教育"与虚假的教育。虚假的教育似乎也是在改造人、创造人,但是,这种教育只是根据"无教养的人们头脑中所想出来的荒诞事物"来扭曲人性。这种教育与其说是在解放人性,毋宁说是禁锢、摧残、湮没人性。黑格尔坚持要"真正的教育",这种教育不是将人培养为一种工具,而是将人塑造为自由的存在。此处引文根据英译本有所改动。参见黑格尔:《法哲学原理》,商务印书馆,1982,第202—203页。

种解放是要做外在自然的主人。从人自身纯粹内在自然中的解放,是指基于对人自身自由本性的认识而拥有的改造自身的能力,这种解放是要做自身的主人。前一种解放是外在的解放,它是知识、技能的获得,它将教育看作一种满足需要的手段。后一种解放是内在精神的解放。既然教育的根本目的是解放人,且这种解放须通过提高人的自由能力的方式实现,那么,这就意味着教育解放人的核心是:使人成为人的自由能力的培养。教育的解放作用是人基于自由能力提高的自我解放。根据黑格尔的思想,自由能力教育培养有两个基本方面:一方面是劳动能力的教育培养,另一方面是社会生活能力的教育培养。前者是知识、技能方面的教育培养,后者是意志精神方面的教育培养。

人的自由存在当然离不开自身的劳动能力。根据黑格尔的分析,劳动在双重意义上使人获得某种自由:[63]其一,劳动作为人获得满足需要的手段,使人摆脱"自然必然性"。劳动能力是人从外部自然中获得解放的现实能力。其二,更为重要的是,如果不是在作为类的人的存在本体论这一抽象意义上一般谈论劳动作为满足需要的手段是人所特有,而是在现实个体的意义上谈论这一问题,那么,劳动作为满足需要的手段本身则是人的社会关系的一种解放:它使人从人身占有与人身依附状态中解放出来。每一个现实存在的人,只有通过自己的劳动、通过普遍社会交换,才能获得自己用以满足需要的物品。正是在这个意义上,劳动能力是平等自由状态得以稳固健康存在的必要前提。不仅如此,黑格尔本人还通过劳动在"市民社会"的必要性揭示:在以市场经济普遍交换为基础的现代社会,劳动是人满足需要的基本手段,因而,劳动能力

---

[63] 参见黑格尔:《法哲学原理》,商务印书馆,1982,第208—209页。

状况就直接决定了一个人需要的实现状况,以及由这种实现状况所进一步决定的新的需要内容,进而直接决定了一个人的自由存在状况。正是在这个意义上,作为劳动能力培养途径的教育对于社会的每一个成员而言,就是其基本自由权利中的最重要内容之一。平等的自由权利,在这里首先意味着平等的受教育权利。缺失这种平等的受教育权利,就是缺失自由存在的前提。[64]

人的劳动能力通过教育培养获得。这个教育有理论与实践两个方面的内容。理论教育是"一般理智教育",它训练人的思维、思想,使人获得各种知识、观念,掌握对于外部世界必然性认识。实践教育"就在于养成做事的习惯",它要使人养成好的行为习惯。黑格尔通过"养成做事的习惯"又进一步表达了劳动能力培养的实践教育亦有两个方面的内容:一方面,从事专门劳动所需要的技能这样一类的所谓技能性习惯,另一方面,从事专门劳动所需要的勤劳、认真、克制这样一类劳动的美德习惯。[65] 这样,黑格尔就以自己的特殊方式揭示:教育,即使是一般知识性的教育,也必须置于劳动能力这一立场被把握;在劳动能力教育培养中,知识性的传授是重要的,但是并不是最重要的,重要的是能力的培养与提高;这种能力不仅仅是一般所认为的分析问题与解决问题的能力,更重要的是良好的劳动态度与意志力的培养与提高。[66]

---

[64] 根据黑格尔的看法,保护平等的受教育权利,甚至还是使人避免沦为"贱民"的必要条件之一。参见黑格尔:《法哲学原理》,商务印书馆,1982,第242—244页。

[65] 黑格尔:《法哲学原理》,商务印书馆,1982,第209—210页。

[66] 不过,劳动、劳动能力的提高对于人的"解放"还只是"形式的"。这是因为:这种解放就对物的关系而言,它只是表明人的需要及其满足不再是纯粹自然必然性的,而是具有自由意志的实践活动;就对社会成员相互关系而言,它只是表明人的需要及其满足方式不再以一种绝对彼此对立排斥的关系存在,而是以一种为己一为他的互惠共在方式存在。但是,仅仅劳动能力的提高并不能使人成为真实自由的存在,相反,有可能一方面通过对物的需要的恶的无限性,另一方面通过"财富和技能的不平等"而使人失却自由。参见黑格尔:《法哲学原理》,商务印书馆,1982,第208、211页。

阿马蒂亚·森在论及贫困的原因及其克服时曾揭示：社会贫困现象存在的原因，关键并不在于社会财富绝对量的不足，而在于社会财富分配出了问题；要克服社会贫困现象当然不能不创造社会财富，但是，发展本身必须以自由为目的，自由既是发展的目的，又是发展的手段；社会应当通过有效地投入教育，通过大众教育、提高大众的自由存在能力来克服贫困，并进而持续地推动经济发展。[67] 阿马蒂亚·森将教育与自由存在能力直接相联系，并视教育为获得自由存在能力的基本途径的思想，极为深刻。通过教育唤醒大众的主体意识，提高其实践能力，这是摆脱贫困、走向自由的现实之路。如果说人们生而不平等是一种由于生命偶然性的宿命，那么，人们摆脱这种生命存在偶然性宿命的关键就在于后天努力，就在于通过社会基本结构安排对这种先天不平等的克服，就在于通过教育提高每一个社会成员自由存在能力的方式，尽可能地使每一个人在进入现实社会交往活动时是平等的。

在自由存在能力的培养意义上理解教育，才会真正理解教育对于人的解放、社会进步的意义。当教育不再是部分人的奢侈品、而是成为全体大众的必需品时，当教育不再被肤浅地理解为是一种可以直接用来获利的产业、而是被理解为培养全体国民自由存在能力的基本途径时，这个社会不仅本身会充满希望，而且其每一个成员均有可能摆脱那种由于生命偶然性所造成的不平等，以一种相对平等的状态进入社会生活过程。

至此，可以对"起点公平"与"持有公平"概念做概要区分。起点公平不等同于持有公平。起点公平是一个内涵较之持有公平远为丰富、深刻的概念。起点公平指的是一种人的存在、人的关系状

---

[67] 参见阿马蒂亚·森：《以自由看待发展》，中国人民大学出版社，2002。

态,而持有公平则指的是对物的占有的正当性与合法性。起点公平可以包含持有公平,但是持有公平只能作为起点公平的一种特殊方面。诺齐克在与罗尔斯对话时,曾以"持有—转让—矫正正义"的逻辑为据认为:只要是持有正义的,交换是合规则的,那么结果就是公平的;对这种转让结果进行调节,是对个人自由权利的伤害。尽管诺齐克本人是在大、小政府或政府在社会财富分配中调节合理性及其限度的意义上与罗尔斯对话,并提出自己不同观点,但是,就纯粹概念分析而言,诺齐克以持有—转让—矫正的概念逻辑来对话罗尔斯的正义两原则,这是不恰当的。罗尔斯作为起点或原初状态的平等的基本自由权利,所指称的是一种人的关系、人的存在状态,在这种状态中,所有社会成员的基本自由权利是平等的。而诺齐克的概念逻辑中作为起点的则是物的持有,是商品经济、市民社会交换中物的占有。这是两个完全不同层次的逻辑。在纯粹商品经济、市民社会交换意义上的财富分配过程,确实存在着如诺齐克所说的正义性,诺齐克的辩护确实有其理由,但是,一旦超出了这个商品经济、市民社会物的交换范围,而在一个更为深刻的、如罗尔斯所说平等的基本自由权利这一社会基本结构视野中理解这种物的交换关系时,情况就会明显不同。这种物的交换关系应当是平等基本自由权利的具体存在或呈现,它只有成为平等基本自由权利的现实存在时才是合理的。

起点公平是一种包括人的自由存在能力在内的人的自由存在关系状态,而持有公平则仅仅是商品交换过程中的物的占有的正当性与合法性。二者不可混淆,不可简单代替。

(2)过程公平

过程公平是规则公平,是财富分配的规则性及其公平性。

如前述,一个善的社会基本制度是一个公民具有平等基本自由权利的制度,在这个制度中每一个公民具有平等的人格与尊严。平等的基本自由权利是公民平等人格与尊严的实质规定性。这种平等基本自由权利、平等人格与尊严,必定会呈现在日常生活中的每一个环节、每一个方面。物质财富分配过程亦不例外。在社会物质财富分配过程中,程序、规则面前人人平等,这是平等基本自由权利在社会物质财富分配过程中的形式规定性。程序正义、规则正义,是平等基本自由权利的定在。正是基于这种理由,才不难理解罗尔斯强调物质财富分配须"小心地和纯粹程序正义的观念保持一致"的思想。[⑧]

过程公平有两个基本前提:其一,作为财富分配背景正义的社会基本结构及其制度安排的正义性;其二,分配规则本身的正义性。社会基本结构及其制度安排的正义性这一背景正义,决定了分配过程的基本特质,以及具体分配规则本身的基本性质。它规定了财富分配过程中可能出现的不平等及其限度,限制了由于这种财富分配不平等在社会成员中可能形成的如罗尔斯所说的"妒忌"或如舍勒(Max Scheler)所说的"怨恨"。因为在一个社会基本结构及其制度公平的正义背景下,这种背景正义使社会财富分配中出现的不平等被限制在这样一个范围,在这个范围内,每一个社会成员的基本人格尊严得到有效的保证,不至于因为物质财富拥有的差别而影响相关当事人的基本自由权利与人格尊严。因而,这种背景正义,不仅仅使得社会成员对社会财富分配过程本身的正义性不持怀疑态度,而且还有助于进一步确证与巩固平等的基本自由权利之理念。

过程公平的另一前提是规则本身的正义性,以及规则的普遍

[⑧] 参见罗尔斯:《正义论》,中国社会科学出版社,1988,第532页。

有效性。过程公平的核心是规则公平,是所有社会成员在规则面前人人平等、并根据规则行事。这种公平是一种形式公平,它以规则本身的正义性为前提。在社会基本结构及其制度安排的背景正义之下,除非在涉及国家安全等一些特殊情况外,一切具体规则本身应当是公平的而不是偏枉的,开放的而不是封闭的,平等的而不是排他不平等的,公平竞争的而不是垄断的。这是平等的基本自由权利、机会平等在具体财富分配过程中的具体体现。[69]

规则的正义性内在地包含着规则的普遍有效性。规则的正义性具有两个方面的基本规定:一方面是规则内容本身的正义性;另一方面是这些规则的普遍有效性,即,它普遍适用于所有社会成员,而并不仅仅适用于部分社会成员。如果仅仅适用于部分社会成员的规则,在实践中或者是法外开恩,或者是保护特权,因而,不具有普遍性品质,不能说是客观、正义的。

这些具体规则的公平性及其普遍有效性,在"善"的制度中具有承上启下的中介意义:一方面,它们使得社会基本结构及其制度安排变为具体实在的;另一方面,它们使得按规则行事这一形式公平获得道义性基础,进而使得这种形式公平本身获得坚实存在基础。过程公平是一种形式公平。但这种形式公平却是实质公平的内在要求,它本身就是属于实质公平的。

规则公平不仅保证了社会交往过程的规范性,而且更重要的是由于这种规范本身的公平性使得社会交往结构本身具有坚实的

---

[69] 基于城乡户籍身份差别而形成的就业限制、就学限制、同劳不同酬、同命不同价,基于民营与国有身份差别而做出的进入限制、(银行金融)信用限制,以及基于国有资产与私人财产区别而形成的民事纠纷中保护国有资产的一些规定,等等,诸如此类的这些具体规则就很难经得住理性的反思,很难说是公平的。那些集运动员与裁判员为一身的特殊身份的部门,在公众、国有的名义下合法地制定一系列规则,这些最大化攫取公众利益、维护自身特殊利益集团利益的规则,更难以说是公平的。

公民基础;不仅使得社会成员对行为结果能够有合理的预期,而且更重要的是社会成员在这种合理预期中,对这种社会基本结构充满信心并悉心维护。

一切合规则的分配过程,无论财富分配出现何种结果,至少就形式而言,人们均认可这种结果的形式正当性。

(3)终点公平

终点公平亦是一个相对的、具有歧义性的概念。当我们在说"终点公平"时,必须清楚是在何种具体过程、相对于何种意义所言。

任何一个具体活动,都有其过程,因而,都有其起点与终点。在市场自由交换活动中,在自愿、平等之下的财富交换结果,这是市场自由交换活动的终点。在这里,交换各方交换后所获得的财富状况就是终点。在这个终点公平中就不考虑财富多寡的差别,或者说,只要是合规则自愿交换的结果,无论财富多寡有多大差别,都不能说不公平。否则,就是否定市场经济这一经济活动历史类型。

就人生而言,可以将人由出生、成长到死亡,视为一个完整过程。在这里,死亡就是终点。这个终点公平如果指人终有一死,那么,这只是一个宿命论的公平,只是陈述了一个自然事实,陈述了一种近乎上帝安排的宿命论结局,没有任何意义。[70] 这个终点公平如果指所有作为社会成员的死者,死时应当无差别地受到同样的待遇,那么,也仅是在所有生命都应当得到同等尊重意义上而言的终点公平。如此等等,我们可以给终点公平有近乎无限可能多

---

[70] 当然,这种事实本身也有意义、有哲理。人生赤条条地来,赤条条地去,无论生前多么显赫权倾天下、多么富有,最终也是空手而去。如果真的明白这一道理,则活着或许有可能取另一种较为平和、充实、仁爱的生活方式。

的具体规定与解释。

不过，我们此处所言的终点公平，是相对于前述起点公平而言，指称的是人的自由存在状态。故，这里终点公平的核心还是立足于作为具有平等的基本自由权利存在者的平等的基本自由权利这一存在状态而言。即，在经过原初的基本起点公平以及根据稳定的规则、程序进行财富交换后，不同社会成员所获得的社会财富会有差别，这种差别有时可能会相当大，那么，这种差别在何种范围、何种程度内才是合理的？尽管基于起点公平基础之上、并根据稳定规则与程序进行财富交换所获得的财富本身，具有正当性与合法性，对于这种正当性与合法性的承认，本身就是对于社会成员平等的基本自由权利的承认，但是，此时社会成员同样还会面临平等的基本自由权利这一始终不变的价值追问：这种对于社会财富拥有的差别尽管是平等基本自由权利活动（或呈现）的结果，然而，这种差别是否会伤及平等的基本自由权利本身？社会成员是否还保持着如初始规定意义上的、作为具有平等的基本自由权利存在者的地位，这种地位是否经过财富分配后受到了伤害？只有那种在不伤及平等基本自由权利范围内的差别，才是可以接受的差别。正是这种不伤及平等基本自由权利的差别，保证了每一个社会成员的平等的基本自由权利，并为新的社会交往过程提供一个公平的起点。一个良序社会，就是这样一个无限展开过程。正是在这个意义上，终点公平即为起点公平。

这样看来，在一个善的社会基本结构及其制度体制中，社会成员平等的基本自由权利作为一种基本价值特质，存在于日常生活的每一个环节中，并通过日常生活的每一个环节的反思性平衡得到实现。终点公平就是这样一个平等的基本自由权利在经过一系列展开后所达到的反思性平衡。

对于终点公平的关切,其实就是对于起点公平的关切。这种关切并非多余。因为,一方面,这是现代多元社会基本特质的要求;另一方面,这是新的财富分配过程得以公平进行的需要。任何终点同时即为起点。在一个无限展开的过程中,如果任何一个具体过程的起点不能做到是以作为平等基本自由权利存在者进行的财富分配过程,那么,不仅原初抽象的平等、自由权利被无情地嘲讽,而且,其后所展开的一切分配过程都不可能是公平正义的。

终点公平承认财富拥有的差别,但是这种差别又是通过社会基本结构及其制度体制调整后被限制在一定范围内的差别。这种差别的合理范围就是平等的基本自由权利。

尽管持有—转让—矫正与起点—过程—终点是两个不同层次的考察维度,但是,无论这两个维度中的哪一个环节,都只有作为平等基本自由权利的具体定在时才是真实合理的。平等的基本自由权利在社会日常生活的不同领域、不同环节,会有不同的具体要求。尽管这些不同的具体要求会在其后受到同样来自于平等基本自由权利的反思性平衡,但是,这些具体环节及其要求本身对于平等的基本权利存在关系而言,却是不可或缺的。正是这些具体要求的完整统一,构成社会成员间平等的基本自由权利的存在关系。概言之,无论是分配的哪一个环节,它只有被所有相关成员认为是公平的正义时,才是真实合理、正义的。

正在现代性进程中的人们,首先面临一个平等基本自由权利的社会精神确立问题。只有确立起这样一种时代精神,才有可能真正彻底告别宗法等级社会。即使是确立起平等的基本自由权利这一时代精神,人们仍然有可能囿于日常生活的各个具体环节,而将平等的基本自由权利社会精神碎片化,并将彼此之间割裂对立——在社会财富分配问题上,或者执著于纯粹的市场自由交换,或者执著于纯粹公器的"替天行道"。不能完整把握平等基本自由权利,就不可能有平等的基本自由权利的真实实现。

无论根据上述分配正义两个考察维度中的哪一个,我们均可以发现,在社会财富分配的任何一个环节,一个善的社会基本结构及其制度的分配,均须以公平的正义为灵魂与核心。离开了公平的正义,社会分配就会失却灵魂与核心,失却价值合理性根据。[⑦]

[⑦] 也只有在此基础之上,我们才可以对时下流行的关于社会财富分配中的所谓"公平优先"还是"效率优先"问题,做出合理分析。

第5章 德福一致

根据前述,一个善的制度应当是一个分配正义的制度,且这个公平的正义应当体现在财富分配的每一个环节。这样,一个善的制度内在地贯穿着公平的正义这一价值精神,并以这种价值精神引领、塑造着这个制度中的全体社会成员。这种具有公平的正义价值精神的制度是德福一致的制度。它一方面使社会成员的人性得以健康生长,另一方面使这个制度本身拥有不竭生命活力源泉。

一、私利公益[①]

每个人总是为"我",并且总是从"我"出发的。[②] 一个合理的制度性安排,应当使为"我"的个人在追求自身利益的现实活动中,在增进自身利益的同时,亦增进他人与社会公共利益。本文此处所言"私利"即在个体独特利益及其追求的意义上使用。

[①] 本节部分内容转录自高兆明《制度公正论》(上海文艺出版社,2001)第 2 章第 1 节及尾言相关部分。

[②] 每个人首先是存在着的,而存在又总是以一个个现实的个体样式呈现。马克思主义创始人讲过:"在任何情况下,个人总是'从自己出发的'。"参见《马克思恩格斯全集》,第 3 卷,1960,第 514 页。

根据马克斯·韦伯的看法,新兴资本主义之所以得以确立,就在于确立起那样一种理性精神及其制度,在这种理性精神及其制度作用下,追逐私利的行为被导向互利行为。逐利并不是资本主义所特有,在人类既往任何一个文明形态中都可以看到逐利性的存在。然而,资本主义的逐利却是一种在理性指导下的逐利行为。③ 用亚当·斯密的思想表达,就是通过互利的方式达到自利。④ 这就意味着从制度分析的角度而言,一种社会形态之所以能够取代另一种社会形态,或者说一种社会形态之所以具有更强的生命力,就在于这种社会形态的制度,能够更好地协调个人私利与公共利益的关系,能够将个人追求私利之行为最终导向在使个人私利实现的同时亦增进社会公共利益。

休谟在谈到自由的政治制度设计时曾提出一个著名的无赖原则:"每个人都必须被设想成无赖"。即在进行制度设计时必须将每一个人设想成除了私利外没有任何其他目的,且无论其如何私利熏心,也都必须使其在追逐私利中为公益服务。这样的制度体制不依赖于个人的内在美德,但它确保个人的私利受到控制与指导,以利于为公众利益服务。⑤ 休谟并不相信人在本性上都是恶的,但是他却要假定这些人在进入政治生活后可能成为无赖。其本意是要确保社会生活中理性设计的制度体制,一方面应当尊重个人的独特利益;另一方面应当使个人争取自身独特利益时的无赖行为发生的可能性最小。休谟这个思想的真谛在于:其一,作为

---

③ 马克斯·韦伯:《新教伦理与资本主义精神》,于晓、陈维钢等中译本,北京三联书店,1992,第 8 页。

④ 参见亚当·斯密:《道德情操论》,商务印书馆,1997,第 105—106 页。

⑤ 参见列奥·施特劳斯、约瑟夫·克罗波西:《政治哲学史》,河北人民出版社,1993,第 657 页。

现实的存在者,每一个人都有其独特的利益,一个善的制度应当尊重每个人的独特利益。其二,每个人为其利益有可能不择手段,一个善的制度体制设计必须杜绝这种为了私利而不择手段之可能。一个制度体制设计,只有假定可能是面对无赖的,才可能是真实公正的。假定了无赖的可能,就会理智地防止与杜绝无赖变为现实。公共生活的秩序不应当维系于个人的私德,而应当依靠严密的制度体制。其三,制度体制的设计应当贯注私利公益的原则,追求个人私利必须通过增进公益的途径,实现个人私利的同时亦使公益得以实现,使私利与公益达于统一。

虽然依据对"我"的不同认识,可以对"每个人总是为我的并且总是从我出发的"作出不同的具体解释,但是"从'我'出发"本身、且此"我"代表了自己的根本利益,却是共识的基本前提。正是在这个意义上,说为"我"、从"我"出发,与说个人总是追求自己的利益或根本私利又是一致的。现在,我们面临的问题有三:其一,一个善的制度是否必须要有个人之"我"?是否必须以私利为前提?或者是否可以置个人独特利益于不顾?其二,私利与公益是否能够统一?其三,如果能够统一,又是如何统一的?或者换言之,追求私利的个人是如何组织起来,在实现自己利益的同时又增进社会整体利益的?

上述第一个问题是一个前提性的问题,其核心是私利是否具有存在的合理性。如果私利不具有存在的合理性,那么,一个善的制度就无须考虑私利及其实现问题。只有私利具有存在合理性的前提,善的制度才必须考虑私利及其实现问题。由于我们是在现代社会、现代性意义上讨论制度的善,而现代社会、现代性制度又是以个体独立人格、自由精神为前提,以自由人联合体(马克思)、共在(哈贝马斯)为旨归,因而,私利有其存在的现实合理性。换言之,一个不尊重个体独特利益的制度,不是现代性的、进而不是善的制度。在此前提之下,我们才有可能进一步提出与讨论私利与公益能否统一,以及这种统一何以可能的问题。

按照一种通常的看法,私利与公益在价值上截然不同,从私利出发不可能达于公益。然而,启蒙时代以来的一个最重要思想就是强调私利对于公益的基础意义:正是个人为己之努力与创造性活动,成为社会公共财富增长之源泉。用孟德威尔的话说就是"私恶公利"。⑥ 黑格尔就曾从历史哲学的角度揭示:个人私欲之恶是历史发展的动力借以表现出来的形式。⑦ 这样,问题的关键就变成:私利与公益的统一何以可能,或者说追求私利的个人是如何组织起来,在实现自己私利的同时又增进公共利益的? 对此,霍布斯等通过社会契约的方式从政治的角度作出了自己的回答,而亚当·斯密则通过那只看不见的手从经济学的角度给出了另外的解释。虽然他们的立足点与角度不同,但是二者异途同归,其基本思想相同:有理性的个人,为了追求自己的私利,就必须尊重他人的私利,必须通过互惠实现自己的私利。值得注意的是,从"我"出发不等于自私自利,理性人不等于自私人,理性人可以是利己主义者,也可以是利他主义者。无论是利己的还是利他的,理性人在利益最大化偏好时需要合作,而在合作中又存在着冲突。为了有效地实现合作中的潜在利益与有效解决合作中的冲突,理性人在实

---

⑥ 孟德威尔就曾以《蜜蜂的寓言,或个人劣行即公共利益》为题作文。马克思在《资本论》中曾提及孟德威尔此文。参见马克思:《资本论》第 1 卷,人民出版社,1975,第 393 页,注 57。

⑦ 参见恩格斯:《费尔巴哈论》;《马克思恩格斯选集》第 4 卷,人民出版社,1972,第 233 页。

践中发明了各种制度,规范自己的行为。⑧

　　置身于具有健全制度、严密规范、严格法治的普遍联系与普遍依赖的市场经济体系之中,每一个人只有通过交换才能实现自己的劳动,并从市场获得自身的消费资料。⑨ 在这个普遍依赖与普遍联系的市场经济体系中,个人在为自己私利劳动的同时⑩,事实上也就在为社会创造财富。一般说来,作为从事市场劳动交换的劳动者,其主观动机是为"我"、利"己",但为了实现为"己"之目的,又必须是立足于为"他"生产。⑪ "主观为自己,客观为别人",这是市场经济体系中经济利益交换的基本法则。当然,这里所说的客观"为"他人,首先是在一种客观经济关系中的经济活动结果,在这种客观经济活动结果中所体现出的是社会成员相互间互为目的与手段这一客观社会关系;是一种出于利益交换、谋取自身利益的聪明谋划,而不是出于自身道德同情心的善举。不过,由于在这种利益交换、谋取自身利益的聪明谋划过程中,能够理智地考虑到他人的需要,那么,其中至少一定程度地隐含着一个值得肯定的主观精神:对他人利益的尊重,考虑到他人的需要与正当利益,不在与他人利益截然对立中实现自己的利益。尽管这种精神并不是一种道德崇高,但在一定意义上却可以说它是一种**弱善**。在特定的条件

---

　　⑧　参见张维迎:《博弈论与信息经济学》,上海三联书店、上海人民出版社,1996,第2页。

　　⑨　那些由于种种原因缺失劳动能力者从社会获得基本的生活资料,则是在这种平等劳动交换机制基础之上进一步拓展的内容,与此并不矛盾。为了讨论的明了简洁,我们以平等的劳动交换作为典型对象研究。

　　⑩　这里的"劳动"应当加以具体限制:在法律所允许的范围内,且能够通过市场交换加以实现的。

　　⑪　黑格尔、马克思都以自己的方式揭示了这一点。具体可参见马克思《资本论》、黑格尔《法哲学原理》。

下,这种弱善可以成为引导人们向崇高攀登的起点。正是在上述意义上也未尝不可以说在市场经济体系的利益交换中,劳动者主观精神的直接内容就是"主观为自己,客观为别人"。"主观为自己"说的是从事劳动交换的行为者的行为动机是"为己"。[12] "客观为别人"说的是行为者要实现自身的利益,必须在客观上给别人带来利益,通过为别人来实现为自己。当然,正如黑格尔曾深刻揭示的那样,从"主观为自己"出发可以有不同的发展方向。尽管"主观为自己"的具体发展方向具体取决于每一个当事者的社会存在状态、思想内容、智识水平、情趣操守等,但在总体上则取决于既有利益交换者间相互关系的制度性安排,取决于这种制度性安排所内含的交换者实现自身利益的基本手段与方式。

英国经验论者在强调自爱是人的本性的同时,面临一个无法回避的问题:自爱的人如何能在追求自身利益中达至对于公共利益的增进?他们试图通过"良好的制度"来解决这一问题。他们认为良好的制度、利益共享的规则与原则,可以有效地引导人们最佳地运用其识智,从而可以有效地引导有益于社会的目标的实现。[13] 如果说有一种制度性安排,在这种制度性安排下,"客观为别人"是实现"主观为自己"的基本途径,那么,不仅会出现普遍"为别人"这一互利互惠的客观社会现象,私利达于公益,而且社会成员由于长期在日常生活中习惯于在考虑与尊重别人、社会利益的背景下考虑与实现自己的利益,因而能够形成一种在自己、他人、社会利益共同增进中思考与实现自己利益的思维模式与思想习惯,使自己

---

[12] "主观为自己"在道德上并不能说就是绝对恶,在历史过程与市场经济的现实运作机制框架中来考察、评价,甚至还会发现它具有善的属性。

[13] 参见哈耶克:《自由秩序原理》,北京三联书店,1997,第69—71页。

的心理结构、思想境界得到升华。正是在这个意义上,原初的"为我"亦会成会"为他"的过渡环节。制度公正则是这个过渡、升华过程中的关键。

在社会成员相互利益关系方面,一个基本公正的制度性安排应当是互利互惠的。互惠意味着没有绝对的牺牲与奉献,也没有绝对的占有与享用。互惠是对纯粹手段性原则的否定。[14] 然而,互惠关系也只有被置于公正的社会结构体系与制度规范之下,才有可能是真正善的。否则,互惠本身亦会蜕变为作恶,嬗变为私人间的简单利益对等交换,沦落为徇私枉法的肮脏交易。即使是那些在普遍意义上的互惠交换,如果离开了恰当的制度性调节,也可能未必是公正的交换,甚至可能存在着极大的不公正。因为正如本文第4章所述,通过劳动交换会产生一个由于交换本身而出现的交换剩余,会出现由此而带来的彼此间交换剩余的分配或占有份额的问题。

即使是在亚当·斯密那里,在看不见手的指引之下,具有利己动机、利益各别的个人追求自利的活动会带来社会整体的繁荣与利益,私利会达至公益这一认识,也仍然是有条件的。在斯密的这一理论逻辑中预设着一个前提:社会有着特定的结构及其交往规则,这是一个自由竞争的社会结构体系,且这个自由竞争在一定的制度性规约之下进行。

人们往往习惯于对那种"为我"自利行为持一种道义上的鄙夷(这里的"我"是较为严格意义上的个人自我),在道义与自利之间

---

[14] 在互惠关系中可以存在着牺牲,这不仅是指道德意义上的自我牺牲,还指从否定性角度看互惠关系就意味着交往双方同时对各自利益的适当让渡或某种放弃,问题的关键是这种牺牲不是单向度的,而是双方的且公正的。

划下一道鸿沟,并且往往习惯于以所谓"斯密难题"为证。其实,从斯密那儿非但不能得到人们习惯中所以为的那种理论支持,相反,只能得到对所习惯以为的否证。人们往往以为亚当·斯密的《情操论》与《国富论》两本书中存有悖论:道德领域以同情心为原则,经济领域则以市场效率为原则,在道德领域是同情心起支配作用,在经济领域则是看不见的手起支配作用。这是对斯密的误解。其实,斯密在他的这两本书中的基本思想是一以贯之的。这种误解产生于对斯密《情操论》尤其是"同情心"范畴的误读。仔细研读斯密的《情操论》,不难发现斯密的"同情"不是现时通常狭义严格道德意义上的"同情",而是指一种情感:设身处地心理换位中包含的平等及平等的自由情感。同情"就是当我们看到或逼真地想象到分阶段的不幸遭遇时所产生的感情。"它所表现的是"我们对任何一种激情的同感",或"同样的感受"、"同样的激情"。"同情"的形成在于"设身处地的想象"时所产生的心理共鸣。当"我们看到激发这种激情的境况"时,"我们设身处地之设想时,它就会因这种设想而从我们自己的心中产生"。[15] 在亚当·斯密看来,"同情"与"自私"是人的"天赋""本性"。这种同情不是慷慨无私的牺牲,而是一种平等的自由精神。这里隐藏着斯密对市场经济条件下的人及其存在方式的深刻洞见,隐藏着斯密对以市场经济为基础的社会伦理关系的睿智。其中最重要的有两点:

其一,斯密对市场经济条件下的人格类型的理解。这是一种具有理性精神的人,他/她是自利的,但不是傲慢自大不择手段为所欲为的,他/她具有自我反思能力;[16]个人是自爱的,但个人并不

---

[15] 亚当·斯密:《道德情操论》,商务印书馆,1997,第5、7、14、23页。
[16] 一个人"不能谅解"自己的"行为动机"。亚当·斯密:《道德情操论》,商务印书馆,1997,第104页。

能离开社会寡处独居,他/她是作为社会的人存在着的,他/她希望得到别人的同情或情感共鸣;⑰他/她尊重他人的平等自由权利,人人都具有平等的自由精神,并在经济活动中具有起码的道义精神,这就是只有平等的自由交换的经济行为才是善。这种道义精神表明,在市场经济条件下,经济活动的主体在进行经济交换时,也不是纯粹无道义的实利人,而是以平等的自由交换为基本道德前提。这就解释了从事市场经济活动的行为主体,在通过正当手段平等自由交换获利时,不存在心理分裂与道义上的自责。他/她在人格上是统一的:这种经济行为本身是善的。相反,只有那些通过不当手段,即不是通过平等的自由交换而得来的(例如巧取豪夺、欺诈勒索等),才有心理与道义上的不安与自责。这样,斯密对于"同情"的理解,事实上也就成了斯密自由主义经济以及那只著名的看不见的手的逻辑背景。

其二,斯密对公正的社会环境这另一看不见的手的设定或祈盼,并将它视为市场经济不可或缺的要素之一。在斯密看来,在一种公正的环境中,追求私利的行为可以达到增进公益。斯密以提出经济活动中那只看不见的手而著称。然而,人们切不可忘记斯密的经济活动不是在一种纯粹经济的空中楼阁中进行的,切不可忘记斯密还曾提出过另一只手的存在。虽然斯密对这另一只手的表述有点混乱,但他确实提出了这另一只手的存在,这事实上就是

---

⑰ "他不敢再同社会对抗,而想象自己已为一切人感情所摈斥和抛弃",尽管社会中会有敌意,但"孤独比社会更可怕","对孤独的恐惧迫使他回到社会中去"。"人只能存在于社会之中,天性使人适应他由以生长的那种环境。人类社会的所有成员,都处在一种需要互相帮助的状况之中,同时也面临相互之间的伤害。在出于热爱、感激、友谊和尊敬而相互提供了这种必要帮助的地方,社会兴旺发达并令人愉快。所有不同的成员通过爱和感情这种令人愉快的纽带联结在一起,好象被带到一个互相行善的公共中心。"——亚当·斯密:《道德情操论》,商务印书馆,1997,第104—105页。

公正的制度结构。斯密以富人的消费为例,认为还有另"一只看不见的手引导他们对生活必需品作出几乎同土地在平均分配给全体居民的情况下所能作出的一样的分配,从而不知不觉地增进了社会利益,并为不断增多的人口提供生活资料。当神把土地分给少数地主时,他既没有忘记也没有遗弃那些在这种分配中似乎被忽略了的人。"[18]在斯密的逻辑体系中,不仅存在着追求自利的个人,而且还存在着"公正的第三者",它能给予人们恰当的善恶报应。这是一种不同于个体仁慈、具有强制性特点的客观力量。自利是人的天性,自利也未必就必定带来公益,人的贪婪自利会变得"像野兽一样",进而损害公益。[19] 只有在一种具有强制性的客观力量或社会结构安排之下,人的自利活动才能通过一种互惠的方式使公益得以增进。"在追求财富、名誉和显赫职位的竞争中,为了超过一切对手,他可以尽其所能和全力以赴",但这有个限度,这就是光明正大、公正行事。如果一个人在竞争中,通过不光明正大的方式"要挤掉或打倒对手",则公正的社会结构或制度或实体"不允许作出不光明正大的行为"。[20] 在充分竞争中也有互助,这种互助并不产生于"慷慨和无私的动机",而是基于自由、平等交换的"互惠行为"。[21] 这样,公正的社会结构是自利而互惠的社会结构,在这个结构中,自利本身并不那么可怕丑陋,因为一方面自利不等于极端的自私,另一方面自利亦可以通过互惠而达到共利公益。

一切现代自由主义经济者,或者更宽泛地说,一切自由主义者在表达自己的思想时,事实上总是以一种具有平等的自由权利

---

[18] 亚当·斯密:《道德情操论》,商务印书馆,1997,第230页。
[19] 亚当·斯密:《道德情操论》,商务印书馆,1997,第107页。
[20] 亚当·斯密:《道德情操论》,商务印书馆,1997,第103页。
[21] 亚当·斯密:《道德情操论》,商务印书馆,1997,第105—106页。

这一基本公正的制度结构为背景、前提的。离开了社会结构制度背景,泛泛谈论个体自利行为的社会效果,是没有什么实质性意义的。

亚当·斯密那只看不见的手所调控的对象,在要义上还只是由单子式的个人所组成的社会。然而,事实上一个人总是以从属于某一社会集团的方式进入现实生活世界,并与生活世界发生广泛的联系。即在本体论上,一个人首先是作为某种特殊共同体中的个别存在,并通过此特殊共同体进入类共同体。对于具体个体而言,他/她所在的那个特殊共同体较之类共同体具有逻辑与价值上的优先性。如是,他/她的利益实现在这个意义上也就首先依赖于他/她所在的那个社会集团利益的实现。不过,不能据此就得出以下结论:在由基本利益一致的个人组成的利益集团中,每个人会因为对于自身利益的追求与维护,而必然自觉地去追求与维护本利益集团的集体利益。

在一个相当长时间内曾支配过我们的传统认识是:只要集体利益能为个人带来好处,集体利益就与个人利益具有一致性,这个集体中的个人就必然会为这个集体利益而努力。然而,这种认识值得反思。奥尔森的集体行动理论至少证明,除了那种出于严格意义上的纯粹宗教信念、道德良知的个体自觉行为外,即使这种能为个人带来好处的集体利益与个人利益仍然具有不一致性,个人理性不是实现集体理性的充要条件。[22] 在集体行动中存在着"理性的无知"与"搭便车"现象。个人出于理性追求自身利益的最佳行为选择,未必能带来集体利益;必须借助于适当的制度安排这

---

[22] 参见张宇燕:《奥尔森和他的集体行动理论》,载《公共论丛:市场逻辑与国家观念》,北京三联书店,1995。

另一只手,才能使个人追求自身利益的行为获得有效的集体利益。㉓

如此看来,一个善的制度至少应当是这种社会结构,它能够给社会提供一个基本的行为范型,使出于理性为"我"的个人通过为"他"的方式为"我",进而能够通过自利行为增进公益,使私利与公益达于一致。在这种私利公益统一过程中,社会成员有可能养成一种善美的行为方式与思想境界。㉔

一个制度应当这样设计才是基本公正的:在这个制度中,即使是最不幸、占有社会财富最少的人,其基本自由与正当权益也不会因为其不幸与资源占有的贬匮而受到伤害;即使是无赖,也不会因为其无赖而得到比应得更多的利益;即使是权贵富豪,也不会因为其权力与财富而可以为所欲为,得到自己所不应得的;即使是追求私利的人,也不会因为其追求私利而使他人、共同体的正当利益受到伤害,相反,其追求个人私利的行为在总体上还能给他人与社会带来益处。

㉓ 奥尔森:《集体行动的逻辑》,上海三联书店、上海人民出版社,1996,第2、13—14、18、70—71页。需要注意的是,奥尔森关于集体行动的理论中有一重大缺憾:没有考虑个体价值信念、信仰在集体行动中的作用。这可能与其行为主义、个人主义的分析方法有关。在出于个人真诚信仰而组成的社会集团中,奥尔森的集体行动理论是失效的。作为同是经济学家的诺思就曾合理地指出了奥尔森理论的这一局限性。参见道格拉斯·C.诺思:《经济史中的结构与变迁》,上海三联书店、上海人民出版社,1997,第10—12、64页。

㉔ "一切政治制度和实业组织的最高标准,应当对社会每个成员的完满生长有贡献。"参见杜威:《哲学的改造》,商务印书馆,1989,第100页。

二、德行有用[25]

社会财富分配中的私利公益制度性安排,既是一种作为公平的正义之社会结构性安排,亦是一种社会行为范式的合理引导。通过这种社会财富分配方式的积极引导,在全社会确立起德行有用、德行是社会通行证的基本行为范式。

制度具有激励功能。在有效的制度激励之下,社会成员会在日常生活中通过理性学习,调适自己与生活世界的关系。在这个理性学习过程中,社会成员不仅会体悟到生活世界中的基本交往规则,感受到制度供给所要确立的行为规范与应有的交往结构,而且也会通过理性权衡得出结论,如此行为是明智的。在一个基本公正的社会结构、制度体制中,德行不仅是高尚美好的,同时也是现实有用的。一个公正的社会制度性安排,应当使社会成员感到做出正当、善的行为,不仅是应当的,而且也是明智的。这样,在社会大众层面上,正当、善的行为就不仅仅是应当的,而且也是必然的。

1. 德行明智

德行即道德的行为,指称客观活动及其结果符合社会伦理道德要求的行为。[26] 明智指在洞察事理基础之上、经过利弊权衡而

---

[25] 本节内容主要转录自高兆明:《制度公正论》(上海文艺出版社,2001)第 2 章第 3 节相关内容。

[26] 中国古人分别用"德行"与"德性"来指称道德行为与道德品格,这种区别又是由对"德"原初含义的两个方面衍生而来,所谓"在心为德,施之为行"(郑玄:《周礼注》)。

作出理智行为选择的能力与生活的智慧。明智可以进一步区分为哲理性与技巧性两类。关于生活哲理性智慧的明智是善的品性，关于生活技巧性智慧的明智则是一种好的谋划。亚里士多德曾对明智范畴作过深入的探究。亚里士多德认为明智就是"善于考虑对自身的善以及有益之事"，一个明智的人就是一个善于考虑的人。虽然亚里士多德首先把明智理解为一种"达到目标的手段"，它与人靠什么达到幸福直接相关，然而他更强调明智与德性、善良的一致性：德性确定正确的目标，明智则提供达到目标的手段与实践方式；没有善良与伦理德性，就没有明智，同样，没有明智亦没有德性，德性离不开明智。㉗这样，亚里士多德就事实上揭示：明智就是一种德性的实践能力与实践品质，它是使德性成为现实存在的方式，明智只有属于德性才是真正的智慧而非纯粹工具性的谋划。不过，亚里士多德亦将"人们善于计较以得到某种益处"称为明智。㉘他在以阿那克萨戈拉、泰利士为例谈到明智与智慧的差异时指出：智慧是对涉及本性上最高贵事物的科学和理智而言的，是关于普遍的、本根的，而明智则是关于个别的，它直接寻求的是对人有益的东西，故智慧不似明智那样拥有直接的实用性、手段性特征。㉙事实上，亚里士多德在此又揭示了明智未必与德性拥有直接一致性，它是一种生活的实用技巧能力，以追求对人的最大的善为标志。这样，从亚里士多德那里我们能够得到的启示是：如果我们

东方古代对德行与德性的这种区分，与西方古代思想家对道德的认识，不谋而合。虽然德性与德行二者原本有着内在的一致性，但本文此处使用"德行"主要主足于二者的差别，强调德行在行为层面合乎道德，而不太关注其动机本身。

㉗ 参见亚里士多德：《尼各马科伦理学》第6卷，中国社会科学出版社，1992。
㉘ 参见亚里士多德：《尼各马科伦理学》，中国社会科学出版社，1992，第120页。
㉙ 参见亚里士多德：《尼各马科伦理学》，中国社会科学出版社，1992，第121—123页。

将善、对人的有用性,进一步区分为本根长远的与当下现象的、终极目的的与具体手段的等不同层次,那么,明智本身就可以获得两种规定,这就是建立在对人的终极目的、根本利益把握基础之上的,与建立在当下现象界的具体手段基础之上的。前者即为与德性直接一致的哲理性智慧,后者即为技巧性谋划。

在现实生活中,人们往往更多的是注重这种作为技巧性谋划的明智。本文下面所说的德行明智,正是在技巧性谋划智慧的意义上使用明智这一概念。主体能动实践的观点,内在地包含着主体生活实践过程中明智选择的观点。明智的选择就是在行为主体看来具体场景中的最佳选择。这种选择虽然可能事后被证明是错误乃至荒唐的,但对于行为主体而言,至少在做出行为选择时自认为是明智的。正因为自认为是明智的,才是应当选择并付诸现实的。对于一种行为方式,只要行为主体以为是不明智的,一般说来伴随着的必然是其态度上的排斥与否定性选择。在常态下,主体的自觉行为选择中都蕴涵着这样一种前提性判断:如此行事是明智的。明智与主体的行为具有直接一致性。当然,行为主体自认为是明智的选择,事实上未必就真的是明智的。

德行明智,借用康德术语表达,可有本乎律令与合乎律令两种情形。一般地说,合乎律令的道德行为是一种生活的谋划与技巧,但它的结果却是正当且善的。一个社会应当希望其成员的行为建立在本乎律令基础之上,然而,一个社会的现实立足点只能是民众合乎律令的行为选择。一个良序社会,是一个能够向社会成员提供良好活动环境的社会,在这个环境中,选择德行被认为是明智的。这不仅需要有善的价值引导与精神塑造,更需要有善的社会结构与公正的社会制度体制。事实上,就常态、大众层面而言,人们往往并不是因为不知道是非善恶而越轨作恶(此"恶"是在广义上而言,既指不正当不合法,又指道德上的否定性评价,同样,下面所说的行"善"亦是在类似广义上而言),而是明知故犯。如果我们能够对近年来令人们日益担忧的社会现象,诸如权力腐败、黄赌毒,做社会学实证调查,我们相信这种结论能够被经验事实所支持。事实上,那些权力腐败者绝大多数是隐蔽进行的,且一有风吹草动,就惊慌失措。那些风尘女子,也没有几个愿意让自己的父母家人知道自己所做工作的真实内容。能够合理解释这一现象的,就是这些当事人还拥有某种是非曲直善恶之辨别能力,有某种知耻心。对于这些人的明知故犯现象,固然可以通过行为主体意志力薄弱及其他原因来说明,然而,无可否认的是这更多地与行为主体自认为明智的选择有关。在一种广义成本—收益比较中,明知是恶,但有利可图,得大于失,所以在一些人看来选择作恶较之选择行善更为明智。即虽是不合法、不正当、不道德的行为,但却是利弊权衡下的明智选择。如果一个社会盛行高尚是高尚者的墓志铭、卑劣是卑劣者的通行证,那么,在社会生活中,德行只会是少数人的奢侈品,而不会成为民众的普遍行为方式。与此相伴随的是社会风尚与秩序的混乱。这样看来,要克服社会日常生活中的诸多流弊与丑恶现象,社会就必须创造出这样的条件,使选择恶行本身成为不明智的。

在德行与明智相一致的社会制度性安排之下,社会成员可以通过生活体悟与理智认识,感受到践履社会正当、善的行为规范,不仅是应当的,而且也是当时条件下最明智的,正当、道德的,同时就是明智的。不正当、恶的,不仅是不应当的,同时亦是不明智的。这种善、正当与明智的一致性,以正当、善与利益的一致性为现实背景。如是,正当、善行就不仅是**应当**的,同时又是这种社会结构、制度场景中**自然**、**必然**的。

确实,基于德行明智所作出的行为是合乎律令而非本乎律令,不足为贵,因此往往为人们轻视。人们习惯于赞美本乎律令的行为,因为那是一种高尚的品性,是一种德性。然而,在学理与实践上始终有一个无法回避的问题:人们高尚德性是先天的吗?如果不是,高尚德性如何形成?基于德行明智的行为选择动力定势,能给这个问题一种可能的回答。在"明智"这一理性作用之下,德行与德性之间并没有不可逾越的鸿沟。

德性是养成的,这在今日已成共识。即使是历史上曾经出现过的某些德性先验论或命定论,其基本倾向也仍然是以各种特殊方式表达了的德性养成的思想。亚里士多德在其《政治学》、《尼各马科伦理学》中均较详细地论述了城邦、教育、法律对个体德性形成的意义。以亚里士多德为代表的古希腊文明之火在欧洲得到延续,康德的他律与自律思想,黑格尔的社会教化思想,均是其在近代的弘扬。中国古代亦不乏类似思想。然而,对于德性究竟如何养成,古今中外一直争论不休,大致意见分为两种:一是教育修养说,此以东方古代儒学为主要代表;一是环境决定说,此以欧洲启蒙思想为主要代表。教育修养说洞察了德性养成必须是心性改造这一深刻特征,但却忽视了教育的广义性存在,忽视了社会存在对人德性的基本教育与制约作用,陷入了教育万能论。环境决定说合理地把握了人的存在环境对德性的基本制约作用,但却忽视了德性的提升是人主动改造修养之过程。其实,社会成员德性养成是在特定存在环境条件下的自我主动精神提升过程,社会善美环境与个体的自觉理性批判均不可或缺。那么,德性养成的心理机制是何?现在我们可以回到"明智"这一选择能力与生活智慧上来。如果人们生活在一种公平的正义的社会结构中,这种社会结构所作出的制度体制性安排及其运作机制注定了人们在利弊权衡之下,只有选择德行才是最明智的选择。人们在这种社会结构中所作出的德行选择在最初确实是他律的,然而,如果这种社会结构是稳定的,人们会在这种稳定结构中的行为选择过程中形成一种稳定的行为选择图式,久而久之,这种行为选择图式会成为一种如黑格尔所说的人的第二本能,那么,此时,人们的心理结构本身就会发生重大的跃迁。在长期他律、习惯性行为过程中,有可能使人们养成在自觉考虑社会行为准则规范要求背景中考虑个人的正当利益,而当这种思考本身也变成一种习惯时,人们的心理认知结构、情感内容均可能发生重大变化:不再仅考虑纯粹的自我利益,而在遵守社会规范、增进共同利益、合乎善的要求中考虑自身利益。这种心理认知结构的变化是由他律转化为自律、自由的最隐蔽机制,是道德境界提升的真实依据。一种行为习惯的养成,不仅仅是简单的行为动力定势,更重要的是心理结构的这种结构性跃迁之可能。明智的计虑,在特定的社会结构条件下,会成为他律向自律过渡的中介。德行与德性原本可以相通。

如果在历史过程中审视"德性养成",那么,问题就应当包含两个方面:一是发生学意义上的德性形成,一是已形成的德性精神的改变,后者是动态中的德性养成。如是,又带来一个更为现实、更为严肃的问题:人们既有德性精神的改变何以可能?新的德性精神形成又何以可能?其心理机制是何?众所周知,德性精神一旦形成之后就会内化为人的"第二天性",成为人的一种习惯,具有相当的稳固性。然而,当生活世界本身发生了深刻变化,既有的德性精神最初赖以形成的客观条件已失却,原先的德性原则在现实生活世界中已不再适用时,人们在经受了良知痛苦与情感折磨后,会在理性的作用下,逐渐形成新的认知,体悟并概括出新的生活原则,如果这些原则在现实生活中表现得相当有效,这些有效的生活原则在生活过程中就会为人们逐渐自觉遵守。尽管这种自觉最初是由于外在利益、出于他律的,但久而久之,这种他律的行为、思想本身也如原初的道德意识形成一样成为人的第二天性时,新的德性精神便形成了。在新德性精神的形成过程中,客观生活世界的深刻变迁是其客观机缘,主观的德行明智是其主观心理机缘。[30]

事实上,社会控制、价值引导,不应当且也无法拒斥民众理性的精明计虑。任何非学究式的社会控制与价值引导,都应当借助于人的理性精明计虑而因势利导。如果说社会成员的德性水准也是教育的产物的话,那么,这种教育更多的是来自社会生活实践自身的教育。生活就是教育,生活的过程本身就是教化的过程。[31]

民众的德性状况、意志力,往往在很大程度上需要有外在强制力量来补充与激发。它在很大程度上取决于社会为其所提供的社会结构、制度体制及宏观调控手段的内容与方式。只有当社会能为其成员提供如黑格尔所说的"活的善"的社会客观关系结构及其实在化的制度体制时,其成员才能有普遍的善美行为选择。因为此时对于社会成员而言,选择德行不仅是道义上应当的,而且也是明智的。而这样一种感觉是建立在利益权衡以后所得出的德行有用的结论上的。

---

[30] 黑尔在《道德语言》一书中谈到道德原则的稳定性时,就曾从"学习""接受"的角度揭示了道德原则在生活实践中的有用性与道德原则观念变迁的关系。从这种有用性中,我们事实上看到的是道德原则存在的现实根基。黑尔的这个观点与托克维尔在《论美国的民主》一书中所做的工作有异曲同工之妙。黑尔的论述,具体可见其著作:《道德语言》,商务印书馆,1999,第 70—72 页。

[31] 当杜威将"教育就是生活"这一思想改变为"生活就是教育"时,事实上已经对教育作了一种影响深远的深刻理解。这种理解对道德教育同样是富有意义的。关于此可参见杜威:《确实性的寻求》,见周辅成:《西方伦理学名著选辑》(下),商务印书馆,1987,第 716—726 页。

2. 德行成本

权衡是利弊的比较。这种利弊比较借用经济学的术语就是成本—收益分析。践履道德行为要有物质、精神、智力、体力等付出，这些付出就是践履道德行为的成本，即德行成本。德行成本是一个广义的概念，凡是行为者在道德行为过程中事实上付出的都属于此范围。[32] 说德行有成本，与说道德行为是有代价的在本质上是一回事。道德行为选择是有代价的。人们在进行价值选择时，一方面，可能会面临价值冲突，可能会在价值冲突中选择某些价值而放弃另一些价值，尽管这些被放弃的价值本身也是有价值的。这是一种道德行为选择的代价。另一方面，在所选择的价值行为结果中，既有希求性的，也可能有非希求性的。这些非希求性的结果也是一种道德行为选择的代价。[33] 德行的收益也是广义的，凡是从特定道德行为中所获得的物质的、精神的、情感的、权力的等东西均为收益。德行成本有绝对成本与相对成本之分。绝对成本指的是同一行为主体就一件道德行为本身所付出的，相对成本则是指不同道德行为主体之间对履行同一道德行为所作出的付出比较，同样的付出，所得可能相差很大，甚至截然不同。[34]

---

[32] 诸如当一个人在复杂的社会角色关系中，由于角色冲突而产生了两难选择困境，行为者因为选择一种行为而不能履行另外应当履行的职责，或者因为选择了一项行为就必须承担相应道义或一般责任，这些本应当履行的职责、要承担的道义或一般责任，都是道德行为的成本。

[33] 马克斯·韦伯曾从目的—手段—后果的联结角度讨论并揭示了价值选择的代价问题，他所揭示的主要就是非希求性结果这一选择代价。——见其所著：《社会科学方法论》，中国人民大学出版社，1999，第 3 页。

[34] 诸如"我"抵制了一次行贿，对"我"而言此行为的成本是比较简单的，然而，因为"我"抵制了这次行贿，所有与行贿相关的有关人员乃至背后的某些领导，可能对"我"产生了敌意，这个成本就较之此事本身而大得多。或者，同样是出于自愿募捐 100 元的义举，一个经济宽松者相对于一个经济困窘者而言所付出的成本也是不一样的。

既然人们的理性认知并不直接等同于行为本身,既然人们在进行行为选择时事实上有权衡,并选择那些自认为是明智的行为,那么,对道德行为选择应当且也能够进行成本分析。对道德行为选择运用功利分析方法,这是功利主义的基本特征。不过,功利主义通过引进功利分析方法,其主旨是对善本身的规定,即通过功利规定善。虽然功利主义也讨论行为选择中的功利权衡,对善本身引进量的分析与比较,但它总体上是关注价值合理性基础,所要确立的是功利的价值合理性基础之地位。本文对道德行为选择分析引进功利分析方法,与功利主义的分析方法有原则的不同:功利主义关注的核心是价值体系本身的合理性根据,而本文则将价值体系合理性根据本身存而不论,仅作为一个前提性设定,设定社会有一个价值体系且这个价值体系是合理的。本文的关注点是在这样一个价值体系之下的个体具体行为选择问题,即,本文引进的功利分析方法亦可理解为功利—行为分析方法,关注的焦点是个体**行为**合理性而非**价值**合理性。

在引进这种分析方法时,有其基本前提、限制与设定。其基本前提是:承认在大众层面,大多数社会成员由于既有的社会价值观念、道义精神的熏陶内化,通常在不需要付出很大代价的情况下,是愿意做一些对他人与公共有益的事情的,甚至也有一些社会成员会具有一种比较彻底的忘我精神。在这个前提下本文再作出一个限制性规定:在日常突发性事件的应对中,行为者往往并没有理性的权衡,甚至亦没有时间进行理性的仔细权衡、成本—收益的认真比较,人们的当即应对反应几乎是出于本能或第二天性,出于笔者所说的道德直觉,这是人们以往生活道德在突发事件中的瞬时爆发。[35]

---

[35] 参见高兆明:《道德生活论》,河海大学出版社,1993,第327—329页。

本文还设定：行为者具有理性实利人特质（事实上，绝大多数社会成员在选择自己的行为时，是要对这种行为的可能代价与可能收益进行权衡，只有在他/她认为可能收益高于可能代价的时候，才可能选择这种行为），虽然这种设定的局限性是明显的，但却是既必需又有某种合理性。同时，正是这种方法的局限性，规定了道德行为成本分析适用范围的有限性，必须经过其他分析方法的矫正，必须考虑个体信念、信仰的作用。因为人本身是一个复杂的存在，任何一种单一的分析方法都只看到人的一个方面，都有其局限性。

一个持生活技巧性智慧的人在权衡选择时，行为选择的可能后果有三种：a. 成本＜收益，即净收益；b. 成本＝收益，即收益支出持平；c. 成本＞收益，即负收益。从利益分析选择的角度来看，b、c 情形可以被排除，因为不符合理性实利人的假设，只有 a 才能使行为选择者作出肯定性选择。这是权衡的最简单亦是最基本的秘密。

现在需对这种理性的实利人假设作某种补充、修正。因为行为者考虑的是道德行为的成本，因为道德声誉本身并不是简单经济收益所能补偿的，所以，行为者至少对出自恶的收益持一种相对比较谨慎的态度。既然行为者考虑的是道德行为的成本，那么，这就意味着行为者本身在作出行为选择时并不是一个纯粹的理性实利人，他/她受自身已具有的道德意识的约束，他/她只有在或者可能收益相当大，或者由于来自生活世界的反复经验刺激、对自身原有道德意识发生怀疑的情况下，才可能不选择道德的行为。综合这两点，我们能够得出的结论之一就是：意志不那么坚定的人们自以为明智地选择不正当、作恶，主要发生在两种情形之下：其一，是存在可能的暴利，铤而走险。而在一个制度公正、激励有章的法治社会，这种作恶很难逃脱法律、正义的制裁，所以，只要在一个制度公正的法治社会中,这种情形并不能成为社会的普遍现象。其二,是生活中存在着反复激励错位或倒置,人们从成本—收益比较中修正自己的既有道德意识或弱化自己的道德意志。而只有在一个制度体制、激励机制严重扭曲、严重不公正的社会结构中,这种反复激励错位或倒置现象才会发生。从道德行为成本分析出发认识社会成员的道德行为选择,会将我们的视野引向社会结构体制,会使我们对社会结构体制在道德行为选择中重要作用的认识变得异常清晰,一目了然。在社会日常生活中应当注重社会成员的高尚精神作用,然而,切不可忘记这种精神也是建立在一定物质利益基础之上,且只有在一定物质利益关系中才能得到有效巩固㊱。

道德行为成本分析的基点不是瞬间、一次性的行为,而是多次反复的行为过程。如果一个社会在其现象界总是"老实人"吃亏,那么,理性会使相当一部分社会成员去适应这种生活环境,变得不那么"老实",社会上的"老实人"就会迅速减少。反之亦然。

现在我们可以从道德行为成本分析的角度,对集体行为中的搭便车现象作进一步解释。如果我们将前述理性人基于技巧性谋划的行为选择置于集体行动背景中,情况也不会有实质性变化,只是它多了一种行为选择可能:d. 零成本净收益。

可以将 d 看成是 a 的特殊表现形式。在常态下,d 不可能出现,它只能出现在集体行为中。在一个成员人数相当多且缺少有效社会激励的集团中,由于公共产品的非排他性,某一集团中的成员从集体公共产品中的得益,在结果上是同等的。然而,集团成员

㊱ "革命精神是非常宝贵的,没有革命精神就没有革命行动。但是,革命是在物质利益的基础上产生的,如果只讲牺牲精神,不讲物质利益,那就是唯心论。"参见邓小平:《解放思想,实事求是,团结一致向前看》;《邓小平文选》(1975—1982),人民出版社,1983,第 136 页。

将其所投入的成本纳入考虑后,每个人由于投入成本的不同,成本/收益比则可能有较大差别。既然结果是同等的,那么,不付出或少付出成本的可能就是现实的。集体行动中的搭便车现象,在我们现在所说的范围内,就是由于收益固定而成本有较大可变性所造成的一种状态。

在常态下,日常生活中的社会成员几乎人人都希望社会公正、他人善良有正义感,甚至都对社会诸多消极、失范、丑恶现象予以抨击,然而,其中的相当一部分人又事实上在做自己所不赞成的行为。为什么会在社会成员中产生这种现象?从行为选择主体的内在心理机制来看,这种现象的普遍性存在原来是出于这部分社会成员行为选择时的成本分析、理性计虑的所谓明智选择。一方面,这些社会成员希望生活在一个公正有序的社会环境中,但是自觉个人即使为所应为,其影响甚弱。退而言之,即使少"我"一人为社会公正努力,也无妨大局,待大家都行为规范了,"我"亦行为规范之。另一方面,这些社会成员虽然对诸种社会不良现象不满,然而,生活在这个社会环境中,别人如此,自己不如此,或者自己的利益会明显受损,或者由于自己的清白正义反衬出另一些人的丑陋,而遭受众怒,付出甚多,回报甚少。放眼观之,反而是那些丑陋行为成为此等客观条件下从社会获巨利的最为便捷途径。这种社会现象是一种特殊的搭便车现象。只要不过于苛求,应当承认这种道德行为选择过程中的成本—收益分析心理对于社会失范现象的深层影响。具有理性能力的人,始终处于社会学习过程中,然而,这种理性能力的发展方向却未必是确定的。理性精神既可以使人在"社会游戏",或者说在生活实践、社会交往中学会发现并遵守行为规则,变得文明,也可以使人在社会交往中学会发现并利用社会结构与规则中的缺陷,变得卑劣,使其卑劣得到淋漓尽致的表现。

若行为选择者基于德行成本分析而选择丑陋这种现象普遍存在,则表明社会结构及其激励机制有重大缺陷乃至扭曲。社会只有调整其结构、制度体制及其激励机制,将社会成员基于成本—收益分析的行为选择引向良性轨道,使社会成员从生活经验中感受到德行不仅是美好的,而且也是有效用的,社会的这种普遍失范现象才能从根本上得到有效克服。即,社会应当向其成员供给一套德行有用的社会结构、制度体制及其激励机制,这个社会结构、制度体制及其激励机制应当是德福一致的;在这个社会结构中,德行是社会唯一的通行证,并且是个人从社会获得收益的最好方式。正是在这个意义上,克服社会普遍腐败现象的最佳方法,就是建立这样一种社会制度体制,在这种制度体制中,腐败的机会成本大大提高,以至于得不偿失。在这种制度体制中,社会普遍失范现象由于失却存在的现实土壤,会得到有效遏制与克服。

这样,对德行成本问题的认识就应当进一步深入:由原初的个体道德行为选择心理机制,深入到影响、制约社会成员个体道德行为选择心理机制的社会结构、制度体制。这样,研究德行成本问题就不应当主要立足于个体层面,而应当主要立足于社会结构层面,应当探讨一个公正有序的社会结构应当是怎样的?如何才有可能?

3. 德福统一

一个公正有序的社会结构应当是德福统一的。这里所谓的德福统一是指:在这个社会结构中德行不仅是美好的,也是有用的。

德行有用思想似乎是平庸的,然而这一思想却不能被简单对待。这一思想可以从作为行为主体的个体与社会两个不同的角度来认识。就行为者个体而言,德行有用这一生活的技巧性智慧确实凸显了其强烈的市俗性一面,确实有一个思想境界、操守品性提升的问题。不过,一方面,人是一个复杂的社会存在,人总是食人间烟火的;另一方面,人的思想境界提升有一个内在作用机制问题,其行为及其内在操守有一个如康德所说的他律与自律关系问题,故,即使是在个体层面,对此命题也不能简单否定。至于从社会角度,则此命题包含了充分的合理性:一个社会的结构应当如此构建,在这个结构中,德行(此"德行"是广义的,既包括善,也包括正当、合法)是社会唯一的通行证,是个体从社会获得财富的唯一途径。社会应当为其成员提供良好的生活环境(这是广义的"生活环境",是如同笔者曾在别处所说的"伦理环境"[37]),应当建立起公正的社会制度体制及其激励机制。

托克维尔曾经提出过德行有什么用的问题。他通过对北美的考察,并与欧洲贵族时代作了比较后发现:在贵族时代,人们不断讨论德行之美,至于德行的功用是什么,则只能私下议论,而在已经建立起资产阶级民主制度的美国社会中的人们,则几乎绝口不提什么是美的,他们只相信德行是有用的。托克维尔试图在这个基础上进一步揭示美利坚民族是如何企图在"正确理解的利益"基础上实现个人利益与他人、社会利益的统一的。[38] 康德以揭示人为自己立法而著称。那么,循着康德的思路,就应当进一步追求人为什么要为自己立法?道德对人究竟有什么用?道德原本就是人为了自身的。在学理上,义务论与目的论其实并不如人们通常所说的那样彼此截然对立,相反,各自只有从对方才能获得其存在的充分理由与内容。义务论须以一定主体及其价值为其内在规定,

---

[37] 参见高兆明:《道德生活论》,河海大学出版社,1993,第405—409页。
[38] 参见托克维尔:《论美国的民主》(下),第2部分,第8—10、14章。

否则,义务论就会在貌似隽永高大之下沦为流离无根之存在。同样,目的论须以一定的义务法则为其规定,否则,目的论就会由于失去对主体存在的本根关注而沦为苟且营生的工具。目的论、义务论应当在人这一主体中实现统一。道德不仅仅是人的精神提升方式,同时也应当是人物质生活方式中的一个有机内容;它不是简单用来平衡人的所谓理性与感性对立、用理性驾驭感性的工具,而是使人的存在及其全部现实活动都作为人而存在。道德的实践品性主要不在于它的内心修养性,而在于它的现实行动性;道德也不仅仅是如同康德所说的配享幸福的学问,而是如古希腊哲人多次揭示的那样,是关于人如何获得包括物质生活在内的幸福的一种智慧生活方式。善与利益的不可分离性,不仅在于它的本质、根源与利益直接相通,同时还在于在现实生活层面上,它与民众日常生活经验中的利益直接相通。为善,令人仰慕,获得崇高之精神价值,这是美的,但善仅仅是美的尚不够。善若仅仅是美的而不同时也是有用的,那么,这善自身则既是软弱的,也是不充足、分裂的,故也难以被真正称之为善。善的分裂,就是存在的分裂,就是利益的分裂,就是社会结构的分裂,就是在社会结构中,一些人专司义务,另一些人专享权利;一些人专门牺牲奉献,另一些人专门享受牺牲奉献。这是德与福的分裂。黑格尔当年在评价康德时曾提及当时人们感觉到的一种经验现象:有道德的人常常遭受不幸,而不道德的人则往往是幸运的。㊱出现这种现象的原因就在于,他所生活于其中的那个社会结构本身出了问题:它在权利与义务关系的安排上是不公正的,它为那些不道德的人安排了更多的获利机会,它的激励机制是在鼓励人们不道德。善如果仅仅是美的而不

㊱ 参见黑格尔:《精神现象学》(下),商务印书馆,1987,第141页。

是同时亦是有用的,那么,此善虽然令人仰慕,但却可能同时缺少强烈、普遍、持久的行为感召力与激励力,因而事实上变得软弱苍白。在一个公正的社会结构中,德行应当是有用的。善只有变得有用时,才能成为民众的普遍自觉行为。

社会结构是广义的社会利益分配机制,也是社会广义的规范制度。如果在一个社会结构中德行是有用的,那么,在这里德行不再仅仅是个体修身养性、令人赞叹敬畏的深谷幽兰,也不再是个体于外在强暴与/或欺骗之下的麻木不仁、浑浑噩噩,而是成为人们谋取现实利益的有效手段与方式。不过,值得注意的是,我们说德行是有用的,不能简单理解为社会直接依一个人的"品德"、"德性"或行为的合乎道德、善进行利益分配,而是说,社会运作规则、制度性安排应当合乎"善"的规定,使人们只要通过正当、合法的行为,即可得到自己应得的正当利益。这样的社会结构告诉人们要想得到自己所欲求的,应当且只有通过何种途径、须付出多大努力;告诉人们社会利益分配并不依其言,而依其行;告诉人们向社会提供同样结果,会得到同样的回报。在这里,德性必须转化为现实的德行,必须转化为现实的行为;是德行而非德性、且是德行之结果而非其动机,作为社会利益分配的直接依据。这里就隐含着一个结论:由于社会成员能力间的差异,由于德性与社会利益分配的复杂中介环节,一个人的物质收益并不能直接等于其品性,不能以物质收益来衡量一个人的品性。故,有必要对德行有用的社会结构作进一步修正性规定:个人通过德行从社会中的收益,是一种广义收益,物质利益仅是其中之一,精神的褒奖、舆论的赞扬、职务的升迁等,均属其列。德行有用立足于社会宏观结构、制度体制角度而言,其核心是德福一致。

其实,迄今为止为的任何一种在历史上留下重大影响的道德理论、政治学说,均以自己的方式将德福统一作为其理论基石与价值目标,差别仅在于各自阐释的具体方式与内容及合理性程度不同而已。亚里士多德认为,伦理学研究个体的善,个体德性是关于获得幸福的方式;政治学则研究群体的善,政治学所研究的国家的任务,是为人民博取福利并使民众过道德的生活。亚里士多德的这一思想为后人所承袭。尽管康德明确宣布实践理性不是关于如何获得幸福的学问,而是如何配享幸福的学问,但是康德仍然通过上帝永在这一设定,以自己的方式肯定了德福一致,只不过他将问题由此岸推向了彼岸。而黑格尔则以伦理实体这一活的善及其对个体德性规定的思辨方式,表达了社会宏观结构应当具有公正性、权利与义务的一致性,提出了他理想中的德福一致。以马克思为代表的社会批判思想家,在揭露资本主义的内在矛盾,批判现代资本主义社会结构的罪恶、不公的同时,孜孜不倦追求"合乎人性的环境"的自由人联合体,将社会结构、制度性安排的德福一致思想推向了一个新的境地。

值得一提的是功利主义思想学说。功利主义思想学说以最大多数人的最大幸福的价值目标、善恶价值量大小的功利权衡方法而著称。功利主义认为,个人履行常识认可与规定的义务,就可以获得他自己最大可能的幸福。功利主义试图以其特有方式寻求个人快乐(幸福)与他人、社会快乐(幸福)统一的德性精神。功利主义这一理论中隐含着一个前提:既然将个人履行义务视作获取个人快乐(幸福)的方式与途径,那么这就意味着存在着一个德福一致的社会结构。在这个社会结构中,只有个体的德行才是广义社会利益分配的依据。只有具备了这样一个理论前提,只有具有一个善的社会结构时,功利主义的理论主张才有逻辑上的彻底性,从而才有可能具备学理上的完备性。而功利主义在这一点上恰恰存在着致命的缺陷:它只将这种德福一致作为一种隐含的理论前提,却既没有明确提出、更没有从理论与实践上予以证明。所以,功利主义的理论体系中存有一个严重的逻辑中断,有一个巨大的裂隙与危险的跳跃,正是这个体系中的裂隙,使得功利主义据此所得出的所有进一步推论都是不可靠、值得怀疑的。[40] 不过,尽管功利主义存在着这样重大的理论缺陷,但它毕竟以自己的方式肯定了应当具有一个德福一致的社会结构体系,且只有在这个社会结构体系中,社会成员才有可能形成普遍善的行为。

当代自由主义与社群主义虽然在社会结构、国家权能的认识上有尖锐分歧,但是,他们在社会结构应当是公正的,应当保护公民的基本自由权利,应当负有对公民的某种积极引导责任,应当给民众生活提供一个权利与义务相一致的公正世界,应当使民众通过正当的方式获得自己的物质生活财富等最基本问题上的看法,却是共同的。彼此差别只在于一些具体内容方面。以罗尔斯与麦金太尔为例。罗尔斯在《正义论》中在提出了正义的两个原则后,分别回到制度与美德两个方面加以验证,从而证实正义两原则的合理性。罗尔斯事实上是在表达一个基本思想:社会公正优先于个体善,个人的美德、情感只有在一个公正的社会中才能形成。[41] 这样,罗尔斯以自己的方式表达了德福一致,且社会结构正义安排对于个体善的先在性的思想。罗尔斯在面对来自社群主义的诘问以后,在《政治自由主义》中则对《正义论》中的良序社会范畴作了修正。他不在伦理学的立场而是从政治学的立场,来讨论具有不同道德意识的、自由而平等的公民所组成的社会如何可能长治久

---

[40] 关于功利主义理论体系的这一缺陷,可仔细品味西季威克的《伦理学方法》(中国社会科学出版社,1993)第2篇,尤其是第4、5章的脉络。

[41] 参见罗尔斯:《正义论》第8章,中国社会科学出版社,1988。

安问题。他所关注的不是道德意识的共同认同,而是基本制度的共同认同。他这样做并不是要否定道德认同的意义——相反,正如他自己所说,基本制度的认同与道德的认同在很大程度上是一致的。他这样做只是要突出社会结构、制度性安排本身的基础重要性。人们在其共同认同的制度性安排中,只要做这个制度性安排所允许做的,就是正当的。这一方面能够得到自己应当得到的东西,另一方面能够保持这种社会制度的稳定性。事实上,他是从突出社会结构的角度强调德福一致的现代意义。[42] 麦金太尔在对罗尔斯、诺齐克批评时强调:社会不仅是一个利益共同体、政治共同体,也是一个道德共同体,每个人的应得赏罚是根据共同体利益、共同体标准而作出的。换言之,在麦金太尔看来,这个作为共同体存在的社会结构、制度性安排本身是正义的,它以德福一致为其内在规定。[43] 因而,尽管罗尔斯与麦金太尔在是以个人为出发点还是以社会为出发点上存有尖锐对立与分歧,但是二者实质上均肯定且强调社会结构、制度性安排自身的公正性。

在一个基本公正的社会结构中,德行应当是有用的。然而,应当引起警惕的是:应当避免对德行有用、德福一致作纯粹实用主义的理解。任何一个命题一旦离开了其所得以成立的严格前提与限制,就会走向反面,失却存在的合理性。德行有用、德福一致,这一命题应当基于社会宏观结构及其运作设计的立场上被把握。它所关注的焦点是:一个社会应当努力构建起依靠赏罚分明机制调节社会利益分配的公正的社会结构,在宏观上创造出"老实人"不吃亏的合乎人性生长的良好环境,保证德行是社会的通行证。使社

---

[42] 参见 John Rawls: *Political Liberalism*. New York, Columbia University Press, 1993.

[43] 参见麦金太尔:《德性之后》,中国社会科学出版社,1995,第17章。

会成员从生活体悟与理性思索两个方面均清醒地认识到：在一个组织良好的社会中，德行是获得自身正当利益的唯一途径，即使社会暂存有诸多缺憾，德行也是人安身立命所不可缺，它不仅可以给自己带来良心的安宁、人格的自尊和/或社会的赞誉，甚至同时也可以带来某种生存与发展的基本条件与便利。

只有当社会制度性安排建立在德行有用这一基础之上时，社会成员才能从生活中体悟到德行有用，这个社会才有可能在大众层面上引导其成员普遍向善，才有可能趋于健康有序且充满生机与希望。一个善的制度，既是能向社会成员提供向善、自由生长的制度，同时也是一个充满活力与生机的制度。私利公益、德行有用这一制度性安排，是解读社会生机与活力的钥匙。

三、公平与效率

根据通常的看法，一个善的制度既应当是公平的制度，又应当是有效率的制度。这种通常的看法尽管具有某种合理性（以其特有的方式强调一个善的制度本身应当既具有公平，又应当具有效率），然而，这种看法本身却是思维混乱、充满误导与陷阱的观念。这种通常的看法似乎先在地设定：在一个善的制度中效率与公平是两个同等价值的概念。这种先在设定妨碍人们对于公平与效率关系的理性思考，妨碍人们对于效率源泉的正确揭示，妨碍人们对于善的制度本身的深刻认识。

当我们讨论公平与效率问题时，须明确两个前置、预备性的问题：

其一，严格地讲公平与正义是两个有所区别的概念。正义是指的是关系状态,公平则是强调这种关系状态中的各方对此关系的认肯,认为这种关系状态不仅是平衡的,而且是不偏向某一方面的。有正义未必有公平,有公平却有正义,真实的正义是公平的正义。正是公平与正义二者间的这种区别,所以罗尔斯才提出"作为公平的正义"的概念。罗尔斯通过"作为公平的正义"概念是要明确他所理解的现代多元社会正义的内容,这就是所有社会成员平等的基本自由权利这一正义本身的内在规定性。这样看来,尽管公平与正义两个概念有所区别,但是对于研究社会财富分配这一论域而言,用"公平"替代"正义"并无实质的影响,更何况这种替代是由于对话、质疑那种流行的俗见而不得不为之的。

其二,如果我们能够大致地如同日常生活中那样将"效率"理解为物质财富的生产活动,那么,我们必须充分肯定当今时代、尤其是当今中华民族,发展社会物质生产力的重要意义。创造物质财富的物质生产活动,是人类最基本的活动,是人类生存与发展的基础。[44] 迄今为止,人类的自由解放程度与物质财富发展水平具有正相关性。人类的自由解放历程就是人从自然与社会中提升的历程。当人类还得为生存而烦恼、为温饱而挣扎时,虽然也能够表现出主体的不屈抗争精神,但仍然摆脱不了对外部自然的消极臣服或狂妄征服,摆脱不了由于自身相互间对财富的争夺而导致的分裂与对抗。当今社会存在的城乡差别、工农差别、体力劳动与脑力劳动等差别,虽然有其深刻的社会历史原因,但究极言之,则与社会生产力发展水平不高、与社会物质财富的相对贬匮有直接关系。至于最令人们神奇迷幻的精神生活,虽然在个体层面上可以表现出某些物质生活水平与思想发展水平的不一致,可以有物质

---

[44] 参见马克思恩格斯:《德意志意识形态》,人民出版社,1961,第21—22页。

上的清贫、思想上的富有,可以有财富的富足、人格的卑劣,但就社会大众层面、社会总体发展水平而言,社会摆脱贫困的程度与社会总体的精神文明水准,具有正相关性。人类的彻底解放有赖于社会生产力的充分发展,有赖于社会财富的极大涌流。贫困不是科学社会主义。在社会贫困基础之上不可能建立起善美的理想社会。

20世纪中叶以来伴随着新技术革命而来的产业革命,极大地推动着社会经济的发展,并对人类的全部交往方式、存在方式产生了极其深远的影响。它在为人类提供丰富物质财富的同时,深刻地改变着人类社会的结构状况,它在深刻地改变着人类生活方式的同时,也在悄然地改变着人类的思想方式及其内容。而由信息技术所触发的知识经济,更使这种变革提高到一个新的境地。当今世界中的竞争,说到底就是效率的竞争、生产力的竞争(当然,如何获得效率则又是另一个相关的极其重要问题),看一个社会制度是否优越,看一个民族是否立于世界各民族之前列,最终就是看这个社会制度能否更大程度地解放社会生产力,能否带来更大的社会效率,就是看这个民族能否拥有高度发达的社会生产力,是否繁荣富强,是否有强大的综合实力。今天,经济的发展,效率的提高,已成为解决国内社会问题、国际政治关系的直接制约因素。

在一个相当长的时间内,我们这个国家虽然高扬马克思主义唯物史观的大旗,但在实践中却表现了相当浓郁的另一种色彩,结果使我们这个民族失去了极其宝贵的经济发展时机,甚至一个时期竟处于国民经济崩溃的边缘。即使是在共和国建立了几十年后的今天,这块土地上仍然有相当一部分人不得不为温饱而奋斗。相对落后的效率、相对落后的经济,曾严重地制约了我国社会生活各个领域的建设,甚至威胁着社会的稳定安宁秩序,制约着改革开放的进程。尽管伴随着社会财富总量的急速增长,出现了一系列新的社会问题,但是,我们在追求可持续发展的、公平正义的社会目标过程中,对经济建设万万不可掉以轻心。

在做了上述准备后,我们可以进入公平与效率问题的相关讨论。

1. 价值论视域中的"公平"与"效率"[45]

公平对于效率具有价值上的优先性。这种价值优先性的基本依据在于:首先,公平以及以公平所标识的人的自由存在关系,是人类存在的终极目的性。效率就其自身而言只是一种手段性存在,不具有终极目的性特质。其次,效率无法说明公平,公平却可以说明效率。再次,效率并不能消除社会贫困现象,效率只表明社会财富总量的增加,而不能表明社会财富的合理分配状况。

对于效率与公平关系的这种认识,依赖于对效率、公平概念自身的深刻理解。效率是关于系统活动功能状况的一个范畴。对于人类社会而言,效率则是关于社会资源合理配置基础之上的社会系统功能状况的范畴。尽管我们可以从不同角度、不同层次对效率作出不同的具体规定,但只有在哲学层面才能被真正把握。[46]

---

[45] 本小节部分内容笔者曾以《从价值论看公平与效率》为题发表于《哲学研究》1996年第9期,部分引自笔者《中国市民社会论稿》(中国矿业大学出版社,2001)第2章第2、3节。

[46] 效率是资源的合理配置,这仅是经济学对效率的规定。这种理解虽有助于对效率的哲学理解,但这种理解本身则是狭隘的。如果我们深入经济学内部关于提高效率途径的论述,对此就会一目了然。关于经济学提高效率途径的论述可参见匈牙利经济学家科尔内的论文《短缺与改革——科尔内经济论文选》(黑龙江人民出版社,1987)第207页。

(1) 效率的两种尺度

马克思曾揭示人有两种尺度,这就是对象的尺度与人自身的尺度。尽管马克思两种尺度思想的主要立足点在于揭示人的能动实践这一本质规定,但是,它却同时揭示了:在关于人的一切问题上,不仅存在着纯客观的事实判断,同时还存在着价值判断——这就是对人自身的意义。根据马克思两个尺度的思想,效率判断可有客体的与主体的两种尺度。通过能量转换过程的考察,可以一种纯客观的描述来对某系统功能的效率状况作出准确的判断。诸如对蜜蜂筑巢、萤火虫发光等事实的效率判断,就属于这样一种纯客观的客体的效率判断。不过对于人类来说,效率判断并不仅仅是客体的,它同时还是主体的。效率判断的主体尺度,就是以对人自身存在的意义、以人类健康存在与发展为标准的效率判断尺度。诸如氰化钾对于哺乳动物生命的杀灭客观上具有高效率,但是,这种功能对于人类自身的生命存在来说,却未必能说是高效率的。同样,氢弹具有极大的杀伤力,作为战争武器来说确实是高效率的,但是,一旦真正付诸运用,不啻是人类毁灭的信号。提出效率判断的主体尺度,并不否认其客体尺度的存在,只是强调应当在此基础之上进一步探究它对于人自身的意义。在客体尺度中看来是有效率的,在主体尺度中则未必是有效率的。

社会领域中的事实作为一种客观存在,可以一种近乎纯客观的分析与描述作出基本属于客体尺度的效率判断。在抽象的意义上,我们可以借助马克思的"社会必要劳动时间"与"价值"概念对此作简要表达:效率考察的是用同样"社会必要劳动时间"创造出多少"价值"这一事实。在实际生活中,究竟以何种方式配置社会资源才能带来较高的社会生产力,这可以通过包括计算机应用、行为科学应用在内的科学实证的方式作出精确判断。然而,在技术上最有效率的,在实践中未必就是可以采用的。因为在技术上最有效率的未必就是合乎人性的,或者说,未必就是有利于人的身心健康发展的,因而,也未必就是真正有效率的。依据主体的尺度,真正有效率的社会资源配置方式、劳动流程的设计,则是那些既有纯技术上效率又适合人的身心健康发展的社会结构方式。效率判断不仅仅属于事实判断,它同时还属于价值判断。失却了价值判断的效率判断,是失却了灵魂的效率判断。

人类的一切活动都反指向自身。人类一切具体活动无论其取何种具体存在形式,都只是作为自身存在与发展的一种手段而获得意义。甚至如马克思所说的那样共产主义社会也"并不是人类发展的目标",人类发展的最终价值目标是"通过并且为了人而对人的本质的真正占有","人以一种全面方式,也就是说,作为一个完整的人,占有自己的全面的本质"。[47] 相对于自由人这一人类最高价值目标来说,其他一切均是手段。然而,人为了获得自由就必须创造一系列条件,正是在这个意义上这些条件本身又获得了某种目的的意义。不过,它们是"直接目的性",而非"终极目的性"。若这些直接目的性嬗变为终极目的性,则人自身就被反主为客,异化为那些原本作为手段的手段,世界就不再是人的世界,人在无限推崇自身以外的东西的同时,则使自己沦为物的附庸。[48]

不仅如此,如果离开了哲学意义上人的自由这一理念,"效率"概念本身也难以得到真实规定与彻底解释。这就如同功利主义在试图确证行为选择价值合理性根据时,如果不是以大多数人的福利、而是以个人的私利来规定"功利",那么,理论上就会有明显漏

---

[47] 参见:《马克思恩格斯全集》第 42 卷,人民出版社,1979,第 131、120、123 页。
[48] 有关实践的价值目的性内容可参见高兆明:《社会变革中的伦理秩序》,中国矿业大学出版社,1994,第 202—207 页。

洞一样。对于人类社会生活而言,当我们面临"效率"问题时,首先应当发问的是:谁之效率?何种效率?对于 A 有效率的,未必对于 B 有效率,对于 A、B 有效率的未必对 C、D……等有效率;对于当下有效率的未必对于未来有效率。这里不仅仅有一个在平等的基本自由权利视域中每一个人基本自由权利平等、没有任何理由可以伤害其中的一部分人的基本自由权利以助其他人获得更多权益的问题,而且还有一个效率是否真实的问题。如果说一种所谓效率以牺牲他人、未来的利益为前提,那么,这就不能称之为真实的效率。这种所谓效率,实为一种特殊形式的对他人正当权益的掠夺。这样看来,我们只有在充分展开了的时空维度中,才能获得对效率概念的真实规定。而这种充分展开了的时空维度,就是类的维度,就是平等的基本自由权利这一普遍利益及其实现,就是普遍人类意义上的效率。离开了人的自由这一哲学抽象,纯粹感性、当下、局部意义上的"效率",均是或然的,而非真实的。

在效率判断中坚持人的价值目的性,内在地就蕴涵着关于效率的最终来源秘密。在终极的意义上说,效率不是来自于物,而是来自于现实活动着的人,来自于人的积极性与创造性的发挥。而人的积极性与创造性则又来自于那样一种具有解放性质的、合乎人性的社会基本结构及其制度体制。正是这种社会基本结构及其制度体制,使人源源不断地产生出无穷的积极性与创造性,并由此带来巨大效率。正是在这个意义上,解放社会生产力、提高社会效率、增加社会物质财富的关键,就在于人的自由与解放,在于使人获得自由解放的社会关系的确立。

(2)目的性中的公平与效率

人的自由、合乎人性的健康生长,是人类社会的终极性目的。人类为了实现自由,就必须创造出能够作为自由生活背景环境的公平正义的社会交往关系结构。由于人们总是通过现实交往关系体悟自身自由解放的状况,因此,公平正义就始终成为人们的执著追求。人类正是在追求公平正义中一步步走向未来。在社会—历史哲学中,公平正义不仅是人的现实目的性追求,而且也是效率的源泉所在。在这里,效率从社会公平正义那里获得其存在的现实规定性,效率是公平正义的产儿;谁拥有社会公平正义,谁就拥有效率;效率属于公平正义,只有在社会公平正义基础之上,才有可能获得真正的社会效率。

这里可能会面临一个诘难:在社会—历史哲学中,社会生产力是推动社会进步的最终动力,而社会生产力的提高就是意味着效率的提高,那么,这不就意味着效率的提高推动社会历史的进步,效率不也就应当成为社会—历史哲学中的自觉追求吗?甚至进一步言之,从生产力对生产关系乃至全部社会关系的最终决定作用立场上看,这不是也意味着效率比之公平正义更应当成为社会的自觉价值目的,效率在价值上更应当优先于公平正义吗?其实,这个可能的诘难本身是值得疑问的。笔者以为这里的关键是:首先,生产力概念是否等同于效率概念?生产力是如何得以解放又是如何推动社会历史进步的?离开了主体的立场对此是否能做出科学的回答?尽管生产力的提高必然伴随着效率的提高,但是生产力却并不等同于效率。生产力是指生产实践的能力,而效率则是人类这种实践能力状况的一种量的揭示。换句话说,生产力是指主体的实践能力,而效率则是对这种能力施展结果的客观描述。其次,尽管社会生产力是社会发展的最终推动力量,但是生产力本身却并不是人类追求的最高目的。再次,生产力的解放在于其中最具革命性因素的劳动者的积极性、创造性的调动与发挥。而劳动者积极性、创造性的调动与发挥,又来自于劳动者对相对公平正义的社会关系的感受,即社会相对公平正义的社会关系解放生产力,使社会生产效率提高。在这儿不是以效率说明公平正义,相反是以公平正义说明效率。[49] 在社会—历史哲学中是以公平正义说明、规定效率。

当思维的行程进一步下降到社会学的角度,由于观察思考问题视野的缩小、深度的浅显,情况会发生明显的变化。在社会学的角度,效率与公平应当兼顾。从社会生活的宏观显现来看,人们所面对的重大社会问题、必须解决的社会基本任务则是多方面的,既有政治的、经济的,也有思想文化教育的。在这儿,由于每一具体历史时期的具体条件、场景不同,社会所面临的必须解决的重点问题有所不同,社会问题的焦点会随时间地点条件的变化而变化。社会—历史哲学那样一种本质层面上的认识,在这里就会被这些现实的问题层面所取代,彼此间本质上的一源性,就会演变为生活存在中的彼此共在性、多源性。在这里,公平正义就主要作为社会政治问题的代表而存在,效率则主要作为社会经济问题的化身而出现,它们都成为社会必须予以重视的基本问题。不仅如此,在这里,对方甚至还成为解决自身问题不可缺少的前提与条件。正是在这个意义上,人们可以说没有效率就不可能有真正的社会公平正义,因为社会公平正义需要一定的客观物质基础,诸如社会福利保障体系的建立与完备必须以高度发展了社会经济为前提。也正

---

[49] 在此值得指出的是那种"以效率说明、规定公平正义"的主张是简单轻率乃至肤浅的。这种主张在理论上混淆了生产力与效率范畴,没有把握生产力中最具有革命性因素的内容以及这种最具革命性因素的内容获得解放的途径及其自觉追求,并事实上成为功利主义的公平正义观;在实践上则会导致极其荒唐、危险的境地。这种主张看似坚持了,但实际上则是歪曲并庸俗了马克思主义的唯物史观。

是在这个意义上,人们同时又可以说没有社会公平正义就不可能有真正的效率,不可能有社会经济的持续繁荣发展。因为,经济的持续繁荣发展,必须要有民众的劳动积极性与创造性的充分发挥,必须要有安定祥和的社会环境。显然,当人们处于一种比较具体的立场认识问题时,持公平正义与效率平等相待的态度,既是正常的也是合理的。只不过作为那个社会头脑的思想家们,作为那个社会生活组织者的政治家们,却不能仅仅立足于此局限立场,陷于浅显。他们必须同时具有社会—历史哲学乃至人的自由存在的哲学视野与智慧,十分清醒地认识事物的本质,这样才能使社会发展以一种合乎人性的方式可持续发展。值得注意的是,丹尼尔·贝尔曾将公平与效率的矛盾作为现代社会的四个基本矛盾之一。他此处的"经济"所指的是日常生活中的经济生活,"公平"所意指的是与经济生活相对应的社会生活本身,公平与效率的矛盾是指"社会要求与经济行为"之间的矛盾,或者说是指经济发展与社会发展的矛盾,而不仅是指社会财富的分配。丹尼尔·贝尔在这个意义上提出公平与效率的矛盾及其优先性的问题,则是合理的,且答案也蕴涵在问题本身之中。㊿

当进入经济学或进入经济活动时,公平正义这个人类宠爱的公主,就会嬗变为经济的侍女,成为效率的手段。从事经济活动、进行物质生产,突兀而现的是经济、效率。效率是经济活动的直接目的性。正是这直接目的性作为人们认识、思考、处理经济问题的直接视野,并被人们自然地拿来作为一种价值框架、判断依据:一切唯效率是从。仆人眼里无英雄。这种状况的出现,是由人们的

㊿ 参见丹尼尔·贝尔:《资本主义文化矛盾》,北京三联书店,1989,第316—317页。

直接目的性、人们所要直接面对与解决的问题的具体性所决定。这既可以理解,甚至也并非完全不合理。财富的分配应当有利于社会资源的合理配置,即公平应当有利于、服务于效率。亚当斯所提出的微观管理过程中的公平问题及其数学化表达,就从一个侧面表明了公平对于效率的服务意义:研究经济活动中的公平,只不过是为了提高经济效率。至于宏观经济过程中的社会财富的分配公平问题,虽然要复杂得多,但究其要义而言,仍然没有脱离作为社会资源配置、实现经济可持续发展的一种调节手段的规定。在经济学领域中,一切均以效率为目的。这就如萨缪尔森、诺德豪斯所形象比喻的那样,经济学家所关注的只是以更有"效率的方式来使用社会的资源",他们就像"一个好的旅游经纪人","一旦你作出了选择,经纪人就会帮助你迅速而经济地到达那里",他们所关注的只是"经济"、"效率"。[51] 他们的这种比喻揭示:在市场经济或经济学视野中,效率具有价值上的优先性。而这正是市场的自发逐利本性。阿瑟·奥肯曾在市场经济的角度提出"平等和经济效率之间的冲突是无法避免的"。在他看来市场经济自身是效率目的指向性。奥肯反复强调:市场需要有一定的位置,但市场又需受到约束。他既为市场欢呼,但此欢呼不会多至两次,因为市场的金钱尺度是个暴君,它会扫尽一切其他价值。他主张在效率中注入一点人道,在平等中注入一些合理性。[52] 奥肯的上述思想至少是冷静、清醒的。

至此,我们已发现:随着考察问题的背景、视野由一般、广阔、

---

[51] 参见保罗·A.萨缪尔森、威廉·D.诺德豪斯:《经济学〈第12版〉》,中国发展出版社,1992,第85页。

[52] 参见阿瑟·奥肯:《平等与效率》,华夏出版社,1987,第105页。

深刻向具体、狭隘、浅显变化,公平与效率的关系会发生明显的变化;这种由不同的角度、不同的层次所得出的不同结论,在各自的角度、层次上都是合理的,而就其彼此相互关系来看,则又存在着系统的递减(进)性。随着实践范围的缩小、实践内容的具体,实践的直接目的性更加远离终极目的性,在这种终极目的性之下存在的目的—手段链,往往又会进一步强化人们将直接目的性当成终极目的性的幻觉。正是在这种情况下,效率这一原本属于人们经济活动范围内的事物,被拔出它自身存在的土壤,被作为一个普遍的社会问题提出,甚至在社会生活领域内获得了与公平正义一比高下的资格。这是由人们认识的混淆、失误所造成的。

2. 对几种流行观点的质疑

关于公平与效率关系问题,时下流行着一些似是而非的观点。这些观点应当得到澄清。

(1)关于"效率与公平孰优先?"

对于效率与公正关系,人们通常发问的方式是:"效率与公平孰优先?",并认为二者应当是统一的。但是,二者究竟怎样统一?其关系真谛究竟如何?对此的进一步回答则直接与对问题的发问方式相关。

首先,"效率与公平孰优先"不是一个普遍性命题(或问题)。因为,正如前述,这个问题只有在经济领域内才有可能存在,它不能作为普遍社会生活、人类一般实践中的一个基本问题存在。而在经济生活领域内这个问题却是不存在的,因为在那儿效率天性就是优先、至上的。就实际情况而言,首先提出这个问题的是经济学家,且是在微观经济层面,它所涉及的公平仅在纯粹经济领域且仅指收入均等化而言,并不涉及内容更加广泛、深刻得多的政治生

活领域中的公平问题。㊳

　　通常那种值得怀疑的"效率与公平孰优先"的发问,严格地说应当是如下的发问,或者说包含其中的真实内容如下:"自由与平等孰优先","怎样才能获得效率"。而对于"怎样才能获得效率"的发问又容易被误解,以为效率是目的,公平正义是手段。这里只要明确两点即可:一是它严格限制在经济学领域中,一是它就事物的"条件"意义上提出问题的,而作为"条件"就不同于哲学意义上的终极目的问题。西方发达国家近代以来的经济发展行程,在总体上经历了由以亚当·斯密为代表的自由主义经济,到20世纪初以凯恩斯为代表的政府干预主义,再到以哈耶克等为代表的新自由主义的历程。隐藏在这个历程背后的是市场调节与政府调节的关系,其焦点为经济发展是更偏重于自由还是平等,其核心是寻求经济可持续发展,解决的途径是在市场调节与政府调节之间、自由与平等之间保持恰当的张力。由于自由、平等都是公平正义的最基本内容,因而,在这里我们就可以在一个相对较长的历史跨度内发现:经济效率原本属于公平正义,只有通过公平正义、只有以一种相对公平正义的方式,才能获取经济的效率;效率只不过是社会公

㊳　相反,即使是对二者孰优先有不同看法的人,总是以对政治生活中公平正义的共同基本认识为前提。甚至引人注目的罗尔斯与诺齐克之争,尽管他们不属于纯粹经济学领域的争论,他们争论的内容是一种比较深刻的社会—历史哲学之内容,但是他们在意见明显相左之下仍然有一个共同前提,这就是对政治生活中的公平正义内容认识的基本一致性——他们所关注的实质是市场作用与政府管制作用的关系。他们所谓的公平与效率互相抵触其实是在说,市场愈起作用、政府管制作用愈小,经济效率就愈高,相反,市场作用愈小、政府管制作用愈大,经济效率就愈低。他们之间的矛盾冲突,其实是经济学理论中的经济自由主义与国家干预主义两大思潮的矛盾冲突。他们尽管外表不同,但他们都在忠实地履行"经纪人"的职责。至于在社会—历史哲学中所展开的关于公平与效率问题的争论,其实是在同样术语之下讨论另一个不同的问题,这就是笔者所说的公平正义自身内部自由与平等的关系问题。

平正义的一种客观物质生产活动结果。无论是经济政策侧重于市场调节,还是侧重于政府调节,究其实质而言,只不过是自由与平等关系在经济生活中的体现,这里不是什么效率优先,而是在经济政策中自由与平等谁优先,效率只是作为这种关系的一种客观结果。

其次,在上述发问方式中隐含的可能理论前提之一,就是效率与公平是两个平行的概念。而这种发问及其隐含着的理论前提又进一步包含着由此可能得出的一系列所谓理所当然的推论:其一,社会公平不是、也不能作为社会的最高价值理想存在,因为效率是与之并列的概念或要求;其二,既然公平与效率是并列平行的矛盾体,那么,就应当有能统一二者的更高概念范畴出现;其三,既然二者是并列的,那么,它们之间有可能是不能相互兼容的,因而,就有可能存在着有公平就没有效率、有效率就没有公平的悖论情形。显然,这种通常习以为常的发问方式,本身就存在着误导对问题理解的嫌疑。这种发问方式必须改变。

根据前述效率概念从属于社会公平概念,效率属于公平,我们的合理发问方式应当是:公平对于效率的意义何在?如何在公平之下提高效率?

效率属于公平,这不是思辨的结论,而是历史发展的逻辑。效率是投入产出比,这是对效率的经济学理解。在社会哲学的角度看来,效率是社会生产力发展程度的功能性指针。历史上任一社会形态的更替,在根本上说来都是人的一次解放,因而都是社会公平的一次跃迁。伴随着人的解放、社会公平跃迁的,是人的积极性与创造性的调动,是社会生产力的解放,表现在社会物质生产的功能形态上,就是效率的提高。

在历史过程中,效率是社会公平的产儿。资本主义取代封建主义,在物质现象形态上是现代大工业取代小农经济,是效率的胜利。然而这种效率的秘密在根本上则在于打破封建宗法等级制所获得的人的解放,因而它是新兴资本主义社会公平的胜利。没有这种社会公平,就不可能有资本主义的效率及其对封建主义的取代。资本主义由于其(哪怕是形式上的)人格独立、人身自由,带来了空前的效率。然而,这种效率又由于私有制、由于对物的狂热追求,反过来又伤及社会公平自身,或者说,在其展开过程中暴露了公平中的不公平:人成了金钱的信徒,化为机器的附庸,社会与人均畸形发展。正由于此,科学社会主义制度的出现就有了必然性(当代发达国家在社会生活中所作的一系列调整、改革,事实上正是历史发展过程中这种自我否定的特殊表现形式)。科学社会主义取代资本主义的必然性,就在于它能克服资本主义社会的诸多异化现象,真实地恢复与确立人的主体地位,使人得以自由、全面、健康发展,因而能够极大地调动人的积极性与创造性,极大地解放社会生产力,从而拥有更高的社会效率。效率是历史的概念,它是社会公平的产儿,谁拥有社会公平,谁就拥有效率。[54] 正是在这种历史的意义上,我们说效率是公平的效率。在这个角度上认识效率,我们就会摈弃浅薄,就会透过物的现象把握其背后存在着的人的本质性内容,就会发现社会效率永不枯竭的动力源泉,就会洞悉历史过程中社会公平对于社会效率的统帅、决定意义。这样,在社会公平之下理解效率,才算是领悟了效率的真谛。效率属于公平,效率从公平那里获得自身存在的现实规定性。

如是,那种主张"以公平换取效率"的观点,在根本上就既浅薄

---

[54] 现代高科技发展,似乎表现出效率脱离人而对现代技术的依赖,但这仅是表象。现代技术自身仍然是人的活动的结果并且有赖于人的运用与控制。

又荒唐。公平不存,效率何有？或许在一些人看来,牺牲公平换来局部、暂时的效率,可以作为例证。不过,若在历史过程中、在整体上审察之,岂不是以社会、历史这一更为巨大的效率作为代价？若根据这种理解,丹尼尔·贝尔在《后工业社会的来临》中认为在后工业社会中有必要以效率服从公平的提法,甚至也是欠妥的。为了实现与保持社会公平,有时需要适当放慢经济发展速度,表面上看似乎是以效率换取公平,殊不知,这恰恰是在发掘社会效率之不尽清泉。不应当在与公平相对立的方式上认识效率。效率属于公平。

（2）关于"以效率规定公平"

"以效率规定公平"观点如有合理之处的话,也只是在纯粹经济领域、且只限于物质财富分配应当有利于再生产活动这一角度,即,作为经济活动中一个环节的分配方式,应当以有利于提高经济效率为准。除此而外,该观点就是值得疑问的。

"以效率规定公平"是一个极具迷惑性与歧义性的观点。在社会—历史哲学的意义上而言,一个公平的社会必定是有效率的社会,因而是具有存在合理性根据的社会。人们通过效率可以透视一个社会的公平状况。这里的关键在于:其一,此"效率"是历史—哲学这一普遍意义上的,而不是日常经验生活暂时偶然意义上的。一个公平的社会必定是有效率的社会,并不意味着一个暂时有效率的社会即是公平的社会。其二,"效率"标识、证明了社会的公平性。这个标识、证明是指:因为社会是公平的,所以这个社会有效率(此效率的根源就在于社会关系的公平,以及劳动者基于自身公平感受而焕发出的劳动积极性与创造性);效率是公平内在所包含的因素。因而,效率并不是规定公平,而是标识公平。

"以效率规定公平"观点最容易迷惑人之处,就是引进生产力概念。此观点将效率与生产力同等而论,并将公平理解为社会生产关系,进而据此进一步根据唯物史观的一般结论认为,生产力决定生产关系,有什么样的生产力就有什么样的生产关系,有什么样的效率就有什么样的公平,效率规定了公平。然而,即使引进生产力概念,也不能得出"效率规定公平"的结论。这里问题的关键在于:

其一,正如我们在前面已经指出的那样,生产力概念并不等同于效率概念。在生产力诸要素中,劳动者的积极性、创造性具有极为重要的作用,劳动者的劳动积极性、创造性会决定其他生产要素作用发挥的状况。而影响劳动者的劳动积极性、创造性的关键因素,在根本上来自于他们从日常生活中所感受到的这种社会分配关系的公平状况。

其二,这是一个倒果为因的思维方式。任何一种社会财富分配的公平都不能脱离那个具体的社会历史条件,公平总是历史的、具体的。然而,这并不能说明公平是被效率所规定的。因为,一方面,效率本身并不等同于社会历史条件本身,甚至未必是历史条件中的最重要因素;另一方面,从效率源泉的角度言,效率的最终源泉在于社会公平,效率状况只是标识了社会公平的状况,公平是因,效率是果,而不是相反。

其三,在社会生活中如果真的是以效率规定公平的话,那么,则是以效率规定善。如果我们不是在哲学抽象意义上来谈论效率,而是在日常经济生活中谈论效率,那么,人类社会一切关于正义、美德等价值,就会在效率名义之下荡然无存。那样,纯粹的市场竞争最公平,由此而产生的两极分化也是天经地义的公平,一切手段都会在效率美名下戴上公平正义的桂冠。如此,则天下何善有之?何恶有之?是人之天下还是效率之天下?公平并不排斥效率,效率却可以排斥公平。

(3)关于"效率优先,兼顾公平"

一度时间我们曾习惯于"效率优先,兼顾公平"的说法,并将此作为社会生活的一般指导原则。我们当初提出这个口号可能是基于如下初衷:一方面,通过打破社会分配中的平均主义来调整社会关系,促进社会改革开放,加快发展经济;另一方面,必须正视过去几十年中所形成的历史现实,打破平均主义得有一个过程,不能急躁,急躁要翻车。这个初衷在当初也不失某种合理性。但是,严格地讲,作为社会生活一般指导原则的这个命题本身,面临以下两个深刻的理论诘难:

a.社会发展的目的性究竟是什么?正如前述,"效率优先,兼顾公平"这一命题只有在经济领域才能成立,它所标识的是经济活动的直接目的性是效率。即,此命题只存在于或只适用于经济领域,不能作为普遍社会生活的基本指导原则,否则就会引起全社会的混乱。即使在经济领域,采取"效率优先,兼顾公平"的原则,也"主要是就收入分配而言",所要解决的是发展生产力与共同富裕的矛盾,其目的是服务于比效率更高的共同富裕这一社会目标。[55]除此而外,一般泛泛而论"效率优先,兼顾公平",则贻害无穷。

泛泛而论的"效率优先,兼顾公平"误解了社会发展的目的性,将效率、物质财富而不是人本身作为改革开放、社会发展的终极目的性。如前所述,公平与效率不是同一个层次的概念。公平直接指涉的是人与人之间的关系状态,它是一个关于人自身的概念,而效率则直接指涉的是活动的效能、物的生产,它是一个关于物的概

---

[55] 参见厉以宁:《经济学的伦理问题》,北京三联书店,1995,第199、40页及该书第一章。

念。物是为了人的,离开了人,物本身无所谓意义与价值。公平与效率这样两个居于不同层次、且公平具有价值优先性的概念,怎么能够说成"效率优先,兼顾公平"?⑯

经济活动当然有其直接目的性,这就是追求效率,追求物质财富的增长。然而,相对于人自身存在,包括经济生产在内的一切效率都只是一种手段性、工具性的东西。人的自由存在当然不能没有物质财富,不能没有物质生产,然而,人的存在目的却不是为了物质生产、物质财富。社会发展的目的不是为了财富,而是为了人的自由。如果反客为主,将手段当作终极目的,将经济增长作为社会一切活动事实上的终极价值判断依据,那么,就会出现马克思所说的异化现象,就会出现如舒马赫所担忧的那种手段"支配了目的的选择"现象,⑰就会在争取效率过程中见物不见人,不择手段。

没有经济发展,没有物质积累,人民的生活水平就不会提高。然而,我们发展经济不是为经济而经济,而是为民众生活质量提高,为民众自由地生活。如果我们能够从一开始就合理准确地理解效率与公平的关系,那么,我们就会避免许多现在所面临的严重问题。

财富或效率确实可以解决某些由于物质贬匮带来的社会问题,但是,财富的创造与财富的分配是两个不同的问题。社会财富总量的增加,并不必定意味着社会财富分配的公正,由前者并不能必然地得出后者。甚至我们并不能排除这样一种状况:伴随着效率的提高、社会物质财富总量的增加,社会财富分配不公现象会扩大。物质财富创造尽管重要,但非万能。在一切关于人类社会健

---

⑯ 这就如司法实践、行政实践中,下位法规规章优先于上位法规规章,以下位法规规章优先、兼顾上位法一样荒唐。

⑰ E.F.舒马赫《小的是美好的》,商务印书馆,1984,第30页。

康发展的思考中,应当如缪尔达尔所主张的那样,将"所有人与人的关系"这类"非经济"因素包括在分析之中。㊽

b. 什么是效率的不竭动力源泉?"效率优先,兼顾公平"没有看到效率的最隐秘、最深刻的动力源泉,没有看到人的积极性、创造性正是这种不竭之源泉。㊾

根据马克思主义经典作家的看法,资本主义必定取代封建主义,社会主义必定取代资本主义。其缘由就在于资本主义打破了身份等级制,实现了人格平等,进而较之封建主义有更高的效率;就在于社会主义的人格平等不仅是形式的,更是实质的,进而较之资本主义有更高的效率。这是科学社会主义的基本常识。解放生产力,必然要改革生产关系,改革生产关系的核心就是调动劳动者的积极性与创造性。劳动者、人的积极性是效率之源泉。

中国改革开放的历程亦证明公平是效率的不竭源泉。改革开放以来,我们的物质财富总量得到了很大增长。这靠的是改革开放,靠的是打破既有的那种平均主义大锅饭体制,靠的是人们从这种打破既有平均主义大锅饭体制改革中感受到的公平所焕发出来的积极性与创造性。效率正是这种改革的结果。因此,不能简单地说中国改革开放初期的价值取向是将效率放在优先于公平的地位。中国改革开放在总体上始终是在以一种较为稳妥的方式推进制度体制、生产关系方面的变革,正是在这个意义上,事实上始终是在试图以公平而不是效率为导向。如果不能准确地认识到这一

㊽ G. 缪尔达尔:《经济学发展中的危机和循环》;载《现代国外经济学论文选(第1辑)》,商务印书馆,1979,第 486 页。

㊾ 在修改本章时看到了卫兴华教授所发表的《实现分配过程公平与效率的统一》(载《光明日报》,2006年9月23日理论版)一文。该文认为效率优先兼顾公平的提法不对,在社会财富分配领域讲效率与公平的关系,其实质是财富分配的公平状况将直接影响到劳动效率。应当说卫先生抓住了效率与公平关系问题的关键。

点,就不能真正认识清楚改革开放的本质,就不能真正认识清楚改革开放之所以得到绝大多数社会成员拥护的真实缘由,就不能真正认识清楚中华民族在当代改革开放过程中所拥有的最重要财富。

由公平所调动起来的人们的积极性与创造性,是中华民族核心竞争力的关键。我们的核心竞争力究竟是什么?既不是自然资源,也不是廉价劳动力。廉价劳动力曾是我们的比较竞争优势。但是,通过廉价劳动力所创造的财富绝大部分为外国资本所占有。廉价劳动力与自然资源不能给我们带来可持续发展。我们的核心竞争力应当是一流的科学技术、一流的管理、一流的技术工人、一流的责任心。而离开了人的积极性与创造性,这一切核心竞争力则无从谈起。[50]

(4)关于"公平与效率并重"

"效率与公平并重"这种提法较之"效率优先,兼顾公平"是一个进步。它至少注意到了效率相对于公平而言,并不具有价值上的优先性。其本意可能是强调:我们在现代化进程中不能以牺牲公平为代价追求效率,我们既要效率,也要公平。这种本意不失某种合理之处。

不过,"公平与效率并重"命题仍然面临两个无法回避的重要问题:其一,它并没有从根本上解决"效率优先,兼顾公平"命题的两个根本缺陷,而只是以"并重"来遮蔽这些根本缺陷。因而,并没有真正合理地回答与确立公平与效率二者关系。与此直接相关,其二,如何理解这个"并重"?如果讲在我们的日常工作中效率与

---

[50] 相当多的经济学家、企业家曾对 SA8000 持有反对态度,以为那是发达国家针对中国的一种贸易武器,那是要削弱中国企业在国际市场的竞争力。这种看法浅薄。

公平都很重要,不能放弃哪一个,它们是我们日常工作的两个基本目标,这并不能说错。但是,如果据此以为这是两个平行孤立不相关、甚至是互为对立紧张的目的,我们只是要在二者中寻求一种平衡,那么,则会陷入谬误。如果不能在公平的统摄之下把握与理解效率,则会患上社会实践中的近视症。

当然,人们很可能在此以诺贝尔经济学奖得主阿马蒂亚·森关于"自由既是发展的目的,又是发展的手段"来为"公平与效率并重"观点辩护。如果真的出现这种情况,那么,这种辩护只能表明其并未懂得阿马蒂亚·森思想的精髓。阿马蒂亚·森在研究社会贫困问题时认为:财富的多少不是造成贫困的根本原因,造成贫困的根本原因在于财富的分配。森揭示:自由既是发展的目的,又是发展的手段。[61] 他的目的是要告诉人们,发展经济的目的是为了改善人们的生活状况,提高人们自由存在的能力;而人们生活状况的改善、自由存在能力的提高,又会促进经济效率的增长。森的这个思想核心旨在揭示:自由(此处大致可以替换为我们现在所论的公平,这种替换并不改变问题的实质)是社会经济发展的目的;一个社会发展经济是为了提高这个社会全体成员自由存在的能力,使他们有幸福的生活;而正是社会全体成员、尤其是那些处于社会底层的贫困者自由存在能力的提高,将会为经济发展提供强大的动力。在这里,森思想的真实内容并不是说自由(或公平)与发展(或效率)是同等层次、同等价值、同等意义的范畴,而是说自由(或公平)是人类社会活动的最高目的,只有自由(或公平)才能为社会经济发展(或效率)提供源源不断的强大动力。森是在将发展(或

---

[61] 参见阿马蒂亚·森:《以自由看待发展》,中国人民大学出版社,2002,第2章尤其是第30—33页。

效率)置于自由(或公平)视域之下来认识问题的。其书名《以自由看待发展》本身亦明确地表达了他的这一基本价值立场。

社会生活中确实存在着许多两难选择,但至少在历史的意义上,公平与效率并不应当且也不是两难选择的关系。历史将对那些自觉放弃社会公平的做法报以加倍的惩罚。历史既要公平,也要效率,历史要求公平的效率。我们这个民族由于历史与现实的诸多原因,发展经济、富民强国仍然是当务之急。不过,在发展经济、富民强国中,应当冷静地选择发展社会生产力的合理道路,切不可饮鸩止渴,以社会公平换取社会效率。走和谐发展之路,在坚持社会公平的基础之上提高社会效率,这是永葆社会高效健康发展的唯一道路。

对于社会基本结构及其制度安排而言,在社会财富分配问题上,一个善的社会基本结构及其制度追求的是恰当的公平,并通过公平获得效率。当一个社会的效率出了问题时,必定是这个社会财富分配的公平正义出了问题,必定是这个社会基本结构及其制度中的德福一致出了问题。这种社会财富分配中的公平方面的问题,影响了社会成员的持有、转让、交换状态,影响了在这个交换过程中诸劳动要素的有效统一。德福一致这一社会财富分配的公平要求,应当是社会基本结构及其制度性安排的基本取向。

第 6 章 制度理性

一个善的社会基本结构及其制度,应当具有多元和谐、分配正义的价值精神。然而,这种价值精神如果没有进一步具体为现实的制度,那么,这种价值精神至多还只是一种理想追求与善良愿望。如果我们能够借用韦伯的工具理性与价值理性分类表述方式,并将其工具理性进一步具体落实理解为制度的具体设计安排,那么,这种被具体落实理解为制度的具体设计安排上的工具理性,在此就被称之为制度理性。制度理性指称制度本身不仅应当具有公平的正义这一价值精神,还应当将这种价值精神更进一步具体化为一系列具体制度设计与安排,并使这些具体制度成为如黑格尔所说自由理念的定在。因为只有定在了的价值精神才具有现实性。

一、权利—义务关系的两个维度[①]

根据罗尔斯从政治正义角度的分析,制度担当了在社会成员中分配权利与义务的任务。[②] 而黑格尔在《法哲学原理》中亦从伦

[①] 本节部分内容笔者曾以《权利、义务关系考察的两个维度》为题发表于《首都师范大学学报》2007 年第 4 期。

[②] 参见罗尔斯:《正义论》,中国社会科学出版社,1988,第 50 页。

理的角度亦揭示:一切具有伦理性的实体均是伦理实体,家庭、社群、国家是伦理实体,作为社会结构的制度亦是伦理实体;一个人应做什么,由他所生活于其中的那个伦理实体中的具体伦理关系所决定。③ 无论是罗尔斯还是黑格尔,均以其独特的方式事实上揭示:社会成员权利、义务的具体规定,来自于其所生活于其中的制度这一伦理实体。离开了特定的伦理实体,一切关于社会成员权利、义务的规定,就可能是空洞缥缈、任意的。一个"善"的制度,应当能够在社会成员中确立起合理的权利—义务关系,并合理地分配权利—义务。

从伦理实体考察权利、义务,可以有两个不同的维度:本体的与结构的。本体维度的考察立足于伦理实体自身的本质特质,揭示权利—义务关系的基本性质,进而揭示一个社会区别于另一个社会的内在基本依据。结构维度的考察立足于特定伦理实体的内在结构,揭示特定社会结构中因具体位置差别而形成的角色权利—义务关系,进而揭示权利—义务关系的具体规定性。结构总是实体的,实体总是具有结构的。这两个维度的统一,构成了对权利—义务关系的基本完整考察。

1. 权利—义务关系的本体维度

在纯粹抽象的意义上,权利—义务关系为人类这一自由存在者独有,且人类的权利、义务二者在量上总体相等。人类拥有多少权利,同时就拥有多少义务。因为这正如康德以及马克思所曾揭示的那样,人是自由的,人的自由只有通过人自身的活动实现,因

---

③ "一个人必须做些什么,应该尽些什么义务,才能成为有德的人,这在伦理性的共同体中是容易谈出的:他只须做在他的环境中所已指出的、明确的和他所熟知的事就行了。"黑格尔:《法哲学原理》,商务印书馆,1982,第 168 页。

而,人既是目的又是手段。

作为人类所特有的权利—义务关系本身就内在地意味着:一方面,权利—义务关系是一种主体间的关系;另一方面,人类这种总量相当的权利、义务本身有一个在人类自身不同群体中分配、承担的问题,进而有可能出现在人类成员间不平等的分配(或担当)的问题。如果这种权利、义务在不同群体间的分配是平等的,即在一般意义上人类社会成员相互间享有的权利与义务是平等、相当的,那么,这个社会就是真实自由的。如果这种分配是不平等的,即,如果一部分人承担较多乃至全部义务(责任)却享有较少乃至没有权利,另一部分人则承担较少乃至不承担义务(责任)却享有较多乃至全部权利,那么这个社会就不是自由的。正在这后一方面的意义上,权利—义务关系本身又表明了人类自身自由存在的历史形态。

康德曾从主体间关系的角度对主体权利、义务二者的担当关系做了分析。康德事实上将人的权利—义务关系分为三类:其一,既有权利又有义务的关系,这种关系是"人对人的关系";其二,只有义务而无权利的关系,这种关系是奴隶对主人的关系;其三,只有权利而无义务的关系,这种关系是上帝对人的关系。在康德看来,只有既有权利又有义务的关系,才是"真正的权利和义务的关系"。④ 这样,康德就从权利—义务关系的维度,以一种抽象理论的方式揭示了现代性社会不同于前现代性社会的基本特质,揭示

---

④ 康德从逻辑周延的角度实际上提出了四种权利—义务关系类型。除了上述三种以外,还有一种既无权利又无义务的关系。这种关系事实上所标识的是自然世界而非自由世界的关系。康德以这种特殊权利—义务关系类型,事实上揭示了自然界无所谓权利与义务,权利—义务关系是人类社会特有现象。参见康德:《法的形而上学原理——权利的科学》,商务印书馆,1997,第36—37页。

了现代人类存在本体论特质。当然,康德的"既有权利又有义务"的思想表述具有含混性。它只是原则地揭示了现代社会成员间关系应当是既享有权利又承担义务的关系,不能割裂二者,但是,它并没有进一步仔细分析享有权利与承担义务二者间具体统一性、平等性问题,并没有进一步仔细在质与量统一的角度揭示权利与义务二者的现实统一性。因为,至少在"既有权利又有义务"命题之下可以包含这样一种情形:较多地享有权利,同时较少地承担义务。一般而言,这种较多享有权利、较少承担义务的状况,既是一种特殊的权利—义务统一状况,又是对权利—义务统一关系的实质性否定。不过,如果我们并不是过于注意康德思想表达的这种欠缺性,而是注重其思想的真实内容,那么,包含在康德上述思想中的真实合理内容是:现代性社会应当是权利与义务统一的社会,权利与义务二者分离、对立的社会不是现代性社会。

自从人类来到世界上以后,就存在着权利—义务关系,并且以各种特殊方式实现着这种统一。但是,问题的关键在于:在一个相当长的时间内,人类是以权利、义务二分对峙割裂,以一部分人专门承担义务、另一部分人专门享有权利,或者是以一部分人承担了绝大部分义务享有较少权利、另一部分人享有绝大部分权利却承担极少义务的方式,实现权利与义务的统一。正是在这个意义上,人类社会在长时间内并没有远离自然界,并没有成为真正的自由存在者。而正是人类反对这种权利—义务关系二分对峙割裂状态的斗争,推动着人类文明的历史进程。人类文明的历史进程,就是争取这种权利—义务关系真实统一的历史进程。权利—义务关系的具体历史内容,构成了人类文明演进史上不同历史阶段、不同制度形态彼此区别的内在依据。

人类近代以来的历史,就是由权利与义务二元绝对对峙割裂到初步消除这种绝对对峙的历史过程,就是一个争取实现平等的基本自由权利的过程。现代社会区别于既往社会的一个基本特质,就是社会成员间的平等基本自由权利,或者换言之,就是基本权利与义务关系的平等。平等的基本自由权利,构成了现代社会这一伦理实体区别于既往社会的本体规定。本体维度权利、义务考察所指向的核心是:在现代社会,一个"善"的制度是能够在所有社会成员间平等分配基本权利的制度。这是在如罗尔斯所说基本善面前的平等。没有任何人在基本善面前是不平等的,否则,就不是一个"善"的或现代的制度。

黑格尔在揭示伦理性实体时曾表达过一个思想:"一个人负有多少义务,就享有多少权利;他享有多少权利,也就负有多少义务。"⑤在黑格尔心目中自由本身就是"权利与义务的统一"。在黑格尔心目中作为权利与义务现实统一的社会,就是自由现实存在的现代社会,这样的社会就是一个正义的社会。马克思后来亦明确表达过同样的思想:没有无义务的权利,亦没有无权利的义务。康德、黑格尔以及后来的马克思等人,对于权利义务关系的把握,首先是人的历史存在形态、本体论意义上的。正是这本体论、社会历史形态意义上的把握,才使他们的思想具有深刻的批判性与革命性,并成为启蒙思想的先驱、科学社会主义未来新社会的引领者。

黑格尔在论述权利哲学时,曾"直截了当地把自由当作现成的意识事实"拿来作为研究的起点。黑格尔的这种做法并不表明其思想的随意性,相反,正表明其是在现代性的价值立场、从本体的维度把握权利—义务关系。在这里,黑格尔似乎给我们留下一个印象:自由权利作为思维过程的第一原理无须证明,这个原点似乎

---

⑤ 黑格尔:《法哲学原理》,商务印书馆,1982,172—173页。

只是黑格尔出于"方便"信手拈来的东西。其实并不然。任何第一原理均是要被证成的,没被证成的不能成为原点或第一原理,问题的关键仅在于以何种方式证成。不能被形式逻辑证成的,可以被辩证逻辑或实践逻辑所证成。自由作为思想的原点或第一原理的证成,不能通过形式逻辑证成,但却可以通过本体论、通过时代精神的规定性或时代特质得到证成。具体地说,黑格尔以"自由"作为其原点或第一原理有其深刻道理:其一,人是自由的。人不同于万物之处就在于人是自由的,除了自由,人与万物无异。自由是人的本质规定。正是在这个意义上,人甚至注定是要自由的。其二,自由是现代社会不同于既往社会的本质特征。这是一个以平等基本自由权利取代宗法、等级、专制制度的时代,自由是现代社会的时代精神。黑格尔以自己的方式从经验生活世界、从历史中寻求得一种具有现实必然性的时代精神,这种时代精神将对整个人类生活世界起支配性作用,这就是自由精神。⑥

黑格尔在《法哲学》中秉持以自由为第一前提,即是秉持了一种基本价值立场,这就是启蒙时代所确立起的平等的自由权利这一时代精神为第一前提。一个权利与义务相分裂、权利与义务不统一的社会,不是一个现代性的、自由的社会,不具有正义性,没有存在的理由。只有权利与义务相统一的社会,才是一个现代性的、自由的社会,才具有正义性,进而拥有存在的合理性根据。这样,我们就不难明白为何黑格尔不是借助于思辨、而是借助于意志的"独断"讲:"如果一切权利都在一边,一切义务都在另一边,那末整体就要瓦解,因为只有同一才是我们这里所应坚持的基础。"⑦

---

⑥ 参见黑格尔:《法哲学原理》,商务印书馆,1982,第11页。
⑦ 黑格尔:《法哲学原理》,商务印书馆,1982,第173页。

不过，值得注意的是：对于黑格尔所说"一个人负有多少义务，就享有多少权利；他享有多少权利，也就负有多少义务"思想的理解，如果离开了本体论、社会历史形态的意义，就应当特别小心，应当警惕无限制的任意理解。黑格尔在这里说一个人负有多少义务就享有多少权利，享有多少权利就负有多少义务，他是在一般意义上、且是针对社会基本结构的权利与义务不可分离这一主旨而言。他所强调的是作为一个自由存在的社会，不能出现这样一种社会权利或福利安排，在这种安排中，一部分人拥有享有权利，另一部分人履行义务，或者一部分人在享有较多权利的同时承担较少的义务，另一部分承担较多义务却享有较少权利。如果离开了这样一个一般意义而泛泛理解黑格尔的这一思想，奢谈这种享有多少权利就承担多少义务论调，很可能会出现重大偏差：或者通过"免除"义务而剥夺权利，它甚至可能包容奴隶制；或者借口那些由于种种原因失却履行义务能力的社会不幸者，因为不能履行义务因而不能享受自由权利，从而成为欺凌弱者的工具。

罗尔斯在分析现代政治正义、良序何以可能时作为开端的平等基本自由权利，亦是这种本体维度的揭示。根据罗尔斯的分析，社会成员对于这些作为基本善的基本权利义务，具有平等的自由权利，这种平等的基本自由权利是这个时代的特质；这些作为基本善的基本权利—义务具有丰富内容，它们相互之间具有词典式次序关系。罗尔斯正义两原则正是对这种平等基本自由权利关系的集中概括。

权利、义务关系本体论维度考察所揭示的是：自由是人的本质，权利、义务关系的平等状况标识了人的不同历史存在方式；现代社会人的自由存在方式应当是权利与义务的统一，没有无权利的义务，也没有无义务的权利；现代社会基本结构所呈现的权利与义务关系也应当是二者的统一。

不仅如此，权利、义务关系本体论维度考察，还深刻地揭示了作为社会管理机构的政府的存在本质。既然自由是人的本质，既然对于人类而言权利与义务在总量上是相等的，那么，一方面，作为社会管理机构的政府就不是社会的原初存在物，它是社会的次生物，政府的一切权力与义务均是被赋予的，正是被赋予了权力与义务，才有了政府；另一方面，政府是一个在享有权力的同时承担相应义务的存在物，一个不承担义务或承担义务与其享有权力不相称的政府，就不是一个现代社会的政府。

现在的问题是：权利与义务统一的这种本体论认识，是否适用于法律、伦理道德领域？权利与义务统一这一命题，是否对于法律与伦理道德领域均具有合理性与有效性？这里的关键在于：法律、伦理道德领域中的权利、义务所揭示的是何种内容？它能否离开人的存在本体、离开人的自由存在而言？法律、伦理道德领域的权利、义务是谁之权利、谁之义务？它所标识的是何种关系？如果说这种法律、伦理道德领域中的权利、义务所标识的是人与人的关系，而不是人与神的关系，那么，法律、伦理道德领域中的权利、义务，就其内容而言，就不是二者分离的，相反，它们内在一体。

从逻辑上言，对于上述权利、义务关系统一的可能质疑，来源于这样一系列追问：其一，在本体论维度所言权利与义务的统一性，实质上是以权利为出发点，首先是在强调权利，是在权利基础之上强调义务——义务只不过是权利内生的责任——那么，为什么不能反过来，为什么不能以义务为出发点，强调义务的优先性，在义务基础之上达到权利与义务的统一？其二，日常生活中的法律、伦理道德都是作为一种义务要求先在于我们每一个人，我们每一个人无论认肯与否，都应当承担与履行这些义务，如果不能承担与履行相应义务,就不能享有或有效地保证享有相应的权利。这种日常生活经验似乎无可置疑地表明义务的优先性,是在义务基础之上达到权利与义务的统一。

这种可能的质疑似乎合理地强调了社会成员履行义务的必要性乃至崇高性,但是,这种可能质疑却在义务的来源、义务的有效性这两个重要问题上,存有重大失误。其一,法律、道德义务从何而来?它们最终须通过什么才能被合理说明?离开了人的自由权利,法律、道德义务是否还能有充足理由给予真实合理的说明?其二,是否任何法律、道德义务都具有天然的有效性?是否任何一种法律、道德义务对于社会成员而言都是不证自明永恒合理的?换言之,是否对于那些恶法也得无条件地履行?显然,如果法律、道德义务离开了自由权利,就会成为一种纯粹形式的东西。

基于权利的权利与义务统一,这是现代性的价值立场,这种价值立场丝毫也不否认人在享有自由权利的同时也应当承担与履行应有的义务,相反,它强调这种自由权利的义务是每一个人所不可推卸的义务,拥有自由权利就承担这种义务,义务是权利自身内在所固有。康德曾提出"人是目的"的思想。康德"人是目的"的思想并不拒斥人是手段,相反,他同时承认人既是目的又是手段。康德之所以强调"人是目的",就是要明确揭示人首先不是作为手段存在,人自身就是目的,人为了实现自己的目的就必须通过自己的活动,以自身作为实现目的的手段。康德强调"人是目的",其实,就是要在人的目的性存在基础之上解释人是目的与手段的统一。

一切责任、义务——无论是法律责任、义务,还是道德责任、义务——都是源于人的自由自身的责任与义务。人是自由的。自由不是空洞的任意,自由同时就意味着对于自由的责任与义务,意味着自由自身所内在规定的责任与义务。因而,即使是在日常生活的角度谈论权利与义务关系,也首先是以自由权利为基础。否则,一方面,这种义务本身就会成为无本之木、无源之水;另一方面,也会在实践层面否定了善法与恶法区分的必要性,否定了对恶法抗争的合理性与正当性。正是从自由权利出发,人才有在日常生活中履行各种职责、承担各种责任的义务,才有反抗恶的理由与权利。离开了权利这一基础而奢谈义务、试图在义务基础之上统一权利与义务关系的做法,不但不合乎现代性社会的基本价值精神,而且也在纯粹技术的立场理解法律与道德规范要求,进而使法律与道德(义务要求)陷入一种如同韦伯所说无心肝、无头脑之境地。

2. 权利—义务关系的结构维度[⑧]

权利、义务不是空洞的,它们只有在社会共同体的结构体系中才能被具体规定。这也正是黑格尔一再强调义务实质性规定之缘由。结构维度所要考察揭示的正是具体权利、义务内容的具体规定性。在现代社会,平等基本自由权利这种存在本体的原则规定,必须如同黑格尔所说成为定在的,必须在日常生活的具体交往关系中得到具体规定。或者换言之,这种平等基本自由权利如何呈现在日常生活的交往活动中,社会成员在社会关系结构中的具体权利、义务是何,需要在平等基本自由权利这一价值精神、伦理实体本质规定的指导之下,获得来自于伦理实体系统结构方面的具体规定。这种结构性具体规定不仅是"应得"的,而且还是"应付"的;不仅是原则、抽象的,而且还是具体、实证的。正是在这伦理实

[⑧] 本节以下部分内容转录自高兆明《制度公正论》(上海文艺出版社,2001)第 2 章第 2 节的相关部分。

体结构中，社会成员的权利—义务得到具体规定，并成为具体行为的具体规范性要求。

对于权利—义务关系的结构维度的考察，不能离开本体维度。否则，制度就失却了灵魂，权利、义务就失却了价值规定，而沦为纯粹外在实证技术性的东西。本体维度对于权利—义务关系具有基础性意义，它规定了社会基本结构的基本性质及其基本内容，进而规定了公共权力正当性来源、公共权力与私人权利的分野及其关系。

本体维度的权利—义务统一，只是原则地揭示了现代社会权利—义务关系特质。除了如同罗尔斯所说作为基本善的平等基本自由权利以外，现代社会中成员的具体权利—义务关系，则由社会成员在社会结构中所处具体结构位置所直接规定。这种具体结构位置就是社会成员在社会结构中的具体角色。社会每一个成员、组织、机构的具体权利、义务内容，均由其在社会结构中的具体角色所规定。

角色是社会结构体系中的纽结，是社会结构网络中的实体性存在。每一个人、每一个组织、机构均以其在社会结构网络中的具体位置，而获得其角色的具体规定性。这即意味着角色要求对于个人、组织、机构来说是先在的，它所表达的是普遍对于特殊的规定与要求，是系统对于要素的要求，是社会对于其成员的要求，它所追求的是社会系统结构的整体功能。

社会结构是一自组织系统。每一个组织、机构，以及每一个日常生活中的行业、部门，都是这自组织系统中的一部分，并从此自组织获得其存在的合理性根据。政府组织的公共性，民间组织的社会性，以及各具体部门的具体社会权利与义务要求，等等，均从社会结构及其分工体系中获得合理性规定。

对于个人而言,个人虽然可以一定程度地选择具体角色位置,但是却无法选择角色要求——虽然无数个人的能动活动最终可以引起社会结构及其角色规定的变更,但是,对某一具体个人而言则无法改变既有社会结构的角色内容规定。正是在这个意义上又可以说,个人的角色化过程就是个人的社会化过程。个人通过角色进入社会。只要人类社会存在,就有角色存在,就有个体的角色化存在。这是一个与人类社会共始终的过程。

角色、角色化存在的永恒性并不排斥其历史性。社会结构体系自身是一个发展变化过程,由社会结构体系所规定了的角色、角色化也是一个发展变化的过程。不同的社会历史时期会有不同的角色要求,或者说,不同的社会历史时期、不同的社会结构方式,对其成员会有不同的社会权利—义务关系规定与要求。

虽然角色是社会结构网络中的实体性存在,然而它的存在本身却缘于社会结构网络的功能性规定。角色固然有一种身份、等级、分工的意蕴,然而,这些身份、等级、分工都不过是为了完成社会作为一个整体所要求的某种特定功能。因而,角色虽然是人格化了的,并且以一个个现实活动的个人作为其调节对象,但它却并不直接针对具体个人,而是直接针对社会结构自身,它并不关心谁居于这一角色,而是只关注这一角色功能本身。每个人在角色规范面前是平等的。所以,从角色出发考察社会成员间权利—义务关系,只能得出社会成员间功能差异的结论,不能得出彼此间人格身份等级差异的结论。人格的同一性与角色的差异性并行不悖。[9] 然而,在一个相当长的历史时期内又确实存在着所谓角色

---

[9] 正是在这个意义上,对于中国古代的"君君,臣臣,父父,子子"思想也可以谨慎地批判扬弃,重新给予某种积极的解释。其中可能包含的积极因素之一,就是每一个人都应当按社会角色规范所要求的那样去做。

尊卑。这种角色尊卑的原因,就在于那个社会结构自身存在着人格等级差别。在一个等级制社会中,角色要求固定于具体的人,⑩而在一个民主社会中,角色要求则固定于社会结构中的具体职位。只要社会结构本身有人格等级性差别,那么,角色就有尊卑高下之分。在一个消灭了人格等级差别的社会结构中,角色就不再会有尊卑之分。换言之,从角色是否有尊卑可以透视特定社会结构的性质。

由于社会结构关注的是角色的功能,故在其逻辑上它以同一角色规范要求处于同一角色的所有人。正是在这个意义上,角色规范与法制应当有着某种内在的逻辑一致性。

有角色就有角色规范。角色规范不能被简单理解为角色的责任、义务,它应当被理解为是角色的权利—义务统一体。角色规范自身只有在社会结构体系中才能得到说明。既然角色为一功能性规定,那么,角色就内在地包含着所要完成的特定功能或任务,包含着为完成这一特定功能所必需的权力,包含着对功能完成状况的反馈性评价,这种反馈性评价的具体存在就是激励。如果我们能够将所要完成的功能理解为责任义务,将权力与以激励表达的利益益损统一理解为权利的话,那么,角色就应当是权利与义务的统一体。⑪ 这样,角色规范就是关于角色的权利与义务的规范,就是以对角色的特殊赋权受益(此处受"益"是包含正负两个方面、具有多种内容的广义之"益")为必然内容。

角色是社会共同体中的存在。生活在社会共同体中,拥有作为社会共同体成员的资格,就自然被赋予各种特定的权利与义务。

---

⑩ 参见马克斯·舍勒:《价值的颠覆》,北京三联书店,1997,第 21 页。
⑪ 参见麦金太尔:《德性之后》,中国社会科学出版社,1995,第 155—156 页。

这是任何个体所无法逃避的权利与义务。这种无法逃避的权利与义务,在消极的意义上说类似于萨特所说的人的无可奈何、不得不选择的自由,在积极的意义上说,则是社会对于个人的先在性与优先性。"我"作为一个人存在,就有做人的权利与义务;作为一个父亲、官员、职员、医生,就有作为父亲、官员、职员、医生的权利与义务。广而言之,作为公器的政府、作为经济活动组织的企业、作为教育活动组织的学校、作为医疗卫生保健活动组织的医院,等等,均有其相应的权利与义务。义务是作为角色必须履行的职责,权利则是作为角色完成义务所必需的权力与应得的利益。角色的权利与义务相等。

根据摩尔根对于远古社会的考察,享有氏族名称、作为氏族成员这一事实本身,就表明一个人作为氏族成员所拥有的权利与应履行的义务。[12] 中国古代氏族社会亦曾体现了这一权利与义务统一的特征。以中国古代父子关系为例,它就曾以一种特殊方式体现了角色权利与义务的一致性:为父之慈之教,为子之敬之养。慈与养、教与敬即为社会加于个体的先在权利与义务。

然而,说角色的权利与义务相等,这仅是一种反思批判应然性的,或者说,是建立在民主政治制度基础之上的一种社会角色规定。事实上,在一般意义上而言,由于角色的权利与义务相对于具体个人而言,是被他/她所生活于其中的那个社会结构所先赋的,因而,实然的角色权利、义务是否真的对称相等,就完全取决于那个具体的社会结构。如果那个社会结构本身是权利与义务分裂的,那么,实存的角色权利与义务就是不对称的。前述中国古代氏

---

[12] 参见恩格斯:《家庭、私有制与国家的起源》;《马克思恩格斯选集》,第4卷,人民出版社,1972,第83页。

族社会中的父慈子孝这种双向统一的原初权利—义务关系,在后来的历史过程中,就曾被演化成单极的权利、义务指向,演化为血缘等级中在上者的至上权利,在下者的无条件臣服。这样,孝亲忠君就成为宗法社会中的最基本伦理要求。在这种伦理要求之下,在下者的权利缺失,只有义务,在上者的义务被遮蔽,更多的是权利。直至近代,中国传统文化中甚至还没有西方文化中的那种权利(rights)观念。这种权利范畴、观念的缺失,所表达的实质是某种社会存在关系、结构方式的缺憾。中国古代社会不乏"权"的概念,甚至此概念被极度强调。但在中国传统文化中"权"所表达的是权力、权势、权衡等意,它与君主之"力"相联系,而不与民之"利"相联系。尽管商鞅变法时以法、信、权为基础,但他所指的"权"绝非现时所说的"权利"。权利范畴总是以民主、民权、平等、自由为其丰富内涵。没有民主、民权、平等、自由等社会伦理关系的萌芽,权利范畴的出现是无本之木,无源之水,根本不可能。直到清末,以沈家本为代表的一方,与以张之洞、劳乃宣为代表的另一方的法礼之争,才以中国自己的方式提出了权利及其平等问题。此后,章太炎提出"恢廓民权,限制元首"的民权主义口号,孙中山提出的三民主义理论,才将平等的自由权利作为一种社会理想确立。[13] 争取社会成员权利与义务的统一,对于中华民族而言,是一项极为艰巨的历史使命。这是一个为平等的自由权利、为民主制度而斗争的过程。

如果一个社会结构中的角色出现了权利与义务的分裂、不对称,那么,意味着这个社会结构中权利与义务的不平等,意味着这

---

[13] 参见林喆:《权利的法哲学——黑格尔法权哲学研究》,山东人民出版社,1999,第350—351页。

个社会结构的不公正,意味着这个社会结构本身出现了分裂。此时,社会角色规范仍然存在,不过,它已分裂为二:实存的与应然的。在实存角色规范之下存在的是扭曲的社会秩序、不公正的社会关系。这种不公正的社会关系与扭曲的秩序,又受到应然角色规范的批判。这种出于应然角色规范的批判,既是人类理性的批判,更是人类理性在实践中的进步阶梯。

角色对于个人而言,随其在社会结构关系网络中的具体位置变化而变化,多重的关系、多重的社会结构网络位置,就有多重的角色要求。拥有社会成员资格的个人在社会结构体系中,处于多个纽结点,是多个角色的统一体。这就意味着个体所拥有的是多重权利与义务所构成的权利—义务集合体。只要个体在社会结构体系中的社会角色是确定的,那么,他/她就应当乃至必须履行这些角色所要求他/她的义务,他/她甚至都不能以履行了某个或某些角色义务而推托、否认其他应当履行的义务。即,这些义务之间是不可互相抵消的。也正由于这种多重权利—义务的存在,所以,个人才会出现日常生活中的两难选择之困窘,乃至即使履行了自以为、且在他人看来也是值得称道的义务后,亦不能弥补由于未能履行某些义务而产生的良心不安与内疚。由社会结构所规定的角色规范体系是客观存在着的,它并不因为其中某一个或某一些的有效性,而否定其他规范的有效性。然而,现实生活中,人们往往流行着一种"视盲症",往往只注意到某一社会成员的某一或某些义务,对其他义务视而不见。因而,往往形成诸多绝对的英雄圣人与绝对的小人鄙者。这种"视盲症"的可悲后果之一,就是近乎愚昧的造神运动,就是近乎愚蠢的运动愚昧。当我们说社会结构多重角色义务要求的有效性及其相互间的不可替代性时,并不是说对一个人应当求全责备,而是说,应当对生活及其义务、责任作全面认识,以一种多重义务的承负心态,面对生活及其责任、义务。

个人处于多重关系之中,具有多重的角色权利—义务,个人在社会角色体系中的权利与义务应当是对称的。然而在现代社会,个人有一些类似于罗尔斯所说的基本自由权利,这些基本自由权利超出了社会角色的具体规定范围,人人平等。那么,个人角色权利—义务与基本自由权利的关系如何?是否同一?首先须明确的是:个人的基本自由权利是现代性社会结构的最基本角色规定。即,平等的基本自由权利,这是由现代性社会结构所决定的、所有社会成员都享有的一种特殊的、但却是最基本的角色规定。在此基础之上,才有理由在通常所说的具体社会角色的意义上谈论角色权利与义务的问题。在社会具体角色体系中,有角色才有权利,权利与角色一致,即个人间由于角色的不同,所拥有的权利可能有所不同,彼此间的权利甚至在形式上也是不平等的(这是角色间功能不平等的直接体现,不过,相对于所有的人在角色本身面前的一致性而言,则角色权利亦具有形式的平等)。而个人的基本自由权利则并不依个人所居社会角色位置的不同而不同,即使一个人由于先天或后天原因,诸如因疾病而完全丧失劳动能力,不能履行具体社会角色义务,却仍然享有基本自由权利,在基本自由权利方面与其他人至少在形式上仍然是平等的。即,在个人的基本自由享有方面,有可能权利与义务不对称。

社会结构中的角色及其权利—义务关系,是一种设定性存在关系。[14] 设定性存在是人类所特有,标识人是具有目的性、自主性

---

[14] 以下关于设定性存在内容,详细请参见高兆明《伦理学理论与方法》(人民出版社,2005)第 2 章相关部分。

且有着明确社会角色安排的存在。人在本质上是社会性存在。人被他/她所在的那个社会结构体系所规定。每一个人总是以种种身份存在于世界上:父亲(母亲)、儿子(女儿)、官员、职员、医生、病人、律师、法官、军人、警察,等等。每一种角色、身份,都有特殊的社会责任要求,必须履行特定的社会义务。每一个人一来到世间,就同时获得某种规定与要求,并先在地获得或失却某种自由权利,这一切社会安排似乎是自然、天经地义的。[15] 当人们进入社会分工体系从事某种具体职业活动时,就会受到这种职业活动的规定与约束,这种规定与约束似乎也是先在的。每一个人的这种角色身份要求,是这个社会结构系统出于整体功能而对其组成要素所提出的功能性要求。

由于设定性存在是关于人在社会中的存在及其角色方面的,故它内蕴着人的权利、责任、义务。只要是一个智力正常且生活在社会中的人,都会极其快捷地从一个人的身份,诸如是父亲(母亲)、儿子(女儿)、官员、职员、医生、教师、警察等,得出他/她应当拥有何种权利、应当如何做事的结论。在这里,实践是理解"应然"与"实然"统一的关键。实践构成了二者统一的基础。我在《论 to be 与 ought to be 的统一》一文中曾提出:在社会关系结构体系中,只要作为前提的"是"或"实然"的内容是确定的,就能够从中推论出"应当"或"应然"。从"实然"推论出"应然"的关键就在于,在社会结构关系中,存在着社会事实与价值要求的逻辑统一。这里的实然,就是社会分工体系中的角色存在,这里的应然,就是社会

---

[15] 诸如,在古代,作为一个奴隶的后代,先天地没有自由权利,作为自由民的后代,则先天地享有某种自由权利;作为奴隶有奴隶的职责,作为贵族有贵族的社会要求,不可僭越。在现代,在一个存在着城乡差别与城乡二元结构的社会中,作为一个农民的孩子,其受教育、就业乃至婚姻自由权利,都会在事实上受到某种先在的限制。

分工体系中对于特定角色的角色要求。这种应然要求,是社会自身在长期发展过程中所形成。其实,我们在日常生活中判断一个人的所作所为是否得体合理,基本是居于这种设定性存在立场做出的。

黑格尔在谈到道德选择时曾揭示:"一个人必须做些什么,应该尽些什么义务,才能成为有德的人,这在伦理性的共同体中是容易谈出的:他只须做在他的环境中所已指出的、明确的和他所熟知的事就行了。"[16]这即是说,一个人所生活于其中的那个共同体规定了他/她所应当做的,而这个规定又是通过他/她作为这个共同体中的具体角色存在得以具体化。这种设定是共同体系统整体对其要素、网络纽结的要求,它并不针对于某一具体个人,它只针对角色位置。正是在这个意义上,设定性存在的具体价值要求具有普适性。麦金太尔曾从思想史的角度考察了角色要求即美德,他在自己的考察中事实上亦揭示并运用了"设定性存在"的思想方法。[17]

角色总是具体的,每一个人、组织、机构、部门的具体角色总是具体的。社会结构中的具体角色区别,意味着在日常生活中具体权利、义务关系的差别。这种差别是社会结构功能性要求。一切具体个体、组织、机构、部门的具体权利、义务、职责、权力,均由社会结构及其功能所规定。正是在这种具体角色中的具体角色差别,决定了在日常生活中不同的个人、机构、组织、部门,在不同的时间、空间背景下,有不同的权力。这种权力差别,是为了完成社

---

[16] 黑格尔:《法哲学原理》,商务印书馆,1982,第 150 节。
[17] 参见麦金太尔:《谁之正义?何种合理性?》,万俊人等中译本,当代中国出版社,1996,第 2 章,第 20 页及其后。

会结构所规定的职责所必需,它是社会结构本身的制度性安排。[18]由社会结构所规定的这种具体权力差别,有双重意蕴:其一,这种有差别的权力是为了完成某种特殊社会结构所规定的角色任务、职责所必需。它是社会结构赋予具体角色的特殊权力。这种权力不是为某一个体、机构、部门、组织所天生具有,而是社会结构自身的功能性要求。具体个体、机构、部门、组织并不是这种权力来源的真实依据。其二,这种权力仅仅在完成这种社会结构所要求的特殊角色任务、职责范围内,才是合理、正当的。

对于社会结构可有多个考察维度。如果从私人性与公共性维度考察,则社会结构可以分为私人领域与公共领域两个基本方面。社会结构的这两个基本方面,相应地构成了具体权利—义务关系的两个基本界域。

二、私域与公域:私权与公权

现代性社会的"善"的制度,应当是有合理界域的制度。私域与公域分别构成私人权利与公共权力存在的合理性限界。

1. 作为生活范式的私域与公域[19]

"私域"或私人领域、私人生活领域,是以个体独立人格为基础的私人或私人间活动界域,在这个界域内的活动直接受私人或私人间的情趣爱好、情感友谊、承诺信誉、习惯等调节,国家、

---

[18] 参见伦纳德·霍布豪斯:《社会正义要素》,吉林人民出版社,2006,第84页。
[19] 本小节内容主要转录自高兆明《制度公正论》(上海文艺出版社,2001)第226—236页。

社会在这个界域边际前驻足。"私域"与其说是一个空间范畴，毋宁说是一个生活范式范畴，它是个人自由权利的一个特殊方面。财产权是私人领域得以存在的基础。没有明晰的财产权，没有对于私人财产的平等保护，则没有私人领域。[20] 不过，应当注意的是：第一，不能简单地以为凡是发生于个体或个体间的，就必定属于私人生活领域。在个体或个体间的活动中，既有属于私人领域的，也有属于公共生活领域的。第二，即使是私人生活领域内的活动，在一定条件下也会由私人领域进入公共生活乃至国家生活领域。[21]

"公域"或公共领域、公共生活领域，是与"私域"相对应的范畴，是人们的**共同生活世界**。汉娜·阿伦特将其界定为"共同的空间"。如果不将"空间"理解为与时间相对应的范畴（否则，公共领域就会被狭隘地理解为公共场所，其实，在公共场所中也有私人领域），而是理解为一种生活范式，理解为人们共同的生活世界，那么阿伦特的这种界定则是合理的。[22] 这个共同的生活世界，借用哈贝马斯的话，是拥有自由权利的人们通过"对话"（"交往活动"）自由构成的。即，这个共同的生活世界是众人由于生活的关系自由走到一起所形成。在这里，每一个参与者都能自由地发表自己的意见、捍卫自己的正当权益。在这个界域里，调节众人行为的不仅

---

[20] 汉娜·阿伦特曾对财产权与私人领域的关系作了值得注意的探讨，认为只有个人的财产权才构成躲避公共侵扰的最后壁垒。见 Hannah Arendt: *The Human Condition*. Garden City & New York, 1959.

[21] 诸如，恋爱婚姻一般说来属于双方私人生活领域，他人无权也不应当干涉。然而，一旦其中的一方侵犯了另一方的正当权益，那么，被伤害方并不因为原先的私人生活领域缘故，而被剥夺要求社会伸张道义与维护正义的权利，他人与社会也并不由此而被剥夺伸张道义、维护法律尊严的权利。

[22] Hannah Arendt: *The Human Condition*. Garden City & New York, 1959.

有在共同生活中所形成的风俗习惯、道德规范,还有在"对话"、交往活动中达成的契约规范,以及相关成文法。[23] 这样看来,公共领域与私人领域一样均是现代社会的范畴。

私人生活与公共生活的分化,是社会走向现代化的一个显著标志。没有私人生活领域与公共生活领域的分化,就不可能有真实独立人格,也不可能有现代化的社会。在历史过程中审视之,公共生活与私人生活的分化是人类进步历程中的产物。人类社会最初处于一种个体与(氏族血缘)类的混沌一体之中,无所谓私人生活与公共生活。当人类出现阶级现象以后,虽然有了国家,虽然随着社会联系趋于复杂,也出现了某种公共生活的胚芽,但是,由于一方面社会并没有普遍的个性独立,另一方面这种公共生活其实是为统治者所掌握并为其统治所服务,因而,并没有严格意义上的公共生活存在。人类直到近代以来,随着市场经济的出现,随着个性人格的觉醒与独立,随着民主政治(哪怕是形式的)的逐渐建立,公共生活与私人生活终于逐渐分化独立。这种分化的核心是相对独立的个人存在,个人自由权利的确立,个性的解放。这种分化独立反过来又促进社会公共生活与个性的进一步发展,并对整个社会、国家生活发生重大影响。

伴随着私人生活从社会公共生活中分化,社会公共生活自身亦出现分化,这就是作为政治生活领域的国家从一般社会公共生活中的分化。这个分化的过程,就是社会与国家的二分相待、社会

---

[23] 公共领域的行为调节需要成文法,这基于两个理由:一是如后所述公共领域本身还有一个广义与狭义的理解,或者说公共领域自身还有一个再分化的问题,广义的公共领域中就包含了国家生活;一是即使在狭义的公共领域内,也还有一个普通民众的普遍自由权利需要国家必要保护的问题,如宗教团体及其活动属于公共领域内的事,但对一些邪教的反社会行为必须有成文法的严格限制。

自治能力与监督国家能力扩大的过程。伴随着这个过程的就是国家从对社会的僭越中逐渐退位,权力逐渐缩小。这样,公共领域事实上就有广义与狭义之分。广义的公共领域是包括国家在内的公域,狭义的公共领域则是不包括国家、并与国家相对意义上的公域。狭义的公共领域即为通常所说的市民社会(或民间社会)。㉔这样,现代性社会的基本结构,就是一个由私人生活、市民社会、国家生活所构成的两界域三层次的社会结构。这两界域三层次结构相互之间有恰当的张力,但彼此又并不绝对对立与拒斥,相互间以一种张力性和谐的方式构建起现代性社会的基本结构。㉕

国家虽然是一个极为复杂的概念,但在抽象的意义上可以在总体上理解为政治生活共同体。它是人类为了组织自己的公共政治生活而形成的一个政治共同体。㉖虽然对于国家可以作出诸多实质性的理解与规定,虽然历史上各种具体实存的国家有其特殊

㉔ 值得一提的是,社会文化领域所理解的"公共领域"虽然在一定意义上与西欧某些历史现象如公共社交场所的出现相一致,但是,这种理解将经济生活理解为私人生活而不是公共生活的做法,事实上就是将市民社会理解为私人领域而不是公共领域,这无论是在逻辑性还是在历史性上都欠妥。此外,这种理解将"公共"只是理解为一种实在的空间,而不是生活范式,至多是抓住了"公共"的表象,并没有抓住其本质。离开了私人生活领域从社会生活领域中的分化与社会生活领域自身的再分化,对于人类近代以来的历史就难以作出深入的洞见。

㉕ 在华文语境中关于市民社会问题的研究,有一种将市民社会与国家二元对待的认识。这种认识固然有其某种道理,但在总体上总有一种肢离社会形态的感觉,不能完整与合理地说明市民社会与国家。笔者以为应当在"现代性社会"理念之下统一私人生活、市民社会与国家。具体请见高兆明所著《中国市民社会论稿》(中国矿业大学出版社,2001)第28—40页。

㉖ 对于国家范畴的起源、演变及其理解,详见恩格斯所作的《家庭、私有制与国家的起源》。另可参见《布莱克维尔政治学百科全书》,北京,中国政法大学出版社,1992,第738—742页。此外,钱乘旦主编的《现代文明的起源与演进》亦从语言学的角度对欧洲"国家"范畴的出现与演变作了较为详细的介绍。详见《该书》,南京大学出版社,1991,第118—120页。

内容,并事实上成为某些人或某些集团的统治工具,但是国家作为人类政治生活的共同体,其基本特征是公共权力。随着现代化进程的推进,国家作为公共权力作用的一面会更加凸显。[27]"公共权力"所表达的是其"公共性",这种公共性在于此权力本身是公共的,因而,其目的与内容均是公共的,是为了公共的善与正义。[28]这种公共性由民主政治本性所决定。[29]

林语堂曾说过中国人"缺乏公共精神",其缘由在于家族制度的根深蒂固。虽然林语堂的具体阐述可能有所偏激,[30]但是冷静地说,他确实一语中的。公共精神的缺乏在于公共生活领域的缺乏。在一个相当长的历史时期内,中国既没有公共生活也没有私人生活,只有家族生活——或者说家族生活就是公共生活,就是私人生活。个人是空虚幻影,家族是唯一实在,家族消融了一切。在这个场景中,个人只能在麻木浑噩中生长出家族精神。然而,家族精神、家族生活又并不等于公共精神、公共生活。这不仅是如林语堂所说的家族生活以血缘为连接纽带,因而它对于家族血缘联系以外的人难以产生体认接纳,产生出"对于公众是一种恶行,对于

---

[27] 参见高兆明:《公共权力:国家在现时代的历史使命》,载《江苏社会科学》1999年第4期,第77—83页。

[28] John Rawls, *Political Liberalism*, Columbia University Press. New York, 1996, p.213.

[29] 国家权力的公共性决定了它应当平等地为所有公民服务。然而,由于社会成员事实上分为强势群体与弱势群体,一般说来,平民是社会的弱势群体。强势群体能够通过自己的强势更有效地维护自己的利益并从社会争取到更多的资源,弱势群体由于自己的弱势易使自己本应享有的平等权益受到某种事实上的伤害,因而,国家权力的公共性,在要求其平等地为所有公民服务的同时,更应当要求其重视为平民服务。这种要求与国家权力的公共性规定并不矛盾。

[30] 如他认为中国人的骨子里头"深深伏有一种劣根性","不欲为国家而死,更没有一个人肯为世界而死",就过于偏颇。至少"国家兴亡,匹夫有责"这种精神还应当值得注意。参见林语堂:《吾国与吾民》,中国戏剧出版社,1990,第157—170页。

家族却是美德"的家族自私主义,㉛更重要的还在于公共生活是建立在个体独立人格基础之上的,而家族生活貌似公共生活、以一种公共的面目出现,但实乃是一种没有公众的公共。家长制之下不可能生长出公共生活及其精神。既没有真正的公共生活,也没有真正的私人生活,这正是中国数千年宗法血缘社会的基本特征。㉜概览中华民族近两千年历史,宗法结构及其宗法精神似可成为解读为何中华民族在其漫长的发展过程中,既缺乏个体独立性又缺乏社会法治精神,进而长期滞留于前现代社会的钥匙。正是在宗法结构及其宗法精神之下,一方面,社会具有某种程度的所谓基层自治,但这种社会基层自治,既扼杀了个体独立性或个性,又阻扼着社会法制精神的生长;另一方面,社会具有某种所谓公共性,但是这种公共性又是一种无公众的公共性。对于一个幅员辽阔的古代国家来说,在通常情况下,国家权力不可能将自己的触角深入社会的每一个角落,总是要通过一定的社会民间自治来实现对社会—国家公共生活的组织整合。而社会基层的家族乡绅豪阀的事实自治这一宗法结构,一方面,有了一个民间自治的形式,缓冲了社会的内在冲突;另一方面,又在使社会整合缜密的同时,在文化上阻扼了个性、社会公共性的形成,从而为这种宗法结构提供坚实基础。这提示民间社会自治并不一定就能蕴生民主政治。

即使共和国建立以后,在一个相当长的时期之内,我们的生活

㉛ 林语堂认为在中国家族生活制度中培养出"个人主义"精神。我以为这种表达不准确。家族制度中生长不出严格意义上的个人主义,生长出的只能是家族自私主义。参见林语堂:《吾国与吾民》,中国戏剧出版社,1990,第166—170页。

㉜ 不能以为中国宗法社会中王权对族权、家长权、夫权承认,就断定中国宗法社会中存在私人领域。确实,王权对氏族权、家长权、夫权不予干涉甚至加以保护,但不能说氏族之类的就是公共生活,因为公共生活的关键在于私人的存在,而中国宗法社会中的氏族却没有私人。

中也存在着两个越位:公共生活对私人生活的越位,国家生活对社会公共生活的越位。这两种越位在造成社会生活僵滞的同时,又严重地阻碍着社会迈向现代化的步伐。一个没有私人生活的民族是没有生机与希望的民族,一个没有社会公共生活的民族是没有自由秩序的民族。一个没有私人生活与公共生活领域的民族,既是一个没有宽容与个性、没有创造力与生命力的民族,又是一个没有健全法制生活的民族。

公域与私域二分为现代社会结构奠定了基础,进而亦为现代社会的基本权力—义务关系,以及权力间关系确立了基本范式与合理性范围。正如前述,私域与公域是人的两个生活界域,且公域又可进一步区分为民间(或市民)社会与国家生活两个部分,社会结构事实上是两界域(私域、公域)三层次(私域、民间社会、国家生活)。与此相应,国家权力有三种功能状态:权力盲区、消极权力、积极权力。国家运用权力主动保护、干预、调控、组织社会生活的有关方面,这是积极权力。国家以一种不违规不干涉、不要求不出现的态度运用其权力,则是消极权力。在常态下国家权力对某一生活空间的不可介入,则是权力盲区。国家权力的积极、消极与盲区之分,指的是国家权力理性运用时应有的三种功能实施状态,强调的是用其所当用、在其所应在,毫无贬褒之意。即,国家权力使用的盲区、消极并不是贬谪,积极权力亦不是褒扬。相对于私域,国家权力在常态下应当是盲区,国家权力不应当涉及个人的情趣爱好。相对于民间社会,国家权力则应是消极权力。只要在国家法律所规定的范围、框架内,国家权力则是一个冷静的旁观者。相对于国家公共生活,国家则应当积极使用其权力,努力提供社会公共服务、打击犯罪、维护社会安全与稳定等等。权力盲区,是国家权力的无为性界域,消极权力与积极权力,则是国家权力的有为性界域。

　　私域中的个人间关系,以及民间社会(社群)关系,基本上是一种主体间的契约关系。契约关系起源于私人权利间关系,并以相对独立利益主体的存在为前提。人们在彼此的契约行为中逐渐学会建立起一种主体间关系,形成自治有序的生活方式。契约是种私约。㉝ 契约是不同意愿的结合,它是一定诺言的约定,契约以诚信为主观条件。所以,诚信不仅是一种正常社会交往秩序之要件,也是现代社会的一种基本美德。诚为真,为义,为自律,为互信。然而,作为一种现实的契约关系,至少有三要件:主观诚信,保证践约的客观强制力量,宏观社会框架契约背景。这三要件关系,在历史与逻辑上表现为一个权利间关系生长展开之过程。

　　值得注意的是,私域中的这种契约关系本身亦在文明历史进程中发生了重大变化。在自由资本主义之初,基本盛行的是私人间契约,且这种私人间契约还没有受到社团、行业协会、国家政府较多干涉。但在社会交往日益扩大、科学技术高度发达了的今天,情况则发生了重大变化。㉞ 自从 20 世纪上半叶凯恩斯主义出现后,在自由主义与凯恩斯主义的激烈争论中,西方发达国家对社会经济生活过程的宏观调控干预明显加大,作为 19 世纪自由资本主

㉝ 参见泰格等:《法律与资本主义的兴起》,学林出版社,1976,第 237 页;伯尔曼:《法律与革命》,中国大百科全书出版社,1996,第 40 页;贝勒斯:《法律的原则》,中国大百科全书出版社,1996,第 172 页。

㉞ 早在 1931 年,正是梅茵《古代法》一书的编者、英国法学家 C. 亚伦就清楚地指出,梅茵关于个人自决、契约自由的"这些文句在它写成的当时是适当的、可以接受的——那个时候,19 世纪个人主义的全部力量正在逐渐增加其动力。""我们可以完全肯定,这个由 19 世纪放任主义安放在'契约自由'这神圣语句的神龛内的个人绝对自决,到了今日已经有了很多的改变;现在,个人在社会中的地位,远较著作《古代法》的时候更广泛地受到特别团体,尤其是职业团体的支配,而他的进入这些团体并非都出于他自己的自由选择。"参见《古代法》,商务印书馆,1984,"导言"第 17—18 页。

义市场经济"两大支柱"的个人所有权和契约权,已经受到了巨大的"侵犯"。人类走向现代化的历程表明:个人自由活动在越来越多地受到社团、行业协会自律控制的同时,也越来越多地受到国家政府宏观调控的制约影响。今日,社会基本制度体制的公正,已是个人平等自由权利关系的先决条件。关心个人平等自由权利,就必须关心社会基本制度体制的公正。

私域起直接调节作用的是私人的情趣爱好、情感友谊、承诺信誉、习惯等。因而,私域的健康存在除了要有基本正义的社会基本结构及其制度安排这一背景性存在外,还有赖于作为私人的个体的人格健全、精神健康。独立人格、平等基本自由精神之下的文明教养、修身齐家,既是一个社会得以健康稳固的基石,又是私人领域健康发展的催化剂。一个善的制度,不能没有私域,不能没有作为私人的文明教养、修身齐家之美德。

私人领域的相对独立,私人的文明教养、修身齐家;私域部分地向公域过渡,公域对私域的宏观制约;民间社会自治的普遍化,国家权力对社会宏观控制作用的加强;民间社会对国家权力监督的自觉意识,国家权力对民间社会法律制约的客观效果,等等,是当代社会的基本特征。在这些基本特征中,存在着的是双向互动作用关系,是各种权力间关系的调适。

国家权力为私人契约关系以及民间社会活动,提供一种宏观的制度背景并仅扮演裁决纠纷仲裁者之角色,这是一种消极权力功能。这种消极权力功能,一方面保证了社会的自由活力及其公正秩序,另一方面又将国家积极权力作用方面凸显:集中于社会公共政治生活秩序,对社会公益的强力保障。

私权与公权关系是私域与公域关系的核心。此处的"私权"指的是私人权利。由于公共领域以公共性为其特质,且这种公共性有两个颇有区别的方面(作为类整体利益的公共权利或公共利益,以及作为公共利益代理人的公共权力),因而,此处的"公权"就有二重含义:公共权利与公共权力。这样,私域与公域或私权与公权的关系,就相应地就有两个方面:私人权利与公共权利关系,私人权利与公共权力关系。这是两种具有极重要差别的关系。

私人权利与作为类整体的公共权利关系,是一个一直困扰人类理性及其实践的重大问题之一。它深深植根于人的社会性与个别性这一存在本体的内在矛盾与紧张。当代个人主义与社群主义之争,所折射的正是这种内在矛盾与紧张。

在一般抽象意义上,公共权利是私人的公共权利,离开了私人权利,就无所谓公共权利。这正是黑格尔所说并为马克思所认肯的所谓虚幻集体与真实集体思想中所包含的最为深刻内容之一。一个不能包含私人权利、私人权利不受到充分尊重与保护的公共权利,不是真实的公共权利。这种公共权利缺失存在的正当性、合理性根据。专制集权主义及其思想之所以没有存在的理由就在于:它以为存在着一种可以绝对脱离私人权利(或利益)的公共权利(或利益),这种公共权利(或利益)可以绝对凌驾于私人权利(或利益)之上。曾在相当长时期内存在并盛行于中国大地上的极"左"思潮及其实践,任意地割裂了私人权利与公共权利的内在统一性,无视私人权利的正当性与合理性,并以公共权利(或利益)的名义任意地侵犯私人权利(或利益)。在这种所谓公共权利(或利益)面前,私人权利(或利益)事实上极为卑微可怜。这不仅造成了私人权利(或利益)与所谓公共权利(或利益)的普遍对立,而且也以一种极端的方式表明这种所谓的公共权利(或利益)的虚幻性——一种拒斥特殊性的普遍性不具有普遍性的品格。正由于这种拒斥私人权利(或利益)的所谓公共权利(或利益)不具有普遍性品格，因而，它就是必定要被否定的。这正是当代中国以改革开放为标识的现代化历史进程的必然缘由。从这个意义上说，以改革开放为标识的现代化建设实践，就是要确立起这样一种社会权利关系及其精神：公共权利（或利益）与私人权利（或利益）的统一性，公共权利以私人权利为基础，私人权利的普遍实现正是公共权利的现实实现。⑤ 改革开放近30年来，我们这个民族所取得的伟大进步与成就，所具有活力与生机，在世界上与日俱增的地位与影响，均以一种历史事实证明了私人权利对于公共权利的基础性意义，以及基于这种基础之上的二者的内在统一性。

然而，公共权利（或利益）又是一个相对于私人权利（或利益）的概念，公共权利并不等同于私人权利，亦不是私人权利的简单相加。在日常生活的维度，具体的公共权利有可能与私人权利发生冲突。当发生这种冲突时，二者关系的处理应秉持何种价值原则精神？在一般意义上二者在价值序列上是否具有某种价值优先性？公共权利对于私人权利是否具有优先性？如果回答是否定性的，那么这将意味着什么？如果回答是肯定性的，那么这种价值优先性是否无条件的？它在何种范围内才能存在？或者说，公共权利对于私人权利的优先性保持在何种范围内才可能是合理的？这是一系列无法回避的严肃问题。

个（私）人自由权利对于社会而言，不仅具有基础性价值，而且具有独特性价值。正是在这个意义上，个（私）人权利须被充分尊重与保护。然而，一方面，由于自由权利本身就是一个社会性概

---

⑤ 人们曾习惯了的以所谓"大河与小河"关系比喻说明私人权利（或利益）与公共权利（或利益）关系的做法，值得认真质疑。至少这种比喻隐含着的合理性有其严格限度，不能无条件、绝对化。如果从源头的意义上讲，则是小河之水汇聚成大河，小河有水大河不干，没小河就没大河。

念,只有在伦理实体中才有可能谈及个人的自由权利。另一方面,由于个人自由权利的真实实现有一个摆脱偶然性、获得必然性的问题,只有具有普遍性的个人自由权利才是真实的。此外,由于个人存在的社会性特质,由于现代性社会前所未有的风险性,社会成员相互间联系的空前紧密性,个人对于社会的依赖也达到了空前的程度,因而,作为自由权利的普遍、社会性存在的公共权利,对于私人权利具有价值上的优先性。如果公共权利不具有这种价值优先性,那么,个人就是一种单子式的存在,社会就是离散的堆积物,自由权利本身就是一种空幻物。这种价值优先性,正是社群主义以其特有方式所揭示的合理内容。自由主义价值精神经历了漫长的探索以后,已由绝对的个人自由权利演进为共同体中的现实个人自由权利。

不过,公共权利对于私人权利的这种价值优先性并不是无条件的。它必须与平等的基本自由权利这一现代性社会的基本特质及其价值精神相一致——甚至这种优先性本身就是私人权利的真实实现方式。公共权利对于私人权利的价值优先性有其现实规定性。它只有在具备了三个基本前提性条件时才是真实合理的。这些前提性条件是:其一,公共权利(或利益)的真实性,即不是假借公共权利(或利益)名义谋取特殊集团或个人的利益。在这里,任何所谓国有、城市形象、整体利益等习惯性理由,都不能无条件地成为侵犯私人利益的充分根据。其二,私人利益必须得到有效尊重与保护。除了非常情况以外(如国家为了抵抗外敌入侵的临时紧急征用),在通常情况下公共利益的价值优先性并不意味着私人权利或利益就可以任意受侵犯。相反,这种公共权利或利益的优先性,并不否定私人权利或利益必须得到充分足够的尊重、维护与补偿。其三,公共权利或利益的这种价值优先性实施须通过法律的方式,以免由于随意而伤害私人权利或利益。㊱ 这三个前提性条件,不仅缺一不可,且具有逻辑上的先后次序。

公共权力与私人权利的关系是公权与私权关系所内含着的另一层关系。公共权力与私人权利关系亦有两个维度:其一,在一般意义上,公共权力与作为抽象、普遍存在的私人权利关系。这是现代民主政治中的委托人与代理人关系。法治社会的精髓之一就在于:不是以宪法解释公民私人权利的来源,而是相反,以公民私人权利解释宪法的来源;作为公权力拥有者的政府的一切权力,来自于人民、为了人民、服务于人民,并受人民的有效监督。在这个意义上的公权力与私权利关系,是通常所说的主人与仆人关系。其二,作为一般公共权利代理人与个别私人权利关系。这是日常生活中所说的公权力与私权利的关系。公权力具有公共性品格,进而具有权威性与强制力。这种公权力对于私权利除了法律法规所赋予的权力以外,对于个别私人权利没有干涉的理由,且这种干涉也应当是依据一定规范程序。法治社会的国家权力,并不是一个能渗透一切角落、无所不能、无所不揽的权力。

2. 现代国家权力的公共性㊲

在一个较长时期内,由于意识形态的原因,人们将国家理解为阶级统治的工具,忽视了其公共性的方面。尽管这种认识现在已发生了重大改变,国家权力的公共性品格似乎已逐渐成为一种理

㊱ 物权法正式通过后,引起人们广为注意的重庆市拆迁"历史上最牛的'钉子户'"事件,将会与孙志刚事件一样在中国法治史上具有标志性意义。无论此事件的具体详情及最终结果如何,对此事件的学术分析却无法回避这三个基本方面。

㊲ 本部分内容曾以《公共权力:国家在现时代的历史使命》为题发表于《江苏社会科学》1999年第3期。此处在原有基础之上做了许多删改。

论常识,但是,这种认识的影响并未消失,仍然有待于进一步澄清。

国家通常被理解为政治实体或政治共同体,这类实体或共同体存在于人类的历史长河中。㊳ 恩格斯曾系统揭示:国家在阶级对立中产生,它是"最强大的、在经济上占统治地位的阶级的国家,这个阶级借助于国家而在政治上也成为占统治地位的阶级"。㊴ 恩格斯的这一思想为人们广泛熟悉,并成为国家是阶级统治工具的基本理论依据。然而,恩格斯在同一本著作中所揭示的国家的公共性品格这一思想,却往往为人们忽视。恩格斯在谈到既往历史上"国家的本质特征"时曾揭示:它们是"和人民大众分离的公共权力"。㊵ 在这里,恩格斯以特殊方式揭示并论述了一个普遍命题,这就是国家权力的"公共性"。国家权力的公共性品格源于人的存在的社会性及其组织性。有组织性、政治性,就有公共权力——无论这种公共权力的具体内容为何。㊶ 只不过国家权力的这种公共性,在不同历史时期的具体存在样式不同。

就与本研究直接相关方面而言,恩格斯上述关于国家的思想有两个基本方面:一是阶级统治的工具,一是社会共同体从事一般管理的公共权力。在以往阶级对立的社会中,国家作为阶级统治工具的这种作用被凸显。然而,随着社会进步、现代化进程的发展,国家的另一种作用在现代社会日益明显。现代社会愈发展,国家的这种公共性品格就愈明显。即使未来国家消亡了,通过国家这一特

㊳ 参见《布莱克维尔政治学百科全书》,中国政法大学出版社,1992,第740页。
㊴ 参见恩格斯:《家庭、私有制和国家的起源》,《马克思恩格斯选集》第4卷,人民出版社,1972,第166页。
㊵ 参见恩格斯:《家庭、私有制和国家的起源》,《马克思恩格斯选集》第4卷,人民出版社,1972,第114页。
㊶ 参见汉娜·阿伦特:《公共领域和私人领域》,载汪晖、陈燕谷主编:《文化与公共性》,北京三联书店,1998,第58—61页。

殊形式所表现出来的社会公共权力亦会以另一种特殊方式存在，或者说，现今国家所承载的社会公共权力这一内容将会通过另一种载体而被保存。权力的公共性，是现代法治社会的基本特征之一。

国家权力的公共性品格决定了国家权力的双重规定：其一，国家权力只能是出于公共的目的，为了公共的。作为公共权力的国家既不能成为某一个别集团谋取私利的工具，亦不能被推向市场成为一种特殊的商品从事交换。[42] 其二，国家权力并不具有无限性，并不可以无所不在、无所不能。相反，它只在公共这一有限界域内才拥有存在的合法性。即使是以公有制为基础的国家这一公器，也并不意味着就可以拥有无所不在、无所不能的充分支配权。为什么新中国建立后的一段时间内曾出现粗暴践踏公民基本自由、平等权利的现象？为什么人民的物质生活曾一度处于窘迫境地？看来，仅仅公有制基础本身并不能证明其社会结构就是公正的，公有制基础之上的社会结构及其具体制度体制并非不证自明地就是公正的、善的，其中还有复杂的影响因素与中介环节。国家这一社会公共权力在公域中不能是无限的。我们不仅需要以权力制约权力，还需要以社会制约国家。[43]

国家权力的限度是何？是如诺齐克所说的"守夜人"，还是如霍布斯、卢梭所主张的全能国家？是否权力由于其公共性而拥有无限性？这里关涉国家权力这一公共权力的合法性问题。

---

[42] 那种为了解决所谓财政拨款不足的困境，允许公共权力部门利用公权力罚款创收，或者经费支出与这种罚款直接按比例返还的做法，是一种极为短视、极为拙劣且危害极大的做法。这种做法事实上是在明目张胆地否定国家权力的公共性品格，进而公开地将公权力私化。

[43] 托克维尔、达尔等所表达的以社会制约权力的思想值得特别注意。参见顾昕：《以社会制约权力》，载《市场逻辑与国家观念》，北京三联书店，1995，第148—167页。

国家权力的有限性问题从理论上说缘起于大契约论与小契约论之争。近代契约论的最早阐述者是德国思想家蒲芬道夫。他的契约思想分别指向两个方向：一是社会起源，一是国家起源，前者为社会契约，后者为国家契约。后来的洛克、孟德斯鸠坚持了契约的这种二元性质，认为人们通过契约让渡的权力是部分权力而不是全部权力，让渡出去的权力组成国家机器，留下来的权力组成社会自治，让渡出去的少，留下的多。让渡出去的是为了保护留下来的，故在功能形态上国家取最小值，社会取最大值，这就是大社会小政府。不能赋予国家道德化要求，亦不能指望国家权力在道德上是善的，必须以恶制恶，以权力制约权力，这种制约既来自于国家权力内部的互相制约，更来自于社会从外部的制约，国家与社会各有运行规则，不能窜扰。这是小契约。而霍布斯与卢梭却将两个方向压缩为一体，认为契约所让渡的权力是全部而不是局部，人们服从国家的意志就是服从自己的意志。他们以国家取代了社会。这样的国家当然就没有来自于社会的外部监督一说，当然是一种大政府。这是大契约。㊹ 虽然卢梭等主张大契约的本意，是要用政治国家的力量打断那个社会的堕落进程，重建新的社会秩序，但就其客观倾向及后来的历史实践来看，这易导致集权专制。大契约论自身所隐含的理论前提是，人们通过契约所构成的国家是一个完满的理想共同体。它既是一个政治共同体，也是一个道德共同体。这就意味着政治的权力就是道德的善，意味着国家边际的无限大，国家可以包容、熔铸一切，社会不再有个性与自由。问题更严峻的是，如果是这样，那么作为"公意"的国家总是通过行使权力的代表来代表公意的，这即意味着作为代表的人可以公意

㊹ 参见朱学勤：《道德理想国的覆灭》，上海三联书店，1994，第62—64页。

的名义做任何事,且总是善的。这是对自由本身的否定。否定自由的东西自身必须被否定。这样看来,以小契约为基础的小政府,至少在理论上要较之以大契约论为基础的大政府更为合理。在民主社会中,小政府具有更多的合法性。

所谓小政府与其说是量的规定,不如说首先是质的规定。即,承认人民权力的至上性,承认国家权力应当对人民负责;承认国家权力的有限性,公域是国家权力存在的合理性范围。

绝对集权至少在理念上是以公权力全能、大政府为指导。这种全能、全职大政府对于公共权力公共性的伤害,已为我们过去几十年实践经历所证明。伴随着改革开放进程,国家这个公权力在从过去那种包揽一切的绝对集权状态中走出来的同时,又在探索为建设社会主义市场经济服务、推进改革开放的实践中,一度陷于一种既缺位又越位的双重境况之中:不在其所应在,在其所不应在。在市场经济建设过程中,将一切推向市场,甚至将公权力所应承担的公共职能与使命推向市场,与此同时,却又往往粗暴地进入私人活动领域,甚至直接成为市场经济活动的主体。社会主义现代化建设进程,严肃地提出了国家权力应当回归其公共性本性、承担起应有的公共性责任的问题。国家公共权力应从私人领域退出,应在公共领域积极地承担起责任,履行其应有的使命。

公共权力必须承担起公共职责,与小政府理念并不相悖。所谓小政府,只是强调作为公器的政府并不具有凌驾于人民之上的权力,并不具有全能性。小政府理念并不否定公共权力应当积极承担公共责任。小政府在功能上也只是相对于包揽一切的大政府而言,并不是说越小越好。相反,至少20世纪中叶以来的实践表明,国家对于社会生活宏观调控的必要性,不是缩小了而是扩大了。

在当代,对于国家公共权力权能的合理认识,必须置于平等的基本自由权利实现这一历史背景中展开。而当代罗尔斯与诺齐克的学说争论,则从一个侧面对这个问题作了某种回答。

罗尔斯因其《正义论》而被称为当代的洛克。诺齐克对其的反驳诘难,则掀起了自由与平等关系争论的新高潮,并展开了国家在社会生活中的作用范围的新一轮争论。罗尔斯提出了作为社会基本结构、国家基本制度的两个原则,这就是平等的自由原则与差别原则。两个原则之间具有字典式的次序关系:自由的原则优先于差别的原则,而差别原则自身内部又是机会平等的原则优先于效率原则。在罗尔斯那里,平等的自由原则适用于保障公民的基本自由,差别的原则适用于收入与财富的分配。罗尔斯主张公民的自由权利也应当体现在社会经济活动之中,因而他对社会及其财富分配的不平等提出了两个主要限制条件,这就是地位与职务向所有人开放,即机会的平等,以及社会及其财富分配的不平等要符合每一个人的利益。他尤其强调这种不平等要符合最小受惠者的最大利益,他所要达到的就是最大可能的社会福利平等。罗尔斯甚至还把市场经济体系的制度背景,设计成四个政府的基本职能部门,这就是调配部门、稳定部门、转让部门与分配部门,通过这四个部门的宏观调节,实现社会财富分配中的公正。[45] 罗尔斯的思想,令人强烈地感觉到他对国家在当代社会生活中作用持积极肯定的态度。

诺齐克与罗尔斯在国家政治功能方面的认识分歧很小,二者分歧主要集中在国家的经济与社会功能上。诺齐克同样认为国家在政治上要保障所有人享有尽量广泛的平等的基本自由,这种保

---

[45] 参见罗尔斯:《正义论》第 11、13、40、43 节,中国社会科学出版社,1988。

障要优先于效率与社会福利的考虑,但是,国家在满足了这样一系列功能以后,并不能拥有按某种理想分配模式致力于社会财富分配正义的功能,否则,就将侵犯公民的自由权利。即,他反对将国家的功能扩大到分配领域,反对罗尔斯的差别原则。他以权利理论与罗尔斯的差别原则相对立。诺齐克在经济领域也坚持了彻底的权利、自由立场,主张个人的权利不可被侵犯,主张建立"最弱意义上的国家","这种"最弱意义上的国家"是道德上可取且唯一合法的国家。就诺齐克本人来说,他的最大功绩不是回答了问题,而是提出了问题。㊺ 诺齐克自身在理论上的不彻底性至少告诉人们:平等的自由不仅存在于政治领域,存在于基本的自由方面,也应当贯彻于社会的经济生活方面。如果没有经济领域中的相应支撑,基本自由的平等就会被化解,政治生活中的平等自由就会成为空中楼阁。正是在这一点上,马克思主义创始人对于社会经济结构、社会物质生产方式的关注,显得深刻透彻、卓尔不凡。也正是这一点表明,国家在社会政治生活中的作用,必然贯通于社会经济生活领域。

公民的平等自由不仅体现为平等的基本自由,也体现为平等的经济自由。不过,应当仔细区分这两种自由权利。平等的基本自由权利既优先于平等的经济自由权利,又体现于平等的自由经济权利之中,平等的经济自由权利不能伤害平等的基本自由权利。市场法则不能支配社会政治生活。作出这种区别及其优先性划分,一方面是为了保证人民最基本的自由权利,不至于使金钱成为社会政治生活的基本主宰;另一方面也是为了保证人民的自由权

㊺ 在诺齐克的理论中有许多难以自圆或有待研究之处。如果将诺齐克的"矫正的正义"思路贯穿到底,则会走向其所反对的罗尔斯立场。参见诺齐克:《无政府、国家与乌托邦》,中国社会科学出版社,1991,第330、233—234页。

利,不至于将这种平等的基本自由嬗变为平均主义。公民由于先天禀赋或后天机遇的原因,相互间事实上会有差别,占有社会财富会有多寡不同。但是,一个社会不能因公民占有财富的多寡而影响公民的基本自由,使之成为富者的天下;也不能通过强制的手段均等地分配社会物质财富。平等的基本自由要求的是社会物质生活上走一种不是平均主义的共同富裕的道路。需要注意的是,平等的基本自由并不是一句空话,它必须渗透、贯穿于人们的全部社会生活之中,必须要求一种经济的自由权利。没有经济自由权利支撑的基本自由,是没有保障的自由。

因而,国家为了保障公民平等的基本自由权利,在社会财富分配问题上就担负着极重要的任务。在社会经济生活中,国家并不是如诺齐克、布坎南所说的那样"最弱意义"上的"守夜人",而是调节公民相互关系的宏观实体。作为经济学家的布坎南从主张公众自由选择的自由主义经济立场出发,得出了与诺齐克同样的结论。不过布坎南由于强调了国家宏观的"法律与制度的构架"对于公共自由选择的前提性意义,事实上又承认了国家在社会经济生活中的作用与地位。[47] 尤其是在存在私有经济的条件下,如何保证公民的基本自由权利、实现社会公平正义,如何防止由于财富拥有的两极对立而造成的社会不平等乃至社会动荡,是作为公器的国家必须直面的重大问题。

就当代中国而言,作为公器的国家必须承担起公共权力的应有责任。这里的核心问题是:以社会物质财富分配为基本内容的权利—义务分配正义。明确私人财产权的正当性与合理性,这是

---

[47] 参见布坎南:《自由、市场和国家》,北京经济学院出版社,1988,第260—261页。

社会的重大进步。然而,在明确私人财产权的正当性、合理性前提下,如何保证社会成员平等基本自由权利的真实实现?如何保证不至于因贫富两极分化而伤及这种平等的基本自由权利?这些离不开公共权力的有效发挥。

在私人财产权基础之上,有可能实现社会基本权利—义务分配的基本公正。这里的关键在于作为公器的国家的合理调节。在过去相当长一段时期内,我们习惯于以为要实现社会公平正义就必须消灭私有财产权。这种认识至少面临着两个原则的诘问:其一,私人财产权是个人自由权利的定在,没有私人财产权,就不可能有个人人格独立与自由。在没有个人人格独立与自由的状况下,还会有平等的基本自由权利吗?其二,至少实践表明在一个相当长时间内仍然会存在着私有经济(这可以视为私人财产权的另一种表达方式),且私有经济有其存在的合理性,那么,这是否意味着在一个相当长时间内社会不可能实现基本的公平正义?如果在存在私有经济这一基本事实基础之上要实现相对社会公平正义,我们的社会基本结构该怎样安排?对这些问题的思考既需要创新的理论勇气,又需要严肃的理论态度。这里需要发问的是:生产资料的占有者对社会生活的支配控制是如何实现的?如果能找到这个秘密机理与环节,那么,只要阻断这个环节,问题就可以发生重大变化,即使存在私有经济,也有可能在社会实现普遍意义上的基本公平正义。严格地说,生产资料所有者对社会生活的支配控制,是通过对社会财富的占有、支配、控制而实现的。换句话说,如果生产资料的所有者不能凭借对生产资料的拥有权,而随心所欲地支配社会财富的分配,并进而侵犯人们的基本自由权利,那么,即使存在私有经济,也不会在根本上影响社会公平正义的实现。而能担负起这个重任的,只有民主政治基础之上作为公器的国家。

如果国家能够在规范市场经济基本运行秩序的基础之上，对社会财富恰当二次分配，建立健全社会保障体系，防止财富向少数人聚集，防止少数人利用对于社会财富的控制而控制社会国家生活，那么，即使存在私有经济，也不会造成社会的严重两极分化对立，也可以保证普通民众平等的基本自由权利，保证社会国家生活的基本公平正义，保持社会的安定祥和。

市场经济并不能自动带来社会利益分配的公正。在一个刚刚开始市场经济建设的社会中，人们往往会因为首先看到市场经济对过去大一统经济下所形成的那种严重社会不公的冲击与否定，从而产生一种认识，以为市场经济能够直接自动带来社会利益分配的公正。这是一种幻觉。事实是，市场经济并不能直接自动给社会成员或各利益集团带来利益分配的公正。制度经济学家约翰·R.康芒斯通过研究就明确认为，市场机制本身并不会给经济社会中的各个集团带来公平的结果，造成这种不公平的原因是这些集团议价能力对比的悬殊。[48] 所谓议价能力指的是，在经济活动中各利益集团依据其所拥有的社会资源而形成的事实影响力。康芒斯的这个思想至少表明：市场经济虽然是一种平等竞争的经济，拥有平等竞争的机制，但是此平等乃是规则面前的平等或形式的平等。若再考虑到不同参加者的不同背景，以及参加竞争者的信息不对称，这种竞争很可能一开始就是不公正的。在这种情况下的竞争结果，也不可能是公正的。所以，一方面，不可对市场经济过于神话，应当重视作为公器的国家对市场经济运行机制的必要干预调节，以及在市场分配基础之上二次分配的调节作用；

---

[48] 参见奥尔森：《集体行动的逻辑》，上海三联书店、上海人民出版社，1996，第141页。

另一方面，必须警惕一些特殊利益集团利用所掌握的资源对作为公器的国家权力的影响，必须警惕它们对政府政策内容与方向的左右能力。[49] 这就意味着，在这种特殊利益集团左右公器的情况下，政府的干预越大，结果就越不公平。因而，经济活动的公平，在根本上还有赖于民主政治、有赖于公共权力的真实公共性这一前提。

现在我们可以再次回到罗尔斯与诺齐克那里。罗尔斯与诺齐克似乎对立，其实，两者的目标、主旨是共同的，均寻求对人类社会生活的正义性与合理性解释。他们的出发点与基本立场亦无区别，都是契约论、个人权利的，他们都是传统自由主义精神的崇奉者。他们的理论前提也是共同的，均承认国家权力对于社会政治领域平等的基本自由的必要性。甚至他们的结论亦有某种共通之处，都以自己的方式承认国家权力的有限性。不过，他们之间确实又存在差异，他们的差异主要集中在国家权力的作用限度程度。他们的这种差异有其历史内容。罗尔斯所反映的是西方20世纪"二战"以后至70年代的社会现状，他想总结西方自由民主政治与功利主义道德理论的经验教训，论证西方民主制度与福利政策的合理性，以促进社会的安宁稳定。而诺齐克所反映的则是进入70年代以后西方社会对福利经济、国家干预的批评，主张个人自由竞争权利、自由主义经济政策的社会现实。任何一种关于社会公共权力的理论，都是那个时代的产儿，任何一个时代都有适合自己发展的社会公共权力及其运作方式。

我们的时代以改革开放为主流，以市场经济、民主政治建设为

---

[49] 参见奥尔森：《集体行动的逻辑》，上海三联书店、上海人民出版社，1996，第145—146页及第6章。

基本内容,以由新技术革命为内容的知识经济为背景。我们在改革开放进程中打破了既有的社会交往关系结构,但是我们却面临着诸如市场经济秩序与民主政治体制不健全、社会贫富两极分化严重、社会公共产品供给严重不足等问题。这是一个极需公共权力发挥公共性作用的时代。在我们这个时代,只有通过国家权力公共性作用的有效发挥,才能拥有现代化建设所必需的稳定的社会秩序,才能有效保障人民平等的基本自由权利,才能有效克服市场经济在社会物质财富分配上的缺陷。

我们的时代有两个基本事实值得特别一提:其一,是大的跨国集团的形成,这些大的跨国集团存在的空间、影响范围,已远远超出某一个民族国家,事实上已对整个世界起着某种左右作用。其二,是以现代信息技术为先导的知识经济,使得当今世界空间村落化、时间即时化,市场经济的世界一体化已成为现实。没有一个民族国家能够独立于这个一体化的世界市场之外,也没有一个民族国家能够完全不受这个一体化了的世界市场影响。这两个事实互相渗透、互为作用,对每一个民族国家甚至对全球的政治、经济、社会生活发生强烈影响,乃至兴衰成败,瞬息万变。20世纪末、21世纪初先后发生的两次金融危机的深刻影响,迄今仍令人深思。由于社会公共生活、国际关系的极其复杂庞大,作为一个民族公器的国家的公共性作用,在某些方面应当强化。这个强化是生活、历史发展的要求。这正如吉登斯经过详细考察后所揭示的那样,在前现代资本主义阶段,国家对经济生活极少干预,然而在现代资本主义阶段,国家在社会经济生活中的作用有了明显增强,国家的政治功能与经济功能密切结合。㊿

㊿ 参见吉登斯:《民族—国家与暴力》,北京三联书店,1998,第85—86页。

概言之,现时代国家的公共权力作用并不能弱化。现代民主社会需要一个权力有限受制、运作高效、富有权威的国家机器。这个作为公共权力的国家,在政治上保证公民的平等的基本自由权利,保证社会生活的基本秩序;在经济上从宏观上保证社会资源的有效配置,产业结构的合理调整,生态环境的有效保护,经济发展的持续稳定;在社会文化教育与公共事业上保证全民族的文化教育水准不断提高,社会保障体系的健全稳固;在国际事务中保证国家的独立与主权,保证国内经济文化事业的稳定健康发展。而这些也正是国家在现时代的最重要的历史使命。

三、制度结构:权力系统及其权威

作为社会基本结构的制度是一生命有机体。一个善的制度,应当是具有活力的生命有机体。这个生命有机体具有开放性与封闭性二重特质:结构上的开放性,进而富有流动性与生命力;权力及其运行上的封闭性,进而使其受到严格监督以免枉公为私。

1. 制度有机体

制度有机体思想,黑格尔曾在"国家"名下以思辨方式有过深刻揭示。在黑格尔看来国家是个有机体,这个有机体由不同的方面构成。这些不同的方面"就是各种不同的权力及其职能和活动领域"。国家正是通过这些不同权力及其职能活动"保存着自己"、再"创造着自己"。[51] 国家通过具体政治制度成为现实有机体,正

---

[51] 黑格尔:《法哲学原理》,商务印书馆,1982,第268页。

是政治制度保存并创造着国家。这样,政治制度与国家就是同一个事物,㉜只不过一个是以抽象的方式存在,另一个是以具体的方式存在,且这个抽象是这些具体的抽象,这些具体是这个抽象的具体而已。因而,一方面,对于国家与政治制度的把握不能分离二者,必须注意二者之间的这种抽象与具体关系;另一方面,由各种权力及其职能活动所构成的政治制度本身是一整体,这个整体呈现出国家的实质内容,对于这些不同权力及其职能活动,必须作为整体来把握。离开了这个整体,具体权力及其职能活动本身就失却了根据。㉝

政治制度也是一个自我创造与发展的有机体。这有两个理由:其一,政治制度是自我创造与发展着的东西,且有其自身特有的发展逻辑。其二,政治制度中各种具有独特职能的权力相互间的有机联系。正是这些权力间的有机联系,一方面构成了现实的政治制度,另一方面要求各个特殊权力之间必须耦合成为一个严密完整整体。㉞

根据黑格尔的看法,国家权力作为一个有机体内部存在着"差别",这个差别即是职能分工或"划分"。"这些权力中的每一种都自成一个整体,因为每一种权力实际上都包含着其余的环节,而且这些环节完整地包含在国家的理想性中并只构成一个单个的整

㉜ 人们通常所说的国家往往指的就是一种政治制度,而不是作为自然伦理实体的民族国家。

㉝ 这正是黑格尔下面一段论述中所包含的基本思想:政治制度"永远导源于国家,而国家也通过它而保存着自己。如果双方脱节分离,而机体的各个不同方面也都成为自由散漫,那末政治制度所创造的统一不再是稳固的了。"参见黑格尔:《法哲学原理》,商务印书馆,1982,第268页。

㉞ 这正是黑格尔曾强调的国家这一生命"机体的本性":"如果所有部分不趋于同一,如果其中一部分闹独立,全部必致崩溃。"参见黑格尔:《法哲学原理》,商务印书馆,1982,第268页。

体。"这种划分是"必然"的,这种必然性依据就在于这是对"公共自由的保障"。⑤ 黑格尔此处关于国家权力系统认识中包含着极为重要的思想内容:

其一,国家权力公共性这一现代性品格要求权力自身内部的分立。现代性国家权力是公共的,国家权力的存在是为了实现与保障公共自由。国家权力的这种公共性品格一方面在质上规定了国家权力,另一方面则从功能上规定了国家权力的职能目的。根据黑格尔的考察,国家有三种历史形态:君主(专)制、贵族制与民主制,与这三种历史形态相应的分别是在国家政治中的"一个人,多数人或一切人"的统治。⑥ 在这三种历史形态中,国家的统一与秩序分别依系于一个人、一些人、所有人。在个意义上看来,民主制对其公民的要求最高。民主制的稳固有赖于公民的理性精神。孟德斯鸠曾认为君主(专)制政治以"荣誉"为原则,贵族制以"节制"为原则,民主制则以"美德"为原则。对此,黑格尔则给予了更富有历史感的深刻解释。在他看来,封建君主制的国家生活建立在特权人格上,维系国家统一的是君主的荣誉;贵族制国家政治有可能堕入暴政或无政府主义,故维系国家统一的就是节制(以反对暴政与无政府主义);民主制由于建立了个人自由的政治制度,在这里需要防止公民个人的贪婪与纵情,因而,要维系民主国家的统一就不能没有公民的个人美德。然而,尽管公民个人美德对于维系民主国家统一而言是重要的,但是,由于公民个人美德还只是一种主观精神与情绪,具有不确定性,因而,维系民主国家统一的最重要因素,是合乎理性的客观制度,权力分立及其相互制衡则是其

---

⑤ 黑格尔:《法哲学原理》,商务印书馆,1982,第283—284页。
⑥ 参见黑格尔:《法哲学原理》,商务印书馆,1982,第287—288页。

具体实践方式。(57)

其二,国家权力公共性功能必须通过权力分立实现。之所以说国家权力必须被分立,其理由有两个基本方面:一方面,从生命有机体这一系统的维度看,系统总是由要素构成,要素间的系统整合构成系统自身。如果没有要素的分化,就无所谓系统自身。一个复杂系统才是一个自组织系统,才具有自我创造、自我发展的功能。现代国家不再是传统小国寡民的国家,而是由众多人员、广阔空间所构成的具有复杂功能的国家。现代国家权力作为一个生命有机体由不同的方面构成,正是这些不同方面的协调一致,才能使国家真正成为"自由的现实存在"。另一方面,国家权力内在包含着公共权力个人履行的矛盾。具有公共性品格的国家权力总是通过有关个人来履行。但是,公共权力由个人行使自身却存在着悖论:公共性权力以个别私人性存在为前提并通过个别私人性得以履行。由于个人不仅有其特殊利益,而且还有其特有的认识、意志、情感,由于行使公共权力的个人无法彻底摆脱这种特殊性,即使是那些所谓品性高尚的人在行使公共权力时,也会由于存在着对于宪法、法律、普遍性价值精神、道德规范等的具体理解,而做出不同的价值判断与行为选择。在这里,公共性依系于个别私人性。这种悖论现象有其存在本体论缘由:人既是社会的又是个别的,客观存在由主观活动构成。这是一种人所无法摆脱的本体论悖论。人对此唯一能做的就是:不将全部鸡蛋放在一个篮子里,并引进监督机制,这就是分权或权力分立。(58) 这是对国家权力分立的公共性维度理解。

(57) 参见黑格尔:《法哲学原理》,商务印书馆,1982,第289—290页。

(58) 绝对的权力导致绝对的腐败,正是对这种状况的另一种揭示。

其三,分立了的具体国家权力是一个由诸多相对独立权力所构成的权力整体。这里有两层含义:一方面,"每一种权力本身必须各自构成一个整体,并包含其他环节于其自身之中。"⑲另一方面,这些独立权力相互间又构成一个"有生命的统一"整体。⑳只有分立的权力成为有机整体,制度才能成为有效整合、调节、规范社会成员的现实方式,并在这种有效整合、调节、规范的同时,稳定地向社会成员传达这个社会的基本价值精神,引导社会成员在善的制度背景中进一步养成现代公民美德,选择正义的行为。

所谓每一个权力本身必须成为一个整体,指的是每一个权力自身亦由诸多要素构成,这些要素间必须严密耦合。这种严密耦合的整体,一方面使这个权力成为具体现实的存在,而不是一种空洞的东西;另一方面使这种现实存在的权力行使科学合理有效,而不至于由于自身的疏漏而伤及公共自由。㉑

所谓独立权力之间须成为一个有机整体,指的是这些独立权力之间应当既相互制衡,又彼此契合一体,既不存在缺失制衡的真空状态,又不存在彼此冲突、使人无所适从的状态。根据黑格尔的

---

⑲ 黑格尔:《法哲学原理》,商务印书馆,1982,第 286 页。
⑳ 黑格尔:《法哲学原理》,商务印书馆,1982,第 285 页。
㉑ 诸如法治建设中的立法问题。如果是一种部门当事人自己制订或起草法律法规,那么,这种立法体系本身就有严重疏漏,就会在公共性名义之下行私利。现行的电信、邮电等垄断部门立法严重滞后,在根本上就是这种立法体系的问题。诸如,纪检查案办案的问题。在一个特殊时期内以一种非常方式查处惩治腐败现象,纪检的存在自然有积极意义。但是,这种查处方式本身却应当在宪法层面上被深思:是否合宪?是否有严格法律意义上的制约监督?如果以一种游离于法律之外、高居于法律之上的方式惩治腐败,如果存在着一种可以游离于法律之上的特殊权力,那么,这很可能伤及民主政治建设本身。再诸如现行宪法不如法律法规,国家法不如地方、成文法不如单位规章制度、规章制度不如内部文件、公章不如个人批件等现象,它们至少表明目前在日常生活中宪法法律不能落实到底。这就有可能从根蒂上动摇乃至否定法律的权威。这也是一种由于制度自身不成系统整体而导致的问题。

分析,这些独立权力并不是彼此绝对独立、否定的关系,而是同一整体中的不同环节之关系;这些独立权力之间的制约监督,也不是一种"彼此之间互相抗衡"、要"造成一种普遍均势"的关系,而是共同保障公共自由的关系。那些以为国家权力中的不同独立权力之间是"绝对独立"的观点,那些以为这些不同独立权力"都敌视和害怕其他权力,反对它们像反对邪恶一样;它们的职能就在于彼此之间互相抗衡,并通过这种抗衡而造成一个普遍均势"的观点,都是"抽象理智"的陋见,没有存在的理由。"如果各种权力……各自独立,马上就会使国家毁灭"。[62]人类近代以来的历史曾经出现过这种权力之间的分裂,曾经出现过各种革命。这种权力分裂与革命并没有否证权力之间统一的必要性,它只是表明要何种权力的统一性,是要**这种**还是**那种**国家权力的统一性。即使是革命,它所要追求的现代民主国家政治权力,也是一种有机权力整体。

之所以制度要成为一个严密系统有机整体,就在于只有这样一种制度才能有效地维护公民的平等的基本自由权利,才能有效地保障公共自由的真实实现。[63]

2. 制度结构的历史向度

国家政治权力分立,是人类政治文明进程中的硕果。然而,分权与分权的特殊实现形式,却是两个不同的问题。

---

[62] 参见黑格尔:《法哲学原理》,商务印书馆,1982,第284—286页。
[63] 不能将自由权利的实现与保障建立在人们善良意志的道德基础之上。那种指望国家权力行使者出于善良意志或者"调和"忍让,或者自觉克己不侵犯他人权益的想法,是"荒谬的"。黑格尔在国家政治权力、政治正义问题上,曾表现出相当的冷静与深刻。他首先重视的是客观制度而不是主观道德操守,强调制度——这里是国家权力体系制度——的合理性,以制度的客观性保证国家权力的公共性及其有效性。参见黑格尔:《法哲学原理》,商务印书馆,1982,第286页。

分权究竟以何种方式实现？这是一个普遍性的特殊存在样式问题。分权的特殊实现形式与每一个国家的历史及现实文化、政治、经济乃至某种偶然事件相关。分权的特殊存在样式具有多样性与偶然性。它可以是如黑格尔所考察并在欧美国家普遍存在的三权方式，也可以是如孙中山所提出的五权方式。这里问题的关键不在于是三权还是四权或五权，关键在于权力分立及其相互间监督制约。(64) 每个民族国家都有自己的历史与现实，都有自己的文化与传统，因而，每个民族国家在现代国家政治生活中都可能有自己特殊的权力分立、相互监督制约的具体方式。国家权力的分立，只是为了保证国家权力的公共性品格，保证国家实现其保障公共自由的职能。同样道理，宪政作为现代社会的必然，这是每一个民族国家迟早要走的道路，然而，一个民族国家的宪政究竟取何种具体形式，这却并不简单地仅仅是一个宪政观念的问题，而是一个历史及其演进的具体道路问题。究竟以何种方式建立宪政，宪政的具体样式如何，这在不同民族国家有不同的具体内容。

在黑格尔看来，国家制度的形成有其历史根据或“历史制约性”，这种历史性正是国家制度特殊性的基本缘由。这种历史制约性就在于：一个国家制度究竟是何种内容、这种内容以何种形式存在，它有其历史规定。不能离开特定的历史任意确定一个国家的政治制度及其具体存在样式。那种离开特定的历史与文化而试图输入一种国家政治制度的做法，由于其无根性的主观性，注定会陷

(64) 对于欧美国家政治权力三分的实践必须注意区别其普遍性与特殊内容。国家政治权力三权分立本身只是一种权力分立的特殊样式，但是在这种特殊样式背后存在的则是权力分立监督制约这样一种普遍内容。我们既不能将三权分立这种特殊样式误以为是普遍内容，亦不能因为三权分立的这种特殊存在样式，而简单否定其所包含的权力分立监督制约这种国家政治生活的普遍内容。

入困境。“如果要先验地给一个民族以一种国家制度，即使其内容多少是合乎理性的，这种想法恰恰忽视了一个因素，这个因素使国家制度成为不仅仅是一个思想上的事物而已（即这个因素使得国家制度具有这样内容这样形式的具体存在的国家制度——引者加）……每一个民族都有适合于它本身……的国家制度。”(65)“拿破仑想要先验地给予西班牙人一种国家制度，但事情搞得够糟的。其实，国家制度不是单纯被制造出来的东西，它是多少世纪以来的作品。”一个民族在长期的历史过程中，会形成自己特殊的生活方式及对这种方式的特有情感。正是这种特殊生活方式与情感，成为这个民族国家政治制度的历史基础。尽管“拿破仑所给予西班牙人的国家制度，比他们以前所有的更为合乎理性，但是它毕竟显得对他们格格不入，结果碰了钉子而回头，这是因为他们还没有被教化到这样高的水平。一个民族的国家制度必须体现这一民族对自己权利和地位的感情，否则国家制度只能在外部存在着，而没有任何意义和价值。”(66)一个国家政治制度的具体内容及其存在样式有其历史根据，这正是黑格尔说“没有一种国家制度是单由主体制造出来的”真实思想。(67)

国家政治制度的历史性并不意味着国家政治制度是一个无须人的自觉努力就会自然来到的东西。一个国家政治制度的建立是人们追求自己理想的实践结果，是一些先知、精英们带领大众不懈奋斗的结果。华盛顿、林肯及列宁、毛泽东、邓小平等均以自己的实践表明，个人以及个人的价值信念在这种国家政治制度形成过

(65) 黑格尔：《法哲学原理》，商务印书馆，1982，第291页。
(66) 黑格尔：《法哲学原理》，商务印书馆，1982，第291—292页。
(67) 参见黑格尔：《法哲学原理》，商务印书馆，1982，第291页。

程中的作用。不过,这里的关键在于:一方面,既有的那种生活方式已经失却了存在的根据,这些先知精英们是在顺乎历史潮流而动;另一方面,这些先知精英们亦须使自己的信念成为全体民族的信念——尽管这需要时间,[68]他们为之奋斗的国家政治制度的具体内容及其存在样式,以及这个国家政治制度的具体建立过程,都必须从这个民族实际出发。

3. 制度的权威性

分立的权力在其特有的范围内均拥有自身存在的正当性、合法性,以及由此而来的权威性。

制度的权威性以其普遍性为前提。所谓制度的权威性以普遍性为前提,有两方面的含义:一方面,这种普遍性是制度内在规定性这一客观性意义上的普遍性,[69]即这种具有权威性的制度以客观性、善制为前提;另一方面,这种普遍性是无差别的有效性,即不因人而异的普遍有效性。前一前提所规定的是制度权威性的现实内容,它所揭示的是:只有现代性的善制才具有权威性,而并不是任何一种制度都具有权威性。后一前提所规定的则是制度权威性的普遍有效性,它所揭示的是:任何人在制度面前均不能享有例外。上述制度权威性的普遍性的两个方面,不仅最终均归结为制度的现代法治特质,而且还通过这种现代法治特质揭示了这种权威性的本体论依据。在此基础之上,我们才能进一步具体分析日常生活中具体制度的具体权威性问题,才能有条件在工具性立场

---

[68] 参见黑格尔:《法哲学原理》,商务印书馆,1982,第292页。
[69] 这是黑格尔所说"客观性"三种含义中的第二种规定。参见黑格尔:《小逻辑》,商务印书馆,1980,第120页。

上进一步谈论制度的权威性问题。

工具性立场上的制度权威性是指：

首先，制度的权威性应当体现为有效性与实效性的统一。所谓制度的有效性，是指具体制度自身基于合理性、合法性所拥有的效力。所谓制度的实效性，是指这种制度不仅是有效力的，而且还能在日常生活中实际地发挥着规范、调节作用。一个有效力的制度如果不能被有效地践行，那么，这个制度不仅并不能算是真实存在，甚至还不如没有。因为，它的不能有效被执行会起一种示范性作用，这种示范性效应可以挑战其他任何制度的权威性，进而在一般层面上伤及制度的权威性。一个不具有实效性的制度，不能称之为真实的制度。正是在这个意义上，制度的制定固然重要，但更重要的在于有效地执行制度。制度即使制订得再好，如果不能被有效地执行，也会因为不能有效执行而伤害法治社会自身。

其次，制度的权威性是制度系统整体的权威性。在制度体系中，各自相对独立制衡的制度（或权力）均有其权威性，这些相对独立的制度均应当被有效执行，然而，这些相对独立的具体制度的权威性是有限的权威性，而不是绝对、无限的权威性。所谓这种权威性的有限性是指：它们在属于完整制度系统中的有机部分、且在完成制度体系所要求的功能的意义上具有权威性，而不是自身孤独地绝对无条件地具有权威性。就制度系统而言，任何一个具体制度的权威，最终在于宪法法律的权威。

再次，制度系统自身具有结构性、层次性。制度系统中处于较低层次的具体制度的有效性，不能脱离更高层次的制度规定，它须服从于更高层次的制度性要求。不能将低层次制度从完整制度系统中孤离出来加以绝对化，并以此拒斥更高层次的制度性要求。

最后，具体制度权威性的维护方式必须受到严格限制。因为任何具体制度的权威性均是有限的,因而,对于这种具体制度权威性的维护方式,就不能是无条件、不受限制的。它必须受到宪法法律的明确限制。一切脱离宪法法律去维护具体制度权威的做法,均是对法治社会、进而对整个制度系统的伤害,不具有存在的正当性与合理性。

一个善的制度具有强大的凝聚力,这种凝聚力建立在每个社会成员的正当权益得到合理尊重、个性得到充分发挥基础之上。一个善的制度具有高度的权威性,这种权威性建立在自身的正义性与合理性基础之上。正是这种凝聚力与权威性,一方面使得这个制度具有强大的生命力;另一方面又使得它能够有效地治理社会,并在这种治理过程中推进人类文明的历史进程。善治缘于善制。

下篇　善治论

根据亚里士多德的看法,政治与道德均是关于好的生活的,都是人追求好的现实生活的方式。一个善的制度,不仅是以善的价值精神为灵魂的社会基本结构及其基本制度体制安排,而且还是能够流动于现实日常生活中、直接成为治理现实生活世界的有效工具。善制内在地要求善治。善制为体,善治为用。无体则无用,无用则无体。一个善的制度必定有一个善的治理方式。

尽管善治是一个可以包括诸多方面内容的概念,但是,行政正义、政党伦理以及制度演进的规范性等方面,则是其核心部分。行政正义是政治正义的内在环节之一。作为多元社会中不同利益集团间关系集中体现的政党活动,构成了推动多元社会发展的一种极为重要的内在动力。制度演进的规范性,则是现代社会文明演进的标志。

第7章 行政正义

一个善的制度是一个具有实践性、进而具有内在生命力的制度。善制总是不能缺少善治(good governance)。尽管善治之"治"在现代社会可以有广义与狭义两种不同理解——甚至在广义上可以包含诸如公民自治在内的诸多内容——但是行政这一严格、狭义之"治"则是其核心之一。善治不能缺少行政正义。

一、政治视域中的行政

行政本身固然是一种独特的制度体系,且有其运行的独特规律,然而,对于行政的把握却不能离开政治。离开政治的行政,至多只能是一种纯粹事务性的工具性存在。

1."政治"与"行政"

"政治"一词的英语拼写 politics 源于古希腊语 polis。[①] 在荷马史诗中,polis 指城堡或卫城。在古希腊,雅典人将修筑在山巅的卫城称"阿克罗波里",简称"波里"。每当商讨城邦公共事务时,人们就集中到卫城去,于是将卫城及其周围的市区、乡郊统称为

---

① 弗格森:《文明社会史论》,辽宁教育出版社,1999,第2—3页。

"波里"。"波里"综合了土地、人民及其政治生活而被赋予"邦"或"国"的意义。就其本源意义而言,政治与城邦生活有不解之缘。

中国先秦诸子中就使用"政治"一词。如《尚书·毕命》中有"道洽政治,泽润生民",《周礼·地官·遂人》中有"掌其政治禁令"。不过在更多情况下则是将"政"、"治"分开使用。"政"主要指国家的权力、制度、秩序和法令,如"启以商政,疆以周索","启以复政,而作禹刑"②,"大乱宋国之政"③,"礼乐刑政,其极一也"④。"治"则主要指管理人民和教化人民,如"安上治民,莫善于礼"⑤等,也指实现安定的状态,如"天下兼相爱则治,交相恶则乱"⑥等。据资料,在现代意义上将政、治这两个字完全结合起来使用,中国始于孙中山。孙中山认为:"政就是众人的事,治就是管理,管理众人之事便是政治"。⑦

在现代意义上,政治被理解为"在共同体中并为共同体的利益而作出决策和将其付诸实施的活动。"在这种理解中,政治是一种作出决策并须付诸实施的活动,这种活动发生在某个社会共同体之中、且为此共同体服务。在这种作为一种活动的政治中,不仅内在地包含着权力与权威,而且还内在地包含着实施、管理。⑧ 正是在这个意义上,行政是政治的内在环节之一。

"行政"的英文拼写 administration 源于动词 administer,而 administer 源于拉丁语 administrare,它是 ad 和 ministrare 二者的

---

② 《左传·昭公六年》。
③ 《左传·襄公十七年》。
④ 《礼记·乐记》。
⑤ 《礼记·经解》。
⑥ 《墨子·兼爱上》。
⑦ 参见《中国大百科全书·政治学卷》,中国大百科全书出版社,1992,第 482 页。
⑧ 《布莱克维尔政治学百科全书》,中国政法大学出版社,1992,第 583—585 页。

合成。ad 的意思是"向……"、"为了……",ministrare 作为动词,有"执行牧师职务;伺奉,照顾;尽力;执行,举行"的意思。二者合起来就是"去伺候"。中文"行政"一词最早见于春秋《左传》,有"行其政令"、"行其政事"。战国时的《纲鉴易知录》记载"召公、周公行政",意为执行政令,推行政务。

行政从广义上讲是"对生活进行管理",其核心问题是"处理信息"与"保持控制"。行政的基本含义是"指协助、服务或作为某人的管家的活动。"⑨行政从其本源意义来说是不独立的,它是为一定的主人服务,且因为有了主人的权力才有了行政的权力。因而,行政权力是一种递延的权力,或者是受委托的权力。目前行政学界对行政的界定虽然较多,但基本可以分为三种类型,即行政是一种行为或过程;行政是政府机构;行政就是管理。⑩这几种界定均存在不同程度的缺陷。第一,行政是一种行为或过程,然而,此为谁之行为,谁之过程?第二,行政当然包括行政组织与行政机关,但仅有行政组织和行政机关并不能构成行政。把行政等同于行政组织是一种静态的界定,没有从动态的角度来说明行政。第三,行政是一种管理,但这种界定没有区分公共管理与私人管理。公共管理与私人管理之间虽然具有相似性,也有可相互借鉴之处,但这种界定没有明确给出二者的本质区别。基于以上理解,我们认为行政是行政主体以一定方式对社会公共事务所进行的管理活动。这一界定可以有效避免以上理解存在的种种不足。

根据韦伯的分析,一方面,政治与行政密不可分,任何政治"统

---

⑨ 邓正来主编:《布莱克维尔政治学百科全书》,中国政法大学出版社,1992,第7页。

⑩ 彭和平等译:《国外公共行政理论精选》,中共中央党校出版社,1997,第29、45页。

治都表现为行政管理,并且作为行政管理发挥其职能。"⑪另一方面,以官僚科层制为标识的政治与行政二分,是人类近代以来的伟大成就之一。⑫行政并不等同于政治。这正如美国行政学家威尔逊所揭示的那样:"行政管理的问题并不是政治问题","行政管理的领域是一种事务性的领域",因而,"行政管理置身于'政治'所持有的范围之外。"政治决定了行政管理的任务,行政则是要完成这些任务、实现这些目标。行政属于事务性的领域。⑬古德诺在威尔逊的基础上,明确提出政治与行政二分,他认为政治是国家意志的表达,行政是国家意志的执行。⑭威尔逊和古德诺二人关于政治与行政二分观点的提出,有其历史背景。当时美国的政治生活中存在着政党分肥制现象,为了避免因政党更替而使社会秩序陷入混乱状况,人们主张应当有一个不随政党进退的机构。这就意味着政治与行政的二分有其前提条件,这就是实行竞争性政党政治和文官制度。而竞争性政党政治和文官制度的实行,反过来又会进一步强化政治与行政的二分。

但是,无论是威尔逊还是古德诺,都没有认为政治与行政截然二分。政治与行政的区分是相对的。威尔逊认为:"行政管理作为政治生活的一个组成部分","它与政治智慧所派生的经久不衰的原理以及政治进步所具有的永恒真理是直接相关联的。"古德诺虽然强调政治与行政的二分,但他也意识到二者之间的协调。他明确指出:"实际政治的需要却要求国家意志的表达与执行之间协调

---

⑪ 参见马克斯·韦伯:《经济与社会》(下卷),商务印书馆,1997,第271页。

⑫ 参见马克斯·韦伯:《经济与社会》(下卷),第9章,商务印书馆,1997。

⑬ 参见彭和平等译:《国外公共行政理论精选》,中共中央党校出版社,1997,第14页。

⑭ 参见彭和平等译:《国外公共行政理论精选》,中共中央党校出版社,1997,第30页。

一致。"即政治与行政之间应当协调。他还认为:为求得政治与行政二者之间的协调,就必须使二者之一丧失独立性。"要么执行机构必须服从表达机构,要么表达机构必须经常受执行机构的控制。"即,要使二者都保持独立地位是不可能的。或者政治从属于行政,或者行政从属于政治,二者必有一个处于最高权力地位。古德诺认为人民的政府要求"执行机构必须服从表达机构"。[15] 英国行政学家格林伍德则以自己的方式表达了对政治与行政内在相关性的理解。他认为政治与行政绝对二分的观点不可取。因为:第一,"政治与行政或政策与管理难以区分。任何政策性的决定在某种程度上都要考虑如何执行的问题,政策和管理的关系水乳交融。要精确地断定'政策'到哪里终止,'管理'从哪里开始,是不可能的。"第二,"政治家的任务是制定政策,官员的任务则限于执行政治决定,那就过于简单化了。政治家们在制定政策时实际上有很多方面要依靠他们的官员。英国行政管理的实际情况是,由政治家决定的政策和由官员担任的管理几乎没有什么区别。"[16]

政府在中、西方语境下均有广义与狭义之分。广义上的政府是对包括立法、行政、司法在内的国家机构的总称,而狭义的政府则专指行政机关。本文所说行政是狭义政府意义上的政府行政。由于现代性社会所确立起的政治生活原则是宪政政治,故,对于行政的当代政治视域审思与把握,实质上就是宪政视域的审思与把握。

---

[15] 参见彭和平等译:《国外公共行政理论精选》,中共中央党校出版社,1997,第14、31页。

[16] 格林伍德:《英国行政管理》,商务印书馆,1991,第6—7页。

2. 宪政中的行政

宪政⑰所确立的政治制度是法治政治。它以作为根本大法的宪法为根基，并通过分权制衡限制政府权力，保障个人基本权利不受侵犯。

在西方，宪政精神虽然在古希腊、特别是古罗马法治精神中就已有原初的胚胎形式，但是，古代的法治毕竟与近代以来的宪政有着根本性的区别。古罗马社会虽然有古罗马法作为政治统治的基础，但它远没有上升到限权宪法的高度，而且古罗马社会还缺乏法治下的权力制衡。单纯一部古罗马法，很难有效地遏制统治者的专制独裁，作为公民的个人权利最终也无法得到法律的有效保障。尽管如此，古罗马的法治精神却成为了对西方社会政治生活具有决定性影响的文化根源，它所内涵的法律正义精神对西方宪政产生了深远的影响。中世纪以来，随着基督教政治文化的确立，西方政治史上又开启出一种崭新的超验正义之维。随着这种基督教超验正义的导入，特别是在政治、法律领域对古代社会法治传统和氏族宗法礼仪的全面改造，西方政治形态发生了根本性变化，建立起了一种新的政治正义的价值构架。基督教会内部以教皇制和宗教

---

⑰ "宪政"的字面意思为"宪法政治"。奇怪的是，最典型的宪政国家，如英国和美国，往往缺乏详尽而缜密的宪法文本。美国只有一个无法再简单的文本，以及诸多零碎的案例和烦琐的司法解释。正因如此，美国宪政的特点便是"没宪法"。但这并不意味着美国就真的没有宪法，它只是表明美国的宪法只是一种最基本、最抽象、最普遍的且被公认的原则。正是这些原则，一方面支撑着整个社会结构，并整合与支配着全部日常生活；另一方面它们存在于每个公民的头脑中，成为生命的一部分，并在日常生活的世代更替中积淀为一种习惯、传统，根深蒂固。宪政是人类政治文明演进中的一大成就。宪政首先意味着人民主权，政府权力必须服从法律和宪法，必须对公民负责。

大会为代表的宗教社团准政府性权力机制的新型模式,亦以一种特殊方式构架出一种新的政治生活框架。这一切为西方政治从古代和中世纪的社会制度转向近代宪政制度,奠定了某种文化基础。近现代意义上的宪政,便是对上述多元传统的创造性转型。从12世纪英国的《大宪章》到18世纪美国的《权利法案》,西方政治历史的主线便是在这条朝向宪政的道路上演进。

宪政并不是一种政治上的至善状态。宪政只是就人的本性而言到目前为止最不坏的一种制度形态。与其他形态相比,宪政具有更多的人性价值,它提供了一个尽可能保障个人自由权利的社会政治环境。也许其他的政治形态在某个单一维度上不失更多的合理性,然而,其所潜在的灾难性祸害却可能同样巨大——那些极端高扬超验正义的神学政治,那些极端高扬人类正义的国家政治,已经给人带来了罄竹难书的灾难。不过,宪政本身也并不绝对排斥所谓超验正义或人类正义,相反,宪政所秉持的人民主权、平等自由权利这样一些价值精神,本身就具有理想、超验性。只不过宪政的这种理想、超验性,并不是以某种至善社会样式、而是以个人的自由权利为其具体规定。

哈耶克在谈到真正的个人主义与社会制度的关系时,曾经指出:"斯密及其同代人所提倡的个人主义的主要价值在于,它是一种使坏人所能造成的破坏最小化的制度,而对这一点则很少有人谈及。这种社会制度的功能并不取决于我们发现了它是由一些好人在操纵着,也不取决于所有的人将都比他们现在变得更好;这样的制度利用人们的多样化和复杂性来发挥其作用,这些人们时好时坏,有时聪明,但更常表现出来的特征是愚蠢。他们的目标是建立能给所有的人以自由的制度。而不是像他们的法国同代人所希望的那样,建立一种只给'善良和聪明的人'以自由的极受约束的制度。"⑬可见,对个人权利的法律保障,是宪政有别于其他任何政治制度的一个核心要素。宪法对个人权利的保障是宪政的基石。然而,宪法对于个人自由权利的保障还须落到实处,还须由抽象原则变为具体现实。在这里,关键之一就是对国家和政府权力的限制。通过合法限制政府的权力,有效防止政治权力特别是国家权力所可能导致的极权与专制,从而保障个人权利免遭侵害,维护个人的价值与尊严。这是宪政正义的精髓。

宪政所确立的公民自由权利原则,是一种看上去较为保守的弱势原则:它并不着力于追求公民个人的权利,而仅是把重心放在如何限制专断的政府权力、进而使其不损害公民的私人权利方面。因此,限制政府权力,保障私人权利和私人空间,便成为宪政的第一要务。虽说政府权力在协调社会、政治生活方面必不可少,但它所具有的危害却同样不能低估。阿克顿的名言"权力导致腐败,绝对的权力导致绝对的腐败",正是对此的深刻揭示。宪政的关键不在于如何伸张公民个人权利,而在于如何限制政府权力。只有政府权力得到了合法有效限制,公民个人权利才会得到有效的保障,私人生活空间才不会被政治权力任意压缩。权力只能被权力所限制。限制政治权力必须植根于制度、法律和程序。宪政既是一种政治哲学理念,更是一种实体化的法治制度。萨托利写道:"无论过去和现在,立宪制度事实上就是自由主义制度。可以说,自由主义政治就是宪政——动态地看待自由的法律概念以求解决政治自由问题的宪政。这就说明了我们撇开自由主义——我坚持认为是自由主义而不是民主主义——就无法谈论政治自由的原因。我们今天所享有的政治自由是自由主义的自由,自由主义性质的自由,

---

⑬ 哈耶克:《个人主义与经济秩序》,北京经济学院出版社,1989,第12页。

而不是古代民主政体下那种变化不定、令人生疑的自由。"⑲

宪政一方面从对政府权力限制的角度确证了政府行政权力的公共性品格,另一方面亦从法治的角度规定了政府权力必须在宪法法律范围内行使。正是在这个意义上,宪政规定了行政的基本内容及其特质。

然而,宪政作为一种人的历史存在形态,自身内部又存在着矛盾,这种矛盾是一种类似于悖论性的矛盾。正是宪政自身内部的矛盾又规定了行政的一系列内在矛盾。宪政相对于既有等级、人身依附制,无疑是一种善制,因而,宪政成为当代人类的一种基本取向。然而,宪政作为人的一种现实存在形态,自身亦有一系列内在矛盾。实质与形式、人民及其抽象性、代理人与委托人、权利与权力等,正是宪政自身内蕴的矛盾。正是这些内蕴着的矛盾,既使得宪政自身成为一个开放性的历史进程,亦使得人类自身在开放性过程中面对新情况探索着走向未来。

在现代性社会,宪政有其实质性的规定。宪政规定了生活于该制度中的公民的基本自由权利,这些基本自由权利对于生活于该社会体制下的公民来说是平等的。宪政所标识的是人民平等自由权利、人民主权的这一实质性内容。这种实质性内容属于一种不同于既往社会的社会生活类型。这正是罗尔斯正义两原则所表达的真实内容。然而,宪政的这种实质性内容又须形式化,它须通过一系列程序、形式成为现实存在。根据规则平等对话、协商妥协的规则、程序、形式,既是宪政的内在要求,又是宪政在日常生活中的具体呈现。在这里,甚至这些规则、程序、形式本身就是实质的一部分。离开了这些规则、程序、形式,宪政本身就流为空虚。就

---

⑲ 萨托利:《民主新论》,东方出版社,1993,第 313 页。

公共权力的形成及其行使而言,"宪政意味着一切权力都立基于下述认识,即必须根据为人们所共同接受的原则行使权力,被授予权力的人士须经由选举产生,然而选举他们的理由乃是人们认为他们极可能做正确的事情,而不是为了使他们的所作所为成为'应当正确'的事情。"[20]这即是说,公共权力的行使是基于人们共同认可的规则程序,这种规则程序是预先就被确定下来的,而不能由参与者任意改变或者建构。这种规则程序,在这里意味着社会的基本结构。在这里,实质化为形式程序,形式程序自身即成为实质的。然而,内容与形式毕竟又不是一回事,形式又可能脱离内容而成为纯粹形式的。这种脱离内容的纯粹形式,一方面使实质内容空虚化,另一方面又可能在公共性的名义下伤及公共性。

宪政意味着人民主权、民主。然而,人民主权当如何理解?其现实形态是何?民主到底是什么?人们可以给人民主权、民主做出一系列解释,诸如"获得同意的政体"、"大多数人的统治"、"主权属于人民"、"民主是一种制度"等等。但是,正如美国政治学家卡尔·科恩所揭示的那样,这些有关人民主权、民主的定义似乎是正确的,然而进一步追究深思之,就会发现这些概念并不能完全准确反映民主、人民主权的政治意蕴。

科恩认为民主的本义是"民治",是类似于林肯所说的"民有、民治、民享"。然而,"民主"等于人民自己统治自己吗?从"民主"(democracy)的词源学意义来看似乎如此。"民主"一词源于希腊语,其词根为"demos",意指"人民",而与之缀连的词是"kratein",意指"治理"。但是,首先,在古希腊政治文化背景下,"人民"是一个有社会身份限制的概念。只有成为城邦公民才具有"人民"资

---

[20] 哈耶克:《自由秩序原理》上卷,北京三联书店,1997,第 228 页。

格。奴隶不是人,不能被当做城邦公民或国家公民,因而也就不在"人民"之列。其次,所谓"人民的统治"本身是一个相当模糊、有待进一步厘清的概念。谁是"人民的统治"的主体?是人民吗?全体人民无一例外地都能同时担当管理者吗?这样,"民主"应当是"人民对人民的统治",这就无异于同义反复。另外,"人民的统治"所指向的对象是谁?是"人民"吗?这意味着"人民统治人民"。"人民统治人民"本身即意味着矛盾。那么"人民统治人民"意即一部分人民统治另一部分人民?然而这可能吗?事实上,"人民的统治"是相对的。一方面,人民当中必有一部分是统治者或管理者,另一部分则成为被治者或被管理者。"人民"不可能同时都成为"治者"。另一方面,统治者或管理者与被治者或被管理者是互为条件的,没有统治者也就没有被统治者。反之亦然。因此,在任何社会条件下,抽象地谈论"人民的统治"是没有意义的。基于这一认识,科恩认为,应对"民主"作进一步的界定和解释。与其停留在"人民的统治"这类一般性解释上,不如把它具体理解为一种特殊的社会政治制度。在此意义上,"民主是一种人民自治的制度"或"一种社会管理体制"。该制度的社会政治本质是:让每一个社会成员都可以直接或间接地参与社会生活的管理,包括社会基本制度的设计和安排、社会基本政治原则的制定、社会决策和管理等等。因此,民主的完整定义应该是:"民主是一种社会管理体制,在该体制中社会成员大体上能直接或间接地参与或可以参与影响全体成员的决策。"[21]

科恩对民主的这种理解与列宁在某种程度上不谋而合。[22] 科

---

[21] 参见卡尔·科恩:《论民主》,商务印书馆,1988,第 6、9、10 页。
[22] "民主是国家形式,是国家形态的一种。"见列宁:《国家与革命》,《列宁选集》第 3 卷,人民出版社,1995,第 201 页。

恩对民主的这一定义仍然是普遍意义上的社会民主,包括社会经济、政治、文化等方面的民主体制。就我们所说的民主政治或政治民主而言,则主要是指社会政治生活的管理体制。即,社会政治制度的平等参与、公共决策、共同负责,对包括国家宪法和其他基本法律体系、政府行为、社会公共政治策略等在内的社会政治问题的平等参与、平等讨论、共同决策和共同负责。[23] 民主政治意味着在一个现代的、秩序良好的社会中,每一个公民在政治生活中享有政治自由与政治平等。

民主政治中必然存在多数与少数之分,民主是多数人的统治。然而问题的关键在于,民主社会中对少数或异己者权利的尊重和宽容。在民主社会中,"多数人的统治"作为一条原则,是对社会各种事务进行决断的一种标准。然而,现代性社会中社会公共事务的多样性本身,即意味着多数与少数可以相互转化。在某一问题上构成多数,可以在另一问题上成为少数。反之亦然。这又意味着多数原则是可以改变的多数。这样,如果少数派得不到保护,便事实上会使所有成员的权利得不到有效尊重与保护。"除非少数派的自由受到尊重,不然第一次选举不但会一劳永逸地决定谁自由谁不自由,而且投票支持多数者的自由也会毁于一旦。因为实际上已不再允许他们改变看法。于是只有第一次选举才是真正的选举,这无异于说这样的民主一诞生便会死亡。"[24]

由人民的抽象性进一步引发了委托与代理、权利与权力之间的矛盾。人民主权意味着国家权力来源于人民权利的让渡。按照社会契约论的观点,人民是国家公共权力的所有者,一切权力从其

---

[23] 参见万俊人:《现代性的伦理话语》,黑龙江人民出版社,2002,第 325 页。
[24] 乔·萨托利:《民主新论》,东方出版社,1998,第 36—37 页。

最终根源上来说都源自人民;国家机构及其工作人员,是人民权力的代理者;他们受人民的委托,行使属于人民的权力,而人民则始终保持对权力的所有。人民行使所有权的方式,在现代社会就是周期性的选举。人民与国家机构及其公职人员之间是委托与代理关系。人民是国家公共权力的委托人,而国家及其公职人员则是其代理人,他们接受人民的委托,行使人民赋予他们的权力。然而,问题的关键在于:代理人有可能僭越委托人而自成主人。如何使代理人既忠实于委托人、又能高效权宜行事?这可能是宪政实践中所面临的重要问题之一。虽然周期性选举这一制度性安排,可以通过不断重新确认具体的委托—代理关系来保证委托人的权利,但是,迄今为止的人类实践表明,这种制度性安排究竟在何种意义、多大程度上能够有效地解决委托人与代理人关系问题,仍然是一个有待探索的开放性课题。

现时的国家机构早已不是"守夜人"式的政府,而是日益趋于积极干预社会事务。[25]和行政组织所拥有的日益强大权力相比,公民自由权利的实现却面临着更为复杂、更为严重的挑战。权利与权力的关系问题,是宪政内嵌式的问题。现代性社会是民主社会,但民主社会需要通过政府这一公器履行公共责任,进行公共管理;政府作为公器掌握着公共资源,并支配着日常生活秩序;作为公民的大多数人"不论是否情愿,都要服从这种管理。"[26]由于行政机构掌握着公共资源并支配着日常生活秩序,因而,日常生活中的各利益群体会趋向于试图通过影响行政组织来实现本群体利益的最大化。这样,"官僚机构这种完备的同业公会就占了同业公会这

---

[25] 参见希尔斯曼:《美国是如何治理的》,商务印书馆,1986,第1页。
[26] 参见加塔诺·莫斯卡:《统治阶级》,译林出版社,2002,第97页。

种不完备的官僚机构的上风。"㉒现代行政在为人们提供各种公共福利的同时,可能同时就有意无意地剥夺了公民的某些自由权利。当人们接受政府提供的经济适用住房、最低生活保障补贴、基本医疗保险、优惠公共汽车票等时,个人和接受这种优惠的群体就事实上在一定程度上丧失了选择的余地——他们唯有遵从政府设定的条件。当一项权利的享有不得不依赖于外在权力时,权利也就失去了原来的意义。

宪政所内蕴着的矛盾,会以权利与权力间关系的形式集中反映在行政过程中。行政绝不是纯粹行政的,它总是以这样那样的方式成为政治的。

3. 行政的价值性与技术性

行政具有价值性和技术性。所谓行政的价值性是指行政本身具有价值属性,它以公共性为其基本价值规定。正是行政的公共性价值品质,使其技术性获得了存在的基础。所谓行政的技术性是指公共行政本身具有技术性的一面。管理是一门科学,相对于前现代社会那种建立在个人经验基础上的管理,现代社会更强调管理的科学性。公共行政作为对社会公共事务的管理,自然也具有科学的一面,它需要服从技术的逻辑。

行政是否具有价值属性?传统行政理论秉持政治与行政二分的观点,认为行政是价值中立的,行政是一种技术性的事务,它所追求的是客观化、普遍化和科学化,是形式合理性。其实,这种习惯性理解的行政价值中立性只是一种幻象。长期以来,人们存在

㉒ 参见马克思:《黑格尔法哲学批判》,《马克思恩格斯全集》第 1 卷,人民出版社,1956,第 301 页。

一种误解,把行政价值中立等同于政治中立,以为行政人的政治中立即为行政价值中立,因而要求行政人独立于党派利益。这里存在着一个混淆:将具体行政人在行政过程中独立于党派利益的政治中立,与行政本身的价值属性混为一谈。具体行政人在行政过程中的政治中立,正是行政公共性这一价值的要求;具体行政过程中的政治中立,并不能否定公共行政本身的价值性。公共性正是行政的价值性之所在。据于公共性立场,秉持公共性品质,客观无偏颇地行使行政职能,这正是行政的正义性。

行政具有公共性,公共性是行政的基本价值。行政的公共性由国家的公器特质直接衍生。[28]《辞海》中对"公"的解释是"公共;共同",与"私"相对。《礼记·礼运》中所言"大道之行也,天下为公",即为此意。《汉语大辞典》中,"公共"意为"公有,公用的,公众的,共同的"。"公共"在中文中更多强调的是多数人共同或公用。在西方语境中,人们认为"公共"一词有两个起源:其一,来自于古希腊语 pubes 或 maturity。在古希腊语中,这两个语词表示一个人在身体、情感、智力上已经成熟,能够超越自我利益去理解并考虑他人利益。这意味着他已经具有了公共意识,是一个人走向成熟的标志。其二,起源于古希腊语 koinon。英语中的"common"一词就来源于该词。其意为"共同"、"关心"。它意味着人与人之间在工作、交往中相互照顾和彼此关心的一种状态。[29] 在古希腊,

---

[28] 国家具有两重性,即阶级性与社会性。就其阶级性来说,我们通常认可的说法是国家是阶级统治的工具。就其社会性而言,正如马克思恩格斯等经典作家所揭示的那样,国家的阶级性要以社会性为前提,即只有当国家首先履行了其社会职能时,其阶级统治职能才能得以维续下去。在这个意义上,国家的社会职能是其阶级统治职能赖以存在的形式。

[29] 乔治·弗雷德里克森:《公共行政的精神》,中国人民大学出版社,2003,第18—19页。

城邦是一个政治共同体,政治生活是城邦公共生活的全部,城邦所有公民通过交谈和行动来达到一种公共性,其目的是为了使公共善最大化。

值得注意的是,哈贝马斯考察了公共性的另外一种起源。在哈贝马斯看来,公共性不是指行使公共权力的政府部门。公共性是一个建立在国家/市民社会、公/私二元对立基础上的独特概念。它在成熟的资产阶级私人领域基础之上诞生,并具有独特的批判功能。关于公共性的演变,哈贝马斯认为,在古希腊城邦中,公民的公与私之间泾渭分明;公代表国家,是一种政治性的共同生活,通过交谈与实践来实现——但是古希腊城邦中没有也无法形成真正的公共领域;私代表家庭和市民社会;在欧洲中世纪,公私不分,公吞没私,不允许私的存在,公共性等同于"所有权"。直到近代以来,在资产阶级私人领域的基础上才诞生了公共领域,才有了真正意义上的公共性。[30] 哈贝马斯所说的公共性等同于公共领域。

什么是行政的公共性?有人从所有权、资金和控制力量三个方面来说明行政的公共性。他们认为,与企业相比,公共行政是由政治共同体的所有成员共同拥有的,其运作的资金来源是国家税收,行政受到政治力量的控制。相形之下,企业是由企业家或股东拥有,其资金来源于消费者的付费,企业由市场力量来控制。还有人从另外一个层面探讨了行政的公共性内涵。他们认为行政的公共性体现在行政管理主体的公共性、行政管理价值观的公共性、行政管理手段的公共性以及行政管理对象的公共性上。[31] 这些关于行政公共性的讨论,主要还是现象描述性的,尚未上升到哲学层面。

---

[30] 哈贝马斯:《公共领域的结构转型》,上海学林出版社,1999,第2—16页。
[31] 王乐夫等:《公共性:公共管理研究的基础与核心》,《社会科学》2003,第4期。

行政在本质上异于私人部门管理,它更多地体现"公共"的特性。行政是一种为实现公共利益而进行的公共部门管理活动,它是公共利益的代表和公共利益的维护者。行政的本性决定了它不同于私营部门之所在,这就是公共性。行政是对社会公共事务的管理,这意味着它和私人部门的管理在某种程度上具有相通性,私人部门管理方法和技术可以为它拿来借鉴。但这并不意味着对其可以毫无保留地照搬。因为"管理主义在某些方面违背了公共服务的传统,不利于提供服务,在某些方面是不民主的,甚至其理论依据也值得怀疑。"因此"公共管理并不是要广泛地、不加辨别地采用私营部门的方法。它所包含的内容是指需要发展一种独具特色的'公共'管理"。②

在人民成为国家主人的社会中,政府或行政的人民性决定了其行为指向只能以人民的利益为目的与标准。这种目的与标准为政府或行政的公共性提供了以往任何社会所不可能有的群众基础和合理性根据。马克思曾表达过一个思想,国家是历史的产物,正如它在历史中产生一样,它也将在历史中消亡。即使国家已经消亡,只要人类作为社会性存在物存在,作为对社会公共事务进行管理的公共组织仍将存在。在未来理想社会中,即在国家已经消亡的社会中,现今通过国家或政府这一特殊形式所表现出来的社会公共权力,将以另一种方式存在。或者说,现今国家所承载的社会公共权力这一真实内容,将会通过另一种载体而得到保存。正是在这个意义上我们可以说,随着民主政治建设日益成熟,随着社会的发展,行政的公共性将日益凸显。公共性是政府或行政的本质特性之一。政府作为公共利益的维护者和代表者,是社会的公器,

---

② 欧文·休斯:《公共管理导论》,中国人民大学出版社,2001,第62、63页。

属于全体社会成员。政府或行政的公共性，要求政府尊重全体公民的基本权利，为全体社会成员提供公共产品和公共服务，在全体社会成员中对社会资源进行公平分配。

然而，行政又确实具有技术性的一面。现代官僚科层制的出现，不仅使得政治与行政相对二分，而且亦使得社会治理趋于科学、理性。行政结构设置、行政权力关系、行政运行程序等的严密规定，使得行政能够较为从容地面对由于现代科学技术发展、以及政治生活多元化所带来的空前复杂的社会生活，在保持社会基本秩序的同时，探索一种可能的新的社会生活方式。

行政的技术性与价值性二者不可分割，既互相补充，又互相制约。一方面，技术性以价值性为其灵魂。纯粹的技术性是无头脑的。技术性服务、服从于价值性。另一方面，价值性须以技术性为依托。当公共行政确立了其所追求的价值目标之后，技术性就成为公共行政所追求的重要内容。也正是在这个意义上，技术性所体现出的效率、技术等方面就具有了某种价值属性。行政的价值性如果没有相应的技术性为保障与依托，行政本身就有可能成为一种任意、独断的话语霸权，进而与平等的基本自由权利、民主等基本价值精神相悖。在对行政的理解中，既不应当仅仅注重行政的技术性、科学性，而有意无意忽视、甚至否认公共行政的价值性这一本质内容；也不应当仅仅强调行政的价值性，而否认或者忽视公共行政的技术性一面，不承认公共行政有其内在规律；更不应当简单地将政治直接作为行政的价值，而无视政治对于行政的价值规定性须通过诸多中介环节实现。在现代性社会，政治对于行政的价值决定性，只是在规定了行政的公共性品质这一意义上而言，而不是直接将具体政治要求当作具体行政的具体内容。行政自身的直接价值规定性是公共性。坚持行政的公共性这一价值品质，就是在根本

上坚持了现代民主政治的根本价值精神。在现代性社会,应当在坚持政治与行政二分的基础之上坚持政治与行政的统一。㉝

二、行政正义的一般分析

宪政基础之上讨论行政正义,就使行政正义在获得现代性基石的同时,获得了基本价值规定。当代"善"的制度中的行政正义,必定是现代性语境中的行政正义。

1. "行政正义"概念及其历史演进

行政正义,英语为"administrative justice",在西方语境中有"行政司法"意思,其本义是在权力分立基础上于行政机关内部发展起来的一种对行政权力的内部约束机制。这种本义并不能准确揭示行政正义的丰富内容与深刻规定。如果我们能够在抽象的意义上将正义理解为"以权利与义务关系为核心的人们相互关系的合理状态",如果我们能够承认政府的公共性品质,㉞那么,我们就可以初步认为行政正义是政府以公共性面貌出现、据于公共性立场对社会公共事务进行管理的一种合理状态。

㉝ 公共行政的价值性与技术性二重性,自然而然地引出了对于行政的两个考察维度,这就是效率和公平。效率指涉公共行政技术性、科学性、理性化的一面,公平指涉公共行政价值性的一面。两者共同构成完整的行政正义理念。公共行政具有技术性的一面,其所追求的就是公共行政行为的理性化、行政体制的合理设置,行政职能的合理划分,以有效地完成政治所确定的任务。这意味着行政的技术逻辑自然而然地指向效率原则。

㉞ 参见高兆明:《存在与自由:伦理学引论》,南京师范大学出版社,2004,第494页。值得特别一提的是本文此处"正义"与"公正"概念大致通用,并未对二者做进一步仔细区别辨析。

目前,对"行政正义"概念的理解主要有三种观点。一种认为行政正义是政治正义发展到一定阶段的必然产物,另一种观点认为行政正义经历了从实质正义到形式正义再到实质正义的内涵变迁,还有一种观点认为行政正义是行政行为中出现的正义问题。⑤这些探讨从不同侧面揭示了行政正义的内涵,有助于人们对行政正义的理解,然而它们均不同程度地存有某种缺陷。首先,把行政正义当作政治正义的一种形式,这尽管揭示了行政正义的本质,但却无法凸显行政的公共性特点,进而也无法在行政正义与政治正义之间做出恰当区分。其次,行政正义确实有形式正义和实质正义的内涵区分,但行政正义是否已在否定之否定基础上达至一种回归,是否已不具有形式性特征,这是一个值得严肃思考的问题。最后,把行政正义当作具体行政行为中的正义问题,这是一种比较狭隘的理解。公共行政不仅包括行政行为,而且还包括行政理念、行政组织和行政制度等,所以行政正义不仅是具体行政行为中的正义问题,还有行政理念的正义、行政制度的公正等。

由于行政本身是一个体系,是由具有一定意识的行政主体对社会公共事务进行管理,因而行政就内在地包括行政制度、行政价值和行政行为三个方面,与此相应,行政正义就内在地包括行政价值、行政制度以及行政行为的正当合理三个层面。公共性品质是行政的基本价值,由公共性本质所决定了的行政正义有其物质化存在,这就是公共行政的制度化。现代社会条件下,公共行政的制度化首先要求行政的理性化。这种行政的理性化,一方面须置于

---

⑤ 参见麻宝斌:《政治正义的历史演进与现实要求》,《江苏社会科学》,2003年第1期;黄小勇:《行政的正义——兼对"回应性"概念的阐释》,《中国行政管理》,2000年第12期;K. C. Davis: *Administrative Justice: A Preliminary Inquiry*. University of Illinois Press, Illinois, 1971.

公域私域二分的背景下把握;另一方面要求行政行为由主观任意变为客观明确,由人治变为法治。正是这种理性化了的行政,为行政过程的正当合理性提供了基本保证。

正如行政是一个历史的发展过程一样,行政正义本身也是一个历史演进过程:由初民社会的血亲氏族共同体的混沌性,到前现代社会的普遍性形式下的阶级性,再到现代社会的公共性。在原始初民社会,由于生存和生产的需要,原始初民中产生了不同类型的组织形式,如氏族、部落、部落联盟等。这些组织内部成员之间一开始就因具有共同利益而产生对公共事务进行管理的需要。为了能有效处理这类公共事务,需要一个能够协调全体人员的公共的执行权力,以及与之相应的被赋予权威的职位。[36] 氏族部落首领与氏族部落长老会,以习俗的方式承负起日常事务管理与协调。在这种习俗方式中,后人所说的政治、行政、法律、伦理等混沌一体。此时的所谓行政正义只是一种原始形态的习俗性正义。[37]

---

[36] "在每个这样的公社中,一开始就存在着一定的共同利益,维护这种利益的工作,虽然是在全社会的监督之下,却不能不由个别成员来担当。如解决争端;制止别人越权;监督用水,……在非常原始的状态下执行宗教职能。"最初,处在这些职位上并担任一定职务的当然是氏族和部落首领。但这时他们的权力还只是一种执行性的权力,在很大程度上也仅仅是荣誉性的。正如恩格斯所指出的"酋长在氏族内部的权力,是父亲般的、纯粹道德性质的;他手里没有强制的手段。"参见恩格斯:《家庭、私有制和国家的起源》,《马克思恩格斯选集》第 4 卷,人民出版社,1972,第 82 页。

[37] 恩格斯对这种习俗性正义曾大加赞赏。他认为"这种十分单纯朴质的氏族制度是一种多么美妙的制度呵!没有军队、宪兵和警察,没有贵族、国王、总督、地方官和法官,没有监狱,没有诉讼,而一切都是有条有理的。一切争端和纠纷,都由当事人的全体即氏族或部落来解决,或者由各个氏族相互解决;血族复仇仅仅当做一种极端的、很少应用的手段;我们今日的死刑,只是这种复仇的文明形式,而带有文明的一切好处与弊害。虽然当时的公共事务比今日更多,——家庭经济都是由若干个家庭按照共产制共同经营的,土地乃是全部落的财产,仅仅小小的园圃归家庭经济暂时使用,——可是,丝毫没有今日这样臃肿复杂的管理机关。一切问题,都由当事人自己解决,在大多数情况下,历来的习俗就把一切调整好了。"参见恩格斯:《家庭、私有制和国家的起源》,《马克思恩格斯选集》第 4 卷,人民出版社,1972,第 92—93 页。

当人类社会出现阶级、国家现象后,国家这一以普遍形式出现的存在物,却成为统治阶级进行阶级统治的特殊工具。然而,只要国家取普遍形式出现,就必须履行某种普遍性职责与义务,必须承担起某种普遍性功能。换言之,作为特殊阶级统治工具的国家必须诉诸并通过这种普遍性获得自身存在的某种合理性根据。政治统治必须以担当起国家的社会公共管理和公共服务职能为基础。因而,前现代社会的国家又都承担着一定的公共职能。古代中国、埃及和印度等均如此。㊳ 不过,这种公共职能的承担,是以对政治统治的服从、服务为前提,是为巩固统治阶级的统治地位服务。因而,此时不仅是政治与行政混沌未分,而且亦无所谓现代意义上的行政正义。此时的行政及其正义,在根本上还只是阶级的行政及其正义。

人类社会经过启蒙运动洗礼进入近代以后,在"人民主权"及其民主价值精神之下,在政治与行政由混沌一体走向二分的基础之上,出现了现代意义上的行政及其正义,即以公共性为规定的行政正义。经过启蒙运动,西欧一些国家根据社会契约论原则,确立了"人民主权"的至上地位。这时,行政正义的要求就已经隐含于其中。近代苏格兰启蒙哲学家休谟认为政府就是为了执行正义,执行正义是政府的起源;政府借助于暴力机器强制社会成员遵守正义法则。㊴ 政府权力在社会中的影响达到最小为好。在休谟心目中,一个正义的政府就是保护经济领域中的自由,保障交易有序进行,使其免受行政权力的侵害。一个管得最少的政府就是最好

㊳ "在中国,在亚洲其他若干国家,修建公路及维持通航水道这两大任务,都是由行政当局担当。"斯密:《国民财富的性质和原因的研究》(下),商务印书馆,1974,第291页。

㊴ 休谟:《人性论》(下),商务印书馆,1980,第575—578页。

的政府,因而也是一个正义的政府。在休谟这里,实际上已经有了最初的、但却并不太明确的公共性这一行政正义的内在规定。

公共性这一现代意义上的行政正义规定,在其展开过程中,由于对公共性本身理解的差别,就形成了两种不同路向。这就是包含在大政府与小政府或全能式的政府,与"守夜人"式政府中的两种行政正义的具体理解路向。在对公共性这两种不同理解路向中,又进一步隐含了对行政正义理解的"效率"与"公平"两个维度。

古典自由主义代表人物之一斯密主张,政府应是"守夜人"式的政府,管得越少的政府就是最好的政府,政府不应当对市场横加干涉。斯密认为,市场这只"看不见的手"自动调节社会资源的分配和运作,政府只要为市场的运作和自由竞争制定规则和充当仲裁人,为市场的有序运行提供必要的外部环境。自由市场既提供了政府运行的规则,又有效地限制了政府权力范围的无限扩大。在英国,"19世纪中叶时,政府的视野是很有限的,主要的兴趣就在外事活动和维持治安"。[40] 在美国,直至19世纪中期内战前,联邦政府、州政府、地方政府,只是在资金短缺、交通运输能力不足成为经济发展的最大障碍时,才起了一定的作用。正如希尔斯曼所指:"除了授予建筑铁路用地,通过移民土地法,建立邮政系统和一些其他措施之外,政府在经济领域几乎没有起什么作用。"[41]

19世纪以后,随着社会公共事务的增加,行政权力不断扩张。政府不仅要消极地维持社会秩序,而且要积极地干预经济和社会事务的发展,主动调整各种经济矛盾和社会矛盾,以促进社会发展和人民福利的增长。这样,行政就日益成为一个独立的领域,行政

---

[40] 约翰·格林伍德:《英国行政管理》,商务印书馆,1991,第14页。
[41] 希尔斯曼:《美国是如何治理的》,商务印书馆,1986,第500页。

正义也开始为人们广泛重视。不过,在19世纪末20世纪初,特别是在美国,由于政党分肥制,政府往往随着政党的更替而更迭,这使得政府的政策无法得到有效执行,也无法保持政策的稳定性。面对这种情况,威尔逊、古德诺等人提出政治与行政二分试图解决此问题。他们认为政治是国家意志的表达,行政是国家意志的执行。行政应当价值中立,不为政党政治所左右,行政的唯一任务就是执行国家政策,其核心价值就是效率,即高效地完成国家政策。威尔逊曾经说过:"行政学的研究目标在于了解:首先,政府能够适当地和成功地进行什么工作。其次,政府怎样才能以尽可能高的效率及在费用或能源方面尽可能少的完成这些适当的工作。"[42]弗里德里克森也认为,传统公共行政之目的是"(1)我们怎样才能够利用可利用的资源提供更多的或更好的服务(效率)?(2)我们怎样才能够花费更少的资金保持服务水平(经济)?"[43]因此,这一时期行政的唯一价值目标是效率,凡是能有效执行政策的政府就是正义的。

20世纪30年代席卷西方各主要资本主义国家的世界性经济危机,使得原来所奉行的自由主义政策受到抨击。诸多同时出现的社会问题需要政府出面加以解决。此时,政府权力不应、也不能是一种消极权力,而应变成一种积极权力,应当积极干预经济和社会事务,引领社会走出困境与危机。随着福利国家理论纷纷为欧美各国所接受与实行,行政在国家和社会公共事务中的影响越来越大。此时,行政国家已赫然在目。这时的政府已经成为全能式的政府。即使在美国这样一个被公认为是欧美各国中政府职能最

---

[42] 彭和平等译:《国外公共行政理论精选》,中共中央党校出版社,1997,第1页。
[43] 彭和平等译:《国外公共行政理论精选》,中共中央党校出版社,1997,第300页。

小的国家中,政府的公共管理职能也"似乎是无穷无尽的"。它"要为年老、病死、无依无靠、伤残以及失业提供保障;为老年人和穷人提供医疗照顾;为小学、中学、大学和研究生提供各级教育;为公路、水路、铁路和空中运输提供管理经费;提供警察和防火措施;提供卫生设施和污水处理;为医学、科学和技术研究提供经费;管理邮政事业;进行太空探索活动;维护公园和娱乐活动;为穷人提供住房和适当的食物;制定职业训练和劳力安排规划;净化空气和水;重建中心城市;保持充分就业和稳定的货币供应;调整商业活动和劳资关系;消灭种族和性别歧视。"[44]在这种行政权力对日常生活影响越来越大的演变趋势中,隐约透视出对"行政正义"理解中的"公共性"、"公平"价值转向。

然而,当行政权力从消极走向积极,越来越多地深入到国家和社会公共事务当中时,行政本身似乎陷入一种两难之中。它在解决一些旧问题的同时,又产生了许多新问题,或者使一些旧问题变得更糟。其中最为突出的就是:伴随着行政权力的增长,公民个人自由权利日益缩小;越来越多的政府机构在耗费社会资源的同时,其服务水平和质量并没有增长。这样,对政府的有限且有效的要求便应运而生。有限意味着行政权力并非无限制的,有效意味着这个有限权力的政府或行政,在提供公共产品和公共服务方面应当是高效的。即,现代社会中的政府,既应是权力受到限制、同时又应是高效运转的政府。这样的政府在政治上保证公民的平等基本自由权利,保证社会生活的基本秩序;在经济上于宏观层面保持社会资源的有效配置,产业结构的合理调整,生态环境的有效保护,经济的稳定发展;在社会文化教育与公共事业上保证公共卫生

---

[44] 托马斯·戴伊:《谁掌管美国——里根年代》,世界知识出版社,1985,第81页。

与基本教育的公平,社会保障体系的健全稳固,并使社会生活各领域尽可能和谐发展。

行政正义具体内容的历史演进本身表明:行政正义的具体内容在根本上有赖于政治正义的规定,行政正义的具体内容标识了特定历史阶段政治正义的基本实践目标。

2. "行政正义"与"政治正义"

按照罗尔斯的看法,政治正义关注的是:多元社会背景下由具有平等基本自由权利的公民所组成的、稳定而公正的社会长治久安如何可能。政治正义主题指向的是社会基本结构。[45] 作为对国家、社会公共事务的管理,行政在本质上属于政治。政治既为行政提供了背景性环境,又从根本上规定了行政正义的基本内容。具体言之:

首先,政治正义要求行政有正义价值精神。行政意识是行政的观念形态,它根源于一定的经济基础,又对这经济基础起到能动作用。行政意识是一定的行政实践在思想观念上的反映。行政的正义意识要求行政理念应从管制到服务、从强制到同意的转变;行政观念应确立起法治、平等、民主、科学的观念;行政价值取向应确立正义在行政价值中的核心地位,弃绝以效率为唯一的价值取向。

其次,政治正义要求行政制度的合理化。行政制度是政府对社会公共事务管理的制度化,行政正义要求行政制度的合理化。由于政府有着自利性冲动,且行政行为以国家强制力为基础,因而一个好的社会基本结构就必须有效地防止政府恣意弄权侵害行政相对人的可能。为保护行政相对人的正当权利,把这种可能的侵

---

[45] 汪晖、陈燕谷主编:《文化与公共性》,北京三联书店,1998,第 232、247 页。

害降到最低限度,就必须对政府权力予以约束,以严格的制度规范政府行为。这种制度化的现实体现就是法律。现代行政是法治行政,法治是对行政恣意的一种基本约束。在此基础之上,行政制度的合理化还具有一系列丰富的内容:行政机构的设置是否合理,是否适应社会经济发展的要求,职能分工是否适当,是否能向公民提供优质高效的公共产品和公共服务;中央和地方行政在经济调控、市场监管、社会管理和公共服务方面的权责划分是否合理;是否建立了行为规范、运转协调、公正透明、廉洁高效的行政管理体制;是否明确划分政府与社会、政府与企业、政府与市场、政府与公民的关系,等等。

再次,政治正义要求行政行为正义。行政行为是具体的行政执行过程。任何规则、法律、制度都是抽象的一般原则。就行政过程而言,任何抽象的一般规则、法律、制度要求,均须由具体行政人在特定场景中适用于特定的行政相对人。在这里,即使是设计再严密的法律,最终也给行政人留下了自由裁量的空间。由于行政人的这种自由裁量空间,因而,一方面要求具体行政人应有基本的政治正义美德精神与良知;另一方面要求对行政自由裁量的范围、方式和程序加以明确有效限制,以保证政治正义基本要求的现实化。就抽象行政行为来说,由于公共政策涉及社会所有成员,与广大民众的利益息息相关,因而公共政策的制定,是否真正以公共利益为目的,是否有利于所有公民的根本利益,其适用标准对社会成员是否平等,如果不能做到完全平等,那么这种不平等是否有利于社会中最不利群体利益的最大化,等等,这样一些实质性的考量,应当始终成为抽象行政行为过程的基本关切。

政治正义是行政正义的灵魂,行政正义是政治正义的现实生命。行政正义对政治正义具有极为重要的作用。具体言之:

首先,行政正义构成政治正义的基础。按照古德诺的观点,政治和行政是国家职能的两个方面。政治是国家意志的表达,行政是国家意志的执行。政治和行政同属于国家行为,二者不可分割。如果说政治涉及统治,行政涉及社会公共事务的管理,那么政治离不开行政,行政构成政治的基础。恩格斯说过:"政治统治到处都是以执行某种社会职能为基础,而且政治统治只有在它执行了它的这种社会职能时才能持续下去。"㊻行政意识的正义,行政制度的公正及行政行为的正当合理构成了政治正义的基础。

其次,行政正义促进政治正义。一方面,基本的行政格局与制度须通过政治的方式确立。行政观念上的民主、行政组织的合理设置、行政职能的合理划分,在一般意义上为政治正义奠定了基础,但政府与企业、政府与政党、政府与市场、政府与社会、政府与公民之间关系的合理确定,显然无法由政府或行政自身来决定。民主政治、公民权利、政治体制的合理安排这些更为基本的问题要由政治来决定。另一方面,公民通过行政正义感受政治正义,并通过积极的行政参与培养起政治民主精神。行政管理通过引导公民的民主参与,通过培养公民的民主观念,通过管理各种社会公共组织,通过完善行政体制,保证公民基本自由权利的实现,并进而推动民主政治的整体发展,促进政治正义。

最后,行政正义对政治正义具有标识作用。行政是国家机关中最明显的部分,它是行动中的政府,是政府的执行者、操作者。行政和人们的生活密切相关。政府干预经济,纠正市场缺陷,提供公共产品和公共服务,维护公共秩序,保护和扶助社会弱势群体,

---

㊻ 恩格斯:《反杜林论》,《马克思恩格斯选集》第3卷,人民出版社,1972,第219页。

现代政府的权力已积极地介入到日常社会生活的各个层面。人们更多地是从日常生活的具体行政活动中感受到政治正义的具体内容。

3. 行政的实质正义与程序正义

行政的实质正义有两种基本含义：一是指行政正义的历史类型，一是指行政的具体目的、具体内容的正义性。在日常生活中人们主要是在后一意义上使用行政的实质正义这一概念——不过，如果这种使用方式不以行政正义的历史类型为前提，则在理论上就存有重大缺陷。

宪政作为一种历史类型相对于专制宗法等级制度，是一种正义的历史类型。然而，宪政本身亦有一个正义及其实现的问题。宪政的正义性要求指的是：宪政自身亦存在着一个不同利益群体间的利益协调问题，生活在宪政中的人们相互之间存在着权利—义务关系的正义性问题，这些不同人群之间的权利—义务关系应当是正义的；宪政的正义性价值关系及其秩序有一个实现问题，宪政正义在根本上不是一个观念性的问题，而是一个实践的问题，宪政正义是实践正义。严格说来，政府权力行使的行政过程，应当是宪政正义的具体实践过程。

内容既决定形式，亦有一个化为形式的问题。同理，实质正义有一个化实质为程序形式的问题。人民主权的民主政治生活制度是一种正义的生活结构、秩序，这种生活结构、秩序通过一定的程序方式呈现。宪政的实质内容规定了程序正义的价值，程序正义通过对正义秩序的追求，构建了宪政实现的具体途径。[47] 宪政下

---

[47] 参见徐亚文：《程序正义论》，山东人民出版社，2004，第289页。

的正义秩序演进,亦在遵循程序的实践过程中实现。"程序公平是一个覆盖整个行政过程的一般原则",是衡量行政行为合理性的基本依据之一。[48] 程序正义并不纯粹是程序、形式的,它首先是实质的。程序正义有其自然法的价值前提。[49]

根据黑格尔的分析,程序正义是实质正义的定在。程序正义的价值就在于:一方面将抽象、一般实质正义具体化为日常生活中的具体规范、过程,并通过这种规范、过程,使实质正义得以在敞现过程中被人们所感受;另一方面又在这种规范、过程中不断创造出新的实质内容,使正义作为一种开放式的生活实践方式存在。行政过程中的程序正义在双重意义上保障了平等自由权利这一民主政治的实质正义:设置一系列周密、完整的程序、方式、过程,以针对各种滥用权力任意剥夺与伤害公民自由权利、为特殊集团谋取私利的可能。正是在这个意义上,程序总是实质的,实质必定要通过程序呈现。当然,程序正义不能离开实质正义孤独存在。离开了实质、内容的程序,即使是完备的,至多也只是一种形式合理性,而不具有实质合理性。

程序正义与实质正义二者密切相关。实质正义是程序正义之灵魂,没有实质正义,程序正义也就成为无目标、无灵魂的空洞物。如果程序正义脱离了实质、内容,成为纯粹的形式性存在,那么就会走向形式主义。同样,实质正义一方面要通过程序正义呈现,另一方面又要依靠程序正义来保障。程序正义有时可能不是那么有效率,但却是现代民主社会所必需的。它既是实质正义存在的方式,又是实质正义的实现途径和保证。

---

[48] Council for Civil Service Unions v. Minister for the Civil Service[1983] AC 374. 转引自徐亚文:《程序正义论》,山东人民出版社,2004,第35页。

[49] 参见徐亚文:《程序正义论》,山东人民出版社,2004,第8—35页。

根据罗尔斯的分析,实质正义本质上是一个社会的基本结构问题,是社会合理分配权利和价值的基本原则。而形式正义则是对体现公平正义原则的社会具体制度、程序、规则的坚持、遵守与服从。形式正义与实质正义二者密不可分。"凡发现有形式的正义、有法律的规范和对合法期望的尊重的地方,一般也能发现实质的正义。公正一致地遵循规范的愿望、类似情况类似处理的愿望、接受公开规范的运用所产生的推论的愿望,本质上是与承认他人的权利和自由、公平地分享社会合作的利益和分担任务的愿望有联系的。"⑩

程序正义有纯粹的、完全的和不完全的程序正义三种类型。所谓完全的程序正义,是指在程序之外存在着决定结果合乎正义的某种标准,且同时也存在着符合这个标准的结果得以产生的程序,程序与合标准的结果具有内在的统一性。其典型例子是分蛋糕。只要确定分蛋糕的人只能在其他人之后拿属于他的那一份,并且其在技术上能够平均地分配蛋糕,那么就可以保证正义的分配结果的出现。"完善的程序正义"有两个特点:"首先,对什么是公平的分配有一个独立的标准,一个脱离随后要进行的程序来确定并先于它的标准。其次,设计一种保证达到预期结果的程序是有可能的。"㉛由此可见,完全的程序正义有两个标准,即独立的实质性的目的性标准,和正义的程序性标准。

不完全的程序正义尽管有结果的独立标准与相关程序,但是二者间并不必定具有内在统一性。"不完善的程序正义的基本标志是:当有一种判断正确结果的独立标准时,却没有可以保证达到

---

⑩ 约翰·罗尔斯:《正义论》,中国社会科学出版社,1988,第56页。
㉛ 约翰·罗尔斯:《正义论》,中国社会科学出版社,1988,第81页。

它的程序。"其最为典型的事例就是刑事审判。期望的结果是只要被告犯有他被指控的罪行,那么他就应当被判为有罪。但是即使是小心谨慎地按照法律程序办事,也不可能保证完全不出现错判,一个有罪之人可能会逍遥法外,而一个无辜者却被判作有罪。在这种错判中,"不正义并非自来人的过错,而是因为某些情况的偶然结合挫败了法律规范的目的。"㉜

所谓纯粹的程序正义,是指一切取决于程序条件的满足,不存在关于结果正当与否的任何标准。纯粹程序正义要求决定正义结果的程序,必须在实际上得到有效执行。"在纯粹程序正义中,不存在对正当结果的独立标准,而是存在一种正确的或公平的程序,这种程序若被人们恰当地遵守,其结果也会是正确的或公平的,无论它们可能会是一些什么样的结果。"㉝纯粹程序正义所要求的是程序规则的普遍有效性。对公共行政来说,因其掌握巨大权力,享有对社会资源的支配权,且存在恣意的可能性,故须对行政权力进行严格的限制。这种限制首先是一种程序性限制。这种程序性限制要求政府行政过程及权力的行使方式,须遵循一定的规则、流程;这种规则、流程由明文规定,且这种规定与标准须公开、透明。

现代行政程序规定了行政行为的步骤、方式、形式、期限等,它制约着行政官员的具体行政行为,使得行政官员在行政过程中必须按照规章制度办事,不得任意妄为。如果行政官员在行政行为过程中行使行政权力时违反了法定的行政程序,不仅会导致行政行为的无效,而且还须为违反程序担当相应的责任。这就能够在一定程度上有效地防止行政行为过程中的道德风险的发生。

㉜ 约翰·罗尔斯:《正义论》,中国社会科学出版社,1988,第82、81页。
㉝ 约翰·罗尔斯:《正义论》,中国社会科学出版社,1988,第82页。

行政过程中由程序正义所提出的形式合理性问题,内在直接包含着行政实践所必须直面的两个重要问题:其一,行政过程中的程序完备性、合法性,并不能成为具体行政行为正当性的充足依据。㊽ 其二,陷于程序恶的无限性,罔顾具体行政目的。㊾

对于公共行政来说,尽管它有实质性的价值负担,但是就其具体实践过程而言,程序正义具有优先性。因为公共行政是代理人提供公共产品的公器服务,公共行政必须在法治框架中存在与运行。当实质正义的价值目标确定以后,程序正义具有价值优先性。公共行政过程程序的正义性,是现代法治社会在公共行政中的集中体现。尽管程序耗时费力,但它对维护现代行政的公共性品质、对保障现代民主政治的长治久安,却具有极为重要的价值。

三、制度信用

一个好的公共行政,必定是一个有信用的行政。这个信用即为制度信用。

1. 制度信用的提出

公共行政的核心之一是制度信用。㊿ 所谓制度信用是指制度

㊽ 福建厦门市的"海沧 PX 项目"尽管程序合法、手续齐备、"已按国家法定程序批准",但其所隐含的环境保护与社会生态问题,却使其并不因程序合法而拥有建设的充分正当性。此即为一例。参见《南方周末》2007 年 5 月 31 日所载《百亿化工项目引发剧毒传闻　厦门果断叫停应对公共危机》。

㊾ 文牍主义及其低效率,正是这种情景的一种典型表现。

㊿ 尽管政府信用与制度信用是两个不同的概念,但是,就公共行政的维度关注制度及其信用问题,二者彼此之间没有实质性区别,基本可以通用。

的可承兑性与可信任性。它集中标识了政府、制度的系统权威性、稳定性。政府信用或制度信用,既是公共权力在实践中进一步获得自身合法性基础的过程,亦是民众行为可预期安排、进而社会呈现出稳定秩序的基础。

制度信用包含两个层面,一是实质性的,其核心是宪政所宣示的应当付诸日常的行政;一是形式的,其核心是行政制度的系统性、稳定性和权威性。制度不能朝令夕改,不能或者秘藏不宣,或者成为一纸空文,或者成为个别人手中玩弄权术、徇私舞弊的工具。[57] 在一个行为有着稳定可预期的社会中,人们行为的可预期性来源于制度本身的稳定性。而人们行为的可预期性,又首先来源于日常生活中对政府行政行为的可预期性以及政府的可信性。在一个政府行为可预期的社会中,人们对自身生活才具有可预期性,人们的信任感、安全感以及基本行为范式才能在日常生活中生成。

制度信用通过制度效用呈现。制度不仅应当是有效的,更应当是有实效的。有效性只是说明制度本身的正当性、合法性。但是,一个具有正当性与合法性的制度如果不能在日常生活中得到有效实施、付诸实践,那么,这种制度乃是空洞的,无异于水月镜花。不仅如此,一种具有正当性、合法性的制度如果不能在日常生活中得到有效实施,那么,这不仅会使民众对这种制度本身失却信

---

[57] 中国股市 2007 年 5 月 30 日及其后几日所经历的惊心动魄动荡,缘起于提高 0.3% 股票交易印花税。提高 0.3% 股票交易印花税原本没有什么。问题在于:在此三个工作日前,政府有关部门正式否认近期有提高交易印花税的计划;午夜公布一个原本并不太重要的局部性政策调整;政府曾反复宣称要保护普通投资者的利益,但是在这个突然动作中受伤害最大的正是这部分普通投资者。民众随后在股市上的表现,与其说是缘于经济本身的,不如说是缘于心理上对政府的信心与信任方面的。此个案中所包含的内容,值得认真研究。

心,甚至有可能使民众通过政府的日常行政行为产生政府无能、制度虚伪的印象。这会在根本上伤害社会稳定发展的根基。正是在这个意义上,制度的有效实施,较之制度的制定更为重要。制度的权威性,既是政府行政能力的标识,更是制度中所包含着的政治承诺、政府承诺庄重性的标识。

制度信用所提供的是一种如同罗尔斯所说作为生活背景世界的安排。这种背景世界是每一个生活于其中的人能够可预期地计划自身行动的前提。正是在这种背景世界中,人们感受到自身日常生活世界的真实状态,并濡养成对自身生活的深刻情感,滋生出如同黑格尔所说的爱国精神。正是在这个意义上,行政总是政治的行政,行政不在政治之外,行政是政治的日常生活存在。制度信用、政府行政并不是纯粹日常生活烦琐小事,而是一种生活世界背景结构的日常生活显现。正是这种日常生活显现的生活世界背景结构,造就出具体的个体,并塑造出现实的生活秩序。

制度及其信用状况事实上提供了一种社会秩序状态。社会的良序与否,既取决于作为社会基本结构的制度,亦取决于作为日常生活显现的具体制度及其信用。个人有追求生活秩序的天性,因为,没有秩序就无法安排生活,就缺失存在的基本确定性,就会陷于紧张乃至癫狂。因而,即使没有秩序,人们也总是会试图创造出秩序。秩序意味着"个人的行动是由成功的预见所指导的,这亦即是说人们不仅可以有效地运用他们的知识,而且还能够极有信心地预见到他们能从其他人那里所获得的合作。"[38]"在社会生活中,肯定存在着一致性和常规性的东西,而且社会也必定拥有着某种秩序,否则社会的成员就不可能生活在一起。完全是由于人们知

---

[38] 哈耶克:《自由秩序原理》上卷,北京三联书店,1997,第 200 页。

道在各种各样的生活环境中其他人期望他们采取什么行为、又知道自己预期他人采取哪些种类的行为,也完全是由于人们会依照规则协调彼此的行为并只遵循价值观念的指引,所以每个人或所有的人才能够干好自己的事情。人们之所以能够做出预测、预料事件、并与他们的同胞和睦相处,乃是因为每个社会都有一种我们可以称之为系统或结构的形式或模式;而社会成员正是在这种模式中,以及在与这种模式相符合的情况下,过自己生活的。"[59]日常生活的基本秩序及其保障,由国家、政府提供。

行政首先意味着秩序。人们很早意识到并创立起社会权威,建立起国家,试图借助国家公共权威的力量维系一定的社会秩序,以避免社会陷入动荡、无序。社会契约论即是这种意识的现代理论谋划。社会秩序的形成有两种理路:建构的与演进的。哈耶克分别用人造秩序与自然秩序表达这两种不同类型的秩序。[60]人造秩序是建构型的。人造秩序意味着秩序是人理性建构的结果,意味着人欲图对社会发展进程作有意识的指导与刻意控制。在一定意义上可以说,人造秩序是一种外在加予的秩序。演进形成的秩序则是一种自然生成的秩序。弗格森曾对此有过较为形象的论述:"在一堵墙上,如果石头恰如其分地各就其位,那么我们可以说石头秩序井然。它们一搅和,墙就会倒塌。但是社会成员秩序井然在于他们各适其位、各尽其职。前者是由死气沉沉的部分构成的,后者是由生龙活虎的成员构成的。当我们只是在死气沉沉、安居乐业的人们中寻求井然的社会秩序时,我们忘了臣民们的本质,

---

[59] 哈耶克:《法律、立法与自由》第1卷,中国大百科全书出版社,2000,第79页注释4。

[60] 哈耶克:《法律、立法与自由》第1卷,中国大百科全书出版社,2000,第55—56页。

我们所获得的秩序是奴隶的秩序,而不是自由民的秩序。"[61]自然演进秩序是人之行动而非人之设计的结果。自然演进秩序不是从外部强加的,而是社会内部在日常生活过程中通过理性与经验累积所建立起来的一种平衡。

哈耶克从理性主义的进化论与建构论二分立场出发,反对基于建构论的人造秩序,而赞成基于进化论的自然演进秩序。从哈耶克的理论旨趣来看,他所反对的是基于理性的狂妄而建构的社会秩序。尽管哈耶克关于自然演进秩序的思想不失合理、深刻之处,但他却陷于建构与演进绝对二分的形而上学境地。哈耶克忽视了二者间在日常生活交往行动中的相通性,忽视了实践理性及其具体存在形态的多样性。事实上,一切社会秩序均是人所建构。只要不是在绝对乌托邦意义上谈论秩序及其建构,那么,即使是那些直接基于人的理解、理性、意图所建构起的所谓人造秩序,其实均是对日常生活中演进而成的某些秩序的自觉确立。政府、行政秩序,正是这种基于日常生活秩序而自觉确立起的一种社会基本秩序。政府、行政所自觉确立起的秩序,首先不是政府、行政自身的,而是整个社会的,是对社会日常生活秩序的自觉把握。政府、行政秩序,一方面为民众提供了作为背景性的秩序,另一方面又维护着这种背景性秩序,并使日常生活在这种背景性秩序中进化、演生。这样看来,政府、行政信用又是对一种日常生活秩序及其演进秩序的确定、维护、承诺。

政府信用的核心是政府行政的规范性、公共性、公开性。现代化进程中的当代中国,尽管现代性社会基本结构建设仍然是一项未竟的事业,尽管制度建设仍然是一个漫长的过程,但是,它已经

---

[61] 弗格森:《文明社会史论》,辽宁教育出版社,1999,第 296 页。

在既有条件下建立了一系列具体社会制度体制及其规范程序。如果能够将这些已有的、尽管不太完善的具体制度体制及其规范程序有效地实施,不仅能有效地解决许多所面临的一系列复杂的社会矛盾与问题,亦将极大地推进现代化进程。然而,令人极为遗憾的是,我们现在往往并不缺少制度,缺少的是具有实效性的制度;我们不缺少挂在墙上或写在纸上的制度,缺少的是能实实在在得到切实执行的制度。甚至那些早已不适应市场经济建设、现代化进程的既有计划经济体制、高度集权管制下的一些具体制度规范,仍在日常生活中起着作用。一些地方、部门的规章、文件、会议纪要,乃至个别领导人的批条、讲话,都可以置于中央政府、国家法律法令之上。朝令夕改、政出多门、画地为牢、我言即"王法",规则深锁抽屉、暗箱操作,等等。克服这些民众普遍憎恨的社会现象,已成为横亘政府面前关涉政府权威及其合法性的重大任务。这种制度信用缺失现象,绝非简单的工作作风、工作方法问题,而是一种现代性社会结构、交往方式、生活世界的确立问题。

政府信用建立在政府承诺及其有效承兑基础之上。一个有信用的政府,必定是一个有承诺且此承诺能得到严格兑现的政府,进而必定是一个有威望与权威的政府。

2. 制度性承诺[62]

制度性承诺是指政府通过社会结构、社会运作方式、制度体制、法律规章等方式向公众做出的客观正式承诺。[63] 一般说来,制

---

[62] 本部分内容高兆明曾以《制度性承诺探微》为题发表于《吉首大学学报》2004年第2期。

[63] 当然,对此可做广义理解。此处"政府"可被广义理解为所有社会组织。这样,"制度性承诺"就可以在一个更为广泛的范围内获得更大的解释力。

度性承诺给社会成员提供行为的明确可预期性,并从总体上规定了社会基本秩序状态。

提出"制度性承诺"问题是基于以下考虑:首先,只要直面现实,就应当承认当代中国社会令人关注的重大社会问题之一,就是普遍存在的信任(或信用)危机。这种危机不仅表现在个体层面,亦广泛地表现在社会公共生活层面。诸如,日常生活中人们感觉到的政策多变,中央政府政策到基层的层层折扣,好政策与歪嘴和尚,诸多公共服务部门受百姓欢迎的好承诺成了装潢门面的一纸空文,政策不抵人情,有法不依、执法不公,公证做假,制度政策明令可行的却故意刁难、明令禁止的却大开绿灯,制假售劣及其地方保护主义,招商引资中初始的随意性优惠到引资后的服务严重欠缺,商业服务中的事前信誓旦旦承诺到事后的推诿乃至翻脸不认账,等等。这一切都将人们的视野引向制度及其承诺的有效性与尊严问题。而对这样一系列问题的反思与解决,又是中国现代化进程中必须认真对待的紧迫任务。它直接关涉到中国现代化的政治秩序、经济秩序与社会秩序的建立与巩固。

其次,笔者曾基于承诺分类的维度,提出了制度性承诺类型问题,认为制度性承诺是相对于非制度性的个体承诺的一种承诺类型,并将制度性承诺的缺失视为当代中国社会信任危机的基本成因之一。[64] 那么,制度性承诺相对于非制度性承诺而言,有何不同?它对于建立社会政治、经济新秩序的意义何在?这有待深入研究。

再次,承诺及信用问题,自古有之,然而,前现代社会的承诺与

---

[64] 详见高兆明:《信任危机的现代性解释》(《学术研究》2002年第4期)、《承诺类型概论》(《道德与文明》2002年第6期)。

现代社会的承诺是否有不同？如有不同，这种不同又是何？如果说承诺及信用实质上表达了某种社会交往关系，那么，现代社会的承诺与前现代社会的承诺，又是如何分别标识了不同社会交往关系类型的？制度性承诺似乎能给人们提供一个观察问题的切入点。

虽然承诺现象古已有之，但制度性承诺似乎更是一个现代性问题。前现代社会是一个由狭隘交往范围所限制、并由血亲宗法关系所规定了的熟人社会，社会公域与私域处于未分化的混沌一体状态，人们相互间的承诺是建立在当面—在场的有限交往范围内、且依据个人间的相互了解基础之上。在场性与主观性，是前现代社会交往及其承诺的基本特质。——虽然前现代社会的交往及其承诺也有来自于社会风俗习惯、乡规族规乃至官府的某种强制性保障，但是从总体上来说，由于伦理政治、人治的社会根本性特质，它在根本上摆脱不了主观偶然性、个别性。对此，我们不仅可以从通常人们关于中国古代政治、伦理理解中给予适当的说明，且亦可以从交往活动的时空维度可以提供某种合理说明。根据吉登斯（A. Giddens）的考察，前现代社会的交往活动时空一体：时间与空间通过地点紧密联系在一起，时间的标尺不仅与社会行动的地点相连，而且与这种行动自身的特性相连，人们的日常社会生活维度总是受"在场"、受地域性活动的支配。然而，现代性社会具有时空分离及在时空分离基础之上的脱域特质。⑥ 在现代性社会中，时间与空间伴随着"虚化"维度的发展，出现了"虚化时间"与"虚化

---

⑥ 吉登斯：《现代性的后果》，译林出版社，2000，第15、18页；《社会的构成》，北京三联书店，1998。

空间",进而使得时间与空间可以彼此分离。而现代性社会则通过对"缺场"各种要素的培育,日益将空间从地点中分离了出来。时空虚化与时空分离将社会关系从地方性场景中提离了出来,并在一种无限可能的广泛时空中再联结或嵌入,开辟了一个全新的社会生活世界。如果没有时空分离,没有被分离的时空重组融合,就不可能有现代性社会的普遍交往与全球化活动,就不可能跨越远距离时空而对社会关系进行规模化协调控制。正是这种时空分离基础之上的脱域特质,使得社会成员相互交往方式发生了由"在场"到"缺场"的重大改变。这种在时空分离基础之上所形成的脱域—再嵌入机制,又进一步形成了社会的抽象系统。这种社会抽象系统由两个方面所组成:符号标志系统与专家系统。符号标志系统为相互交流的媒介体系,诸如货币、国家权力象征等,它具有可公度性,能将信息准确传递,而用不着考虑任何特定场景下处理这些信息的个人或团体的特殊品质。专家系统则是由专业队伍所组成的体系。㊺

现代性的时空分离及脱域—再嵌入特征,通过交往手段的革命,从根本上否定了传统的熟人社会交往方式,使人们置于一个广袤无限的交往世界中,并超越交往活动具体场所限制渐次扩散的局限性,进入普遍交往的境地。"'自我'和'社会'在人类历史中首次在全球性背景下交互联结了。"㊻在这里,社会成员普遍交往与世界互动并不意味着每一个人与世界上所有他人面对面的在场直接交往,而是通过符号标志系统与专家系统不在场的在场交往。

  ㊺ 吉登斯:《现代性的后果》,译林出版社,2000,第 15—25 页;《现代性与自我认同》,北京三联书店,1998,第 17—20 页。
  ㊻ 吉登斯:《现代性与自我认同》,北京三联书店,1998,第 35 页。

这是缺场与在场统一的普遍交往。⑱

时空分离基础之上的缺场，使得作为信任基础的承诺本身发生了变化。当面—在场承诺所表达的是熟人社会的有限交往关系，非当面—在场承诺表达的则是超越熟人社会的普遍交往关系。⑲与此相应，由当面—在场承诺所形成的是当面、在场的可信任性，由非当面—在场承诺所形成的是不在场的可信任性。前现代社会的承诺是熟人社会中的当面—在场承诺，这种承诺不仅以某种"家"血缘纽带为依托，亦以当面、在场熟悉了解为依据，更以熟人社会所共有的群体、风俗、习惯为有效监督制约。因而，对这种承诺的可预期性与可信性，实质上是对传统熟人社会那种交往范型的相信、信赖。现代社会时空分离的非当面—在场交往，使得传统的那种承诺及其监督制约机制失却有效性。因而，必须寻求一种新的具有可公度性的交往媒介，及对承诺拥有权威性的监督制约机制，以确保承诺的可信性与可合理预期性。这就意味着：一方面，抽象系统正是时空分离的现代性社会普遍交往要求的产物；另一方面，由于时空分离的缘故，对于现代性社会普遍交往中承诺的信任转化为对于抽象系统的信任。只有建立起一个人们通过日常生活经验感觉到值得信任的抽象系统，才有可能在全社会确立起普遍的相互承诺及其合理预期的信任关系。也正是在这个意义上，以时空分离为特点的现代性社会中的信任，是与现代性制度体系相联系的"抽象体系中的信任机制"。以往，"对个人的信任建立在回应和它所包含的相互关系之上：相信他人的诚实是自我诚实和可靠感的一种最初来源。"而"在抽象体系的情况下，信任却被设

---

⑱ "全球化使在场和缺场纠缠在一起，让远距离的社会事件和社会关系与地方性场景交织在一起。"吉登斯：《现代性与自我认同》，北京三联书店，1998，第 23 页。

⑲ 吉登斯：《现代性的后果》，译林出版社，2000，第 69 页。

定为相信非个人的原则"。"对抽象体系的信任为日常的可信赖性提供了安全保障,但是它的性质本身决定了它不可能满足个人信任关系所提供的相互性和亲密性的需要。"⑦抽象性系统,无论是符号系统还是专家系统,置于社会结构体系中,都承担着一种特殊的社会结构功能,并通过这些功能的正常发挥维护社会整体的秩序与功能。因而,抽象性系统实质上表达的是:社会结构通过其功能对这个社会中所有成员所做出的承诺。

在现代性社会中,人们基于两个理由对制度寄予无限希望与信任:其一,个体在现代性社会中对于空前复杂的社会结构与权威的空前乏力,转而希望通过制度实现对复杂社会现象的有效控制;其二,社会抽象系统及其承诺的出现,而社会抽象系统的承诺在实质上是制度性承诺,对抽象系统的信任实质上是对制度性承诺的信任。因为,这种抽象系统作用的有效发挥"依赖于信任",而这种"信任在本质上与现代性制度相联。信任在这里被赋予的,不是个人,而是抽象能力。"⑦严格地说,对抽象系统的信任,隐含着现代性制度承诺及对现代性制度承诺的信任。

在现代性社会中,为什么人们会对非当面—在场承诺予以信任?凭何信任?对此的回答必须回到现代性社会本身的特殊存在方式与交往方式。现代性社会是在平等的自由权利与高度发达的信息化背景下被组织起来的社会。在这里,社会的基本交往关系一方面以制度化的方式存在着:个体间承诺转化为制度性承诺、个体间信任转化为对制度承诺的信任;另一方面又以社会强制这一特殊的制度化方式,对承诺加以监督、制约、实施。在这种制度结

---

⑦ 吉登斯:《现代性的后果》,译林出版社,2000,第70、74—76、99—100页。
⑦ 吉登斯:《现代性的后果》,译林出版社,2000,第23页。

构下,承诺具有制度的权威性、严肃性。人们对非当面承诺的信任,实质上是对现代性制度本身的信任。对抽象体系的信任,在根本上是对这个抽象体系所代表的那种制度及其承诺的信任。

现代性社会固然不应当否定非制度性的个人承诺及其功用,但最重要的则是确立有效的制度性承诺,以及在有效制度性承诺基础之上的制度性信任。

非制度性的个人承诺,以个人人格为担保,以对他者的经验了解为依据。这具有主观不确定性。而制度性承诺则以非人格的制度构架及其客观运作机制为保证,具有客观确定性。制度性承诺在时空分离状况下,可以维系脱域不在场交往中的规范有序性、安全可预期性。这就决定了制度性承诺的两个基本特质:客观性与普遍性。由于制度性承诺是以制度体制、社会结构等方式所做出的承诺,因而,它摆脱了个体承诺的主观性、偶然性与随意性,使承诺获得客观性品质。同时,由于它的这种客观性,又使它能够有效摆脱个体承诺中由于各种偶然因素影响所导致的偶然性,进而获得普遍性品质。制度性承诺的这种内在特质,一方面为理解现代性社会中的个体性承诺及其信任关系,提供了现实背景;另一方面则为理解现代性社会自身,提供了现实切入点。

制度性承诺并不否定个体承诺,相反,它需要个体间的承诺及其信任的补充。不过,这里首先需要注意的是,制度性承诺在总体上为个体性承诺提供了现实存在背景,并为理解个体性承诺及其兑现状况,提供了有效的观察维度与视窗。当罗尔斯的个人代表在"原初状态"的"无知之幕"下就正义原则达成一致时,同时就有两方面的意蕴:其一,个人对他人做出了庄重的承诺,并对他人的承诺给予充分的信任。所有"原初状态""无知之幕"下的个人所做出的承诺,是单个人与所有人之间的相互承诺,其信任是单个人与所有人之间的相互信任。其二,单个人与所有人之间的相互承诺与相互信任,通过普遍化的方式,被演化为所有人对达成公识的正义原则的承诺与信任。在这种普遍化过程中,相互间承诺与信任所指向的正义原则,被客观化为制度性存在,演化为制度性承诺与制度性信任。这种制度性承诺与信任,既指个人对这种正义制度的承诺与信任,同时亦指个人从制度中所获得的承诺及对这种承诺的信任。正是这种制度性承诺才使得生活在现代多元开放社会中的个人,获得某种可以依赖的客观性依据,使行为具有可预期性,进而拥有安全感。现代多元开放社会中的信任,深深植根于这种现代制度性承诺及制度性承诺的可信任性中。正是制度性承诺及制度性承诺的可信任性,与个人承诺及个人承诺的可信任性的交互作用,构成现代性社会的现实信任关系。

中肯地说,个体在现实生活中面对着大量背弃承诺的诱惑。对于这种诱惑的抵制,来源于个人理性与制度性承诺及对这种制度性承诺所做出的制度性监督的互动。奥斯特罗姆(E. Ostrom)根据对"公共池塘资源"的研究,对集体行动理论提出了新的卓越思想。她在自主组织、自主治理与系统观的思想方法指导之下,采用制度分析的方法,作了一系列实例分析,"力图理解在搭便车和违背承诺的诱惑大量存在的情形下,人们是如何为集体利益而对他们自身加以组织和治理的。"她认为"为组织集体行动的所有努力……都必须致力于解决一些共同的问题。这些问题包括搭便车、承诺的兑现,新制度的供给,以及对个人遵守规则的监督。"[72]在对包括承诺及其兑现等问题的分析上,她并不简单地

---

[72] 埃莉诺·奥斯特罗姆:《公共事物的治理之道》,上海三联书店,2000,第49—50页。

将现实生活中的社会成员作人性上的简单分类,而是认为"个人在分析和理解复杂环境的结构上具有的能力是非常类似的和有限的。"⑬这个能力就是人的理性能力,就是个人在一系列环境因素变量之下,在预期成本—收益比较、贴现率及内在规范作用下的权变选择能力。这种权变选择能力所指向的,是选择预期收益大于预期成本的策略。⑭正是这种广义的成本—收益比较,从根本上决定了人们的行为选择及其权变性,决定了对于既有信誉、承诺的权变性。⑮在一个集体行动过程中,人们的信誉及其承诺是重要的。但是,个人的信誉及其承诺却并不能保证产生出长期稳定的合作行为与交往秩序。"即使在信誉是重要的、人们都认同遵守协定准则的、重复出现的情形中,信誉和共同准则本身并不足以生产出长期稳定的合作行为。"⑯

在这里,奥斯特罗姆所面临的一个最为现实、亦最为重要的问题是:为什么有些地方的人们在集体行为中能够承诺守信,而另一些地方的人们在集体行为中却不能做到承诺守信?原因何在?对于个人而言,承诺、信誉是个人内在主观的因素。这种个人内在主观因素,一方面难以度量;另一方面,更为重要的是,是哪些外部因素影响了个人这种内在主观因素的形成、变化及其内容?答案就在个人现实生活交往本身之中。对于普遍出现的承诺信任危机现

---

⑬ 埃莉诺·奥斯特罗姆:《公共事物的治之道》,上海三联书店,2000,第 47 页。

⑭ 埃莉诺·奥斯特罗姆:《公共事物的治之道》,上海三联书店,2000,第 62、287 页。

⑮ 笔者曾在分析社会失范现象时,曾以制度分析方法为理论框架,对人们的行为选择作了类似的分析,揭示成本—收益比较分析是人们道德行为选择过程中隐藏的心理机制。参见高兆明:《论道德行为选择中的德行成本分析心理》,载《浙江社会科学》1999 年第 5 期;《社会失范论》,江苏人民出版社,2000。

⑯ 埃莉诺·奥斯特罗姆:《公共事物的治之道》,上海三联书店,2000,第 148 页。

象的认识,必须深入个人所在的那个具体生活交往环境。因为,无论是承诺守信还是背信弃义,都是个人所做出的选择,都是个人在集体交往行为过程中品质演进之结果。这就正如奥斯特罗姆在对此前的集体行动理论反思批判时所指出的那样,此前的集体行动理论存在三个缺陷:a. 没有反映制度变迁的渐进性与制度自主转化的本质;b. 在分析内部变量是如何影响规则的集体供给时,没有注意更高层次制度的重要性;c. 没有考虑信息、交易成本。就 a 而言,她所要揭示的是:承诺守信或信任危机都是自主组织的自组织结果。一些人之所以能够创造出新的规则并自觉遵守承诺有信,就在于个人基于成本—收益分析的权变选择策略。⑰ 然而,在分析个人或一个相对较小范围的集体行动时,必须考虑更高层次因素的影响。这正是奥斯特罗姆通过 b 所要强调的。"一个层次的行动规则的变更,是在较之更高层次上的一套'固定'规则中发生的。""更高层次上的规则的变更通常更难以完成,成本也更高,因此提高了根据规则行事的个人之间相互预期的稳定性。"⑱在复杂的环境变量因素下,影响个人行为选择的具体选择策略的环境变量,是通过个人对这些环境变量对预期收益、成本、内在规范、贴现率等的评价而发生作用的。⑲ 这也就是说,当人们在日常生活中感觉到个体间普遍的信任危机时,这种信任危机尽管是发生在个体个别的层面,但实质上却是社会更高层次的某种制度规则机制不合理性的彰显与突现,是制度性安排与制度性承诺出了问题。

---

⑰ 埃莉诺·奥斯特罗姆:《公共事物的治之道》,上海三联书店,2000,第 277—279 页。

⑱ 埃莉诺·奥斯特罗姆:《公共事物的治之道》,上海三联书店,2000,第 84 页。

⑲ 埃莉诺·奥斯特罗姆:《公共事物的治之道》,上海三联书店,2000,第 292—304 页。

正如前述,制度性承诺所表达的是不同于前现代社会的社会交往类型,这种社会交往关系类型就是如梅茵所说的契约关系以及建立在契约关系基础之上的社会民主。然而,制度性承诺的这种内容标识,与其客观性、普遍性品质密不可分。即,当且仅当制度性承诺表现出其客观性与普遍性品质时,它才能真正标识出现代性社会,才能成为维护现代性社会政治、经济、社会秩序的有效手段。这里的关键在于:制度性承诺本身的合理性,并不在于其做出承诺主体的非个体性,而在于做出承诺的客观性与普遍性,在于这种承诺本身摆脱了个体的随意性与偶然性,具有内在的尊严与权威,从而成为社会成员行为可预期的凭借。这既是制度性承诺的内在规定性,亦是现代性社会的内在规定性。

借用吉登斯的术语表达,现代性社会"抽象体系中的信任机制",是制度性承诺与对制度性承诺的信任;而对"抽象体系"的信任,又是以对符号系统与专家系统的信赖为前提。即,制度性承诺、制度性信任所维系的现代性社会秩序,是以符号系统、专家系统的真实客观性与可信任性为前提。如果符号系统与专家系统本身缺失真实客观性、公正无我性、稳定可靠性,那么,这种制度性承诺本身就缺失真实性,就至多只是一种形式的制度性承诺而非真实的制度性承诺。而这恰恰正是当代中国现代化进程中所面临的亟待解决的重大问题。现代化进程以及重建普遍社会信任关系,均要求社会符号系统的真实可靠、专家系统的诚实可信。

一个缺少信任的政府,就其直接缘由而言,或者是缘于无能,或者是缘于腐败。而政府的无能往往又缘于官员任用、选拔机制的嫉贤妒能,在于这种任用、选拔机制背后所隐藏着的权力腐败。因而,一个能够得到民众广泛信任的政府,必定是一个既有能力、又廉洁的政府。

3. 行政的作为、非作为、不作为

制度信用、公民对政府的广泛信任,以政府的恰当作为为前提。一个无所作为的政府难以获得公民的普遍信任,一个有所作为的政府亦未必能够获得公民的普遍信任。在其所当在,为其所应为,这是制度信用的内在规定性之一。

市民社会与政治国家的相对独立,公域与私域的二分相待,实际上已经预设了现代社会中公共行政应有的基本行为方式:行政的作为与非作为,以及行政作为中的积极作为与消极作为。人们通常是在"做"的意义上理解行政的作为与不作为,且对行政的不作为理解为当做不做,故取一种否定性的价值判断。这种习惯了的理解以两个预设为前提:行政"做"的领域的确定无误性;行政的"做"总是应当的。其实,这种预设恰恰是有待审思的。

行政的作为与不作为首先是一个基于一定价值基础的价值判断,并总是以哪些当为、哪些不当为为前提,即行政的作为总是首先以行政的非作为为前提。所谓行政的非作为是一个对行政作为领域的限制性概念,它指称行政在此面前应驻足、不可作为的领域。行政的非作为概念的提出,本身意味着行政权力并非无所不能、无所不可及。

行政非作为是一个现代性概念。正如本文第 6 章所述,伴随着私人生活从社会公共生活中的分化,社会公共生活自身亦出现分化,这就是作为政治生活领域的国家从一般社会公共生活中的分化。这个分化过程就是社会与国家的二分相待、市民社会形成的过程。现代性社会是一个由私人生活、市民社会、国家生活所构成的公共领域与私人领域两领域三层次的社会结构。与此相应,行政权力行使便相应地具有两种类型三种状态:作为与非作为,以及作为中的消极作为与积极作为。

在常态下行政权力对某一生活空间的不可介入,这就是指行政的非作为。这种行政的非作为是指行政权力不可作为、不能作为之领域,而不是不愿作为之状态、态度。个人行为只要不涉及他人或社会公共利益,就应当被视为属于个人自决的领域。政府或行政权力在私人领域面前应当驻足。私人领域是行政的不可作为领域。英国古典自由主义思想家密尔指出:个人的行为只要不涉及自身以外什么人的利益,个人就不必向社会负责交代。他人若为着自己的好处而认为有必要时,可以对他忠告、指教、劝说以至远而避之,这些就是社会要对他的行为表示不喜欢或非难时所仅能采取的正当步骤。⑧ 从个人角度来说,私人事务由自己做主通常较他人、政府为其做主更好。密尔认为,个性自由是人类福祉的首要因素之一。因为,第一,人类是由个人组成的,没有不同个性的自由发展,就不可能有人类的繁荣与进步。而个性及其能力只有在自由地运用其个性及其能力的过程中才得以迅速成长。因此,许多事情,由个人来解决可能不如政府官员处理得那么好,但仍宜由个人来处理,个中缘由就在于这样可以强化人们的主动性,锻炼人们的判断能力,使人们获得有关知识。第二,人类理性在其现实性上具有理性不及之特质,日常生活中的不同意见是人类文明演进的基础。"同样在生活方面也可以说,生活应当有多种不同的试验;对于各种各样的性格只要对他人没有损害应当给以自由发展的余地;不同生活方式的价值应当予以实践的证明,只要有人认为宜于一试。凡在不以本人自己的性格却以他人的传统或习俗

---

⑧ 参见密尔:《论自由》,商务印书馆,1959,第10—12、102页。

为行为准则的地方,那里就缺少着人类幸福的主要因素之一"。[31]值得特别一提的是,尽管不存在着纯粹的私人领域,尽管私人领域的问题通过一系列环节可以演化为公共领域的问题,但是,私人领域与公共领域的基本二分,以及基于这种二分的公共权力有效范围的有限性,则是维持现代社会公民自由生活必不可少的一个原则。

行政权力的可作为领域是公共领域。公共领域中行政权力的可作为又分为两种状态:积极作为与消极作为。

所谓行政权力积极作为是指政府运用权力主动保护、干预、调控、组织社会生活的有关方面,维护社会秩序、提供公共安全、打击犯罪、提供公共服务与公共产品。现代社会是一个风险性社会。现代社会的风险性具有更加的不确定性。吉登斯曾区分了两种类型的风险:外部风险和人造风险。所谓外部风险就是来自外部的、因为传统或者自然的不变性和固定性所带来的风险。所谓人造风险是指由人们不断发展的知识对世界的影响所产生的风险。[32] 在吉登斯看来,外部风险与工业社会相对应,人造风险与晚期现代社会相对应。这意味着现代社会中的风险既不同于前现代社会中的风险,也不同于工业社会中的风险,它是现代社会发展到一定阶段所独有的现象。"在这个阶段,工业化社会道路上所产生的威胁开始占主导地位。"[33]如果说前现代社会是由过去决定现在,那么现代社会则在更大程度上是未来决定现在。未来向我们敞开了所有可能。而未来的不确定性意味着"我们完全不知道风险的大小和程度,而且在很多情况下,直到很晚,我们也不能确切知道这种风

---

[31] 密尔:《论自由》,商务印书馆,1959,第60页。
[32] 安东尼·吉登斯:《失控的世界》,江西人民出版社,2001,第22页。
[33] 乌尔里希·贝克等:《自反性现代化》,商务印书馆,2001,第10页。

险的大小。"⑭在这样一个世界中,"几乎没有什么东西是事先决定了的,甚至于更没有什么事情不可改变。很少有失败是最终的失败,也很少有什么灾难——如果有的话——不可逆转;也没有什么胜利是最后的胜利。因为可能性是无限的,没有任何事物会被承认化成了永恒的现实。"⑮现代社会的这种风险性,增加了作为公器的政府的公共责任。

具体说来,现代社会存在三种基本风险:其一,自然风险。这是由风暴、洪水、地震、瘟疫等自然灾害所带来的风险。这一类风险往往不可抗拒,个人在自然灾害面前往往无能为力。只有现代社会中的组织、特别是政府,才有能力动员与组织社会力量,防止和抵御这类风险。其二,技术性风险。现代社会技术发展在给人类带来巨大方便的同时,亦给人类带来巨大风险。人类影响、改造自然世界能力的空前扩大,同时就意味着人类这种能力对自身造成伤害的可能性亦空前扩大。这就要求行政权力对于现代科学技术的研究目的、手段,以及现代技术应用条件等,给予合理限制,以避免人类由于自身追求自由的技术活动而给自身造成巨大灾难。其三,制度性风险。这是由于制度安排缺陷所带来的社会性风险。比如就市场经济活动而言,那些因为各种原因在市场上无力谋生的人会处于不幸境遇,这是一种关涉社会基本秩序的社会性风险。这种社会性风险不能指望市场自身解决。因此,"确使每个人都能得到一定标准的最低收入,或者确使人们在其不能自谋生计的时候仍能得到不低于某一底线的收入,在我们看来,不仅是应对人人都可能蒙遭的那种风险的一道完全合法或正当的保护屏障,而且

---

⑭ 安东尼·吉登斯:《失控的世界》,江西人民出版社,2001,第25页。
⑮ 齐格蒙特·鲍曼:《流动的现代性》,上海三联书店,2002,第95页。

也是大社会的一个必要的组成部分。"㊽身处风险社会中的个人前所未有地依赖于公共善。公共善具有不可分割性和公共性特征。尽管公共善本身会产生"搭便车"问题,但公共善却既是社会所必需,又只有依靠国家行政权力供给与维护。

所谓行政权力消极作为是指这样一种领域,在这个领域中政府应当有所作为,但是这种作为是以一种背景性制度提供者、监督者身份出现的作为。这个领域主要是通常所说的包括市场经济在内的市民社会领域。

罗尔斯认为在现代良序社会中,政府为正义原则的实现承担着积极的功能。他将政府组织划分为四个部门,这就是配给部门、稳定部门、转让部门和分配部门。在他看来配给部门是维护竞争性市场的存在,稳定部门则是为了使市场主体能够拥有平等的市场主体身份。罗尔斯所说的这两个部门实际上是为了保障市场秩序,大体上对应于他所说的正义第一原则。而转让部门的责任则是调节市场竞争,以保持平等自由权利在转让过程中的被重视。分配部门则是通过对财产的再分配,以维持分配上的恰当的正义,它的功能是矫正正义,它大体上对应于罗尔斯的正义第二原则。㊾罗尔斯倾向于认为政府或行政应当在其可作为的领域积极作为,这个积极作为的领域包括市场经济领域。

哈耶克、诺齐克等尽管并不反对政府作为公器在提供公共产品方面应当有所作为,但是他们更倾向于"守夜人"式的小政府,并

㊽　哈耶克:《法律、立法与自由》第2、3卷,中国大百科全书出版社,2000,第349—350页。吉登斯从另一角度谈到了现代性社会中所存在的风险类型,就其主旨而言,也可以按哈耶克的二分法予以分类。具体可参见安东尼·吉登斯:《现代性的后果》,译林出版社,2000,第109—110页。

㊾　参见罗尔斯:《正义论》,中国社会科学出版社,1988,第266—270页。

对政府或行政在为市场经济领域提供公共产品时运用强制力持强烈批判态度。他们认为,由于市场本身的缺陷,政府可以提供市场无法提供但又是人们需要的公共服务——实践也证明政府是提供这类服务的最为有效的方式,但这并不意味着政府在向社会提供这类服务时,可以运用其本身所具有的强制力。哈耶克认为:"正是政府拥有强制性的权力,这才使它能够在提供那些无法经由商业途径提供的服务的方面获得它所必需的资源;但是这决不意味着,作为这些服务的提供者或组织者,政府也应当能够运用强制性权力。""政府的强制性活动和垄断权严格限定在实施正当行为规则、保卫国防和征收税款以资助政府活动三个方面。"⑧ 罗尔斯与哈耶克、诺齐克等人的这种思想论争,似乎分歧很大,但是一方面,这种分歧只是一种自由权利内部的分歧;另一方面,这种分歧并不否定公共权力的有为性以及这种有为性在不同方面的差别性。这可能正是我们在面对这种分歧时应当引起足够重视之处。

一个在公共领域无为的公共权力,与一个在任何领域均强势有为、宰制一切的公共权力,均不是公共性的。日常生活经验表明,利用公共权力谋取私利者,往往或者是将公共权力肆无忌惮地作用于原本属于私人领域的非作为领域,或者是当为不为、成为不法分子的庇护者。正是在这个意义上,不能简单地以行政作为本身为依据来判断行政的合理性。在其所应在,用其所应用,这是行政权力行使之要义。

作为晚发民族国家,尽管中国的现代化是一种外源性的,但是它确又成为人们的自觉选择。中国的现代化不可能像西方社会那

---

⑧ 哈耶克:《法律、立法与自由》第2、3卷,中国大百科全书出版社,2000,第332—333页。

样经历一个漫长的自生自发的演进过程。要把西方国家在几百年间实现的任务在较短的时间内完成，离不开政府强有力的引导与推进。政府应当在现代化建设中承担起更多的社会责任。然而，政府这种社会责任的担当与发挥，应当基于公共领域与私人领域二分、在有限范围内、且受到有效约束的基础之上。如果行政权力是一种无所限制的无限权力，这种权力难免枉为、腐败。

四、权力腐败

制度的"善"必定是在克服制度的"恶"过程中所呈现与确立。没有"恶"及其克服，就无所谓制度的"善"。尽管对制度的"恶"可以做出诸多不同的具体解释，甚至可以在黑格尔善恶辩证法的意义上做出更为深刻的理解，但是，就本文此处的主题而言，此"恶"具体指称权力腐败。

1. 社会转型视域中的权力腐败

权力存在着腐败的天然倾向。权力腐败是为了私人目的滥用公共权力的行为，此处尤其是指国家公职人员违反公认行为准则规范的以权谋私行为，其核心是权力与金钱交易或联姻，使权力由公共服务工具蜕变为私人工具。当权力成为捞取金钱的手段时，权力就失去了它的社会性，而蜕变为谋取个人利益的工具。当金钱能支配权力时，权力就沦为少数富有者的家犬。现代经济学中的寻租理论以经济生活中的寻租、设租现象为研究对象，从经济学角度揭示了利用公共权力谋取私利这一权力腐败现象的客观存在，并为我们认识权力腐败现象提供了实证分析的基础。

腐败并不是现代化过程中的特有产物。问题的关键在于：现代化过程中的腐败现象原因何在？亨廷顿将它归之于社会价值观念的改变、社会善恶是非判断标准的变化，认为是规范标准本身的落后过时，"规范背离了公认的行为方式"；归之于新的政治、经济力量的兴起，这些新起的政治、经济力量助长了金钱与权力互换的行为，刮起了权钱交易之风；归之于政府权威的扩大，在扩大了的政府权威当中尤其是"贸易、海关、税收方面的法令和管理那些牵涉面广而又有利可图的行当"，"就成了刺激腐化的温床"。⑧亨廷顿的分析虽言之有理，但就其根本来说仍停留于问题的表象。现代化过程中腐败现象的广泛存在，核心原因是社会结构的不完善，缺少有效的制约监督机制，缺少健康的、制度化了的政治生活——只有在这种情况下，社会新生的政治、经济力量，政府职能与权威的扩大，才能助长腐败。不能简单地以某些人的道德堕落来解释较为普遍的社会腐败现象。当社会腐败成风之时，更应当追寻腐败得以形成的客观条件与基础，必须通过人们的精神寻求在精神背后存在着的决定精神的因素。⑨不过，亨廷顿的上述分析之中又确实提出了一个非常值得注意的问题：处于社会转型时期的权力腐败现象有其特殊性，应当与社会结构转型本身相联系。

这样，对于权力腐败的原因，我们就可以谨慎地分为两类：其一，处于社会转型期由于社会结构转型尚未成功完成、社会结构本身所造成的，对于这种原因的腐败我们可以称之为制度性腐败。所谓制度性腐败，是指由于社会制度体制的内在缺陷而导致的权

---

⑧　亨廷顿：《变化社会中的政治秩序》，北京三联书店，1988，第 54—66 页。
⑨　参见高兆明：《社会变革中的伦理秩序》，中国矿业大学出版社，1994，第 255—256、278—280 页。

力腐败现象。要克服制度性腐败，首先要克服社会结构与社会制度体制本身的内在缺陷。其二，由于公共权力行使者公权私用、徇私枉法所导致的权力腐败。虽然这后一方面与前者亦有联系，甚至对于后者的克服亦应当通过制度本身的建设，然而，二者之间的区别仍然是清楚明白的：一是结构制度体制性的。一是非结构制度体制性的，后者在某种意义上具有永恒性。处于社会转型时期的权力腐败的特殊性，不在于后者，而在于前者。

尽管在现代化初始阶段权力腐败现象难以避免，但是，它对于现代化事业进程的危害却极其巨大。那种权力腐败能促进改革的说法极其轻率荒唐。事实是腐败有可能毁灭改革。腐败能促进改革这种说法究竟该怎样被理解？是指腐败行为本身，还是指对腐败克服后所实际带来的效果？这里首先需要进一步分清的是：腐败自身质的规定性，与由它所触发的一系列变化的实际结果。确实，腐败冲决了既有的社会结构、规范秩序，然而，它所直接带来的是无序混乱失范，而不是社会进步。它至多是纯粹消极的破，它所冲决的是包括要确立起的新的行为法则在内的一切法则规范，它所崇奉的仅仅是纯粹的金钱法则；它至多是暴露了既有生活方式、交往法则中的缺陷不足，却不能积极地解决这种缺陷、不足；它使社会资源重新配置，但一方面这种资源重新配置使极少数人以非法的手段聚敛起大量的社会财富，使严重社会不公，社会财富占有严重两极分化，另一方面这种社会资源重新配置也未必是更有效率的。从客观的立场来看，如果说权力腐败能促进改革的话，也仅仅是在下述意义上而言：腐败表明社会有机体已经存在严重疾患，不能照旧生存下去，必须进行重大社会改革，调整既有的权力结构，变更既有的社会生活秩序；腐败暴露、产生了一系列严重的社会问题，引起人们的高度重视并促使人们以积极的态度去解决这些已经暴露、产生的问题,从而使社会得以健康发展。在严格意义上讲,这是一种坏事变好事性质的转化,这种转化是有条件的,它取决于人们对问题的反应及其努力状况。但是,无论如何腐败本身不是建设性的。

国家权力腐败本身并不可怕,可怕的是腐败不能被扼制;官员腐败本身也并不可怕,可怕的是因为腐败而成为官员。一个朝气蓬勃健康向上的社会,应当具有自身内在的免疫系统,这个免疫系统能够有效地消除机体内的各种致病菌。一个有生命力的政府是有能力反对与防止腐败的政府。人民的政府在反对与防止腐败的斗争中保持其人民政权的性质,承担并履行其应有的职责。

保持权力的人民性,防止腐败,不能寄希望于某个人,只能寄希望于制度体制本身,只能通过制度体制来防止与克服腐败。这就是权力间的相互制约。权力制约是指没有一个实体性的权力具有无限、开放、至上性,任何一个实体性权力都是有限的、且受到来自其他权力的有效监督、牵制。权力制约有两个方面内容:人民对国家强权机构的制约,国家强权机构之间的制约。

权力自制是不可靠的,这就如同在社会生活中完全指望个人的行为自律一样不可靠。权力有一种自我表现、自我膨胀、为所欲为的内在冲动。缺少制约的权力是易于腐败的权力,绝对的权力就是绝对的腐败。对权力的制约首先意味着权力的相对分散,以权力制约权力。

制约权力的最重要力量是人民的监督。没有人民对公共权力的有效监督,甚至连以权力制约权力这一手段都会失效。人民的有效监督会促使和保证权力对于权力的制约。人民的监督是人民意志的实践。不过,人民意志实践需要主观表达与客观行使两个渠道。社会舆论自由是其主观表达渠道,人民选举、公共社团是其客观行使渠道。人民是一个抽象的集合体,它自身其实是多元的。[31] 人民以选民的方式成为国家的主人,人民不可能似人民主权字面所说的那样直接统治社会。[32] 尽管现代民主制是种代议制,但现代民主制应当扩大公民直接参与公共生活的范围,从而加强对国家权力的有效制约。这种直接参与有两个基本方面:一是社群、社区作用与功能的扩大与加强,以限制国家强权的权力与集权;一是充分运用现代技术手段,扩大公民政治参与的现实有效途径,使政治结构扁平化。随着以现代信息技术为基础的信息社会的来临,信息与决策过程可以得到广泛传播,公民参与将会变得更加广泛、更加直接、更加有力、更加平等。这种参与的扩大,要求分散官僚机构的权力,削弱乃至逐渐取消等级制,由垂直化社会管理模式变为网络式管理模式。[33] 公民对于公共生活的直接参与,一方面,可以事实上强化与巩固公民的社会主人地位,使科层公职人员的视野由原先一味向上的偏视性,变为兼顾左右但更多地向下的全视性;另一方面,又可以通过公民这一千手千眼佛,有效地监督与制约国家权力的行使。如是,才有可能从社会制度体制上杜绝权力腐败现象的普遍产生。

---

[31] 参见乔·萨托利:《民主新论》,东方出版社,1997,第22—34页。

[32] 熊彼特认为:"民主并不是指,也不可能指,按照'人民'和'统治'这两个词的明显意义说的人民是确实在那里统治的意思","民主方法是为达到政治决定的一种制度上的安排,在这种安排中,某些人通过竞取人民选票而得到作出决定的权力。"转引自顾昕:《以社会制约权力》,载《市场逻辑与国家观念》,北京三联书店,1995。

[33] 参见乔·霍兰德:《后现代精神和社会观》,载大卫·雷·格里芬:《后现代精神》,中央编译出版社,1998,第88—90页。

2. 制度性腐败:对权力腐败现象的一种解释维度㉔

"制度性腐败"是基于权力腐败原因维度而提出的一个概念。根据黑格尔的分析,权力腐败的最深刻缘由在于公共权力的公共性本质与个别履行这一内在矛盾。正是这种内在矛盾决定了权力腐败现象是人类永远必须直面的严肃问题。在此基础之上,依据考察权力腐败问题原因的维度——是基于制度体制,还是基于公共权力行使者(官吏)的道德品质,我们可以将腐败分为两类:制度性腐败与非制度性腐败。"制度性腐败"概念所标识的是制度体制状况,指称的是由于社会结构的内在构成所造成的社会制度体制的内在缺陷而导致的权力腐败现象,它所揭示的是这种有缺陷的制度体制不能有效地保证公共权力的公共性本质。"非制度性腐败"概念所标识的是公共权力行使者(官吏)的道德品质状况,指称的是由于公共权力行使者自身品质堕落所致之腐败现象,它所揭示的是公共权力行使者(官吏)个体缺失作为公共权力行使所必备的公共性品质。"制度性腐败"与"非制度性腐败"概念区分的基点是观察腐败原因的维度。

只有在此基础之上,当我们进一步涉及对于社会腐败现象性质的总体性把握时,"制度性腐败"与"非制度性腐败"概念才会获

㉔ "制度性腐败"是近年来人们解释当代中国社会腐败现象时使用频率较高的一个概念,然而,对此概念却缺少深入辨析,缺少概念的清晰性。这影响了对问题讨论的深入。笔者曾从社会转型视角将"制度性腐败"理解为是"处于社会转型期由于社会结构转型尚未完成、社会结构本身所造成的"腐败。并进一步理解为是"由于社会结构的内在构成所造成的社会制度体制的内在缺陷,以及由这种……内在缺陷所进一步规定的社会权利与义务及社会利益分配、社会系统整合方式与运作方式的缺陷,而导致的权力腐败现象"。现在看来,这种理解尚粗疏一般,须作进一步补充。具体请参见高兆明:《制度公正论》,上海文艺出版社,2001,第245页。

得另一种意义上的规定:这种社会腐败现象在总体上是何种性质的？在总体上是由于制度体制安排的原因,还是由于官吏个人品质的原因？在这种含义上的"制度性腐败"概念所揭示的是腐败的性质:这种社会腐败现象在总体上是由于制度体制的内在缺陷而致。时下,人们主要是在这个意义上使用"制度性腐败"概念。

当然,人们有时还会基于对制度本身的所谓根本性与非根本性分析,进一步提出应当区分是根本性制度还是非根本性制度所造成的社会腐败。这种思维方向未必没有道理。但是,如果在实践理性的层面直面历史,那么似乎很难在理论上获得周延:非根本性的制度缺陷是否有可能造成普遍的或较大规模的社会腐败现象？如果说非根本性的制度缺陷能够造成普遍的或较大规模的社会腐败现象,那么,是否有充足理由说那种制度体制在根本上是好的？根据这种思维方向,似乎只要出现了普遍的社会腐败现象,就意味着这个社会根本制度是有问题的。然而,正如后述,这样一种隐含着的结论,对于当代中国社会腐败现象的解释效力是值得怀疑的,至少它的学理价值与实践价值的重要性值得存疑。这样看来,这种思维方向本身值得存疑。

根据一般的看法,"制度性腐败"是关于"善制"(good system)或"恶制"(evil system)意义上的概念,它所标识的是"恶制";这种制度之所以为"恶",就在于它丧失了存在的必然性根据,它诱使或纵容官吏贪赃枉法、以权谋私。在这种恶制下,作为公共权力行使者的官吏的腐败,只不过是折射这种制度本身的腐败。这是通常意义上所理解的"制度性腐败"。对于这种意义上的制度性腐败,只有通过从根本上变革这种制度的革命性方法解决。

然而,根据这种对于"制度性腐败"概念一般意义的理解,我们在理论与实践上存有很大困惑:一方面,这种理解对于当代中国现代化进程中的腐败现象缺乏充分的解释力,无论是出于理性还是据于直觉,我们都会冷静地承认:当代中国的制度体制是处于向现代化过渡中的体制,它在根本上不同于且也不属于严格意义上的恶制,不能简单地用恶制来概括。因而,这就要求我们对于"制度性腐败"概念本身做出新的解释。另一方面,根据亨廷顿关于发展中国家现代化过程中腐败现象的分析,⑤我们似乎能够领悟到"制度性腐败"范畴还存在着另一种特殊含义。这种特殊意义上的制度性腐败,并不特指善制或恶制,而是特指由前现代化向现代化转变过程中两种制度体制演化中所出现的一种特殊状况:由于种种情况造成两种制度体系的暂时共存,或者/和制度的相对真空、滞后乃至内在矛盾,这使得或者制度对于公共权力行使者(官吏)缺失有效约束与监督,或者这种制度安排本身由于欠周密、互相牴牾而缺失充分合理性,进而造成由于某种制度性安排缺失或扭曲而形成的腐败现象。这样看来,用这种意义上的制度性腐败概念解释当代中国现代化进程中出现的制度性腐败现象,似乎更令人信服。因而,当我们谈论当代中国现代化进程中出现的制度性腐败时,其合理的立场正是在这种特殊意义上而言。在认识与把握当代中国现代化进程中的腐败现象时,仔细分清制度性腐败的两种含义,明晰概念,极为重要。因为这直接关涉对于问题判断的基本价值立场,直接关涉对于改革开放的基本态度,直接关涉对于当代中国现代化进程中腐败现象克服基本途径的选取。

如果我们在中华民族现代化历史进程中来具体分析当代中国社会腐败现象,就不难发现:它直接缘起于以改革开放为标识的社会主义现代化建设,它在根本上是由中华民族从前现代社会向现

---

⑤ 参见亨廷顿:《变化社会中的政治秩序》,北京三联书店,1988,第54—66页。

代社会这一历史性转变所引起。在这种社会历史类型变迁过程中,社会制度性安排亦在由前现代向现代转变:政治领域由家长集权制向民主制转变,经济领域由统配制的计划经济向市场经济转变,社会生活领域由一元向多元转变,价值领域的旨趣则由革命向建设转变,等等。在这种制度性安排转型过程中,存在着两种制度体制暂时共存现象,存在着某种制度性安排的滞后、真空或矛盾。所以,这种制度性腐败,并不简单地是所谓恶制问题,而是社会转型过程中的制度转型所造成的问题。正是在这个意义上,这种制度性腐败,亦可以理解为是制度演进过程中的问题。这种对于当代中国腐败现象的总体性把握,并不是对于既有腐败现象的辩护,而是一种理性的态度。

当然,这种特殊含义上的"制度性腐败"对于社会腐败现象根本性缘由的解释,是据于制度本身而不是社会成员个体,因而,对于克服这种社会腐败现象的基本路径寻求,也是据于制度而不是社会成员个体。

相对于"制度性腐败","非制度性腐败"范畴是关于公共权力行使者(官吏)个体美德(virtue)或恶德(evil character)意义上的概念,它所标识的是恶德。即,在一般意义上,非制度性腐败所标识的是官吏个体道德品质恶之状况,指称的是由于官吏本身道德品质堕落而出现的贪赃枉法、以权谋私现象。在这个意义上,非制度性腐败与制度性腐败并无直接联系:只要人存在贪婪,只要存在着官吏道德品质堕落之可能,就存在着非制度性腐败的可能。正如我们前述对于制度性腐败与非制度性腐败概念辨析中所指出的,非制度性腐败与制度性腐败并不是在相互拒斥的意义上而言,而只是从不同维度而言,所以,是否存在制度性腐败不是构成非制度性腐败存在与否的前提与条件。换言之,无论是否存在制度性腐败，均存在着非制度性腐败的可能。非制度性腐败的存在，突出了以德治吏之必要。

不过，非制度性腐败与制度本身亦有着内在联系。这种联系主要体现在两个方面：其一，在一个善制社会中，一方面恶德会受到有效扼制，另一方面，由于善制社会是一个如马克思所说"合乎人性"生长的社会，在善制社会中社会成员的人性状况在总体上会表现得更加趋于善，因而，善制社会就能从根源上减少非制度性腐败的发生。反之亦然。这就是邓小平所说的好的制度会使人少犯错误、坏的制度则易使人犯错误之道理。正是在这个意义上，恶制对于恶德有助纣为虐之作用。当然，根据同样的道理，善德对于善制亦有其积极作用。其二，从现代法治社会的立场考虑，尽管法治社会中不可缺少吏德，但是吏治中的吏德却由于黑格尔所说的主观性特质，因而具有不确定性，不具有客观性的可靠性。尽管非制度性腐败本身的提出就意味着对于吏德的强调，但是，一方面考虑到现代社会应当是一个法治社会，另一方面，考虑到休谟所提出的在制度设计时应当奉行"无赖原则"之思想，那么，与其我们将社会良序的希望寄托于官吏良知，毋宁寄托于社会客观制度安排。根据黑格尔乃至马克思的分析，良知是个体的主观性，社会制度性安排则是客观性。主观性具有不确定性、偶然性，客观性却拥有主观性所不具备的确定性、必然性。

在此基础之上，"非制度性腐败"概念同样具有另一种特殊含义：当我们在涉及对于社会腐败现象的总体性把握时，对社会腐败现象性质做出的一种判断。这种判断的核心在于：社会腐败现象的根本缘由在于官吏个体道德品质的堕落，而不是其他。时下人们主要是在这种意义上使用"非制度性腐败"概念。这种判断的合理之处在于：以特有的方式揭示了官吏个体道德品质对于克服社会腐败现象的重要意义。但是,这种判断存在着一个根本的缺憾:没有把握当今中国社会腐败现象的特殊性。

长期以来人们形成一种思维习惯:一旦社会出现普遍行为失范乃至所谓恶现象,总是偏好从社会成员个体本身的角度考虑问题,倾向于从社会成员个体身上找原因,希望通过社会成员个体的努力来克服这种现象。这种做法确实有其某种合理性。因为,一方面,社会普遍行为失范、堕落现象确实是以社会成员个体为载体,并通过一个个现实的社会成员表现出来,如果每一个社会成员或社会成员的绝大多数能够洁身自好,那么社会确实就会表现为另一种状况;另一方面,一个良序社会不能缺失社会成员美德的支撑。然而,这种思维习惯亦受到一种根本性诘难:为什么会出现较为普遍的行为失范、腐败堕落现象?为什么社会成员中的相当一部分不同程度地陷入了这种状况?这种现象不能简单地以社会成员个体本身的原因来解释。在这种社会现象背后必定存在着更为深刻的社会原因。只有找到这种社会原因,才能找到克服这种社会现象的根本途径。

人们已经形成的这种思维习惯,在学理上亦有严重缺陷。首先,这种思维习惯将个人的道德品质与其现实生活世界相分离,在认识论与方法论上有主观主义、唯心论之失误。⑯在普遍意义上而言,要改变社会成员的道德观念、情趣操守,必须改变其生活世界。⑰其次,它假定了作为社会行为范型存在的制度体制是合理

---

⑯ 这里的"唯心论"是在作为方法论的严格意义上被使用。

⑰ 杜威就明确谴责那种"强调改变我们自己而不注意改变我们在其中生活的这个世界"、以为"人们可以离开'物质的'手段来培养理想的目的"的做法,认为"一个忽视经济条件的道德体系只能是一个遥远空洞的道德体系。"参见周辅成:《西方伦理学名著选辑》(下),商务印书馆,1987,第717、722、724页。

的。但这恰恰是必须通过理性加以证明的。按照现代制度经济学理论观点,如果市场(我们可以将"市场"广义理解为"社会")出现了失调,那么,首先要考虑的是既有的制度供给出了问题,解决问题的关键是供给一种新的制度。⑱ 现代经济学的这种思维方法,对于哲学—伦理学、政治学也应当有积极的方法论启迪意义。正如本文第 5 章所述,如果在一种社会制度体制中,那些弄虚作假者升迁,据真秉实者遭贬,溜须拍马者受宠,犯颜直谏者被整,奉公守法者寒酸,贪赃枉法者富甲,走正门正道被拒,闯歪门邪道得逞,概言之,总是"善良是善良者的墓志铭,卑鄙是卑鄙者的通行证",总是"德行无用",那么,这个社会结构、制度体制造就出的更多的是腐败政客。在这样的社会结构中,一个人洁身自好固然可敬可贵,然而,个别人的洁身自好并不能阻止更多人沦为腐败政客。这种腐败政客是这种社会结构的复制品。只有改变这种严重缺陷、严重不公的社会结构及其制度体制,改变人们预期受益的方向与实现途径,才能从根本上制止这种腐败政客的普遍滋生。对于制度性腐败现象,只有从制度体制本身才能得到合理说明,只有从制度体制本身的变革中才能找到根治良方。

概言之,当我们能够用"制度性腐败"概念来解释当代中国社会腐败现象时,它首先并不是在恶制的意义上使用。它首先是一种特殊的观察维度,强调产生这种腐败现象的根本缘由是现代化进程中的制度变迁。它并不否定官吏善德之必要,但更强调制度建设的根本性意义。

---

⑱ 参见张维迎:《博弈论与信息经济学》,上海三联书店、上海人民出版社,1996,第 11 页。

3. 吏德与善制

一个廉洁高效而不是腐败的公共行政权力,依赖于两个基本要素:善制与吏德。

公共行政离不开行政人员的美德精神。因为,一方面,即使是再好的制度也需要人去执行,具体执行人具有自由裁量权;另一方面,公共行政人员的美德精神可以为制度善提供坚实的精神基础,这种无形的精神基础甚至较之有形的东西更为深刻、稳固。公共行政总是或多或少以具体当事人的某种自由裁量权为条件,而当我们谈及自由裁量时,就已经事实上揭示了一个重要的基本事实:即使是在严格的法治社会中也没有纯粹的法治,法治总是以社会成员具有基本美德为前提。

出于对专断的本能恐惧,古典自由主义主张用严格的法律来约束行政权力,把行政人的一切活动都置于法律控制之下,行政人没有自己的意志。法治要求行政人不偏不倚、不折不扣地执行上级的命令,即使上级命令有误也是如此,其唯一的准则是荣誉。[59]这可能会带来另一种后果:行政人把规则、程序当作目的,手段被目的化,公共利益则无关痛痒。这正是韦伯对官僚制所担忧的:"专家没有灵魂,纵欲者没有心肝。"[60]韦伯敏锐地觉察到了现代官僚制的这种内在局限性:脱离人性的业务专门化,无灵魂、无心肝、无头脑、无良知,有可能使在这部机器内部的人成为呆板性机械存在。这种机械呆板性既指行政人在公共事务管理中的按部就班,更指在这种按部就班背后所存在的不关心社会痛痒、对公共利益

---

[59] 参见马克斯·韦伯:《经济与社会》(下),商务印书馆,1997,第751页。
[60] 马克斯·韦伯:《新教伦理与资本主义精神》,北京三联书店,1992,第143页。

的漠视。

对法律、制度及官僚制的内在缺陷,必须由行政人的美德、良知和主动性予以弥补。麦金太尔曾表达过这样的思想:"在美德和法则之间还有另一种关键性的联系,因为只有对于拥有正义美德的人来说,才可能了解如何去运用法则。"正义的制度,只有对拥有正义美德的人才可能是有意义的。⑩ 麦金太尔的意思是说,只有当人们不仅有关于正义的知识,而且也有自觉遵守正义法则的意识与能力时,即,不仅能认识到这一规则,而且也从内心敬重这一规则时,人们才能成为自觉遵守正义规则、具有正义品质的人,正义规则才能得到真正实现。黑格尔也说过:"为了使大公无私、奉公守法及温和敦厚成为一种习惯,就需要进行直接的伦理教育和思想教育,以便从精神上抵消因研究本部门行政业务的所谓科学、掌握必要的业务技能和进行实际工作等等而造成的机械性部分。"⑩ 行政人的角色二重性,决定了他在公共行政过程中不可避免地面临公共利益与个人利益的冲突。而行政人的公共身份决定了公共利益具有价值上的优先性,行政人在公共行政中应无条件地牺牲个人利益。这当然需要行政人的良知、美德以及对公共利益的真切理解。行政人在自由裁量中对原则内容的理解,对行政相对人真实处境的理解,不仅需要一种科学精神,更需要其作为人的良知和美德,唯如此,才会真实维护公民的正当权益,才能秉持公共权力的公共性,才能不利用公共权力谋取私利。

责任精神是官吏的基本美德。莫舍曾经说过:"在公共行政和

---

⑩ 参见麦金太尔:《谁之正义? 何种合理性?》,当代中国出版社,1996,第 9、56 页。

⑩ 黑格尔:《法哲学原理》,商务印书馆,1961,第 314 页。

私人部门行政的所有词汇中,责任一词是最为重要的。"[103]康德曾以优美的语调赞扬过责任。[104] 康德以对责任拒绝作任何实质性思考而著称。责任在康德那里只是为责任而责任的普遍形式性存在。然而,正如黑格尔后来所指出的:"为义务而不是为某种内容而尽义务,这是形式的同一,正是这种形式的同一排斥一切内容和规定。"这是无内容的"空虚的形式主义"的义务。[105] 普遍的责任形式背后必须有实质性的内容规定。对行政人来说,这种责任的实质内容就是公共利益、公共善。当韦伯说行政官僚不偏不倚时,实际上在这种形式主义背后隐含着普遍性的内容规定,这就是公共性、公共利益、公共善,以及基于这种公共性的对所有公民的平等相待。只有以公共性、公共善、公共利益为核心,行政人的责任、美德精神才能得到合理性说明。

责任固然是现代性社会中行政人履行其职责所必需,但是,现代性社会中的等级制结构组织形式,又在客观上制造出其意想不到的后果:会引发行政人有组织的不负责任。这在行政管理、行政组织中表现得尤为明显。库珀曾经谈到了这一问题。库珀认为如

---

[103] 转引自特里·库珀:《行政伦理学:实现行政责任的途径》,中国人民大学出版社,2001,第62页。

[104] "职责呵!好一个崇高伟大的名称。你丝毫不取悦于人,丝毫不奉承人,而要求人们服从,但也决不以任何令人自然生厌生畏的东西来行威胁,以促动人的意志,而只是树立起一条法则,这条法则自动进入心灵,甚至还赢得不情愿的尊重。""整个景仰,乃至仿效这种品格的努力在这里完全取决于德性原理的纯粹性,而我们只有从行为的动力之中排除人们只可以算入幸福的东西,这种纯粹性才能真正地呈现出来。于是,德性表现得愈纯粹,它必定对人心愈有力量。由此得出如下结论:倘若道德的法则、神圣性和德行的形象要对我们的心灵处处施行某种影响的话,那么它们只有在作为纯粹而不混杂任何福乐意图的动力被安置在心灵上时,才能施行这种影响,因为正是在苦难之中它们才显出自身的庄严崇高来。"康德:《实践理性批判》,韩水法译,商务印书馆,1999,第94、170页。

[105] 参见黑格尔:《法哲学原理》,商务印书馆,1961,第138、137页。

果行政人既有能力也拥有公共职位所享有的权力进行行政管理，但行政人在事实上却没有如此作为，此行政人即没有履行其职责。所以，在库珀看来，向上级推诿责任和越权替下级做出决定，都属于不负责任的行为。不仅如此，由于管理的特有性质，即行政决策是集体决策，行政管理行为也是由作为整体的行政组织做出的，即使是具体的行政行为是由特定的行政个体做出的，他也可能以代替行政组织或者作为行政组织的代表为自己的行为后果推卸责任。从这个意义上来说，现代性社会中的官僚科层制意味着这种有组织的不负责任的更多可能。这就更加凸显了行政人的责任伦理问题。

要使行政人切实负起责任，必须以责任伦理为其指引。韦伯曾经在信念伦理与责任伦理相比较的意义上解释过责任伦理，并认为现代性社会所经历的恰恰是从信念伦理向责任伦理的转变。这"两种行动的考虑基点，一个在于'信念'，一个在于'责任'。这不意味着信念伦理就不负责任，也不是说责任伦理就无视心情和信念。不过，一个人是按照信念伦理的准则行动——在宗教上的说法，就是'基督徒的行为是正当的，后果则委诸上帝'，或者是按照责任伦理的准则行动——行动者对自己'可预见'的后果负有责任"。[⑩] 责任伦理认为某一行为的价值在于行为的后果，它要求行动者义无旁顾地对行为后果承担责任，并以后果的善来补偿或抵消为达成此后果所使用手段可能产生的副作用。责任伦理要求行政人秉持公共性精神，追求公共利益，审时度势，根据时间、地点、条件，负责任地做出恰当的行政行为。

在一个以法治为基本规范的现代性社会里，尽管吏德极为重

[⑩] 转引自苏国勋：《理性化及其限制》，上海人民出版社，1988，第74页。

要，但是，制度具有更为基础性的地位。这正如罗尔斯通过"制度公正优先于个体善"思想所揭示的那样，制度作为背景性安排，决定了社会成员活动的基本范式及其价值取向。对于权力腐败现象的克服，提高官吏的吏德当然必不可少，但更为重要的是则是创造出一种善的背景性制度安排。在这种制度安排中，不仅权力能够得到有效监督制衡，以公权力谋取私利现象能够最大限度地被扼制，而且官吏们据于实践理性智慧也能更加自觉地倾向于选择正义、善、美，进而在日常生活中养成公民们所希望的、以公共性为内容的吏德。

五、社会变迁中的政治与行政[⑩]

来自后现代的时髦会使人们对政治与行政二分思想持有鄙夷。然而，对于处于现代化历史进程初始阶段的当代中国人而言，对此却必须持几分冷静与清醒。

在现代性语境下审思，政治与行政二分是人类政治生活的一大飞跃。它不仅意味着一种新的政治生活历史类型的出现，亦意味着久被遮蔽的公共权力及其公共性逐渐敞现，理性秩序在社会日常生活中逐渐取代个人任性。尽管来自后现代立场的批评对韦伯政治与行政二分的做法持有强烈不满，但是，不能以此为由误以为政治与行政二分的思想与实践不值一提，没有存在的合理性。韦伯政治与行政、价值理性与工具理性二分的思想，为后人提供了

[⑩] 本节内容高兆明曾以《政治视域中的行政》为题发表于《光明日报》（理论版）2007年4月3日。

丰富的思想空间,奠定了进一步发展的基础。对于后来者而言,正确的做法不是摈弃二分,而是避免绝对二分,避免使工具无灵魂、官僚无心肝。正如库珀所揭示的那样,将政治从行政中完全分离出来是不可能的,重要的是保持二者的恰当关系。没有政治与行政二分,就没有政治的现代化、社会的现代化。

政治与行政二分,行政以其特有方式实践着政治制度的实质性内容并呈现出政治制度内在固有的人文精神。这种人文精神就是作为时代精神的民主精神。如果说民主政治生活是人类近代以来的普遍取向,那么,不同民族由于其历史、文化、社会、经济等诸多缘由,走上这条大道的具体方式、路径以及具体的民主政治实践样式,均有其特殊性。伴随着这种政治生活实践具体样式的特殊性,各民族自身的政治与行政关系亦会具有相应的特殊性。没有一种可普适于一切民族、一切地区的具体行政样式。然而,这并不意味着现代行政没有其基本规定。公器及其责任,公共性及其效率,有机体及其制约,等等,是所有现代行政样式都不得不具有的基本特质。这些基本特质是现代民主政治在行政过程中的定在。所有在现代化大道上前行的民族,都不得不探索普遍性的特殊性问题。

行政过程有其特殊的内在矛盾,正是这些特殊矛盾使行政过程充满了魅力,令人深思。公共权力个别履行或普遍权力特殊履行,这可能是行政过程的特殊矛盾之一。行政权力的合理性在于其公共性。权力的公共性意味着公共权力的履行者除了公共身份外无任何特殊身份。然而,一方面,这种公共权力又总是由行政科层结构以及科层结构中的各个体履行,另一方面,这些科层集团及其中的个体又都有自身的特殊利益与情感。这样,权力的公共性、普遍性在履行过程中就有可能在双重意义上被特殊化:科层集团以及其中的各个体。这种特殊化可能就意味着公共权力私人化可能。一切权力腐败均源自公共权力私人化。故，权力腐败是一个伴随公共权力始终的现象，它只能被扼制、克服，而不能被彻底杜绝。如何使行政权力真正成为公共的而不是偏私的，这是人类必须永远直面的重大问题。

东西方两种文化传统在公共权力履行问题上存在着两种截然不同的理念：好人行政与恶人行政。东方文化传统秉持的是好人行政理念，强调的是官吏美德。西方文化传统尤其是近代以来的行政历程所秉持的却是恶人行政理念，强调的是客观制度。尽管这两种理念各自均有其合理性，但是，这种合理性却分属主观性与客观性两种不同类型。我们固然希望是好人行政，固然希望官吏们在黑格尔所说伦理教育与思想教育的双重教育之下形成恪尽职守之吏德，但是，我们却不能将社会正义大厦奠基于个人主观品性而不是客观磐石之上。个人主观品性虽有效，但极不可靠。行政正义不能寄托于官吏们的善良愿望与主观品行，必须奠基于客观制度体制，必须建立在有效的权力监督与制约基础之上。恶人行政理念尽管听起来令人不舒畅，但是在理性的立场它至少有两个好处：首先，使官吏们不再有天然道义上的优越感，不再自以为是高人一等的君子圣人，不再将权力、真理、善混为一谈，集为一身。这不仅有助于官吏们明白自身代理人的角色，而且有助于官吏们夹着尾巴做人，至少平等待人，在行使公共权力时不再对公民们颐指气使、盛气凌人。其次，促使社会建立起一套严密的权力监督制约机制，保证权力的公共性，这种权力的公共性不以人立，不以人废。这种权力监督制约来自于两个方面：一方面，行政权力内部相互之间的有效监督与制约，另一方面，行政权力以外社会力量的严密监督与制约。对于当代中华民族而言，我们固然应当强调优秀传统文化的现代转化、重视官吏美德培育,但是,更为重要的可能是确立起一种新的理念,这就是在现代法治理念下建设起现代行政制度。

实质正义与程序正义是行政过程的又一内在特殊矛盾。行政正义有其内在规定性,这个内在规定性是内容、实质的。然而,当我们谈到行政的实质正义时须仔细区分两种不同含义:政治类型的与具体目的的。这两种实质正义有原则区别,不可混淆。在一种较为深刻的视野中把握行政,行政总是政治的行政,它是特定政治生活方式的行政。社会基本结构及其权利关系在行政方式中得以呈现。在这里,行政程序本身就是实质的。在多元民主社会的政治生活中,存在着一个化实质为程序、变内容为形式的问题。这些程序、形式不是外形式,而是内形式。正是这些程序、形式,构成了社会不同阶层、集团及其成员间平等自由而有序交往的基本规范。正是在这个意义上,现代社会国家行政的程序正义本身就是实质正义的具体呈现,它所标识的是法治社会、民主政治这一现代政治生活类型。行政实质正义的另一含义则指具体行政过程中的具体目的这一具体内容方面。任一具体行政过程都有其具体目的性追求,具体行政过程是特定目的性的实现过程。具体行政过程目的性实现过程须以具体行政目的的善(或好)为前提,这种具体目的内容规定是权力公共性的要求。不过,即使是善的具体行政目的亦须通过一定程序来实现。这不仅是为了保证目的的公共性,更重要的是为了保证权力的公共性——不至于在公共性目的之下滥用权力乃至枉法徇私。无论上述哪种实质正义,都须通过程序正义的方式实现。然而,一方面,正如罗尔斯在论及政治正义时曾揭示的那样,任何程序正义都是不完善的程序正义;另一方面,恰如黑格尔曾揭示的那样,程序正义由于其"纯粹性"可能而有可能成为空洞无物的东西,进而伤害实质正义。行政过程不能没有程序,但又必须警惕纯粹的程序性。

不过,对于一个正在建立现代行政的民族而言,确立起严格的程序意识,确立起程序规范意识及对程序规范的尊重意识,可能是走向现代法治过程中极为重要的内容。在一个视程序为儿戏、玩弄程序于股掌之中的社会环境里,很难想象会有真正的公共行政。

公共权力的有限性与有限权力自我扩张冲动的无限性,这可能是行政过程的另一内在特殊矛盾。现代民主社会公共权力是有限权力,然而,这个有限权力却具有无限的自我扩张冲动性。这种自我扩张冲动不仅来源于通常所说脱离约束设租腐败、由公共性蜕变为个别性,而且还来自于现代社会公共权力自成目的性的无限增长之欲求。而现代社会公共事务的日益庞杂,公共权力可以控制与支配的资源空前增加,以及建立在现代技术基础之上的社会控制手段的空前便利与无所不在之可能,使得公共权力日趋庞大。如何既有效地运用公共权力以获得公共产品,又有效地控制公共权力的这种无限扩张冲动,这可能是人类在现代性进程中所面临的又一个重要问题。

在当代中国语境下理解行政,不能离开政治视域。这并不意味着当代中国行政与政治应当混沌不分,更不是意味着在当代中国不能有严格意义上的行政,而是说对于当代中国行政的理解必须首先基于政治的高度,必须在政治改革、政治现代化的历史进程中把握行政。

当代中国任何一个领域变迁,均会同时面临来自现代性与后现代性双重维度的审思。政治、行政领域亦莫例外。对此,作为当代中国人必须持有理性的清醒。不能简单地以西方发达国家的具体理论与实践为模板,不能以西方流行的后现代理论遮蔽现代性理论自身。根据哈贝马斯的理解,现代性事业仍然是一个未竟的事业,所谓后现代性只不过是现代性进程中的一个环节。后现代理论只有基于现代性理论基础之上才有可能被恰当把握与理解。离开了现代性理论前提,所谓后现代性理论就失却其存在的合理性根据。对于当代中华民族而言,我们首先面临的是政治现代化以及在政治现代化过程中实现现代意义上的行政科层制的问题。政治现代化的现实路径何在?何种政治现代化的具体路径能使得这个民族既保持基本稳定,又充满生机实现平稳过渡?这是一切关心民族未来、有责任感的当代中国人必须认真思索的问题。政治现代化可以在不同层面展开,可以有诸多切入点,行政可能是最佳切入点之一。通过推进行政改革推进政治改革,通过推进行政监督推进政治监督,逐步渐进,水到渠成。

黑格尔曾在培育公民爱国精神的意义上论及国家行政。黑格尔在谈到爱国精神时曾区分两种不同类型的爱国情感,一种称之为自然情感,一种称之为政治情绪。黑格尔的这种区分绝无在二者间区分高低褒贬之意,相反,他对二者均持肯定性态度。作为自然情感意义上的爱国情感是基于自然血缘的。此国此家是我生命之源、生命之根,爱此国此家不需要其他任何理由,这就如同爱自己的父母一样,只因为他们是我的父母而无须任何其他理由。还有另一种爱国情感,这种爱国情感基于对生活于其中的这个具体国家制度的信任感而形成,而这种信任感则来源于对国家行政的日常生活体验。一种政治制度的优劣总是要通过日常生活过程被体现,总是要通过具体的行政活动被体验。人们的平等自由权利、人格尊严、主人地位,须通过诸如衣食住行、医疗教育等日常生活体现,并在日常生活中被体验。一种不能被体现与体验的东西,不是真实的东西。正是在这个意义上,政治通过行政被感知、体验,行政过程即是日常生活中的政治。

自启蒙时代以来，从洛克、霍布斯、卢梭到罗尔斯、诺齐克等，思想界一直存在着所谓大、小政府之争。尽管大、小政府论似乎针锋相对，但是二者在关于政府权力来源及其公共性、关于政府应当担当起必要的社会责任问题上，却是一致的，差别仅在于政府权力有为的合理性限度。理论是现实的表达。政府公共权力有为合理性限度问题，与其说是一个理论问题，毋宁说是一个实践问题。现代社会日常生活实践提出并规定了政府公共权力社会责任担当及其限度范围问题。现代社会是一个交往日益全球化、科学技术高度现代化的社会，现代社会亦是一个高风险的社会，现代社会中的个体总是通过日益分化了的具体群体成为社会有机体中的一分子。在这种具有高度风险性的现代社会中，每一个人、乃至每一个阶层、集团都无法独立地面对这种日益繁杂、高度风险性的社会日常生活。它们在获得前所未有的独立与个性的同时，又前所未有地依赖于公共权力与公共产品。生活实践表明，在现代社会，作为公共权力拥有与行使者的国家政府不仅不是守夜人，相反，应当积极有为，应当负责任地担当起社会责任，积极运用公共权力为全体民众提供福祉。

第 8 章　善制与政党

政党在现代社会政治生活中扮演着核心角色。现代民主政治在某种意义上是政党政治。政党如何在现代性社会的善治中发挥积极作用,是"善"的现代性制度必须正视的重要问题之一。

一、多元社会中的政党

现代性社会是多元社会。在现代性制度维度理解现代性社会中的政党,必须置于多元社会这一历史背景。

1. 政党:多元社会中的公民自组织

一般抽象而言,政党是现代多元社会公民自组织的产物,是公民们表达、争取与维护自身权益的一种制度性安排。政党植根于市民社会。黑格尔在关于伦理关系、伦理秩序的分析中,将家庭、市民社会、国家视为伦理实体的三个环节,其中,国家是地上行走的神。[①] 在黑格尔的这个逻辑体系中,如何由市民社会进入国家,或者换言之,如何使市民社会成为一个政治有机体?黑格尔以自

---

① 参见黑格尔:《法哲学原理》,商务印书馆,1961,第 253、290 页。

己的方式将行政视为联结二者的中介,②并通过行政这个中介使市民社会和国家达到同一。然而,黑格尔的这种理解进路面临两个根本的缺陷:其一,正如马克思所批评的,黑格尔在这里颠倒了国家与市民社会二者之间的关系。不是市民社会产生于国家,而是国家产生于市民社会。其二,没有看到政党在联结市民社会与现代国家之间的中介性作用,没有认识到把二者联结起来的不是公共行政,而是政党。对于市民社会与国家二者间的联结而言,公共行政还没有完全摆脱外在性联结的特征。相比较而言,政党则因其是公民的自组织,因而,基于政党的市民社会与现代国家之间的联结具有内在性。③

现代性社会的基本特征之一是民主政治,然而,现代民主制是间接民主制或代议制民主。代议制民主是政党产生的温床。市民社会中的公民在追求自身利益的过程中,不可避免地要进行政治参与。而代议制民主作为一个复杂的政治过程,要求公民有相当的组织化。因为只有组织化才能集中民众的意愿和要求,并选举出能够正确表达这种意愿和要求的代表。正是在这个意义上,是代议制民主孕育了政党。政党"是民治政府天然的、并且大概又不能免去的附带出产品","政党的功用就是能把一盘散沙的选民都归得井然有序。"④

尽管政党活动在今天已成为现代民主政治的核心内容之一,但是人们对政党在现代社会中作用的认识本身,则经历了一个逐

---

② 行政与"市民社会中的特殊物有着更直接的关系,并通过这些特殊目的来实现普遍利益"。黑格尔:《法哲学原理》,商务印书馆,1961,第308页。

③ 当然,黑格尔的这个认识缺陷并不表明其智慧平平。它只表明任何伟大思想者的认识都不能超越那个时代,思想家不可能反映一个尚未出现的历史现象。

④ 詹姆斯·布赖斯:《现代民治政体》,吉林人民出版社,2001,第533、120页。

渐深入、由贬到褒的过程。在英国,政党最初是从议会内部的政治派别逐渐演化发展而来。人们最初不仅对其作用没有引起足够的重视,而且对政党本身也是贬抑为多。当时的人们把政党等同于"宗派集团",认为它们追求狭隘私益,制造分裂和混乱,其存在会破坏社会秩序、妨碍公共利益,政党冲突会危及到国家安全,等等。⑤ 因而,政党在当时被视为政治怪胎。在美国,政党最初也是声名狼藉。华盛顿作为美国开国元勋在看到曾为国家独立而斗争的建国者们分裂成联邦党人和反联邦党人两大集团时,忧心如焚。他在《告别演说》中曾说道:"党派性总是在涣散人民的议会,削弱政府的行政机构。它以毫无理由的妒忌和虚假的警报使社会动荡不安,它点燃一方的仇恨之火反对另一方,甚至煽动骚乱和暴动。它向外来势力和腐化敞开大门,这些就是通过党派感情的渠道找到了通向政府的方便之路。"⑥政党当时在人们心目中是如此可憎,以至于美国另一位建国元勋杰斐逊曾说:"如果不加入政党便无从踏上通往天堂之路,那么我宁愿弃之不往。"⑦甚至到了20世纪初,政党政治仍然和耍手腕、阴谋诡计联系在一起。尽管如此,政党还是以不可遏止的力量发展起来。

随着民主政治的发展,人们逐渐认识到政党在现代民主政治中的作用。"现代民主完全是建立在政党上的;民主原则应用得越彻底,政党就越重要。"⑧这是因为:首先,政党是现代社会的一种自组织方式。人们通过政党的方式表达与维护自身的权益,并进入社会政治生活过程。政党是现代民主政治制度中独具特色的

---

⑤ 参见阎照祥:《英国政党政治史》,中国社会科学出版社,1993,第103—104页。
⑥ 华盛顿:《华盛顿选集》,商务印书馆,1983,第319页。
⑦ 詹姆斯·伯恩斯:《领袖论》,中国社会科学出版社,1996,第368页。
⑧ 转引自乔·萨托利:《民主新论》,东方出版社,1998,第166页。

制度。⑨这就如同孟德斯鸠所分析揭示的那样,在市民社会基础之上,"还存在着具有同等重要意义的并不是为了政治目的而成立的独立社团。但它们的重要性并不在于它们构成了一个非政治性的社会领域,而毋宁在于它们构成了政治体系中权力分立及多样化的基础。紧要的并不是它们外在于政治体系的生命,而是它们被整合入政治体系的方式,以及它们在该体系之中的作用。"⑩其次,政党是抵制专制、坚持民主政治的一种现实途径。社会对于国家的监督、制约,如果离开了政党,就可能是软弱无力、甚至微不足道的。因为政党这一特殊社团是一种现实、强大的力量,它能够对国家起着有效的监督、制约作用。"社团是抵制温和专制的唯一堡垒。"正因为此,"在民主国家,关于结社的科学才是一切科学之母。"⑪

政党是基于市民社会及其多元性基础之上的产物。当市场中追求自身利益的公民为维护自身正当利益而组织起来时,就意味着市民社会中社团的产生和存在。"市民社会的多元性有两个方面。其多元性包括经济、宗教、文化、知识活动、政治活动等彼此部分自主的领域。这些领域在彼此的关系中从未完全自主;它们之间的界域也并非毫无渗透。然而,这些领域彼此不同;而且,就其在多元社会追求的目标而言,它们基本上是自主的。市民社会的多元性还包括在每一领域内存在多重部分性自主的社团与机构;经济领域包含许多行业及工商业公司;宗教领域包含许多教会与教派;知识领域包含许多大学、独立的报纸、杂志及广播公司;政治

---

⑨ 参见塞缪尔·亨廷顿:《变化社会中的政治秩序》,北京三联书店,1989,第83页。

⑩ 参见邓正来等编:《国家与市民社会》,中央编译出版社,2005,第27页。

⑪ 邓正来等编:《国家与市民社会》,中央编译出版社,2005,第28页。

领域包含许多独立的政党。此外还存在许多独立而自愿的慈善性或市民性(civic)社团等。"⑫就已经完成现代化过程的发达民族而言,政党最初主要由立法机构的一些小团体组成,目的是吸引和动员日益增加的选民。随后,政党逐渐呈现出一些新的面貌和特征:逐渐变成一种群众性组织,成为各种市民群体在立法机构的代言人,开始发展出自己的规章制度和组织机构,并利用组织机构互相竞争,为竞选拉赞助。通过这种方式,政党在一定程度上满足了选民的需要——没有政党,成千上万的选民是没有组织起来的散兵游勇,既无力提出自己的政治目标,亦无力就一些重大问题进行讨论。正是政党为无数选民提供了机会,使他们得以联合起来,表达自己的愿望,影响国家政策。在这个意义上,政党是公民组织起来维护自身利益的政治组织。

政党作为现代性过程中的产物,是公民表达、维护与实现自身正当权益的一种制度性安排。政党是作为市民社会中的一部分而存在。政党的力量之源就在于始终立足于市民社会,并从民众那里获得源源不竭的动力。政党是公民在社会生活中为维护自身正当利益而组织起来的一种组织形式。正是在这个意义上,政党又是一种社会公共组织,并具有某种公共性的品格。当然,政党这种社会公共组织不同于其他社会公共组织,其特殊性之处在于:公民有组织的政治参与,其核心目的指向不是一般经济而是政治(尽管这种政治背后隐藏着经济利益,但这种经济利益是政治利益基础之上的经济利益)。政党"把追求公职看作第一需要,不是为了谋求职薪,而是为了占据'强大的政府堡垒',去实施他们有益的计划"。⑬

---

⑫ 邓正来等编:《国家与市民社会》,中央编译出版社,2005,第38—39页。
⑬ 阎照祥:《英国政党政治史》,中国社会科学出版社,1993,第131页。

2. 冲突与整合：现代性社会中的政党功能

政党在现代性社会具有二重性作用：既是冲突的工具，亦是整合的工具。政党的这种二重性功能，植根于政党的"部分"与"整体"二重关系属性：政党既是部分的，又具有整体性。

卢梭在构建其理想国时认为，自然状态中的种种不便促使人们订立契约，转让自己在自然状态中所享有的权利，组成一个共同体，这个共同体代表着公意并以公共利益为旨归。由于公意是所有人意志和利益的体现，因而，当组成共同体的个人订立契约、组成社会、建立政治国家后，作为公意化身的政治国家就成为一个道德共同体。[14] 国家"有一种能够洞察人类的全部感情而又不受任何感情所支配的最高智慧；它……能认识人性的深处；……愿意关怀我们的幸福"。它也"有把握能够改变人性，能够把每个自身都是一个完整而孤立的整体的个人转化为一个更大的整体的一部分"。[15] 既然政治国家是公意的化身，政治国家就是善。这样，在卢梭的理想国逻辑体系中理所当然地就没有给政党留下任何存在的空间。

相比较而言，洛克的理论建构要比卢梭更合理一些。洛克认为，由于现代社会本身的复杂性，由于组成社会的个人意见分歧和利害冲突，在现代社会不可能出现如卢梭所设想的那样"只有每一个人的同意才算是全体的行为"。在洛克看来，所谓全体一致的同意绝无可能，至多只是"大多数的同意"。[16] 既然政治国家并不能充当全民利益的化身，那么只有通过代议制，才有可能使社会不同

---

[14] 参见卢梭：《社会契约论》第 2 卷，商务印书馆，2003。
[15] 卢梭：《社会契约论》，商务印书馆，2003，第 49、50 页。
[16] 参见洛克：《政府论》（下），商务印书馆，1964，第 61 页。

群体的利益,尤其是那些处于少数、劣势的群体的利益,得到较为充分的表达,并获得社会较为充分的保障。这样,在洛克的理论建构中就给政党的存在与发展留下了较为广阔的空间。

政党的英文词根是"part",其含义是"部分"。从词源上来说,它起源于拉丁语动词"partire",意思是分开。直到17世纪,它还没有进入到政治学话语当中。与"part"相对应的词是"sect"(部分),源于拉丁语的"secare",意思是分割、分开。由于"部分"可以用来固定地表述"partire"的意思,因此,"党派"适宜于在更随便、更含糊的意义上使用。partire在进入法语后(partager),意味着共享(sharing),而在英语中则意味着"分担"(partaking)。这样,政党成为政治学术语后,就有了两层含义:其一,起源于"分开"、"部分"这个词;其二,又和参与、共享相联系。⑰ 这即是说,政党是社会中一部分人建立起来的组织,表达的是一部分人的意愿。

从"部分"到"政党"的转变,其关键在于把政党视为现代政治生活中客观存在的事实。要了解这种转变,博林布鲁克是一个关键性的人物。他说:"党派的统治……肯定总会以宗派的政府而结束……党派是政治罪恶,而宗派则是所有党派中最坏的一个。"博氏在这里作了程度上的区分:虽然宗派比党派的罪恶更重,但二者属同一类型的灾难。但他同时清楚地指明了二者有本质上的区别,即党派"依据原则"把人们区别开来。英国近代思想家伯克明确指出政党在现代性社会中存在的必要性。伯克认为,"政党是团结一致的人组成的团体,目的是在一些共同认可的特定原则的指

---

⑰ 参见荣敬本、高新军主编:《政党比较研究资料》,中央编译出版社,2002,第188—189页。

导下,通过共同的努力推动国家利益。""……政党都会公开宣布,其首要目的是谋求一切正当手段,使持此种政见者获取某种条件,从而使他们得以借助国家的一切权力和权威,将其共同方案付诸实施。"[18]

如果说博林布鲁克、伯克等近代思想家给我们描绘了政党在现代社会存在必然性的图景的话,那么,马克思主义经典作家则深刻揭示了政党的本质。前已备述,政党是作为"部分"存在,此"部分"指的就是不同社会阶层和利益集团。这即意味着社会划分为不同的阶层和利益集团是政党得以产生的一个基本前提,意味着在阶级社会里政党具有阶级性,政党总是社会特定阶级、阶层和集团利益的政党。恩格斯曾揭示:"这些阶级对立,在它们因大工业而得到充分发展的国家里,因而特别是在英国,又是政党形成的基础,党派斗争的基础,因而也是全部政治史的基础。"[19]列宁也曾指出:"民主共和国制是资本主义所能采用的最好的政治外壳,所以资本一掌握……这个最好的外壳,就能十分巩固十分可靠地确立自己的权力,以致在资产阶级民主共和国中,无论人员、无论机构、无论政党的任何更换,都不会使这个权力动摇。"[20]在人类文明演进史中,政党政治起源于英国,它是资产阶级革命胜利的产物。它与资本主义议会政治、选举政治相呼应,共同支撑着资产阶级民主政治。

李普塞特曾把政党理解为"冲突的力量和整合的工具"。[21] 这揭示了政党的"冲突"与"整合"两个基本特征。第一,政党是冲突

---

[18] 埃德蒙·伯克:《自由与传统》,商务印书馆,2001,第149页。
[19] 《马克思恩格斯选集》第4卷,人民出版社,1972,第196页。
[20] 《列宁选集》第3卷,人民出版社,1995,第120页。
[21] 西摩·马丁·李普塞特:《一致与冲突》,上海人民出版社,1995,第136页。

的力量。由于政党是作为"部分"而行动的，它要维护所代表阶级、阶层和社会集团的利益，并为了有效地维护这种利益而与其他政党展开竞争。如是，则政党就成为社会中一部分人与另一部分人进行抗衡的代表。正由于政党组织和领导了社会各种不同力量及其相互之间的冲突，在这个意义上，政党是作为冲突的力量存在，具有冲突的特质。

第二，政党又是起联合作用的力量。为了完成某个特定的目标，政党会想方设法动员各种力量。李普塞特认为，在竞争性的政党制度中，"一方面，每个政党都建立了跨地区的沟通网络，并通过这种方式促进了民族的融合；另一方面，正是它的竞争性帮助建立了超越任何小团体和帮派之上的全国性政府体系。"[22]这里所体现的正是政党的第二个基本功能，即利益整合功能。这种利益整合表现在两个层面：其一是政党内部的整合，即政党集中代表自己所属的阶级、阶层和社会集团的利益。这种整合是特殊中的普遍。其二是对社会不同阶级、阶层和社会集团的利益进行整合，这在执政党身上表现得尤为明显——以最大限度地增强自身的执政合法性。政党上述二重整合功能标识了政党所具有的整体属性的二重规定：特殊性中的普遍性，普遍性中的特殊性。

现代性社会是多元社会，多元的社会利益必须通过一定的社会组织形式才能得到有效表达。政党就是社会各阶级、阶层和社会集团进行利益表达的工具。正是在这个意义上，政党又是代议制民主得以实现的工具。与此同时，政党为了履行自己的职能，实现一定的政治目的，就必须进行广泛的社会动员。尽管这种动员所形成的广泛的政治参与会给国家（政府）带来巨大的压力，但从

---

[22] 西摩·马丁·李普塞特：《一致与冲突》，上海人民出版社，1995，第137页。

长远来看,它有助于国家对社会进行整合。

在现代性社会,政党既作为一定社会阶级、阶层和社会集团的利益代表存在,同时也作为一定社会阶级、阶层和社会集团的利益表达组织存在,因此,各政党在代表一部分阶级、阶层和社会集团利益的同时,实际上也在整合它所代表的这些部分的利益。布赖斯曾经对美国的政党政治在整合民族、国家中的作用做过分析。他认为:"政党的组织确已统一了全美国的人民,使他们团结起来,成为一个民族,无论是乡区或城市,穷的或富的,本地生长的美国人或从旧世界移植来的外国移民,都因政党的关系,同化起来了。政党的组织又帮助与训练他们互相合作。假使政党是根据于民族或宗族的不同而组织的,那么,人民间种种不相容的状况又势必至于更加剧烈。但在美国,这种不相容的状况却因政党而减少了。多数的爱尔兰移民是加入民主党的,多数的德国移民是加入共和党的,但民主党中也有很多的德国新教徒,共和党中又有很多的爱尔兰旧教徒。""只要内部分子不致分裂,一个政党是愿意容纳各种各样的意见,就是种种怪癖的观念,或一时的风尚也偶尔提倡。在新问题发生,各方面有激烈冲突时候,政党又得用种种方法,设法调和,甚而至于小心谨慎,两面讨好,以免自危。"[23]亨廷顿也曾表达过类似的思想。他认为:一个"强有力的政党却能够以一个制度化的公共利益来取代四分五裂的个人利益。处于早期发展阶段的政党看上去确实像是宗派,似乎是在加剧冲突和分裂,然而一旦羽毛丰满,政党就会成为维系各种社会力量的纽带,并为超越狭隘地方观念的效忠和认同奠定基础"。[24]

---

[23] 詹姆斯·布赖斯:《现代民治政体》,吉林人民出版社,2001,第549、550页。
[24] 塞缪尔·亨廷顿:《变化社会中的政治秩序》,北京三联书店,1989,第374页。

政党所具有的部分性与整体性二重特质,就使政党自身内在地存在着"部分"与"整体"(或者冲突与整合)间的紧张。政党本来是社会的"部分",它必然要以这"部分"的利益代言人身份出现,政党必须把这"部分"作为其赖以存在的社会基础。但是,与此同时,作为一个政治组织,政党又以执掌国家公共权力为宗旨,或通过掌握国家公共权力来维护其所要代表的那一部分群体的利益,因而政党又总是要尽可能地反映或满足其他群体或集团的利益诉求。这样,至少就利益整合来说,政党自身就内在地包含着"部分"与"整体"之间的紧张。不过,对一个政党来说,部分是政党存在之根本,整体则是其在"部分"基础之上所做的一种整体性追求。政党之所以存在,其要旨就在于它在根本上代表的是部分。如果政党真的代表了全部,那么,政党不仅会成为如卢梭所说的作为公意代表的国家,而且自身也就失却存在的基础与前提。由此看来,"全民党"是一个存有根本逻辑错误的概念:如果是全民的,那么就不可能是作为部分的政党的。反之亦然。在严格的意义上,任何政党都不可能成为全民性的政党。"全民党"要么是一种良好的愿望,要么就是一种恶意欺骗。从严格的理论分析来说,政党首先是"部分"、"特殊"的,总是以"部分"、"特殊"作为前提与基础,并在此前提与基础之上进一步追求整体性利益整合。

然而,政党的这种"部分"、"特殊"性,并不等于一个政党不希望得到尽可能多的民众的支持和认同。政治实践表明,任何一个政党,尤其是执政党,都在千方百计地扩大自己的社会基础。亨廷顿曾揭示:"一个强有力的政党体制有能力做到两条,第一条是通过体制本身扩大政治参与,从而达到先发制人并使紊乱或革命的政治活动无法展开,第二条是缓解和疏导新近动员起来的集团得以参与政治,使其不至于扰乱体制本身。这样,一个强有力的政党体制就为同化新集团提供出制度化的组织和程序。"㉕尽管任何一个政党都希望获得尽可能多的民众的支持与认同,尽可能地扩大自己的社会基础,但是由于政党的"部分"、"特殊"性决定了这种努力只是一种"尽可能"的大多数,而无法做到全部、整体。在现代多元开放社会中,一个政党至多只能代表"最大多数人的最大利益"。由于"部分"与"整体"之间的紧张,又决定了任何政党都不可能代表或在某一时期同时实现所有社会群体的利益。

政党的这种"部分"特质以及"部分"与"整体"之间的紧张关系,意味着现代性社会多党制存在的必然性与内生性。人们过去往往简单地将多党制理解为互竞执政,其实,多党制的核心不在于多个政党的互竞执政,而在于共同有效参政,即,在宪政框架之中多个政党均能以合法方式有效参与政治生活,进而能够共同有效影响国家政治生活。互竞执政只是这种有效参与政治生活、进而共同影响国家政治生活的一种特殊样式。不可将普遍的特殊存在样式等同于普遍自身。

不同的民族—国家由于其历史与文化的缘由,多党制有不同的具体存在样式。执政党与在野党、执政党与反对党、执政党与民主党派,等等,正是多党制的不同具体存在样式。就欧美民族—国家而言,执政党与反对党,或执政党与在野党,是其多党制的基本存在样式。这种多党制存在样式为两党或两大政党集团之间的角色互换提供了可能。在这种多党制特殊存在样式中,政党获得"大多数"支持的这个"大多数",是一个变化的"大多数"。如果一个政党不能切实履行其政治承诺,无法顾及某些社会群体的利益,又没

㉕ 塞缪尔·亨廷顿:《变化社会中的政治秩序》,北京三联书店,1989,第380—381页。

有其他利益沟通渠道的存在,那么,该政党就会由于失去这些社会群体的支持而失却"大多数",进而为其他政党成为"大多数"、执掌公共权力留下了空间。欧美民族—国家这种多党制的特殊存在样式,是欧美各民族基于自身文化、历史,在现代化进程中探索民主政治实践的产物。它至少能够在一个稳定的宪政框架秩序内,使得社会各阶级、阶层的利益得到较好表达。

现代社会的多党存在就直接引出现代性社会中的政党关系问题。

3. 互竞与合作:现代性社会中的政党关系

由于不同民族—国家历史、文化等的差异,现代性社会中的政党关系会有多种样式。这些多种样式的政党关系大致又可分为两类:竞争性的政党关系与非竞争性的政党关系。竞争性的政党关系是那些在宪政框架中竞争执政的政党间关系,这种政党关系集中体现为执政党与反对党(或在野党)的关系。竞争性的政党关系主要存在于经过较长时间民主政治实践演进、且有着较为成熟的民主政治体制的欧美民族—国家。非竞争性政党关系是那些在宪法框架中一党执政、多党合作的政党间关系,这种政党关系集中体现为执政党与民主党的关系。非竞争性政党关系主要存在于原社会主义阵营国家。本文以下关于现代性社会中的政党关系问题的讨论,以欧美民族—国家的竞争性政党关系为对象展开。

现代性社会的民主政治本身就意味着政治竞争的存在,以至于有人把政治领域视为众多政治主体参与其中的政治市场,典型的现代性社会在政治领域都是竞争性政党关系。前已备述,政党是作为"部分"而存在。政党总是作为社会中某一阶级、阶层和社会集团的利益代表而存在。但如果政党的功能仅限于此,政党也就同其他社会公共组织没有什么两样。这样,政党就会失却其存在的合理性。从根本上说来,政党不同于其他社会组织之处就在于:它是一个争取控制社会公共权力的政治组织。伯恩斯认为:"政党是一个用以在政府中获得势力的有力工具",是"一种平衡、调节、稳定"的力量。㉖ 英国近代思想家伯克则认为:"政党是人们为通过共同努力以提高民族福利,并根据某种他们共同认可的原则而结成的组织。"㉗"政党是阶级和阶级斗争发展到一定历史阶段的产物,是代表一定阶级、阶层或集团的根本利益,为达到某种政治目的,特别是为了取得政权和保持政权而建立的一种政治组织。"㉘政党不仅仅代表了一部分阶级、阶层和社会群体的利益,而且通过控制和影响国家公共权力来维护与促进其所代表的这部分利益。这也就是说,政党控制公共权力的合法性或力量之源在于它代表或体现民意。正因为此,以至于有人把西方社会的政党理解为争夺公共权力的竞选工具。

在欧美社会,无论是实行两党制国家,还是实行多党制国家,㉙其政党制度均是竞争性的。在那里存在着众多的政治主体(两个势均力敌的政党是其典型状态)为争夺国家公共权力展开激烈竞争。这种竞争集中体现在几年一次的选举中。"为了在选举

㉖ 詹姆斯·伯恩斯等:《民治政府》,中国社会科学出版社,1996,第368页。
㉗ 埃德蒙·柏克:《自由与传统》,商务印书馆,2001,第148页。
㉘ 唐晓等:《当代西方国家政治制度》,世界知识出版社,1996,第99页。
㉙ 多党制在某种意义上来说,也是一种变相的两党制。比如,法国是当代多党制国家的典型。但当代法国政党的两极化实际上反映出两大政党集团在社会政治生活中所发挥的巨大作用。法国虽然有20多个政党存在,但真正在政治生活中能够发挥作用的只有四大政党两大政治派别。因而从实际政治运作来看,法国政党制度类似于英、美国家的两党制。其中有一点是可以明确肯定的,即它实行的是竞争性的政党制度。具体可参见吴国庆:《当代法国政治制度研究》,社会科学文献出版社,1993,第166—167页。

中获胜,政党必须求助于广大社会阶层,既包括富人与包括穷人,既有农民也有工人,既有青年也有老年,既有黑人也有白人。因此,政党是统一社会的有力工具。如果政党真正做到了集中各种利益,或者改造它们使之能在这方面多做些工作,它们完全能成为政治过程中最重要的工具。""政党与其说是一个权力工具,或者是一个攫取权力的机构,不如说是一个动员群众并争取当选的舞台。"[30]为了能在选举中胜出,每一个政党都会使出浑身解数,提出自己的施政纲领,最大限度地顾及各阶层民众的利益,努力争取民众,以最大可能地保证当选。"政党的主要目的是争夺那政府行政与立法机关的职位,争到以后,还得要设法保持",为此,政党"在选举时候得到人民的选举票,所以一定要预先料定多数人民公意的趋向,公布他们对于现代一切问题的观念。"[31]

在欧美国家,政党虽然在现代性社会政治运作中起着非常重要的作用,但宪政的制度性安排则是现代性社会政治运作中第一位、基础性的因素。这正如亨廷顿曾揭示的那样:"政党的作用是第二位的,是补充制度的力量,而不是填补制度真空的力量。"[32]制度安排首先规定了各参与政治竞争的政治主体的平等地位。政党之间为争夺国家公共权力的竞争,是平等政治主体之间的竞争。政党为争夺国家公共权力而展开的竞争,始终在民主宪政框架内进行。政治主体无论大小、强弱,都有平等进行政治竞争、争夺国家公共权力的机会与权利。严格地讲,这种多党政治的平等竞争有着双重要求:一方面是形式上的,即,政党的政治身份应当平等;另一方面则是实质内容上的,即,进行政治竞争的政党应当势均力

---

[30] 希尔斯曼:《美国是如何治理的》,商务印书馆,1986,第352、356页。
[31] 詹姆斯·布赖斯:《现代民治政体》,吉林人民出版社,2001,第549、546页。
[32] 塞缪尔·亨廷顿:《变化社会中的政治秩序》,北京三联书店,1989,第368页。

敌。因为只有势均力敌,才能打破垄断,才能有真正意义上的竞争。无论是美国的共和党与民主党,还是英国的工党与保守党,抑或是法国的四大党两大政治派别,这些政党或政治集团之间往往势均力敌,不相上下,也就是说它们在力量上是大致对等。只有在力量大致相等前提下的围绕争夺国家公共权力的竞争,才可能是多党间的平等竞争。否则,若竞争的力量过于悬殊,则在没有展开竞争之前,胜负已定。这样的力量不对称竞争,容易走向政党垄断。

政党间竞争以公民拥有政治生活中的自由选择权为前提。没有公民的自由选择,既谈不上真正的民主,亦谈不上真正的政党竞争。政党之间的竞争对于公民来说,就是一种自由选择的过程。只有当存在两个或两个以上的政党争夺公共权力时,公民才有选择自由的可能。在竞争性政党关系中,政党总是尽可能地宣称自己代表全体人民的利益或者"最大多数人的最大利益",以便争取到最大多数选民的支持,从而在选举中获胜。正是在这个意义上,政党之间的竞争并不是纯粹在几个政党之间进行的、与普通民众毫无关联的政治游戏,而是一种以政党竞争形式出现的社会民众的普遍政治选择过程。政党竞争以一种特殊方式表达了社会公众的利益选择。这种竞争选择不仅是形式性的,更有着深刻的实质性内容。

政党之间为争夺国家公共权力而展开的竞争,往往惊心动魄、扣人心弦、充满悬念,甚至不失某种惨烈。但是,如果政党间关系仅仅是种竞争性关系,政党相互间仅仅是为争夺公共权力而进行竞争,那么结果只能是导致社会分裂为两大集团,互相厮杀,造成社会的无序与纷争。政党间的这种纯粹竞争性关系,不合乎宪政社会的本质规定,因而,必定要为宪政社会本身所否定、矫正。宪政社会的本质规定了政党不仅是冲突的力量,而且也是整合的工具;政党间关系不仅有竞争性,而且还有合作性。

事实上,不论是英国,还是美国,两大政党之间除了进行激烈的政治竞争外,还有广泛的合作。在英国,"由工党政府首创的改革思想,后来却由保守党政府实施,只是做了些适合他们政策的修改。"㉝美国的两大政党在根本公共政策方面基本一致。比如国内政策均以经济繁荣、教育改革和社会保障体系为目标;外交政策则确定为贸易、人权与安全三大目标。尽管两大政党在政策目标上会有所区别,但这种区别主要是一些枝节问题上的差异。㉞正是在这个意义上,马克思主义经典作家关于西方国家政党轮流执政的本质揭示,仍不失深刻:西方国家每隔几年一次的选举,只不过是由人民来决定由谁来统治他们,无论是民主党,还是共和党上台统治,对人民来说都是一样的,都是资产阶级的统治。不过,在马克思主义经典作家的上述相关思想中,我们也能够读出马克思主义经典作家以自己的方式事实上揭示了政党竞争中的政党合作这一内容。这种政党间合作,在社会出现重大突发性事件、面临前所未有的危机面前,表现得尤为明显。正是这种互竞性政党间的合作,使得民族—国家在重大突发事件与社会危机面前,有可能实现高度的民族与社会团结,共渡难关。美国"9·11"事件中的国会两党关系,即为一典型。

二、政党与国家

政党与国家的关系是现代性社会"善"的制度考量中的核心问

㉝ 莱斯利·里普森:《政治学的重大问题》,华夏出版社,2001,第248页。
㉞ 参见张立平:《美国政党与选举政治》,中国社会科学出版社,2002,第139页。

题之一。政党与国家关系有两个基本方面,其一,政党活动对于现代国家、现代民主政治的意义;其二,政党活动在现代国家政治生活中的合理性限度。一方面,政党活动构成了现代国家的重要现实内容,离开了政党活动,现代国家政治生活就失却了生机与活力,甚至失却民主之根;另一方面,现代国家政治生活中的政党活动,又必须在政党与国家二分的基础上进行。

1. 政党与民主政治

在现代社会,民主政治生活的现实存在与展开依系于政党活动。正是政党活动使得现代国家生活有可能成为民主政治生活。

民主政治是现代性社会的基本特征之一。"民主是一种人民自治的制度"。在这种制度中,每一个社会成员都可以直接或间接地参与社会生活的管理,包括社会基本制度的设计和安排、社会基本政治原则的制定、社会决策和管理,等等。这样,民主作为人民自治的制度又是一种人民自己参与的社会管理体制。"民主是一种社会管理体制,在该体制中社会成员大体上能直接或间接地参与或可以参与影响全体成员的决策。"㉟科恩对民主的这种理解与列宁在某种程度上不谋而合。㊱科恩对民主的理解仍然是普遍意义上的社会民主,它包括社会经济、政治、文化等方面的民主体制。就民主政治或政治民主而言,则首先指国家权力来源及其合法性根据在于人民,在此基础之上并一步指"社会政治生活的管理体制,即社会政治制度的平等参与、公共决策、共同负责,对包括国家宪法和其他基本法律体系、政府行为、社会公共政治策略等在内的

㉟ 卡尔·科恩:《论民主》,商务印书馆,1988,第 6、9、10 页。
㊱ "民主是国家形式,是国家形态的一种。"见列宁:《国家与革命》,《列宁选集》第 3 卷,人民出版社,1995,第 201 页。

社会政治问题的平等参与、平等讨论、共同决策和共同负责"。㊲

民主政治首先意味着政治自由。在哈耶克看来,自由是强制的不存在。政治自由首先针对政府的强制性权力,防止政府权力对个人的侵害,因而政治自由首先是一种消极自由。政治自由承认公民选举的自由。这种选举的自由,即为选择的自由。"没有自由选择的投票也不能产生代议制的统治,那不过是人民周期性地放弃他们的主权而已。如果说自封的代表是靠不住的,没有选择的代表便是骗局。"㊳

迄今为止,民主有两种基本形式:直接民主和间接民主或代议制民主,现代社会的民主政治是代议制民主。正是代议制民主一方面孕育了政党及其活动,另一方面又通过政党政治推动了现代民主政治的发展。

启蒙时代的思想家如霍布斯、洛克、卢梭等人,通过契约论为民主政治作价值合理性辩护。尽管契约论是对民主政治的思想辩护,但是,正如前述,由于契约论自身有大、小契约论之分,能够真正为现代民主政治提供较为充分的价值合理性辩护、并给予现代民主政治生活以较合理说明的,则是小契约论。㊴ 代议制民主正是小契约论的思想产物。

卢梭对于民主政治的说明所秉持的是大契约论。在卢梭的这种大契约论思想中就没有政党政治的生长空间。在卢梭看来,人们在订立契约、组成社会时便将其享有的全部权利都一次性地转让了出去,并进而产生了公共意志。权利转让后形成的公共意志代表了每个人的利益。公意永远正确。通过契约组成的共同体既

㊲ 万俊人:《现代性的伦理话语》,黑龙江人民出版社,2002,第325页。
㊳ 乔·萨托利:《民主新论》,东方出版社,1998,第33页。
㊴ 这样说丝毫并不否定大契约论在思想启蒙过程中的历史功勋。

是一个政治共同体,同时也是一个道德的共同体。这个共同体的现实体现就是国家。[40] 更为重要的是,卢梭还进一步认为,公意只有在"没有任何勾结"、没有"形成派别"的基础上才可能产生。"当形成了派别的时候,形成了以牺牲大集体为代价的小集团的时候,每一个这种集团的意志对它的成员来说就成为公意,而对国家来说则成为个别意志;这时候我们可以说,投票者的数目已经不再与人数相等,而只与集团的数目相等了。……结果却更缺乏公意。……最后,当这些集团中有一个是如此之大,以至于超过了其他一切集团的时候,……就不再有公意,而占优势的意见便只不过是一种个别的意见。"为了保证公意的纯洁性,不致偏离公共性的轨道,"国家之内不能有派系存在,并且每个公民只能是表示自己的意见。"[41] 即,公民直接组成国家,公民只能自己代表自己,而不能由别人来代表自己。这样,卢梭的契约论就有两个基本特质:其一,坚持通过契约转让的是全部权利;其二,坚持公民的意见不能由别人代表。这是一种以直接民主制为内容的大契约论。大契约论没有给政党、社会组织留下任何空间。在卢梭那里,公民与国家、社会与国家没有任何中间环节,公民直接构成国家,"……在共同体中接纳每一个成员作为全体之不可分割的一部分。"[42] 在社会之上直接矗立的是强大的国家。卢梭的理想国是小国寡民式国家的现代版。这注定了它在现代社会中的历史命运。法国大革命时期对卢梭思想的实践就是这种理想蓝图的生动注释。

洛克对于民主政治的理解则秉持小契约论。洛克的小契约论则不仅认为人们通过契约转让的只是部分权利,而且认为在公民

---

[40] 卢梭:《社会契约论》,商务印书馆,2003,第19—22、31页。
[41] 卢梭:《社会契约论》,商务印书馆,2003,第36页。
[42] 卢梭:《社会契约论》,商务印书馆,2003,第20页。

与国家之间有一个中介环节,这就是"社会"。人们通过契约组成社会,再通过社会这一代表进一步形成国家政治生活关系。"在这个社会中,每一成员都放弃了这一自然权力,把所有不排斥他可以向社会所建立的法律请求保护的事项都交由社会处理。"[43]在此基础上,社会再与国家订立契约,由国家或者政府代表人民统一行使公共权力。洛克的契约论,是以代议制为内容的小契约论。洛克小契约论的民主政治实际上勾勒出了一幅现代代议民主制图景。洛克的二次契约或者小契约,一方面揭示了政府公共权力的有限性,另一方面则给政党、社会组织的存在留下了广阔的空间。根据洛克的思想,公民们在社会领域有行动的自由,当人们为实现自己的政治权利而行动时,就意味着组织起来、形成政党的可能——尽管洛克本人并没有明确揭示这一点。

中肯地说,建立在民族—国家基础上的现代性社会,已不是古希腊的城邦、小国寡民,不是乡土社会,而是大型、开放的复杂性社会。这意味着卢梭所设想的直接民主制只能是一种乌托邦式的空想,它没有也不可能适用于现代性社会。这也从一个侧面说明了为什么法国大革命时期轰轰烈烈地实践卢梭思想却最终归于失败。相比之下,洛克的小契约论及其间接民主制思想对于现代性社会则更具有现实性。它给代议制民主、给政党活动留下了广阔空间。事实上,随着现代民主政治的深入发展,政党在民主政治中的作用就以不可遏止的方式体现出来。

2. 政党活动的合理性限度

尽管政党在现代民主政治中具有不可低估的作用,但是,现代

---

[43] 洛克:《政府论》(下),商务印书馆,1964,第53页。

民主政治制度中的政党活动本身亦有一个合理性及其限度问题。在宪法法律框架范围内活动,并使政党与国家合理二分,避免政党活动超越于宪法法律之外、不受宪法法律约束,避免政党与国家不分、混为一体,这构成了政党活动合理性的两个基本限度。

政党须在宪政框架范围内活动,不能把一党之私利置于宪政架构之上,不能逸脱于宪法法律约束之外,不能凌驾于宪法法律之上。

民主政治的人民主权思想意味着人民是国家权力的最终所有者,国家公共权力来源于人民的授予,国家权力的使用需要得到人民的许可。但是,"人民主权"思想还仅仅是一种原则的理念,如何使其从天上落到地上,并能落地生根?换句话说,要使人民主权思想在社会政治生活中真实地体现出来,还需要一系列的制度安排。建立在现代民主制基础上的竞争性政党制度,以及与此相关的选举制度、代议制民主制等,正是把人民主权思想从观念变为现实的一种努力。

人民是国家公共权力的所有者,意味着任何国家权力都是有限的,需要得到人民的定期确认。作为以谋取国家公共权力为使命的政党,在争取公共权力的过程中,也与人民主权结下了不解之缘。既然现代性社会中人民参与公共事务必须以组织化的方式进行,那么作为公民自组织的政党所获取的公共权力就不再是无限的、终身的,而是有限的。选举则是这种权力授受关系的周期性确认。政党通过选举掌握公共权力。政党建立政府以后,无论在什么情况下都不能以政党的名义直接向政府发号施令。这是保证政府维持其社会公器的前提。进入政府的党员受党的约束,主要体现在他们对党的忠诚和日后继续当选需要而产生的对党的依赖上。这正如布赖斯所总结的那样,"从好的方面着想,政党却使政府能在一个分子极复杂的大国家区域内很稳固地运用,使多数人

民能够一致地团结。滥用职权的趋势在小社会之内是很大的,但在这大区域内却是减少了。"㊹

在竞争性政党制下,政党对公意的体现与维护主要通过政党竞争得以实现。这里的关键在于:须从一种时间的连续性中理解政党对公共性的维护。正如前述,政党首先是作为"部分"存在,但政党要成为执政党、拥有获得国家权力的合法性根据,就必须努力成为尽可能"大多数"这一"整体"的存在。正是周期性的选举制度,保证了政党对于公意、公共性的尊重与维护。通过周期性的选择制度,在保证国家权力公共性品格、确证国家权力合法性基础的同时,亦保证了政党对于公意、公共性的尊重,以及由此所确证的政党自身存在合法性根据。正是这种国家权力与政党执政二重合法性确证,使得社会不同利益群体、不同阶层的权益能够得到基本尊重与保护。这从一个侧面意味着:现代性社会背景下的公共性,是多元社会主体间在宪政框架下基于公共理性自主达成,而不是由某种外在力量的赋予。

随着民主政治的逐步完善,政党政治日益成为现代民主政治的核心,并在国家政治生活中扮演着越来越重要的角色。㊺ 政党不是当代政府的附加物,而是政府的组织者和中心。国家犹如一部机器,政党就是这部机器的发动机。民为邦本,国无民不立;党为民魂,民无党不活。国家有赖党的推动,运作不已,生生不息。

㊹ 詹姆斯·布赖斯:《现代民治政体》,吉林人民出版社,2001,第551页。
㊺ 民主政治中的公民往往须通过政党的途径进入公共政治生活。如果在一般意义上公民无须通过政党直接进入公共政治生活,那么,这就很有可能意味着这是一个没有组织起来的、因而很可能是受个别财阀利益集团直接支配的贪腐政治。韩国前总统卢武铉自杀身亡,以及韩国先后三任卸任总统均因贪腐问题而受调查,背后可能存在着更为深层的原因。这或许就是韩国民主政治生活中政党政治的不成熟:财阀们个人直接进入政治生活过程。这就难免裙带政治与金钱政治。

人民通过党的活动,尽国民职责。现代性社会中政党与国家关系日益密切。在某种意义上,这二者之间的关系可以用形外体内来概括。虽然在现代民主政治中,政党不是作为制度的直接组成部分而存在,许多国家宪法中也没有明确规定政党在国家政治制度中的地位,㊺但是,在政治现实中,任何一种现代政治制度的顺利运作都离不开政党。正因为如此,政党作为现代政治制度的实际"操作者",往往成为实际的政治权力中心。政党的这种"形"在制度外,"体"在制度中的独特政治角色定位,使其在制度的操作和自身的政治活动中,不仅能通过权力和制度,而且还能通过思想意识和各种社会组织来引导社会发展。

就实际政治运作来看,政党在现代国家社会公共生活中发挥着越来越直接的影响,政党的影响已渗透到社会生活的各个方面。一般而言,政党通过选举获得国家公共权力,组成或控制政府;政党还控制议会,影响司法机关,干预社会。在西方发达国家,政党在国家社会生活中的影响显而易见,在某种意义上,西方民族—国家中的政党与国家间的密切关系,比之社会主义国家有过之而无不及。但是,这种密切关系并没有导致人们普遍认为西方国家党政不分、有政党直接干政之嫌。尽管在权力、运作逻辑等一系列问题上,国家与政党二者间会有诸多重叠,但建立在宪政基础上的竞争性政党制度,保证了政党与国家公共权力之间的基本界限,保证了政党与国家各自相对独立的基本运作逻辑。执政党对国家公共权力的影响无所不在,但这种影响又有着明确的边界。公共权力有自己的运作规律,并在权力所有者与权力使用者之间形成相应

㊺ 英、美等典型地建立起现代民主政治的国家,并没有给予政党明确的法律地位,也没有制定专门的政党法。德国则是一个例外。德国不仅在宪法中明确规定了政党的法律地位,而且还制定了专门的政党法。

的法理关系。政党可以通过各种符合法律规范的手段对国家公共权力施加影响,但其底线是不能改变国家与政党之间的法理关系。政党作为现代政治制度的灵魂,存在于政治运作的背后,控制整个政治运作过程,而不是直接浮现在政府行为当中。而党政不分、以党代政,正是我们从苏联解体所能得到的深刻教训之一。

苏联解体,从政党伦理的维度考察,有许多值得重视之处。苏共曾领导苏联人民建立了世界上第一个社会主义国家。但它在掌握国家政权后没有认清楚政党与国家之间功能上的不同。其直接后果就是带来政党的国家化、行政化,党政不分,最终以政党取代了国家机关。党作为国家的缔造者,党自然就获得了领导国家、社会的合法性。然而,党对国家事务的领导,却被理解为党对国家事务的事无巨细的直接管理,被理解为党的机关作为上级机构对政府进行指挥。当党成为政府的直接指挥者时,政府或者形同虚设,或者成为党的执行机关,党政融为一体。由于党直接掌握着国家权力,这样一种体制把党的力量强化到了无以复加的地步。这样,党就通过国家机器成为凌驾于社会之上的力量。

政党原本是国家与社会的中介,它立足于社会,伸展到国家,其生命力之源在社会之中。但在苏联模式中,政党、国家、社会三者之间的关系却发生了变异。政党不仅高于社会,而且高踞于国家之上。这样的政党关系不仅无法消解国家与社会之间的紧张,甚至使政党自身亦处于一种普遍对立之中。由于党政一体化,党政不分,党与国家之间的关系过于紧密,人们对于某项政策的不满,很容易引发成对政党、对国家根本制度的不满,从而引发执政党执政的合法性危机,进而甚至引发政党自身存在的合法性危机。李普塞特曾说过,"铁板一块的政体不鼓励公民对体制和在职官员作一区分。公民们易于把政体与个别领导人的政策相提并论,一些掌权者自然而然地利用对国家的忠诚来为自己获取支持。在这种社会里,任何对政治领导人或对主要政党的抨击,都很容易变为攻击政治制度本身的炸弹。有关具体政策或具体义务的争论很快便会提出制度存亡的根本性问题。"而在建立起相对较为完善的现代民主政治制度的社会中,党政分开,竞争性的政党制度"保护其国家不受公民不满引起的破坏;抱怨和攻击针对的是那批仍在其位、仍谋其政的官员,而不是整个制度"。尽管其中某些人可能会被指斥为离经叛道,但并未引发国家根本政治制度的合法性危机。[47]李普塞特的这个思想不失清醒与智慧,应当引起相当重视。

3. 国家视域中的政党竞争

本文此处以欧美发达国家民主制度为对象,探讨伴随着现代化进程而出现的政党间伦理关系问题,且主旨在于探讨政党竞争关系对于现代化进程及其民主政治制度的价值。

在现代国家层面上思考政党竞争的伦理关系,其侧重点就要放到执政党与在野党(或反对党)之间的伦理关系,就得思考与揭示这种政党竞争关系对于现代民主政治制度的价值。

在竞争性政党制度中,当一个政党通过竞争掌握国家公共权力以后,成为执政党并掌握着国家公共权力,在野的政党则以反对党的面貌出现,并继续为能握有公共权力而奔走。在野党没有掌握公共权力的在野性,并不意味着该政党失去了存在的合法性。那么,在现代性社会背景下,在野党存在的合理性,以及其与国家权力公共性之间的关系究竟如何?其在善治中的作用如何?这些

---

[47] 西摩·马丁·李普塞特:《一致与冲突》,上海人民出版社,1995,第137—138页。

问题需要在学理上得到合理解释。

从根本上说,在野党存在的合法性源自于人民主权观念。正如前述,近代启蒙思想家将社会契约论作为反对封建君主专制的锐利思想武器,但彼此间也存在思想旨趣上的分野。以卢梭为代表的大契约论思想,秉持国家既是一政治共同体、亦是一道德共同体的思想立场,认为一旦政治国家为公民们通过契约订立,那么就意味着每一个社会成员都成为全体不可分割的一部分,都必须置于作为公意化身的国家指导之下。在这种思想框架中,既没有作为公民自组织的政党存在的空间,也没有公民对政治国家的监督空间。[48] 以洛克为代表的小契约论思想,坚守国家权力有限性立场,坚守公民对国家的监督权利和反对权利:当国家不能很好地保护公民所享有的基本自由权利,甚至以公共权力侵害公民的自由权利时,就意味着国家与公民之间权力授受关系的解除,公民可以撤回自己所赋予的权力。所以,在洛克看来,国家或政府只是作为手段而存在,社会始终保留着最高权力,以保护自己的权利不受侵害。这意味着洛克承认公民对公共权力的监督与反对的权利。[49] 对公民监督权与反对权的承认,目的在于防止国家公共权力专断的出现。为此,洛克提出了权力分立思想,并借以表达了应当对公共权力进行制约的理念。洛克这一思想的核心是:必须对国家公共权力进行制约,以防止不受约束的国家权力对公民自由权利造成伤害。根据洛克的思想,只要承认公民是国家权力的最终所有者、承认公民的民主参与权利、承认公民为维护自身正当权利组织起来的正当性,那么,政党对国家权力的监督就自然地获得了正当

---

[48] 参见卢梭:《社会契约论》第1卷,商务印书馆,2003。
[49] 参见洛克:《政府论》(下篇),商务印书馆,1964,第92、134页。

性与合法性。

但是,正如政党一开始名声不佳一样,反对党最初更曾被人们当作国家的分裂力量、甚至当作国家的敌人而不屑一顾,形象可憎。㊾尽管政党尤其是反对党在社会政治生活中的作用曾长期不被人们承认,但其存在毕竟是社会生活中的客观事实。随着历史的发展,反对党对社会公共生活、对国家权力的监督作用,对国家政治生活的促进作用,也逐渐为人们所接受。当然,这一认识的转换经历了一个较长的时期。大约在 18 世纪中期,作为政党政治发源地之一的英国,反对党对国家权力的监督作用开始受到人们的重视。当时的一些理论家曾从不同方面加以论证。"我总希望有一个政党愿意审查(政府的)行动,并准备控制每届政府的政务会议……,这个政党鼓励人民不要驯服地屈从于任何偏见,它维护那应当出现在议会辩论中的生气和自由,努力制止那些执政者愚蠢的随心所欲的臆想。""一个真正的反对党是合法的,忠诚的,通情达理的,其真正的职责必须是:'纠正我们宪法中的不同时期所造成的错误,确定公民的那些没有被正确理解的权利,恢复那些被忽略的东西。'"㊿比起早期的情绪化表达,后来者从公民角度、从权力制约角度对反对党在政治实践中的现实作用作了更为清楚的阐述:"无论反对者成就如何,民众却从'反政府行为'中受益匪浅,因为它使大臣们恪守其职,并时常制止他们实行冒进政策……,同时,对权力的渴求,因失望造成的愤懑,激励反对者们对公共事务的专心致志,远远超过微不足道的职薪对他们的刺激。通过这种活动,反对者成长为能干的政治家,当他们担任大臣时,就不但能

㊾ 参见阎照祥:《英国政党政治史》,中国社会科学出版社,1993,第 103—104 页。

㊿ 转引自阎照祥:《英国政党政治史》,中国社会科学出版社,1993,第 107 页。

够为不适当的计划辩护,而且,当他们乐意时,就会制定良好的计划。"㉜

18世纪末19世纪初,英国反对党在国家社会政治生活中的作用终于得到了人们的认可。当时,有人对反对党的肯定性作用作了如下描述:"英国反对党是一种起码在我们政府中名声极佳、并能得到确认的公务团体。这个非官方团体的职责……是审慎地监督政府的行动,纠正弊病和抵制政府滥用权力,制止过度行为,使轻率举动得到节制,并补充政府议案的不完善之处。"㉝后来者则从人民主权、权力制约的层面,对反对党的作用给予高度评价:"一个能干的反对党存在的必要……仅次于内阁的存在。尽管这一团体是自封的,难以得到宪法的书面承认。反对党必须对国家履行极为重要的政治职责。它必须扮演宪法和法律的保护者和拥护者,大臣行为的检查者,大臣们失职和不端行为的告发者的角色,并作为民族的领导者反对大臣的议案,试图把他们赶出政府。"㉞这时候,反对党已经由"里通外国者"变为"国王陛下的反对党"。这一变化不仅是名称的简单变化,更重要的是反映了人们对反对党在社会政治生活中重要性的承认。

反对党在现代性社会公共生活中的作用,尤其是在善制中的作用,主要体现在以下几个方面:

第一,它通过政党政治这一具体政治生活机制,使近代以来的"人民主权"思想得以落到实处。近代启蒙运动以来,"人民主权"思想作为政治文明的一大成就被广泛接受。人民主权意味着在公民权利与国家权力之间存在着一种权利与权力的授受关系。国家

㉜ 转引自阎照祥:《英国政党政治史》,中国社会科学出版社,1993,第109页。
㉝ 阎照祥:《英国政党政治史》,中国社会科学出版社,1993,第173—174页。
㉞ 阎照祥:《英国政党政治史》,中国社会科学出版社,1993,第176页。

权力来自于人民的委托。政党成为执政党后掌握着公共权力,作为执政党的合法性就在于公共性。公共性是执政党与国家间的内在纽带。反对党的存在并持续发挥作用,至少意味着公共权力的有限性。公共权力来自于人民的授予,人民当然可以对其进行批评、监督,甚至收回原来属于他们的公共权力。在这里,人民的监督就体现为政党竞争与政党监督。执政党要保持对公共权力的占有与使用,就必须接受来自于以政党竞争为代表的人民的经常的、周期性的对权力合法性检核。这个检核过程就是选举。选举虽然有着这样或那样的缺陷,但它是迄今为止人类发明的最好、也是最有效的民主参与方式。选举虽然难免形式化的特点,甚至也可能使某些政党、群体或个人利用选举操控国家公共权力,但在一个稳定、良序的现代性社会,选举则以一种程序化的方式表达了对政党能否代表最大多数人民利益的实质性确认。

第二,它通过政党政治这一具体政治生活机制,鲜明地凸显了国家的公共性品格,并以政党竞争这一独特机制维护这种公共性。现代性社会中的多元主体,为维护自己的正当利益而组织成为各式各样的团体或组织时,政党就是公民们组织起来的一种有效方式,且这种公民们自我组织起来的政党不是单数的,而是复数的。某一政党在选举中获胜,掌握国家公共权力,利用手中所操控的国家机器,可以更好、更方便地为其所代表的阶层和社会集团利益服务,与此同时,它也就为其他政党的存在留下了广阔空间。当这些非执政党以在野党身份与执政党及其所掌握的国家公权力相对时,它们就成了反对党。反对党亦有其所代表的社会利益集团。这些社会利益集团的民意呼声若不被倾听、利益不被关心,执政党的合法性基础就会在某种程度上受到削弱。这也就为反对党成为执政党提供了可能。在现代性社会中,通过政党间的互竞及其角色互换,通过他们所代表的不同利益群体之间的利益博弈,社会不同利益群体的利益诉求在开放的历史过程中会得到相对平衡,进而使国家的公共性品格得以体现。

第三,它使权力制约思想获得了权力分立之外的另一制度性安排。提起权力制约,人们最初的反应就是以三权分立为代表的权力分立。确实,欧美国家的民主政治实践经验表明,在宪政层面,作为一种正式的制度性安排,以立法、行政、司法三权分立为形式的权力分立,互相牵制,从而保持权力总体上的平衡,使得权力专断的可能得以减至最低限度。但是,权力分立只是权力制约的制度性安排之一,而不是权力制约的唯一制度性安排。现代性社会权力制约的制度性安排,除了权力分立外,还有竞争性的政党制度。正是竞争性政党制度与权力分立制度的统一,才在总体上构成了较为完整的权力制衡的现代民主政治结构与框架。离开了竞争性政党制度,以三权分立为代表的权力分立本身就有可能被悬置,或者成为形式。现代性社会竞争性政党制度有助于及时纠正执政党的失误,避免造成长期危害。一党执政,多党评政,或许本身就是一种权力相互监督的有效机制。在特殊情况下,在野党甚至会以弹劾、提出不信任案等手段来体现其对政府行为、乃至对执政党行为的监督。政党通过定期选举竞争公共权力,在以下两个方面给执政党提供压力,并制约其权力运用:其一,在现代性社会,任何公共权力拥有者的正当性、合法性必须不断被证明。这种不断被证明既表明任何一个公共权力拥有者不再是不证自明、一证永成的拥有者,亦表明任何一个公共权力拥有者必须不断以自己的行动,通过竞争的方式获得自身掌有公共权力正当性与合法性的证明。执政党始终面临着一个压力,这就是要想维续自己的执政地位,必须切实代表绝大多数民众的最大利益。其二,在野党的存在对政府始终是一个外在的约束,迫使政府对自己行为的合法性、合理性不断进行检核,从而使政府行为合理性程度得以提高。

4. 国家权力更替与政党活动

国家权力有个更替的问题。国家权力更替是否能够有序、规范,这是衡量是否为现代性政治制度的核心标志。宪政架构则为国家权力的更替提供了和平的、周期性的、制度化的实现方式。在宪政架构下,国家权力更替直接通过政党政治实现。

一切政治活动的共同特点是:始终伴随着程度与形式各异的力量冲突。宪政区别于其他政体的根本处就在于:它为冲突各方提供了得到共同认可的、可以调和与化解冲突的基本游戏规则。如果没有这些规则,没有冲突也会滋生冲突,一般冲突也会酿成严重冲突。没有宪政的社会,在解决社会冲突、国家权力更替方面,往往会走向非理性,陷入治乱循环。宪政并不意味着没有多元矛盾乃至冲突,但是,宪政却能保证这种多元矛盾乃至冲突以一种规范的方式存在,并使之成为一种推动社会和谐进步、而不是分裂倒退的现实力量。

在宪政中,政党有其存在与活动的充分空间,并使之活动规范化。由于宪政意味着法治,意味着政府权力不再是一种专断性的权力,[55]由于宪政把现代性社会中的多元性与不确定性加以制度化,因而,它能有效摆脱治乱循环、以暴易暴和派阀政治,并能有效地维持社会自由、安定和统一,而不至于发生大的动荡与混乱。宪政能够依据这种制度产生的政府提供制度和法理上的合法性,为政党冲突的解决提供程序和规则,为政党合作提供法律和制度

---

[55] 参见亨金:《宪政·民主·对外事务》,北京三联书店,1996,第11页。

基础,为公民的自由平等权利提供稳定的保障。㊺ 体现重叠共识的宪政制度用众所周知的制度限制政府的权力,以确保国家具有足够的凝聚力。而定期选举则是对这种重叠共识的仪式化确认——在现代性社会,如果不能以这种方式取得并维持全社会对解决社会冲突的方法达成基本共识,社会凝聚力和秩序就会受到威胁。

宪政架构孕育出政党理性。尽管各政党代表不同社会阶层与利益集团,尽管各政党在民主政治中均以掌握公共权力为目的,但是各政党会在对宪政的敬畏下理性行事。"每个正大光明的政党都会公开宣布,其首要目的是谋求一切正当手段,使持此种政见者获取某种条件,从而使他们得以借助国家的一切权力和权威,将其共同方案付诸实施。"㊻宪政架构的最大优点在于它使公共权力的继替制度化,并且这种公共权力的转移是以和平的方式进行。在这个意义上,英国现代思想家柏克对政党的论述发人深省。他说:"他们也不会接受那些违背其政党基本原则的人的指导、控制或牵制……遵循这种宽宏大量的正当准则坦荡荡地去争取权力与卑劣地、偏私地去奋力捞取权势和利益之间的差别,不难分辨。"㊼政党不仅是现代民主政治发展的必然产物,而且政党活动使得现代民主政治获得了空前的生命力,进而保证了现代民主政治秩序的稳定。

㊺ 参见刘军宁:《共和·民主·宪政——自由主义思想研究》,上海三联书店,1998,第 129 页。
㊻ 埃德蒙·柏克:《自由与传统》,商务印书馆,2001,第 149 页。
㊼ 埃德蒙·柏克:《自由与传统》,商务印书馆,2001,第 149 页。

5. 政党竞争中"肮脏的手"问题

对于宪政下的竞争性政党关系亦不可神话。如同世界上任何事物都有自身的局限性一样,竞争性政党关系亦有自身的局限性,"肮脏的手"即是其一。

在弗里奇(French)看来,所谓"肮脏的手"是指"在某些情况下,政治人物会发现成功作好其工作、满足其公共职责的唯一方式,从私人生活的视角来看是道德上无法接受的"。[59] 即,"肮脏的手"在此指称的是:为了某种公共生活、尤其是政治生活领域中的一些特定目的,得选择那些为常人所蔑视的手段。这是政治人物在面临道德冲突困境时所做出的一种行为选择方式。"肮脏的手"至少表明在公共道德与私人道德之间存在着某种紧张。由于政治人物占据着公共职位,须履行公共职责,其行为选择须以某种公共利益为指向,因而,在某些情况下,政治人物为了实现某种特定目的(诸如政党竞争中的获胜,国家安全与秩序,社会经济发展与稳定等),不得不选取一些为常人所鄙视的方式(诸如暂时掩盖事实真相、冷酷、欺诈,等等)。对于作为当事者的政治家而言,如果绝对拒绝利用这些在常人看来属于恶的手段,则可能有违所应承担的公共职责——然而,从常人、尤其是私人道德的一般道德评价立场来看,这些行为则是一种"肮脏的手"所做出的肮脏行为。

关于"肮脏的手"的思想,可以追溯到马基雅维里。在一般人看来,政治家既应当具备常人所应有的各种优良品质,还应当具备常人所没有的一些优秀品质。但马基雅维里却对政治家(在他那

---

[59] Peter Madsen and Jay M. Shafritz (ed): *Essentials of Government Ethics*. New York: Penguin Group, 1992, pp. 243—244.

里是君主)的美德做了重新解读。这种解读可以理解为是以一种现实主义态度、且在公共事业立场的解读。马基雅维里认为为了国家大业,政治家应当具有不拘常人所以为美德的美德。他认为一个君主为了保持自己的地位,为了避免亡国危险,可以采取那些不会招致亡国的恶行。如果这些恶行能够挽救国家的话,他不必因为使用过这些恶行而有良心上的不安。对一个君主来说,他"要保持自己的地位,就必须知道怎样做不良好的事情,并且必须知道视情况的需要与否使用这一手或者不使用这一手"。[60] 在马基雅维里看来,不守信用、慷他人之慨、残酷等这些为人们所鄙视的恶德,却有可能在为了挽救国家的实践中成为君主的一种特殊品格。这种品格对于君主而言,甚至就是一种美德。在马基雅维里看来,一个君主应当"同时效法狐狸和狮子,由于狮子不能够防止自己落入陷阱,而狐狸则不能够抵御豺狼。因此,君主必须是一头狐狸以便认识陷阱,同时又必须是一头狮子,以便使豺狼惊骇"。即,君主既应具有狐狸的狡猾,又应具有狮子的勇猛。"当遵守信义反而对自己不利的时候,或者原来使自己作出诺言的理由现在不复存在的时候,一位英明的统治者绝不能够,也不应当遵守信义。"[61]在马基雅维里的这种思想中,具有两种思想特质:将政治与道德二分,将政治变为一种纯粹权术;政治人物在政治活动中义务的多样性及其冲突中的价值选择的优先性。

在马基雅维里的上述思想中,包含着双重内容:其一,这就是已为人们所反复揭示的将政治与道德相分离。政治可以不择手段,将政治纯粹科学化。其二,对于君主、政治家们的行为不能简

---

[60] 马基雅维里:《君主论》,商务印书馆,1985,第 74 页。
[61] 马基雅维里:《君主论》,商务印书馆,1985,第 83—84 页。

单地以人们所习惯了的私人道德来评价,必须在一种公共职责履行的维度做出谨慎、仔细的分析。就前一方面内容而言,所提出的是政治与价值的关系问题。这里的关键在于:政治永远离不开价值的纠缠,没有价值的政治是不可思议的;政治不能不择手段。相比较而言,马基雅维里上述思想的后一方面内容更值得重视。至少马基雅维里以自己的方式提出:必须将政治家在一些非常时期所采取的政治行为与(常人)日常生活中的私人行为相区别,必须重视政治手段价值性的相对性问题。不能简单地将政治家的政治行为,与日常生活中的私人行为等同。二者的行为选择不仅具有不同的逻辑,甚至在价值上也未必居于同一层次。在对公共政治生活、尤其是政治家们的某些重大行为选择的谨慎、仔细分析中,存在着善恶向对立面转化的可能。不排除这种可能:在平常私人生活中看来是恶的东西,甚至有可能在政党政治、公共事业、国家利益的实质性内容之下,成为善的。

当然,"肮脏的手"的存在本身亦对民主制度及其政治实践提出了严重挑战。至少就发达国家的政党政治实践而言,政党在追求国家公共权力、与其他政党竞争过程中,难以避免不择手段、"肮脏的手"问题的困扰。美国著名政治思想家布赖斯认为,"政党本身并没有任何的流毒,其一切弊端都是从其种种不正当行为发生出来的。"[62]事实上,现代社会中的大多数政治丑闻都与政党有着直接或间接的关系。在政党产生之初,政党参与公共权力竞选的方式主要是提出各自的候选人。而各政治人物为了能在竞选中获胜,也不得不借重政党的权威。比如美国两大政党提出总统候选人,就是党内各派讨价还价、密谋协商,乃至党内各派私下进行不

---

[62] 詹姆斯·布赖斯:《现代民治政体》,吉林人民出版社,2001,第533页。

可告人交易的结果。这样的政治斗争,到20世纪初则演变成了政治发展史上臭名昭著的"政党分赃制"。

"政党分赃制"是指:一方面,大选中获胜的总统,把国家公职作为政治上的酬谢分配给本党党徒及其支持者;另一方面,获胜的政党利用控制国家公共权力之便,制定有利于本党及那些支持它的社会集团的政策。"政党分赃制"是政党行为未受到有效规约下的产物,是政治发展到一定阶段所出现的不良现象。其危害主要体现在以下几个方面:任人唯亲,拉帮结派;管理松散,人浮于事,工作效率下降;争权夺利,政纪废弛,道德沦丧。更为严重的是它干扰了社会公共事务管理的正常进行。正因为"政党分赃制"的诸多危害,才引发了美国20世纪初的文官制度改革,并建立起不随政党进退而进退的保持政治中立的现代文官制度。这在一定程度上克服了"政党分赃制"之流弊。不过,即使在已经建立了比较完善的宪政制度的发达国家,其政治生活,尤其是政党活动,并未因政治制度的健全而彻底摆脱"肮脏的手"问题的困扰。

如前所述,在已经建立了比较完善的宪政政治制度的西方发达国家,政党的主要目的是为了获得国家公共权力,政党的一切工作均为了在选举中获胜、巩固其执政地位,以实现政党的政治利益。政党通过提名、预选、利用和操控传媒、民意测验等方法,扩大本党候选人的知名度,提高其在选民中的影响,从而为其顺利当选铺平道路。在这一过程中,就出现了"肮脏的手"的问题。政党为竞选公共权力,会不遗余力、不惜一切手段。竞选双方最常用的手段之一,就是对对方候选人的人格"抹黑"。在竞选过程中使用煽动性的、尖刻的语言,对对手人格进行肆无忌惮的攻击,并借助于现代传媒的推波助澜,使这种攻击达到无以复加的地步。不仅如此,为了能够在选举中获胜,政党会在选举过程中使用各种肮脏的伎俩。为了争取更多的选票,"政党……往往实行冒名顶替,重复投票,及其他选举上的弊端,假使那办理选举的官吏是他们政党所节制得到的,他们往往更进一步,在投票场上恐吓选民,以假选票填塞票柜,并故意算错票数。"⑬为了一己之私利,政党从事"肮脏勾当"而派密探、搞窃听、使用伪造的竞选材料,政党之间在私下进行不可告人的交易,违法筹措和运用政党政治资金,政党政治过程中的权钱交易,选票的贿买贿卖,等等。这些所谓的政党竞争手段,不仅是对法律和社会伦理传统的蔑视,也是对民主政治体制和人类良知与正义的蔑视。

  政党为获取或维持公共权力,出于不可告人的目的,可能对民众公然撒谎。对于大权在握的政党来说,由于掌握着公共权力,由于要进行经常性的公共政策的制定、进行公共决策,这样,"政府的决定仍然被掩盖得很神秘,普通人受到专制的控制。人们无法知道做了多少蠢事,犯了多少错误,罪恶的行径一般都在各种各样继续统治着人类大多数的独裁专政中被隐藏起来。现代民主制度也不能免于这种疾病的侵染。美国……三位总统(肯尼迪、约翰逊、尼克松)都曾有意无意地掩盖他们下令的行动,并对此公然撒谎。……隐匿和篡改是现代政府的一般存货的一部分,……亚历山大·索尔仁尼琴对苏联的说法也适用于包括过去的和当代的、民主的和专政的无数政权,'在我们国家,谎言已不仅属于道德问题,而是国家的支柱。'"⑭

  相对于宪政政治制度比较完善的发达国家而言,那些还处于现代化进程中的民族—国家的政党,更是五光十色。其中不乏这

---

⑬ 詹姆斯·布赖斯:《现代民治政体》,吉林人民出版社,2001,第611页。
⑭ 莱斯利·里普森:《政治学的重大问题》,华夏出版社,2001,第9页。

样的情形,一些政党成为个别政治人物或政客们私心的战车。亨廷顿在描述巴基斯坦的政党现状时曾揭示:"政党……变成了政客们个人政治野心的战车。如果某个野心家在原来的政党中无所施其计就会组织新党。一个或几个头头凑在一起立刻就能建立一个政党,然后再去招兵买马。有些党几乎完全是由立法大员们自身组成的,实际上是在议会中形成了一个临时集团,目的只不过是建立或打垮政府的某个部。"⑥这种情况下的政党,已经失却了公共性本质,或者成为政客们追求一己之私的工具,或者已经蜕变为一个纯粹狭隘的利益集团。无论是上述哪一种情况,都意味着政党已经偏离了公共性轨道,进而引发了政党行为的正当性与政党存在的正当性、合法性问题。

　　对于政党活动中的"肮脏的手"现象,人们给出了一系列解释。有人认为,对这一问题首先要放到公域与私域二分背景下理解。在私人领域,人们通常倾向于比较诚实,只是偶尔地撒谎,或只是在面对个人得失时才有可能变得不诚实,因而,在私人生活中,类似于政治人物的"肮脏的手"的问题出现几率较小。但是在公共领域、政治生活中,政治人物是作为政治角色存在,其行为主要由这种政治角色所规定的角色行为。这种政治角色行为,主要地并不是与个体人格角色直接相联系,而是与非人格性的政治角色直接相联系。此外,公域中公共组织首先强调的是特定目的的实现,而私域中不仅关心目的且更多地是关注完成目的的方式。

　　上述对"肮脏的手"问题的解释未必没有一点道理。然而,这并不能免除对公共生活的道德合理性追问。首先,将公域与私域

---

　　⑥ 塞缪尔·亨廷顿:《变化社会中的政治秩序》,北京三联书店,1989,第381—382页。

相分离、并用来为政治人物的行为作合理性辩护,在政治与道德相分离的意义上是合理的,然而,公共领域政治人物的行为受到道德的诘难,恰恰是因为公共道德与私人道德拥有共同的基础。换句话说,私域中的道德之所以可以构成对公共领域行为的限制,并不是因为公共道德来源于私人道德,而是因为它们拥有共同的道德原则,这些共同的道德原则可以独立地应用于两种生活类型。其次,人们之所以认可"肮脏的手",是因为他们相信这些是实现公共目的、公共利益所必需的。但是,一方面,目的的正当、合法性并不能证明手段的道德性。换句话说,即使是真正为了公共利益,目的善亦不能证明手段的正当性。手段具有效用性与价值性二重属性,为实现善之目的的手段、途径,不仅应当有助于善之目的的实现,且其自身亦应具有道德上的正当性。另一方面,作出如此判断的人易于为偏见所左右。他们有可能在高估了采取这些手段所带来利益的同时,低估了其可能带来的危害性,低估了采取不道德手段被发现的可能性,以及这些不道德手段被发现后对公众信任将产生的影响,低估了被欺骗的民众的智慧与理性能力。更重要的是,在这些所谓公共利益面目下掩藏着的有可能更多的是个人私利。由此所带来的后果可能是,政治人物变得习惯于在欺骗中生活,他们日益变得对公平与真实无动于衷。他们甚至认为,从长远来看只要自己确信能够使民众更加富有,那么任何不道德手段都可以采取,进而任意妄为。[66]

解决政党政治中的"肮脏的手"问题,不能完全寄希望于政治人物的个人道德。它只能通过制度的完善,通过政党行为的规范

---

[66] Peter Madsen and Jay M. Shafritz (ed): *Essentials of Government Ethics*. New York: Penguin Group, 1992, p. 225.

性来加以解决。这并不是说在公共领域不需要政治人物的个体美德,而是说相对于政治人物的个体美德来说,制度更具有根本性。政党行为亦是如此。休谟曾经提出著名的"无赖原则"。休谟提出"无赖原则"的本意是要揭示:人除了私利没有其他目的;不论人多么利欲熏心,我们也应当通过一种好的制度安排让他必须为公共利益服务。[57]"无赖原则"并不是要为无赖进行辩护,更不是要鼓励人们成为无赖,而是要努力寻找一种解决无赖难题、克服"肮脏的手"困境的有效方法,以防止政治家变成无赖。我们应当理性地设计制度性安排,在这种制度性安排中,"无赖"伸出"肮脏的手"的可能性被减少到最低限度。

三、社会转型期的政党政治

处于现代化建设进程中的晚发民族—国家中的政党政治,既具有一般政党政治的普遍性特质,亦有其由于历史、社会、文化等方面的特殊性所决定的独特性方面。欧美发达民族—国家的政党政治实践及其理论对晚发民族—国家并不具有充分的解释力,不能简单照搬。

1. 政党政治的普遍性与特殊性

政党政治虽然直接产生于西方国家,是西方文明的直接产物,因而,在其具体发展过程中不可避免地带有西方文明的痕迹。但是,政党政治作为人类政治文明成果,在西方语境的特殊存在形式

---

[57] 参见刘军宁等编:《市场社会与公共秩序》,北京三联书店,1996,第70页。

背后,有着政党政治的普遍性内容。这些普遍性内容是人类文明的宝贵财富。

黑格尔当年在谈到国家理念及其实现时,曾揭示:任何一个具体国家都是普遍性与特殊性的统一;每一个民族由于自身的历史、所处的环境及文化传统的差异性,都会在自身的历史过程中创造出适合于本民族的国家结构形式。黑格尔还以拿破仑为例,指出拿破仑曾把法国的政治制度移植给西班牙,但是拿破仑却碰壁而归。⑱ 黑格尔的这个思想同样适用于政党政治的分析。

政党的伦理性普遍内容可以从政党的公共性、政党与国家公共权力不同功能两个基本方面,得到概要说明。

正如前述,政党是现代性社会公民的自组织形式,是多元社会的组织之一;政党不同于其他社会组织的核心之处,就在于它以掌握国家公共权力为旨归;为此目标,政党又总是要表现出自己的公共性来;不过,政党又总是会面临"部分"与"整体"的紧张,政党必须在这二者之间取得某种平衡。在实行竞争性政党制度的国家里,通过不同政党之间的相互竞争,至少从理论上说可以使社会各阶层的利益诉求得到相对较好的满足。而政党的公共性也通过这种竞争得以呈现。因为如果一个政党不能很好地代表和满足社会大多数群体的利益诉求,就会面临执政的合法性危机,并有可能被其他政党取而代之。这种外在的直接压力,促使各政党必须眼睛向下,保持其公共性。在一党执政的国家,由于缺少相应的政党竞争压力,执政党就有可能逐渐变得高高在上,脱离民众,对民众的利益漠不关心,进而就会面临公共性缺失的危险。因而,在一党执政的情况下,就执政党而言,要维护自身的公共性,更多地是取决

---

⑱ 具体参见黑格尔:《法哲学原理》,商务印书馆,1961,第291—292页。

于政党自身的自觉。

政党与国家都具有公共性,但二者的公共性内容却有重大差别。政党主要是作为利益表达与利益整合的工具存在。这就如李普塞特所说,政党是作为"冲突的力量与整合的工具"。而国家则是作为管理社会公共事务的社会公器而存在。尽管在西方社会,政党通过各种方式对国家机器施加影响,并试图控制国家机构,甚至在某些方面比起社会主义国家有过之而无不及,但并没有造成政党干预国家的普遍嫌疑,也没有产生政党国家的普遍印象。其原因就在于政党与国家之间尽管有着这样或那样的联系,但二者之间始终存在一定距离,政党不直接掌握任何国家权力,也不直接参与国家公共事务的管理。

然而,任何政党都是特定民族—国家中的政党,都是特定历史、文化、社会条件下的政党。不同的文化谱系,不同的历史条件,不同的生长境遇,不同的社会机缘,就会有不同的政党存在方式及其政党政治内容。不能无视这种历史、文化、社会差异,不能抽象地谈论政党问题,更不能将某一民族—国家中的政党政治活动样式,作为普适的内容与标准。必须深入不同历史、文化、社会过程,具体理解与把握政党政治的具体规定。

就中国政党政治而言,无论在其起源还是在其具体使命、作用等方面,均有不同于西方国家的特殊性。西方国家的政党是在现代化发展到一定阶段才产生的现象。市场经济发展基础之上的社会分层日益明显,市民社会的成长,民主政治的不断完善等,构成了西方国家政党产生的现实基础。在那里,市民社会发育成熟,一个相对稳定的宪政框架,成为政党形成与发育的前提。在那里,政党在逻辑上产生于现代国家出现之后,而不是相反。而中国则不同。一方面,政党不是建立在市民社会发育较为成熟基础之上,而是一种外来输入物；另一方面，政党不是建立在民主宪政基础之上，而是奠基于为建立民主宪政的斗争。正是中国历史与文化的这种特殊性，使得中国的政党及其活动从一开始就有鲜明的特殊性。近代中国，自鸦片战争以后，民族生存始终成为中华民族的第一要务。因而，近代中国始终存在着两大任务，即民族独立与国家富强，实现中华民族的复兴。正是近代中国所面临的这两大任务，决定了中国政党政治的合理性根据。无论哪一个政党，要想实现其领导地位，就必须首先能够承担起民族独立与国家富强这两大历史使命，并在承担这种历史使命中证实自身的公共性品质。

中国共产党的领导地位正是在这个争取民族独立与民族富强的历史过程中确立，并在实现民族独立、争取国家富强中确证自身的公共性品格。不仅如此，对于中国共产党而言，由于其以马克思主义为指导思想的这一精神特质，其公共性品格还以一种解放全人类的全人类性道义精神呈现——这就是马克思主义经典作家所揭示的那种人类自由精神。[59]"共产党在创建之始，就不是一个纯政治性的政党，它的政党理念不是仅仅定位在政党政治的框架之内的，而是伸展到终极历史中的神圣真理的领域。这一政党及其理念负担着一个人类性的终极使命，这一使命是在民族国家冲突的国际政治结构中形成的，而不是在一个民主代议制度的竞争框架中形成的。中国的政党与欧美政党之立意的根本差异在于：中国的政党使命是国族间的生存竞争中民族国家的整合性建构，而不是国内社会分化的阶层和利益集团的诉求聚合。这样，政党必须要有更高更普遍的价值理念来支撑民族主义的、定位于国族竞

---

[59] 参见《共产党宣言》，《马克思恩格斯选集》第1卷，人民出版社，1972。

争的政治诉求。社会主义精神能为中国主要政党采纳,乃因为这种价值(正义、平等)理念为民族国家提供了更具国际正当性的支持。"⑦

近代以来中华民族具体的生存境遇决定了:在中国,不是政党产生于现代民族—国家之后,而是政党承担了创建与缔造现代民族—国家的使命;政党通过对现代民族—国家的创建与缔造,获得了领导国家的合法性。

因此,在中国——乃至在大多数晚发民族—国家——政党与国家公共权力之间的关系,就特殊地表现为政党对国家的领导,以及政党在国家与社会生活中的核心地位。这种领导及核心地位的取得,实则缘于政党在这些晚发民族—国家现代化进程中担负起的现代国家建构的重任。这些民族—国家在未独立以前,基本属于受帝国主义侵略与控制的殖民地与半殖民地,摆脱贫困与压迫的境遇,是这些民族—国家共同的愿望与要求。要实现这样的目标,就得首先把处于四分五裂的国家整合起来。这种整合必须在民族主义的旗帜下进行。这些国家的政党不同于西方发达国家的政党一个极为重要之处就在于:它不仅仅是作为利益表达的工具,更是作为民族动员与融合的旗帜存在。政党通过动员、整合民族,并领导全民族取得民族独立,进而自然取得对国家的领导地位。这种领导地位的合理性是历史的合理性。

在取得民族独立的基础上,晚发民族—国家的政党还要担负起领导实现国家现代化的重任。由于这些民族—国家在独立前并没有现代意义上的市民社会,因而,居于领导地位的政党首先得动

---

⑦ 刘小枫:《现代性社会理论绪论——现代性与现代中国》,上海三联书店,1998,第 397 页。

员、组织、整合社会力量，以实现自己的历史使命。这样，晚发民族—国家中的政党、社会、国家三者间关系，就不同于发达国家的社会—政党—国家这样的关系模式，而是体现为政党—国家—社会这样一种模式，表现为政党对国家、社会的领导。[71] 这样，无论是在独立前，还是在独立后，在一种国际生存境遇中，在已有的现代化模式的压力之下，晚发民族—国家中的政党始终有一种道义性的使命担当与领导责任。这正如亨廷顿所说，处在现代化进程中的晚发民族—国家，"其稳定取决于其政党的力量"。"因为一个没有政党的国家也就没有产生持久变革和化解变革所带来的冲击的制度化手段，其在推行政治、经济、社会现代化方面的能力也就受到极大的限制。"这意味着在晚发民族国家，"政党就不仅仅是个辅助性组织，而是合法性和权威性的源泉。在缺乏合法性的传统根基的情况下，人们就只好在意识形态、领袖魅力和主权在民论中去寻求合法性。为了能够长期存在下去，意识形态、领袖魅力或主权在民论等各种合法原则又都必须体现在一个政党的身上。不是政党反映国家意志，而是政党缔造国家，国家是党的工具。政府的行动只有反映了政党的意志才是合法的。政党是合法性的根基，因为它是国家主权、人民意志……的制度化身。"[72]

当然，即使在晚发国家，领导实现民族独立的政党也必须遵守政党政治的一般规律，也有一个在领导民族—国家现代化过程中

---

[71] "中共的所有委员会和支部在其相应级别上都充当了领导角色，所有非党组织都必须接受这种领导。……在中央一级，党的精英垄断了决策权，也垄断了执行其决定的国家、党和军队官僚机构中的关键职位。在中等级别，党员在领导职位中的比例足以保证党对政府机关的统治。在基层级别，党员可能构成，也可能不构成委员会的多数；他们的角色属于'领导核心'的角色。"参见詹姆斯·汤森：《中国政治》，江苏人民出版社，1995，第280页。

[72] 塞缪尔·亨廷顿：《变化社会中的政治秩序》，北京三联书店，1989，第377、372、85页。

使自身现代化的问题。[73] 这正是晚发民族—国家的政党自身所面临的重大课题。

2. 政党的道德自觉

所谓政党的道德自觉,是指政党超越一己利益、追求社会公平正义的社会道义精神与使命感,以及基于这种道义精神与使命感的政治实践。晚发民族—国家的政党,在领导本国取得民族独立后,须承担起领导国家现代化的重任。晚发民族—国家的政党,为了有效地承负起更为艰巨的历史责任,需要有更多的道德自觉与更为清醒的理性精神。政党应当在党政功能区分、利益表达与利益整合,以及政党间关系方面,有普遍的公共性价值情怀。

晚发民族国家的政党承负着领导本国现代化的历史重任。"在中国,在五四运动以来的六十年中,除了中国共产党,根本不存在另外一个像列宁所说的联系广大劳动群众的党。没有中国共产党,就没有社会主义的新中国。""离开了中国共产党的领导,谁来组织社会主义的经济、政治、军事和文化?谁来组织中国的四个现代化?"[74]"我们这个党是马列主义、毛泽东思想的党,是领导社会主义事业、领导无产阶级专政的核心力量,是无产阶级的、有社会主义和共产主义觉悟的、有革命纪律的先进队伍。我们党同广大群众的联系,对中国社会主义事业的领导,是六十年的斗争历史形

---

[73] "政党是现代政治特有的组织形式,但从另一种意义上说它又不是完全现代的制度。政党的功能在于组织参与、综合不同利益、充当社会势力和政府之间的桥梁。"塞缪尔·亨廷顿:《变化社会中的政治秩序》,北京三联书店,1989,第85页。

[74] 邓小平:《坚持四项基本原则》,《邓小平文选》第2卷,人民出版社,1994,第170页。

成的。""没有党的领导,就没有现代中国的一切。"⑮

但是,加强党的领导不等于党政不分。政党不同于国家。国家是社会公器,是对社会公共事务的管理机构,它具有公共性。而政党说到底是现代性社会中的一种公民自组织,是公民维护自身利益的社会组织形式。正是在这个意义上,需要区分政党与国家之间的功能。而传统社会主义政党模式的最大弊端之一,就在于党政不分,以党代政,政党国家化,国家政党化。对于传统模式的弊端,邓小平有着清醒的认识。他说:"我们的各级领导机关,都管了很多不该管、管不好、管不了的事,这些事只要有一定的规章,放在下面,放在企业、事业、社会单位,让他们真正按民主集中制自行处理,本来可以很好办,但是统统拿到党政领导机关、拿到中央部门,就很难办。"传统体制下,权力过分集中,"不加分析地把一切权力集中于党委,党委的权力又往往集中于几个书记,特别是集中于第一书记,什么事都要第一书记挂帅、拍板。党的一元化领导,往往因此而变成了个人领导。"在党成为全国范围内的执政党以后,进入社会主义建设时期,"党的中心任务已经不同于过去,社会主义建设的任务极为繁重复杂,权力过分集中,越来越不能适应社会主义事业的发展。"⑯"在很多事情上党代替了政府工作,党和政府很多机构重复。"⑰中国共产党"已经不同于世界政治现象中一般政党的意义,事实上构成了一种社会公共权力,相当于国家组织而又超越了国家组织。只是,中共并未完全取代国家组织,而是使国

---

⑮ 邓小平:《目前的形势和任务》,《邓小平文选》第 2 卷,人民出版社,1994,第 266 页。

⑯ 邓小平:《党和国家领导制度的改革》,《邓小平文选》第 2 卷,人民出版社,1994,第 328、329 页。

⑰ 邓小平:《关于政治体制改革问题》,《邓小平文选》第 3 卷,人民出版社,1994,第 179 页。

家组织的存在更加有助于自身功能的发挥"。[78] 邓小平在反思传统计划经济模式弊端的基础上,提出要进行党和国家领导制度的改革,核心是党政分开。他说,"党政需要分开",[79]"今后凡属政府职权范围内的工作,都由国务院和地方各级政府讨论、决定和发布文件,不再由党中央和地方各级党委发指示、作决定。"[80]"政府工作当然是在党的政治领导下进行的,政府工作加强了,党的领导也加强了。"这样做的目的是"为了使党委摆脱日常事务,集中力量做好思想政治工作和组织监督工作。这不是削弱党的领导,而是更好地改善党的领导,加强党的领导"。[81]

一般说来,任何决策都是各种政治力量、利益集团相互作用的结果。在欧美成熟的民主政治体制下,社会各种政治力量、利益集团都会对决策产生不同程度的影响和作用,因而其决策过程表现为一种社会各种力量的互动过程。但是,中国的决策有其特殊性。当代中国的决策在根本上还是一种精英决策模式。总体上言,这种决策过程不是各利益群体的自主利益表达过程,而是由权力精英,确切地说是由政党精英,对社会各利益群体的利益进行认定的过程。这意味着只有那些能够引起政党精英重视的利益,才有可能通过决策获得确认。当代中国决策过程的这种精英决策性质,决定了当代中国各利益群体的利益表达是否受到重视以及受到重视的程度,在总体上取决于是否引起处于决策中枢的政党精英的

---

[78] 胡伟:《政府过程》,浙江人民出版社,1998,第98页。
[79] 邓小平:《关于政治体制改革问题》,《邓小平文选》第3卷,人民出版社,1994,第177页。
[80] 邓小平:《党和国家领导制度的改革》,《邓小平文选》第2卷,人民出版社,1994,第339页。
[81] 邓小平:《党和国家领导制度的改革》,《邓小平文选》第2卷,人民出版社,1994,第339—340页。

关注。"在当代中国的宏观决策过程中,各级共产党组织和人民政府是最重要的利益综合结构,群众性的利益表达只有得到党和政府的重视和支持,才可能转变为可供选择的政策内容,从而进入政策议程。"㉜作为中国最广大人民群众最根本利益代表的中国共产党,如何在实践中消解"部分"与"整体"间的紧张,如何在决策过程中重视所有社会群体,兼顾社会不同群体的利益诉求,离不开中国共产党追求社会正义的道德自觉。

政党的道德自觉还体现在处于执政地位的政党如何处理与其他政党的关系。欧美国家由于实行的是竞争性的政党制度,各个政党之间是种竞争性关系。各政党为了掌握国家公共权力需要尽最大可能地争取选民的支持,定期举行的选举,则是对这种支持的仪式化确认。在当代中国,情况则不同。当代中国,历史性地形成了一党执政、多党参政的政党合作政治模式。在现代化进程中,"各民主党派和工商联已经成为各自联系的一部分社会主义劳动者和拥护社会主义的爱国者的政治联盟和人民团体,成为进一步为社会主义服务的政治力量。""在国家政治生活和各项事业中,由于中国共产党居于领导的地位,党的路线、方针、政策正确与否,工作做得好坏,关系着国家的前途和社会主义事业的成败;同时,由于我们党的执政党的地位,……对于我们党来说,更加需要听取来自各个方面包括各民主党派的不同意见,需要接受各个方面的批评和监督,以利于集思广益,取长补短,克服缺点,减少错误。"㉝"中国的其他党,是在承认共产党领导这个前提下面,服务于社会主义事业的。我们全国人民有共同的根本利益和崇高理想,即建

㉜ 胡伟:《政府过程》,浙江人民出版社,1998,第196页。
㉝ 邓小平:《各民主党派和工商联是为社会主义服务的政治力量》,《邓小平文选》第2卷,人民出版社,1994,第204、205页。

设和发展社会主义,并在最后实现共产主义,所以我们能够在共产党的领导下团结一致。我们党同其他几个党长期共存,互相监督,这个方针要坚持下来。但是,中国由共产党领导,中国的社会主义现代化建设事业由共产党领导,这个原则是不能动摇的。"⑧当代中国的这种一党执政、多党参政的政党合作政治模式,既是在长期历史过程中形成的历史事实,也是中国人民在长期历史过程中的历史选择。在当代中国,要领导这样一个大国稳定有序地推进现代化建设事业,除了共产党,没有任何其他政党有能力担当起这样的重任。然而,与此同时,作为执政党的中国共产党就面临着一个更为艰巨的任务:为了代表全体中国人民的最大利益,为了自身执政合法性的公共性品格,为了通过有效监督提高自身的执政能力与服务能力,恰当地处理与其他各党派的关系,使其他各党派更有效地参政议政。

中国共产党作为执政党,肩负着领导中华民族伟大复兴事业。中华民族现代化的历史进程有赖于中国共产党的这样一种崇高道德责任感:除了民族伟大复兴事业,除了全中国人民的幸福以外,没有任何一党之私利;充分利用执政党的领导地位,自觉建立起一种现代化的制度体制,促进国家的现代化进程。

---

⑧ 邓小平:《目前的形势和任务》,《邓小平文选》第2卷,人民出版社,1994,第267页。

第9章 制度变迁

制度变迁是制度的自我生长过程。制度变迁的实质是权利—义务关系的再调整或重新分配,[①]通过这种再调整或重新分配,使社会不同成员、不同利益集团之间实现动态平衡,达至和谐。一个善的制度必定是一个在变迁过程中生生不息、有序演进的制度。

一、制度变迁路径

当我们今天谈论制度变迁时,总是基于现代性的价值立场、且在宪政的基础之上展开,其核心是:在宪政的现代性伦理秩序基础之上,制度变迁的基本路径应当为何?如何在制度变迁过程中既保持社会活力,又保持社会基本秩序?

1. 制度变迁的两种路径

根据黑格尔的否定性辩证法,任何事物内部都具有否定性因

---

① 制度经济学以其特殊方式揭示了制度变迁的实质是权利—义务关系的重新分配。"所谓制度变迁,实际上是权利和利益的转移的再分配,即权利的重新界定。""制度变迁的诱致因素在于主体期望获取最大的潜在利润。所谓'潜在利润'就是'外部利润',是一种在已有的制度安排结构中无法获取的利润。""制度安排(包括产权制度)的变迁经常在不同选民中重新分配财富、权力和收入。"参见卢现祥:《西方新制度经济学》,中国发展出版社,1996年,第100、91、173页。

素,正是这内在否定性因素推动了事物的发展。制度亦不例外。不过,这种内在否定性只是表明制度自身的生长性,以及这种生长性的内缘性。仅此而已。至于制度的这种内在否定性究竟取何种样式呈现,则有赖于特定的社会历史条件。现代性社会及其宪政这一社会历史条件下的制度变迁,必定有着不同于前现代性社会中制度变迁的特点。如果说在前现代性社会、尤其是由前现代性社会向现代性社会过渡过程中的制度变迁,主要还是疾风骤雨、摧枯拉朽式的革命,那么,现代性社会中的制度变迁基本是渐进式的改革、改良,是在既有的制度背景中、遵循既有的规则、通过日常演进改变既有的制度。在这里,制度既是活动的背景、中介,又是活动的结果。

应当澄清对于"革命"概念的理解。"革命"至少有两种不同的理解。"革命"的一种理解是人们过去习惯了的那种意义上的理解。这种意义上的革命是一个阶级推翻另一个阶级的政权更替方式,它总是与暴力相联系,具有疾风骤雨、摧枯拉朽的特点。这种理解的"革命"似乎是注重了内容,但仔细想来却未必。它所强调、注意的似乎更多的是形式。"革命"还有另一种意义上的理解。这另一种意义上的"革命"是社会形态、生活方式、制度体制等的根本性变革。这种意义上的"革命"所关注的是其实质、内容。凡是一切能够导致这种根本性变革的具体活动方式都是革命。当我们说"改革也是一场革命"时,正是在这后一种意义上使用"革命"概念。这样看来,后一种意义上的"革命"是广义、实质内容的理解,前一种意义上的"革命"是狭义、外在形式的理解。

人们所习惯了的那种"革命"概念理解有两个原则失误:其一,将革命的具体样式、路径混同于革命的实质、内容,似乎只有疾风骤雨、摧枯拉朽式的变革方式才是革命,其他方式均不是革命。其二,将革命的某一特殊形式当作其唯一形式,似乎革命的形式只有暴力运动,而没有改良渐进。事实上,革命就是制度的某种根本性变革,达至这种根本性变革的方式,则依具体历史条件而异。所谓条条大路通罗马,即为此理。只要能够最终使得制度发生根本性变革,无论这种具体方式是暴力的还是改良的,都是革命。革命并不仅仅只有疾风骤雨、摧枯拉朽式的,革命还有渐进式的。改革、改良也是一种革命。

这种对于"革命"概念的澄清,在现代性社会的宪政背景性安排下,尤为重要。因为它直接关系到日常生活世界实践的具体路径选择,关系到制度变迁的具体交往方式选择。在现代性社会的宪政背景性安排下,改革、改良式的演进,应当成为制度变迁的基本路径。这里问题的关键在于:之所以前现代社会以及由前现代社会向现代社会过渡时,制度变迁的基本方式是疾风骤雨、摧枯拉朽式的革命,而现代性社会中的制度变迁则基本是渐进改革、改良式的革命,就在于有无宪政基础这一制度变迁的背景性安排。有宪政基础即意味着不同利益集团之间尽管有着利益矛盾乃至冲突,但是这种背景性安排决定了这些不同利益集团彼此间的平等对话、行为理性规范、共识共存的现实可能。正是这种现实可能使得渐进式制度变迁成为基本范式。

一般说来,制度变迁有渐变与突变两种基本形式。渐变是对制度的边际性修正,这种修正的每一次变化似乎都是微小的,但在一个无限开放过程中,这种渐变的积累将在不知不觉中导致质的变化,甚至这种变化超出原初选择进行这些渐变行动者的初衷。②一般说来,渐变较之突变有不可比拟的优越性:其一,有利于社会

---

② 当代中国20世纪80年代开始的改革开放过程,是这种具有革命性的渐进式变迁的典型。

稳定。渐变是在既有制度框架内、遵循既有基本规范原则而对既有制度所做出的某种边际性修正。这种修正，一方面，尊重了人们已经习惯了的承袭而至的既有基本生活方式与基本价值原则；另一方面，相对而言，它能获得更多人的拥护与支持，所面对的反对力量较小，因而不会造成大的社会震动。其二，有利于变革的顺利推进。渐变一般以现实主义态度认识与处理问题，且都有较为具体明确的目标与手段，社会预期利益明显，因而，容易为人们普遍接受，容易顺利推进。其三，有利于避免社会突变。渐变具有减压阀的功能。渐变不仅可以通过积累实现制度的重大变迁，而且还可以通过日常权利—义务关系的不断具体调整避免社会的突变。

突变是短期内对原有制度的根本性修正。这在原则上是一种发展的中断，是推倒重来的根本性修正或重建。一般说来，突变是对既有制度框架、价值规范原则的一种根本性否定，因而，往往难免社会冲突、对抗、振荡、离散，且往往会在这种社会冲突、对抗、振荡、离散中对现有社会生产力、社会组织、社会文化造成重大破坏。因而，它是一种高成本的变迁。[③] 尽管在人类文明演进过程中，突变有其存在的必然性与必要性，甚至在历史上曾发挥过无可替代的作用，但是，由于突变式制度变迁的社会冲突、对抗、振荡、离散作用，由于宪政自身背景性安排所提供的多元对话协商机制与规范的现实可能，宪政背景性下的制度变迁应当避免突变式的，应当取一种稳定发展中的、具有积累性的渐变制度变迁方式。

[③] 突变式的"革命性地颠覆在演化中形成的制度系统，然后用自觉设计出来的规则系统取代它们，必然是破坏性的。当承继下来的秩序被突然打碎，人们会失去方向；协调他们的行动变得困难起来"。参见柯武刚、史漫飞：《制度经济学：社会秩序与公共政策》，商务印书馆，2001，第469页。

当人们由过去的革命战争年代进入和平建设时期,当人们由前现代社会进入以宪政为基础的现代社会时,对于制度变迁的理念亦应当相应发生根本性变化:改革、改良就是革命,就是实现制度变迁的现实革命道路;渐变式的制度变迁方式是宪政条件下的最好制度变迁方式。④

制度变迁——无论是突变还是渐进,无论是传统意义上的革命还是改良——都是人的自觉目的性活动结果。正是在这个意义上,制度变迁离不开人的自觉目的性活动。任何一种制度变迁路径都是人的现实活动路径。然而,如何合理理解与把握制度变迁中的这种人的自觉目的性活动?或者换言之,制度变迁是否可以完全设计与安排?这个问题直接关系到制度变迁的具体路径选择,关系到制度变迁的结果,必须认真对待。

2. 制度变迁中的两只手

由于一切属于人的活动都是自觉目的性的活动,因而,说制度变迁总是人的自觉目的性活动结果,除了说明制度变迁总是与人的活动直接相关以外,并没有表达更多的内容,是一个空洞无物的结论。如是,则它的真实发问应当是:人的何种自觉目的性活动以何种方式影响制度变迁?制度变迁是否为人的自觉设计结果?制度变迁在何种意义能够被设计?

---

④ 这种理念的变化并不意味着不再需要理想主义精神,而是意味着理想主义精神与现实主义精神的融合。通过在既有制度体制框架内的改良与变革,逐渐推进社会的整体进步。"尊重体制,才能改良","基层民主生长,土壤何其脆弱,过分冲撞原有体制,其实是堵塞革新之路。"这样一些在当代中国改革开放过程中出自基层领导者内心的感慨,亦以一种特殊的经验形式揭示渐进式方式是一种现实可行的改革方式。具体参见《倾力推民主十年触坚冰 女书记艰难试验不言悔》,载《南方周末》2007年7月26日A1—2版。

制度经济学在讨论制度变迁时,曾从经济学的角度检讨总结了人类近代以来制度变迁的两种基本模式:自觉设计的与自然演进的。相关学者通过历史上一系列事实揭示:在"科学"名义下开发、设计出的制度变迁,往往成为集权、封闭的制度,并对经济生活产生很不利的结果;近代以来的经济制度变迁,经历了从自由发展到自觉设计,再回归自由发展的开放秩序过程;而当代向自由发展开放秩序的回归,则建立在对试图劳心费神从一切细节上设计、安排制度及其运转做法的反思基础之上。[5] 制度经济学的这个思想不失洞见与深刻。宏观、整体上的原则设计,微观、细节上的自由生长;原则框架中的自由生长反过来进一步推动原则框架本身的进步。这正是制度经济学以其特殊方式,在制度变迁路径问题上给我们的普遍启示。

当我们试图为制度变迁的一切细节均事先做好设计、安排时,总是以一种自信为前提,自信我们完全有能力完备地认识并预测事物的一切。然而,恰恰在这一点上是始终值得警惕的。在其现实性上,人对真理的认识总是有限的(恩格斯),人具有"理性不及"的特质(哈耶克)。人只能在有限的范围内,根据有限的认识对事物进行有限的安排。甚至不排除这种可能,当时自以为是聪明、合理的安排,事后被证明是极端愚蠢、荒唐的行动。就社会生活而言,社会发展的规律、真理,也只能是在一般趋势、基本规律、基本结构意义上的被认识与把握。更何况规律本身并不外在于人的活动,而是内在于人的活动之中,人的开放性活动会创造出新的规律。因而,对于社会生活及其制度变迁的人为设计、安排,也只能

---

[5] 参见柯武刚、史漫飞:《制度经济学:社会秩序与公共政策》,商务印书馆,2001,第12章尤其是第465—473页。

是在既有有限的认识与实践能力范围内的一种原则设计与基本安排,是在宏观框架结构、基本活动规范意义上的设计与安排,而不能是在细节上的专门设计与安排。那样,不仅会导致社会集权与专断,而且还会扼杀社会活力。

恩格斯当年在谈到历史演进规律与人的自由意志活动关系时,曾揭示:"行动的目的是预期的,但是行动实际产生的结果并不是预期的,或者这种结果起初似乎还和预期的目的相符合,而到了最后却完全不是预期的结果。"⑥尽管恩格斯的这个思想直接针对的是个体、个人,但其思想要旨对于作为集合体的个别同样有效。

如果我们不是试图在制度变迁中采取一种理想主义乌托邦的立场,而是坚持一种理想的现实主义立场,那么,就应当选择一种设计基本原则、基础结构、基本规范的自由创制的路径。

萨拜因在《政治学说史》中曾介绍过伯克的一个观点,并对之大加赞赏。在伯克看来,"制度不是发明或制造出来的;它们是活生生的并且是不断发展的。因此必须以尊崇的态度对待它们,以审慎的态度提到它们。对于进行计划和设计的政治家来说,想以冒险而空想的计划搞什么新制度,可能会轻易毁掉他一时心血来潮想要再建的东西。没有哪个新创造的制度能够通行,无论它多么符合逻辑,除非它累积了类似程度的习惯和感情。所以,那些革命分子自命能创造新政体和新政府,在伯克看来是既糊涂又可悲。"⑦伯克的这个思想不失睿智。以波普尔、哈耶克等为代表的新自由主义者们也秉持了同样的思想立场。波普尔认为:"在任何条件下理性规划的结果不可能成为稳定的结构,因为力量的平衡

---

⑥ 参见恩格斯:《路德维希·费尔巴哈和德国古典哲学的终结》,《马克思恩格斯选集》第 4 卷,人民出版社,1972,第 242 页。

⑦ 参见乔治·霍兰·萨拜因:《政治学说史》(下),商务印书馆,1986,第 687 页。

必然发生变化,所有的社会工程,不管它如何以它的现实主义和科学性自豪,注定是一种乌托邦梦想。"⑧哈耶克则通过"理性不及"为自由主义争得存在本体论根据。伯克、波普尔、哈耶克等在制度变迁问题上所坚持的基本立场,是自由主义的无形之手的立场。这种立场的核心是:认为日常生活中的创制活动是制度变迁的基本动因与机制,坚持要为日常生活中的自由创制活动留下广阔空间。

然而,恰如经济活动中无形之手的有限性一样,在社会生活中无形之手的创制作用亦有其明显的有限性。一方面,人总是在某种自觉设计安排中活动的,离开了这种自觉设计安排,就无所谓人的活动。即使是作为复数的人亦如此。另一方面,自由主义立场所坚持的人的自由创制活动总是在一定的背景中进行,这种背景性安排是一个无法摆脱的前提性条件。正是某种背景性安排,才使得个人的自由创制活动得以可能。正是在这双重意义上,制度及其变迁过程中又总是有选择、设计、安排的。只不过,这种选择、设计、安排是对背景性制度的基本结构、规则、规范的设计与安排。选择何种基本结构、规则,设计何种基本制度及其基本内容,是任何一个社会健康发展所无法回避的主题。这种基本规则、结构、制度,尽管有其孕生的胚床,有其诞生的条件,但是,它的出世却须通过人的自觉选择,并以人的自觉设计的方式呈现。不过,这种选择、设计、安排,只是基本方向、基本原则、基本结构、基本规范方面的。正是这种基本方向、原则、结构、规范方向的设计,与日常生活中自由创制活动的统一,构成了制度变迁过程中的生机与秩序。

---

⑧ 卡尔·波普尔:《历史决定论的贫困》,华夏出版社,1987,第36—37页。

其实,波普尔尽管竭力反对事先设计的"社会工程",但有时他也不得不承认社会制度在某种程度上的可设计性。他在《开放社会及其敌人》一书中曾多次强调社会制度的可设计性。在他看来:"制度好似堡垒,它们得由人来精心设计并操纵","从根本上说,制度的确立,总是遵循着某些规范,按照头脑中的某种目的设计的。"⑨

人类近代以来的文明演进史,亦以一种历史的雄辩证明了这种自觉设计、安排的奠基性价值。以《联邦党人文集》为例。《联邦党人文集》被看作是一部理解美国政治制度及其设计的经典性著作。美国学者詹姆斯·W.西瑟认为这部著作具有两个要点:"第一,设计一种健全的、既是共和又是宪政的政府形式是可能的。第二,这一政府可以在一个能与其他世界强国进行体面竞争的国家里通过有意识的设计建立起来,而不作为一种发生在一个不恰当的地方的偶然结果。"⑩没有选择、设计,就没有历史发展、制度变迁的基本方向。在社会发展的重大转折关头,这表现得尤为明显。当然,制度变迁中的这种选择、设计,又必须与在漫长社会发展过程中演进形成的既有文化、历史、社会、经济、政治诸条件吻合,必须植根于制度文明赖以生长的现实土壤。

制度变迁过程,既非无设计的纯粹自然演进过程,也非无自然演进的纯粹理性构建过程,而应是无数主体在既有基本结构、方向、原则、规范、制度下的自由实践创造过程。在这个自由实践创造过程中,个人理性与公共理性均能得到较为充分发挥。借用斯

---

⑨ 波普尔:《开放社会及其敌人》第1卷,中国社会科学出版社,1999,第237、135页。

⑩ 詹姆斯·W.西瑟:《自由民主与政治学》,上海人民出版社,1998,第13页。古希腊时期梭伦的改革方案,也被人认为是成功的制度设计。

密经济活动调节中的两只手概念,制度变迁过程也需要两只手:自由创制的无形之手,与基本方向、原则、规范、结构设计的有形之手。这正如门格尔所揭示:"看不见的手与设计过程会在给定制度的历史中相互影响并发挥某种作用。"[11]与此相应,制度变迁的基本路径选择,就应当是制度变迁基本方向、原则、规范、结构的设计与安排与日常生活中的自由创制的统一。这是背景性基本规定的自然演进路径。这种背景性基本规定的自然演进路径,又会反过来促进、维护、保证前述具有稳定性、积累性与渐进性特征的社会变迁改良路径。

二、制度变迁中的英雄

严格地说,现代性社会是一个去英雄化的社会。黑格尔曾表达过一个思想:英雄出现在现代国家出现之前。[12]黑格尔的这个思想有两个方面的基本含义:一方面,英雄出现在由野蛮向文明的转折期,英雄的作用在历史转折时期突现;另一方面,在建立起严格法治的现代性社会中,生活本身的法治化、稳定化、制度化,使得社会在一种规范化的方式中演进。也正是在这个意义上,现代性社会相对于前现代性社会而言,是一个伴随着否定人治社会历史形态的去英雄化过程。

然而,现代性社会的去英雄化并不意味着现代性社会不再需要英雄、再也不会出现英雄了。现代性社会仍然是一个产生英雄

---

[11] 卢瑟福:《经济学中的制度》,中国社会科学出版社,1999,第107页。
[12] "在国家中已再不可能有英雄存在,英雄只出现在未开化状态。"黑格尔:《法哲学原理》,商务印书馆,1982,第97页。

的社会,只不过它不再是一个英雄辈出的社会而已。只要有人的活动,只要个体对社会历史演进进程的影响有差异,那么,就会存在英雄生长的土壤。如前述,现代性社会中的制度演进是一个背景性基本规定的自然演进过程,正是公民在日常生活中的普遍创制,为制度变迁提供了日常生活机制,并为英雄的出现提供了日常生活基础。

1. 作为历史引领者的英雄

英雄是时代精神的代言人,是掌握与道出时代精神的人,因而是引领时代的人。"谁道出了他那个时代的意志,把它告诉他那个时代并使之实现,他就是那个时代的伟大人物。他所做的是时代的内心东西和本质,他使时代现实化。"[13]

制度变迁中的英雄属于"历史的天空中闪烁着的几颗星"的人物。"所谓历史上的英雄就是那样一个人:在决定某一问题或事件上,起着压倒一切的影响;而我们有充分理由把这样的影响归因于他,因为如果没有他的行动,或者,他的行动不像实际那样的话,则这一问题或事件的种种后果将会完全两样。"[14]"谁救了我们,谁就是一个英雄;在政治行动的紧急关头,人们总是期望有人来挽救他们。每逢社会上和政治上发生尖锐危机,必须有所行动,而且必须赶快行动的时候,对英雄的兴趣自然就更强烈了。"[15]"每当真正的选择道路存在的时候,一个伟人的积极参与可能会发生决定性作用——这里只说可能会,因为此外还有其他因素插足进来决定道路选择问题;而这些因素可能比个性因素在这上面具有更大的决

---

[13] 黑格尔:《法哲学原理》,商务印书馆,1961,第334页。
[14] 悉尼·胡克:《历史中的英雄》,上海人民出版社,1964,第107页。
[15] 悉尼·胡克:《历史中的英雄》,上海人民出版社,1964,第6—7页。

定作用。"⑯这种决定性影响作用在重要的社会历史转折关头,在制度变迁的关键时期,显得尤为突出。作为美国开国元勋们政治智慧集中体现的《联邦党人文集》,为美国构建起较为完整的宪政体制,而华盛顿则开创了不追求世袭终身制的美国总统任期制。罗斯福的新政,邓小平的改革开放等等,均是这种在民族历史上留下永久记录的伟大创造性变迁。而这种变迁则与英雄们的名字直接联系在一起。

英雄人物是与平常(普通)人物相对应的一个概念。⑰有一种习惯性的认识,以为英雄不创造历史,只有人民创造历史。这种认识存在三个方面的明显失误:其一,将英雄搁置于人民之外,人民成了一群无组织、无代表的杂在。因为,只要人民是有组织性的存在,这个有组织的存在必定有自己的代表,那么,人民就必定有英雄。其二,对历史的虚无主义态度。事实上,历史总是与一些杰出人物直接联系在一起,历史变迁的重大环节往往总是以某些杰出人物的名字命名。历史的重大变迁更是如此。其三,英雄总是从大众中产生的,草根出英雄。草根向英雄的转化,这是历史的辩证法。人多势众不是真理的根据。真理往往总是首先为少数人认识、掌握。正是这些少数者唤醒、引领了其他多数者。这些事实上起着唤醒与引领作用的少数者,就是改变社会与历史的英雄。

英雄是人民群众中的杰出一员。文明历史是由无数个人的创造活动所构成。然而,每个人在文明历史进程中的作用并不相同。有些默默无闻,有些声名显赫,有些平庸,有些杰出,有些流芳百

---

⑯ 悉尼·胡克:《历史中的英雄》,上海人民出版社,1964,第80页。
⑰ 人们通常习惯于将英雄人物与人民群众概念相对应。这在逻辑上有问题。因为,只有同时将英雄人物理解为杰出人物、将人民群众理解为普通人物时,这种通常习惯理解才有可能成立。

世,有些遗臭万年。而能够作为历史时代标记的则是那些英雄人物。英雄人物是"居于一切行动也包括世界历史性行动在内的顶点"的人,"他们是世界精神的实体性事业的活的工具"。⑱他们是时代的先知与先行者。他们的远见卓识,他们的非凡意志,他们的杰出组织能力,在给人们灌输一种新的时代精神的同时,引领人们战胜那些似乎不可战胜的力量,去开创一个新时代。⑲这些英雄人物在历史上常常出现两次,一次是悲剧,一次是喜剧。他们往往首先并不为自己所献身的人们所理解与认同,相反,他们往往为自己所献身的人们所抛弃。他们也不是人格上的完人,相反,他们很可能在人格上存有这样那样的缺陷——甚至非凡的意志力所固有的执著本身就可能是一种人格上的缺陷——因而他们人格本身也可能为当时或后来的人们所诟病。他们有伟大的心志。他们为了伟大的目标,可以舍弃那些在常人看来极为可贵的东西——包括某些在常人看来值得珍惜的日常生活美德——承受常人难以想象的道德压力,忍辱负重。他们具有伟大的创造力,而这亦意味着他们可能具有极大的破坏力。他们在建立一个新世界的同时,有可能毁灭的不仅仅是旧世界,而是某种程度的玉石俱焚。然而,正由于他们引领人们创造了一个新世界,这个新世界本身就成为他们不朽的纪念碑。正是英雄人物在历史变迁中的这种伟大作用,使得历史变迁具有丰富的偶然性。

人类世界虽绵延数十万年,但是在人类文明史上留下不朽印

---

⑱ 黑格尔:《法哲学原理》,商务印书馆,1982,354—355页。
⑲ 根据牟宗三先生的说法,英雄具有魔性的浪漫,他们具有非凡的意志力、能够代表民众愿望并带领民众前行。参见牟宗三:《政道与治道》,广西师范大学出版社,2006,第60—68页。

记的则寥若晨星。[20] 人类因为有了柏拉图、亚里士多德、孔子、老子、马克思,因为有了基督、佛主,因为有了培根、洛克、牛顿、康德、爱因斯坦,因为有了秦始皇、汉高祖、拿破仑、亚历山大,因为有了林肯、华盛顿、马丁路德金,因为有了罗斯福、丘吉尔、斯大林,因为有了毛泽东、邓小平等这样一些英雄人物,才会翻开一页页崭新的历史。人们仰慕他们,并在他们的引领下走向明天。

制度变迁中的英雄,是能够创造历史进程的伟人。悉尼·胡克曾将历史进程中的英雄区分为两类:事变性英雄(eventful man)与创造事变的英雄(eventful making man)。"事变性英雄人物就是:某一个人的行动影响了以后事变的发展;而如果没有他的这一行动,事变的发展进程将会因之而完全不同。"而"事变创造性人物就是这样一个事变性的人物,他的行动乃是智慧、意志和性格的种种卓越能力所发生的后果,而不是偶然的地位或情况所促成的"。[21] "他们之间的区别是:在事变性人物的场合,条件的准备是在一个很高的阶段。为了做到那决定性的选择,所需要的不过是一个比较简单的行动——一道命令、一个法案,或一个常识上的决定。他也可能把他的任务'错失',或者被别人中途篡夺了去。但即使他没有失败的话,那也不足以证明他是一个特异的天才。他的功过是根据他的行动后果究竟给人们带来幸福还是祸灾而判定

---

[20] 他们永远是历史进程中的极少数。然而,"天才并不是把才能组合起来的结果。多少大队士兵相当于一个拿破仑呢?多少二三流诗人可以构成为一个莎士比亚呢?多少普通的科学家可以完成一个爱因斯坦的工作呢?这一类的问题的提出并非为了取得答案,它的用意不过使人确信天才的独特无双而已。"参见悉尼·胡克:《历史中的英雄》,王清彬等译,上海人民出版社,1964,19—20页。古人云:天不生仲尼,万古长如晚,所说的正是这个道理。

[21] 悉尼·胡克:《历史中的英雄》,上海人民出版社,1964,第108页。

的，而不是根据他在行动中所表现出来的品质。"②"事变创造性人物，虽然也一样在历史路线上找到了一个交叉点，但他却还可以说帮助创造了这个交叉点。他不但具有种种非常的天才，而且在实现他所选择的历史路线上，发挥了他的特异的天才，增加了成功的机会。像恺撒、克伦威尔和拿破仑等等人物，至少也得从他们政敌的手中打开一条出路，而在这样做时，发挥了他们特异的领袖天才。正是那作为事变创造性人物看待的英雄把他们的个性积极的烙印加盖在历史上面——一直到他们从历史舞台上消逝以后，这个烙印还依然明显可见。至于那仅仅是事变性的人物（例如那以手指堵塞溃堤穴隙或发射引起战争的第一颗枪弹的人）则极少能够了解他所面临的历史选择路线是什么性质，或者他的行动所导致的一连串事变是什么性质。"③在现代性社会，尽管存在着去英雄的特质，但是，英雄仍然不时出现。罗斯福、邓小平均是这种创造历史的伟人，正是他们开创了一个新时代。

肯定英雄对于历史的创造与引领作用，既不否定人民群众在历史上的作用，亦不否定普通人在历史变迁中的作用。这正如普列汉诺夫所说："群众参加伟大历史事变的必要性，也决定了具有更高才能和更高人格的人物来推动群众的必要性。这就为个别人物从事有益的事业开辟了广阔的余地。"④英雄是人民的代表。英雄的智慧、权威与力量源于人民。离开了人民，英雄将一事无成。

英雄在现代性社会中创造历史，是一种敏锐把握历史趋势顺势而为的活动。普列汉诺夫曾归纳了历史发展的三个方面的基本

---

② 悉尼·胡克：《历史中的英雄》，上海人民出版社，1964，第112页。
③ 悉尼·胡克：《历史中的英雄》，上海人民出版社，1964，第108页。
④ 普列汉诺夫：《普列汉诺夫哲学著作选集》第2卷，北京三联书店，1962，第335页。

因素:一般原因、特殊原因与个别原因。这里的一般原因是指决定历史运动的生产力发展情形及其社会历史条件,特殊原因是指具体的历史环境及其境遇,个别原因是指英雄人物个人特性及其作用。㉕普列汉诺夫此思想的核心在于:对于英雄在历史演进与制度变迁中的作用,须在一种有条件、历史的视野中把握。一方面,历史进程中的英雄是时代的代表。历史已发展到这样一种地步,已在客观上到达了转折的门槛。这正如马克思所说:"每一个社会时代都需要自己的伟大人物,如果没有这样的人物,它就要创造出这样的人物来。"㉖另一方面,社会又提供了这种可以产生英雄的机缘。如普列汉诺夫所说:"当时社会制度不应阻碍具备有恰合当时需要并于当时有益的特性的那个人物施展其能力。"㉗此外,英雄自身的非凡独特条件、胆识、智慧与能力。㉘上述三者缺一不可,且相互间具有逻辑上的优先次序关系。

㉕ 参见普列汉诺夫:《普列汉诺夫哲学著作选集》第 2 卷,北京三联书店,1962,第 372 页。

㉖ 参见:《马克思恩格斯选集》第 1 卷,人民出版社,1972,第 450 页。"恰巧某个伟大人物在一定时间出现于某一国家,这当然纯粹是一种偶然现象。但是,如果我们把这个人除掉,那时就会需要有另外一个人来代替他,并且这个代替者是会出现的,——或好或坏,但是随着时间的推移总是会出现的。""恰巧拿破仑这个科西嘉岛人做了被战争弄得精疲力竭的法兰西共和国所需要的军事独裁者,——这个偶然现象。但是,假如不曾有拿破仑这个人,那末他的角色是会由另一个人来扮演的。这点可以由下面的事实来证明,即每当需要有这样一个人的时候,他就会出现:如恺撒、奥古斯都、克仑威尔等等。"(《马克思恩格斯选集》第 4 卷,人民出版社,1972,第 506—507 页。)

㉗ 普列汉诺夫:《普列汉诺夫哲学著作选集》第 2 卷,北京三联书店,1962,第 366—367 页。

㉘ 甚至如卢梭所说:"敢于为一国人民进行创制的人——可以这样说——必须自己觉得有把握能够改变人性,能够把每个自身都是一个完整而孤立的整体的个人转化为一个更大的整体的一部分,这个个人就以一定的方式从整体里获得自己的生命与存在;能够改变人的素质,使之得到加强;……立法者在一切方面都是国家中的一个非凡人物。如果说由于他的天才而应该如此的话,那么由于他的职务他也同样应该如此。"参见卢梭:《社会契约论》,商务印书馆,2003,第 50—51 页。

任何一个英雄人物,无论是在前现代的人治社会,还是在现代的宪政社会,都不能不受他所生活于其中的时代、历史、文化等的限制。[29]"世界上往往有种局势不是任何英雄人物所能掌握的。这种局势的来临有如排山倒海的怒潮,任何潜在的事变创造性人物,或者他的追随者都无法加以遏止,虽然他们可以乘着这波浪前进而使情况有所不同。"[30]"因此,所谓伟人不过是历史力量或社会力量的一个'表现',一个'代表',一个'符号'或一个'工具'罢了。他必须顺应历史的潮流才能获得声望,或取得胜利。"[31]在宪政社会,一个想在历史上留下自己名字的英雄人物,必须顺时代潮流而动,必须取得人民的理解、支持与拥护。

2. 英雄实践的规范性

历史进程中的重大制度变迁往往总是与英雄名字相连,总是少不了英雄。正是英雄引领了这种重大制度变迁进程。历史进程中的英雄具有非凡的气质与能力,他不但能够如同黑格尔所说那样对既有舆论不屑一顾,甚至还有能挑战既有行为规范的能力。然而,对于现代性社会中的制度变迁过程来讲,英雄却由于以下两个基本理由必须使自己的行为具有规范性,必须在既有基本规范内引领与推进制度变迁:

其一,宪政这一背景性制度安排。这是全社会共享的现代性

---

[29] "没有一个伟大人物能够强迫社会去接受已经不适合于这种生产力状况的关系,或是接受还不适合于这种状况的关系。在这个意义上说,他确实不能创造历史,所以他在这种场合移动他的表针当然是徒劳无益的,因为他既不能把时间加速,也不能使时间倒退。"参见普列汉诺夫:《普列汉诺夫哲学著作选集》第2卷,北京三联书店,1962,第373—374页。

[30] 悉尼·胡克:《历史中的英雄》,上海人民出版社,1964,第122页。

[31] 参见悉尼·胡克:《历史中的英雄》,上海人民出版社,1964,第43页。

社会的背景性制度安排。正是宪政这种背景性制度,一方面为英雄们提供了现实活动的前提与平台,另一方面又规定了能够成为现代性社会英雄的基本规定。根据罗尔斯的分析,能够有资格作为现代性社会成员存在的,是具有正义感与道德感能力的人,否则就不配作为一个现代性社会成员,即使英雄亦莫例外。更何况在宪政的现代性社会,能够作为英雄出现的,必定是能够引领与推进宪政的实践者。

其二,英雄的示范与表率作用。英雄通常具有极大的影响力,并具有极强的社会示范作用。英雄对于既有基本规范的维护与尊重,会使既有基本规范获得令人敬畏的权威与尊严。如果英雄为了实现某种社会目的,充分利用自身的地位、能力、影响力,置既有基本规范于不顾,那么,即使他实现了那种具体目的,且这种具体目的对于历史变迁亦有重要意义,但是,这种对基本规范的冒犯本身就是对现代宪政制度根基的一种亵渎。它会从根本上伤害现代宪政。因为这种对于基本规范的冒犯,会在不经意间给人们一种示范:这些基本规范原来只不过是可随意摆弄的侍女或任意打扮的女孩。

宪政制度下的英雄不同于以往任何一个时代英雄之处,就在于:理性的实践。在宪法法律的框架中,服从既有基本规则,根据既有程序,并在服从中合规则地改变规则,合程序地改变程序,进而引领与创制社会变迁。

三、制度变迁成本分配的正义性

在"善"的制度主题之下,讨论"制度变迁"问题,就不得不讨论制度变迁的成本问题。因为,制度变迁成本问题从成本及其担当这个具体权利—义务关系维度,提出了制度变迁的性质以及制度变迁是否可能、如何可能这样一系列具有根本性意义的问题。

1. 制度变迁成本

制度变迁是有代价的,这个代价就是制度变迁的成本。所谓制度变迁成本就是指制度变迁的代价,它所标识的是社会为其自身发展所付出的代价。"代价"通常被规定为:"(1)获得某种东西所付出的钱。(2)泛指为达到某种目的所耗费的物质或精力。"[32]在日常生活中,代价通常指为达到某种目的所做出的某种舍弃、付出、投入、消耗或牺牲。在经济学中,代价被看作是生产成本、机会成本、成本投入。在社会哲学中,代价则是在一般意义上指社会发展过程中的付出。制度变迁成本概念则在社会哲学意义上使用,指称制度变迁过程中社会所付出的代价,这种代价是一种统摄、概括、一般性意义上的代价。

制度变迁成本具有客观必然性。此客观必然性是指:一方面,任何一种制度形态变迁,乃至人类的任何一种文明演进过程,都必须付出代价。这种付出不以人的意志为转移。另一方面,这种付出的代价本身又是真实存在的,它亦不以人的意志为转移。制度变迁成本的这种客观必然性表明:制度变迁成本付出是一种普遍必然,社会历史进步总是以某种代价为前提。人类文明史如此,一个民族文明史亦如此。一个正由农业文明走向工业文明、由前现代社会走向现代社会的民族,应当有着充分的精神准备:为了民族的盛兴而承担起某种历史的承负。

---

[32] 参见《汉语大辞典》,上海辞书出版社,1986,第202页。

然而，并不能因为制度变迁有成本，就忽视对于制度变迁成本本身的分析。制度变迁的成本究竟应当多大？是否在一定范围内可控制？这种成本本身在社会中又是以何种方式存在？它对社会伦理关系的影响是何？如何使这种成本既控制在必要的范围之内，又使之以一种较为公正的方式存在？这些值得一切有良知与责任感（而不是摆弄文字、打发无聊的无病呻吟）的思想者深思。

"制度变迁成本"问题有两个方面的内容：其一，制度变迁成本的大小，这种成本、代价是否超出可预期所得？其二，制度变迁成本如何在全社会不同成员间分配？或制度变迁代价在不同成员间的担当状况。前一个方面直接关涉的是制度变迁是否必要的问题，后一个方面直接关涉的则是制度变迁本身的正当性与正义性，它的核心是制度变迁是否可能，以及制度变迁的性质问题。

制度变迁总有成本或代价，这是否意味着这种成本或代价可以是任意、无限的？是否在一定程度上具有可控性？制度变迁必然有成本付出，然而，这并不意味着这种成本付出可以是任意、无限，也不意味着这种成本一点也不可控。首先，如果制度变迁的成本是任意、无限的，那么，这就意味着制度变迁的结果可能是负收益的。即，人民从这种制度变迁中不仅不可能得到益处，相反，还得遭受更大的不幸。如果是这样，那么，这种制度变迁就是失缺合理性根据的，没有必要。一种制度变迁的成本付出必定在整体上要小于这个制度成功变迁后的受益。即，这种变迁必定是能给人民带来更多自由，能够解放社会生产力，进而使社会获得进一步自由、繁荣、发展的。其次，制度变迁成本在一定程度上是可控的。因为，制度变迁过程是人的自主实践活动过程，人的自主实践过程总是具有一定的目的性与计划性，因而，总是具有某种可选择性，正是在这个上，制度变迁的具体成本代价在一定程度上又是可控的。我们不能因为制度变迁过程中的不确定性,㉝就断然否定制度变迁成本的某种可控性,否定制度变迁具体代价的可选择性。我们可以在不同代价、成本之间做出选择,以较小代价换取制度变迁的目的性实现。制度变迁本身不是目的,目的是使人民获得更多自由,社会生产力获得更大解放,文化更加繁荣,秩序更加和谐,是如罗尔斯所说的现代性良序社会及其长治久安。

"制度变迁成本"与"制度变迁成本的具体担当或分配",是两个虽相关、但却有原则区别的问题。不能以制度变迁成本的必要性、必然性,来掩盖、遮蔽制度变迁成本分配的正义性问题。因为正是制度变迁成本分配问题才能深刻揭示一个特定社会的具体伦理关系特质。

2. 制度变迁成本分配及其正义性

制度变迁代价在社会成员中如何分配?不同社会成员之间担当的代价是否合理?这既构成一种特殊的权利—义务关系,亦以一种特殊方式标识了一种社会制度的具体内容。因而,对于制度变迁的考察尤其不能回避制度变迁成本分配这个核心问题。

所谓制度变迁成本分配,是指制度变迁成本在不同社会成员间的分配,或者换言之,指不同社会成员对于制度变迁中的付出、代价的具体担当。其核心是:是否不同社会成员都公平地分担了这种制度变迁的代价,并公平地从这种制度变迁中享受到制度变迁所带来的利益,这种制度变迁成本分配是否公平。

人们往往习惯于以"制度变迁总是要有代价,代价总是由人来

㉝ 这种不确定性集中体现在"(1)行为的自决性;(2)人类理性能力的有限性;(3)外部事物的模糊、未知及突发性"三个方面。参见郑也夫:《代价论》,北京三联书店,1995,第 89 页。

承担"来模糊制度变迁成本分配问题。其实,"制度变迁总是要有代价,代价总是由人来承担"命题,除了在人类学的意义上而言外,没有任何意义。在其现实性上,人类所承担的代价总是通过一个个特殊具体人来具体实现。这种制度变迁成本究竟如何在不同社会成员之间分配?是由部分人承担代价,还是全体人承担代价?是一部分人承担大部分代价,另一部分人承担极少代价,还是大家都公平地承担起这种制度变迁的代价?如果一部分人基本承担了制度变迁的代价,却并没有相应地享受到制度变迁所带来的利益、好处,相反,这种制度变迁所带来的利益、好处主要由另一部分人享用,那么,至少在制度变迁这个具体问题上,存在着严重的权利—义务关系的不对称。这种不对称,是一种不公平、不正义。这种制度变迁成本分配中的不公平、不正义,以直白的方式揭示了社会利益的对立与冲突,并最终将伤及这种制度本身。

制度变迁成本的担当,能够集中地标识一种制度的具体内容与性质。以英国为例。英国在工业革命时期的制度变迁过程中,以一种强制的力量促进工业化、城市化进程,出现了圈地运动。托马斯·莫尔将其称之为"羊吃人运动"。在圈地运动中,无数农民倾家荡产,流离失所。而政府又颁布血腥法令,不允许这些失去土地的人流浪。因而失去土地的农民只好进入城市,成为城市无产者。为了活命,他们不得不进入生产羊毛制品及其他产品的手工工场,成为资本家的廉价劳动力。圈地运动作为一种制度创设,牺牲了农民的利益,为资本家提供了廉价的雇佣劳动力和国内市场,与此同时,又使英国资本家积累了原始资本。圈地运动作为一种历史性制度变迁的一个具体环节,其制度变迁成本由原来的乡村农民与城市无产者担当,而资本家则享有这种制度变迁所带来的几乎全部好处。在这种制度变迁成本分配关系上,表现出工人阶级与资产阶级两大阶级的尖锐权利—义务关系对立。

　　当时的英国,作为先发资本主义国家,为了进一步拓展市场,获取更多廉价原材料与劳动力,进行了大规模的殖民地运动。伴随着这个殖民地运动的,是进一步将制度变迁成本转移到殖民地国家的人民头上。这样,就制度变迁成本分配或承担问题而言,当时的英国在资本主义制度变迁过程中,在两个维度上集中体现出不正义关系:一是自身民族—国家内部的制度变迁成本担当的不正义,一是与殖民地民族—国家间制度变迁成本担当的不正义。一部近代资本主义制度的演进史,就是一部这种制度变迁成本担当分配不正义的历史。这种制度变迁成本分配的不正义,以资产阶级对国内农民与工人阶级、对国外殖民地民族—国家人民的剥削为实质内容。伴随着这种制度变迁成本分配不公正的,就是国内无产阶级反抗资产阶级剥削的工人运动,就是殖民地国家的人民反抗殖民地统治、争取民族独立的斗争。而正是这两个战场的斗争,构成了人类近代以来文明演进的两条主线。这两条主线的核心就是政治正义:国内政治正义与国际政治正义。

　　政治正义、不同社会利益集团间的政治关系,不是一个空洞、抽象的概念,它须具象化在日常生活的每一个具体方面。在社会转型、制度变迁过程中,这种政治关系会集中呈现为制度变迁代价的分配、担当,以及由这种制度变迁代价的分配、担当所代表的权利—义务关系上。在制度变迁过程中,一种和谐秩序的构建,基本取决于这种变迁成本的合理分配——与此相应的就是对这种变迁收益的合理分配。或者换言之,要成功实现制度变迁,就必须合理分配制度变迁成本及其收益。社会不同阶层、不同利益集团,都有责任与义务承担起制度变迁的代价,都有权利享有与其代价承担基本相应的制度变迁所带来的收益。

在一定意义上可以说,制度变迁过程中的一切矛盾,在根本上均由制度变迁成本与收益分配所决定。正是在这个意义上,制度变迁成本与收益分配是成功实现制度变迁的关键。使所有人都共享制度变迁的成果、好处,让所有人都共同分担制度变迁的成本,这是保证制度变迁成功的前提与基础。

曾经有这样一种观点,以为"为了改革开放可以不惜一切代价"。如果这种观点仅仅是在表明一种推进改革开放的决心,仅仅是强调无论困难多大、一定要推进改革开放,那么,这未尝不可,亦有某种合理性。但是,作为一种信念,作为一种制度变迁自觉实践的实践理性精神,则有严重失误。这种观点存在着两个误区:其一,将改革有代价混同于改革可以不惜一切代价。改革有代价,并不等于改革可以不顾一切代价,并不意味着这种代价没有基本底线,并不意味着可以以广大普通民众的基本利益为代价,并不意味着所有已付出的代价都是必需的。事实证明至少有些代价可以少付乃至不付。其二,如后所说,以改革有代价来遮蔽、代替谁来承担这个代价的问题。这样会使改革偏离方向,失却民意,进而失却合法性基础。如果改革过程中代价主要由一部分人承担,成果主要由另一部分人享用,那么,就会出现严重社会不公问题,就有可能使改革夭折。

制度变迁本身就是一个权利—义务关系的再调整、再安排过程,这个过程同时即是一个不同社会阶层、利益集团的相互利益博弈过程。制度变迁成本分配即是这种利益博弈的具体呈现。制度变迁成本分配公正问题所包含的最重要问题之一,就是那些在制度变迁过程中由于种种原因较多地承担了社会变迁过程中的代价而处于弱势的群体。能否公平地分享制度变迁所带来的收益、好处,这是既关涉具体制度自身是否善或好的问题,亦是关涉制度变迁能否成功实现的问题,更是关涉这个制度能否长治久安的问题。

3. 制度变迁中弱势群体的权益

在制度变迁过程中,弱势群体往往由于自身影响力弱小,缺少话语权,其利益不被重视,尽管较多地承担了制度变迁中的成本或代价,却较少地享有制度变迁的收益。

当我们说制度变迁过程中的"弱势群体"时,是在社会结构分层维度使用这一概念,并用以揭示社会成员在社会结构中的关系状态,指称的是那些处于社会底层的社会成员。弱势群体是一个相对概念,因为强势与弱势总是相对、比较而言。然而,当在制度变迁过程中讨论弱势群体及其对制度变迁成本的担当时,这个相对、比较却是在严格社会分层这个意义上使用,指的是在社会分层中处于相对较低位置的社会成员。否则,"弱势群体"就会成为一个没有确定性规定、毫无意义的概念,就会混乱我们的思想与视野。不能将社会分层意义上的弱势群体概念,与没有确定性规定的、日常生活中习惯使用的弱势群体概念相混淆。㉞

日常生活中通常所使用的"弱势群体"概念,注意到了其相对性的一面,但却缺失弱势群体规定的严格确定性。事实上,社会生活中存在着为人们所公认的那样一个弱势群体(在这个群体里,人们很难想象会有教授、公务员)。弱势群体有其确定性规定。这就如同阿马蒂亚·森在确定"贫困"这个似乎具有相对性的概念时所揭示的那样,这是一个在特定社会条件下凭经验可以基本确定的概念。罗尔斯在论及正义的两个基本原则时曾强调一个思想,这

㉞ 大学教授因招不到中意学生自称在招生体制面前是弱势群体,公务员因政绩考核自称在政绩考核面前是弱势群体等。这些情形下的所谓"弱势群体"概念使用,就是这种日常生活纯粹相对性意义上的,而不是社会分层意义上的。

就是在差别原则中,社会财富分配应遵循最大最小原则,即最不利群体得利最大。罗尔斯对具有相对性的"最不利群体"采取了类似于阿马蒂亚·森的做法。㉟ 罗尔斯的这个做法的核心也是揭示具有相对性的"最不利群体"的可确定性。弱势群体的可确定性就在于:这是一个社会性资源㊱短缺的群体,是在权力、知识、经济三种资源方面占有与支配能力均较弱的群体。㊲ 我们之所以在此强调弱势群体的确定性,其旨趣就在于揭示:弱势群体在根本上并不是一个主观感受杜撰的东西,它是现实存在着的权利—义务关系中的一个现实群体;在制度变迁过程中必须直面这个群体。制度变迁过程中的社会权利—义务关系分配问题,在很大程度上就是公平地对待弱势群体的基本权益问题。

现代性社会中的不同社会群体间的利益关系,通过博弈确立。那些拥有较多资源、具有更强博弈能力、更大话语权的群体,在博弈中能获得更多权益。反之亦然。那些拥有较多资源、具有更大话语权的集团,会对社会公共政策的形成产生某种不可忽视的影

㉟ "在此看来不可能避免某种专断。一种可能的办法是选择一种特定的社会地位,比方说不熟练工人的地位,然后把所有那些与这一群体同等或收入和财富更少的人们与之合在一起算作最不利者。最低的代表人的期望就被定义为包括这整个阶层的平均数。另一个办法是仅仅通过相对的收入和财富而不管其社会地位来确定。这样,所有达不到中等收入和财富的一半的人都可以算作最不利的阶层。这一定义仅仅依赖于分配中较低的一半阶层,有使人集中注意最不利者与居中者相隔的社会距离的优点。这一距离是较不利的社会成员的境况的一个本质特征。我想这两个定义中的任何一个,或它们的某种结合,都能足够好地服务于我们的理论。"参见罗尔斯:《正义论》,中国社会科学出版社,1988,第 93 页。

㊱ "社会性资源主要包括人们所能占有的经济利益、权利、义务、职业声望、生活质量、知识、技能,以及发挥能力的机会和可能性,等等。"见陆学艺主编:《社会学》,知识出版社,1996,第 163 页。

㊲ 参见陆学艺:《当代中国社会阶层研究报告》,社会科学文献出版社,2002,第 8 页。

响。政府的政策制定有可能"更多地受到垄断集团的影响,产生了以牺牲下层利益和整个社会发展的长远利益为代价的政策制定过程"。[38] 在公共政策的制定过程中,存在着如同英国学者戴维·赫尔德所说的"置换战略"。即,"把政治和经济问题的最糟糕后果分散给最软弱无力的集团。同时,安抚那些能够最有效地调动公众呼声的集团。这并非是说,政治家或行政管理者们一定想要或有意把经济问题的最坏后果置换给社会中某些最软弱、最无力的集团。但是,如果政治是'可能的艺术',或者(以我们一直使用的术语来说)民选政府一般都力图确保现有秩序的最平稳延续的可能(即尽力获得支持,扩大经济机会,扩大其政策范围),那么他们除了安抚那些最强有力、最能有效调动资源的人以外,几乎别无选择。"[39]《世界银行1997年发展报告:变革世界中的政府》明确指出:"在几乎所有的社会中,有钱有势者的需要和偏好在官方的目标和优先考虑中得到充分体现。但对于那些为使权力中心听到其呼声而奋斗的穷人和处于社会边缘的人们而言,这种情况却十分罕见。因此,这类人和其他影响力弱小的集团并没有从公共政策和服务中受益,即便那些最应当从中受益的人也是如此。"[40]

在制度变迁过程中,由于社会本身处于社会利益关系的重大再调整过程中,由于一批既有与新生的强势集团的存在,由于弱势群体自身的话语权、影响力弱小,由于弱势群体在这个过程中存在着的政治生活不断被边缘化可能,弱势群体会承担起更多的制度

---

[38] 参见中国战略与管理研究会社会结构转型课题组:《中国社会结构转型的中近期趋势与隐患》,载《战略与管理》1998年第5期,第12页。

[39] 戴维·赫尔德:《民主的模式》,中央编译出版社,1998,第318—319页。

[40] 世界银行《1997年世界发展报告》编写组编著:《1997年世界发展报告:变革世界中的政府》,中国财政经济出版社,1997,第110页。

变迁成本,而享有较少的制度变迁收益。这种制度变迁成本分配或担当与收益的不相称,就是权利与义务的不相称、不统一。在这里,弱势群体承担了较多义务,但却享有较少权利。与此相应,那些强势群体则承担了较少义务,却享有了较多权利。

尽管在制度变迁过程中存在着弱势群体被边缘化的可能,且制度变迁的成本分配会对弱势群体有趋向不公平的更大可能,但是,制度变迁的成功实现,一个现代性的、公平正义的、长治久安的制度建立,却必须解决制度变迁过程中的这种弱势群体成本担当与收益享有的不相称状况。"自由的试金石就是身处弱势的少数人所享有的地位和安全状态。"[41]弱势群体对于制度变迁成本担当与收益享有的状况,直接标识了制度变迁或制度变革的性质,体现了社会的可能文明程度,并预定了制度变迁的可能结果。

对弱势群体在制度变迁过程中成本担当与收益享有问题的关注,是基于两个基本理由:其一,制度变迁的性质、依据、方向与可能结果。如果说一个制度的变迁,其成本主要是由一部分人担当,收益主要为另一部分人享有,那么,这个制度变迁并不是人民所希望的。这个制度既缺少变迁得以成功进行的不竭动力源泉,亦缺少得以长治久安的基础。其二,公平的正义。罗尔斯曾以自己的方式揭示了现代性社会政治正义的基本价值原则,这就是平等的基本自由权利。平等的基本自由原则要求权利与义务的统一,至少在一般意义上要求在公共生活中权利间的平等交换,要求成本担当与利益享有的一致。不能有无权利的义务,亦不能有无义务的权利;不能享有较多权利而承担较少义务,也不能承担较多义务而享有较少权利;不能权利与义务之间不统一。这是一种政治正义的价值

---

[41] 阿克顿:《自由与权力》,商务印书馆,2001,第312页。

诉求。而正是这种政治正义价值诉求，反过来又决定了这种制度变迁的方向、过程与结果，决定了这种制度是否能够长治久安。

对弱势群体制度变迁成本担当（或义务）与收益享有（或权利）的关切，绝不仅仅是出于一种道义的立场。它首先是居于一种政治正义的价值立场。道义的立场尽管重要，但并不是最根本的。因为道义的立场主要还是同情、博爱、怜悯的主观情感态度。在这种道义立场中，可能会在不知不觉间隐含着一个非常危险的理解或命题，这就是：弱势群体本身并没有为制度变迁做出多大贡献，其现有所得与其贡献相称；我们只是出于一种道义同情精神，才希望改善他们的境况。这种理解无视乃至抹杀或否认了弱势群体事实上为改革开放所做出的独特贡献。政治正义的立场则不同。一方面，它认为对弱势群体制度变迁成本担当问题的关照，是在建设我们一共在的现实生活世界。这个现实生活世界是我们每一个人的背景世界，我们关照弱势群体，其实是在以一种特殊方式关照我们自己的生活世界结构。另一方面，它认为弱势群体在制度变迁过程中亦以自己的特殊方式为制度变迁、为改革开放做出了贡献。这个贡献不仅仅在于他们构成现实制度变迁实践主体中的基本成员，更重要地在于他们默默地承担了制度变迁的大多数成本。正是他们对于制度变迁成本的这种担当，才使得制度变迁成为可能。制度变迁过程中的弱势群体对制度变迁做出了独特的贡献：他们承担了较多的制度变迁成本，客观上以自身利益的牺牲为制度变迁打开了空间，赢得了时间，开辟了道路，创造了条件。这是一种历史性的贡献。如果不承认或者低估弱势群体在制度变迁中的这种历史作用，则既不合乎事实，亦不公平。

这样，弱势群体制度变迁成本担当与收益享有的问题，就进一步变成了两个具体方面的问题：其一，对弱势群体在制度变迁过程中贡献的认肯与补偿;其二,所有社会成员平等地分担制度变迁成本与享有制度变迁好处的问题。

在制度变迁成本及其担当维度讨论对弱势群体的补偿问题,以对弱势群体在制度变迁过程中曾过多担当了变迁成本的认肯为前提。严格地讲,这里的"补偿"或"矫正"并不等同于罗尔斯正义两原则中所提出的"补偿"与"矫正"。罗尔斯的"补偿"是侧重于那些由于先在原因在平等竞争中处于不利地位者,这些成员是在遵循平等权利—义务交换原则的竞争中成为弱者的。因而,罗尔斯所提出的"补偿"与"矫正"具有更多道义的成分。[42] 而本文此处讨论"矫正"或"补偿"中的弱势群体,则是基于权利—义务交换不平等而形成。他们不是先在的弱者,而是一种做出了贡献、承担了义务,但却不能公平地享有自己本应有权利的弱者。因而,这种"补偿"、"矫正"中的"应得",首先就不是道义的,而是政治正义的,是如同亚里士多德所说对他们受损的补偿,[43]是将那些他们原本应当享有的与其担当义务付出所相应的东西事后偿还给他们。补偿是一种矫正正义。补偿或矫正正义尽管是一种迟到的正义,但是,它毕竟是对曾经不正义的矫正,是正义的实践。补偿或矫正正义会在矫正过程中建立起一种较为公平的权利—义务关系,它是社会自身的进步方式之一。

由于制度变迁本身是不同利益集团、社会阶层之间的博弈,因

---

[42] "补偿原则认为,为了平等地对待所有人,提供真正的同等的机会,社会必须更多地注意那些天赋较低的和出生较不利的社会地位的人们。补偿原则并不是提出来作为正义的唯一标准,或者作为社会运行的唯一目标的。它的有道理像大多数这种原则一样只是作为一个自明的原则。"参见罗尔斯:《正义论》,何怀宏等译,中国社会科学出版社,1988,第 96 页。

[43] 参见亚里士多德:《尼各马科伦理学》,中国人民大学出版社,2003,第 99—101 页。

而，对于弱势群体制度变迁过程中的成本担当与收益享有来说，就不能寄希望于强势集团的善良同情，而只能是寄希望于作为公器的政府以及弱势群体自身博弈能力的提高。政府在这种成本分配过程中，一方面，应当且可以提供一个较为公平的权利—义务交换关系背景；另一方面，应当且可以对既有制度变迁成本分配不公现象做出反思、调整，并对弱势群体过去为制度变迁较多地担当成本给予补偿；此外，应当且能够通过建立与健全社会公共福利保障措施——尤其是医疗卫生、教育、住房等基础性方面——为包括弱势群体在内的所有社会成员提供基本善的生活条件，共同分享制度变迁所带来的成果。根据阿马蒂亚·森的观点，消除贫困、改善弱势群体的社会生活状况，不是靠简单地通过将财富由富人转移到穷人来实现，而是要通过提供平等的受教育机会等方法增强人们的自由行动能力来实现。"更好的教育和医疗保健不仅能直接改善生活质量，同时也能提高获取收入并摆脱贫困的能力。教育和医疗保健越普及，则越有可能使那些本来会是穷人的人得到更好的机会去克服贫困。"[44]森的这个思想同样适用于制度变迁中的弱势群体。

尽管政府在改变制度变迁过程中弱势群体成本担当与权利享有不相称方面有重要作用，但是，制度变迁过程中弱势群体状况的根本改变，最终却有赖于弱势群体自身自由能力的提高。因为，在一个彻底的政治正义理论中，即使是作为公器的政府也是不同利益群体之间在公共领域博弈的结果。这正如马克思所说："人不是由于有逃避某种事物的消极力量，而是由于有表现本身的真正个性的积极力量才得到自由。"[45]积极地参与政治生活，有效地表达

---

[44] 阿马蒂亚·森：《以自由看待发展》，中国人民大学出版社，2002，第88页。
[45] 《马克思恩格斯全集》第2卷，人民出版社，1957，第167页。

自己的利益诉求,增加在公共生活中的话语权,提高对政府政策制定的影响力,这是弱势群体改变既有社会状况的现实途径。而弱势群体的这种积极政治参与、提高博弈能力,又都以弱势群体自身组织起来为前提。通过组织起来,弱势群体提高自身的博弈能力,改变在制度变迁过程中的弱势状况,矫正制度变迁中的偏离方面,促进制度变迁的健康发展。

弱势群体应当提升政治参与的智慧与能力,应当拥有如亚里士多德所说的"明智"。"好的谋划是对有用事情的正确谋划,对应该的事情,以应该的方式,在应该的时间"去做。[46] 弱势群体如果想使自身权利得以有效维护与实现,就要十分注意提升政治参与的智慧与能力,依法维权,寻求有效的维权途径与方法,以组织起来的方式表达与维护自身的合法、正当利益。体制内的政治参与是弱势群体政治参与的基本途径。合乎宪法法律基本精神的体制外的政治参与,即"公民的不服从"(通常又称之为"非暴力反抗"),[47]是弱势群体政治参与的一种必要补充方式。

"公民的不服从"是指公民在承认宪法法律秩序合法性的基础上,针对某些具体法律或政策上的不公正的制度安排,所从事的公开的、非暴力性违反法律的行为。罗尔斯将"非暴力反抗定义为一种公开的、非暴力的、既是按照良心的又是政治性的对抗法律的行为,其目的通常是为了使政府的法律或政策发生一种改变。"[48]罗尔斯认为,非暴力反抗是一种稳定宪法制度的手段,非暴力反抗是在忠于法律的范围内反对不正义,它被用来禁止对正义的偏离,并

---

[46] 参见亚里士多德:《尼各马科伦理学》,中国人民大学出版社,2003,第129页。
[47] 公民不服从,英文为 civil disobedience,在《正义论》中被译为"非暴力反抗"。参见约翰·罗尔斯:《正义论》,中国社会科学出版社,1988,第351页。
[48] 罗尔斯:《正义论》,中国社会科学出版社,1988,第353页。

在偏离出现时纠正它们。(49) 因此，在罗尔斯看来："如果正当的非暴力反抗看上去威胁了公民的和谐生活，那么责任不在抗议者那里，而在那些滥用权威和权力的人身上，那些滥用恰恰证明了这种反抗的合法性。因为，为了维持明显不正义的制度而运用国家的强制机器本身，就是一种不合法的力量形式；人们在适当的时候有权反抗它。"(50)在甘地看来，非暴力反抗手段和目的都是同样的正义与纯洁的。(51) 不过，罗尔斯又郑重提醒：不要对非暴力反抗估价太高。(52) 因为在现实中，我们在政治事务中不可能获得完善的程序正义，我们的宪政也不可能尽善尽美。只要"当社会基本结构由现状判断是相当正义时，只要不正义法律不超出某种界限，我们就要承认它们具有约束性"。(53) "在一个近于正义的状态里，我们通常根据那个支持正义宪法的义务而具有遵守不正义法律的义务。"(54)因而，弱势群体的"公民不服从"，是以对宪法法律服从为前提。这是现代法治精神的实践。(55)

制度变迁成本的合理分配，以及对于制度变迁中弱势群体权利的正义关照，其实质是要构建起一个公平正义的制度体制，使社会不同利益群体间建立起和谐关系。

㊾ 参见罗尔斯：《正义论》，中国社会科学出版社，1988，第372页。

(50) 罗尔斯：《正义论》，中国社会科学出版社，1988，第379页。

(51) 参见何怀宏编：《西方公民不服从的传统》，吉林人民出版社，2001，第43页。

(52) "我先提请人们注意：我们不应该过高地期望于一种非暴力反抗理论。"参见罗尔斯：《正义论》，中国社会科学出版社，1988，第352页。

(53) 罗尔斯：《正义论》，中国社会科学出版社，1988，第340页。

(54) 罗尔斯：《正义论》，中国社会科学出版社，1988，第343页。

(55) "在每个共同体中，都必须既有根据（针对全体的）强制法律对于国家体制机械作用的服从，同时又有自由的精神，因为在有关普遍的人类义务问题上，每一个人都渴望通过理性而信服这一强制是合权利的，从而不致限于自相矛盾。"参见康德：《历史理性批判文集》，商务印书馆，1990，第199页。

四、契约和谐(56)

一个“善”的制度必定是一个和谐的制度。和谐社会构建，就其实质而言，是一种利益关系的调整、日常生活世界的改造。然而，日常生活世界、行动则是人所理解的世界与行动。有怎样的理解，就会有怎样的日常生活世界与行动。人是其所想是。一个人如此，一个民族亦如此。一个能够长治久安的新的生活世界、交往秩序的建立，有赖于建设者以一种不同于既往的精神与思想指导日常生活实践。

在宪政视域中所理解的社会和谐，只能是建立在平等基本自由权利基础之上的契约和谐。所谓契约和谐是指社会成员以平等的身份，通过对话、协商、沟通，达至的共在共生共赢的协调关系。在这个意义上，契约和谐即为宪政和谐。

1. 契约和谐的时空维度

正如本文第 3 章所说，多元社会的社会和谐问题是一个现代性问题。这基于两个基本理由：其一，只有现代性社会才是一个多元社会。其二，多元社会的和谐是在平等的基本自由权利基础之上的和谐，这是一种不同于宗法等级专制结构的社会和谐秩序。即，多元社会和谐秩序的实现方式，不同于宗法等级专制集权秩序的实现方式。一个和谐的社会必定是有秩序的社会，但是一个和

(56) 本节内容著者曾以《社会和谐：契约精神与历史精神》为题发表于《哲学动态》2005 年第 6 期。此处个别文字稍有修改。

谐有序的社会却未必是一个正义的社会。这样,当我们能够说多元社会及其和谐秩序时,事实上又预设着:现代多元社会是一个具有利益差别与社会矛盾的社会;这个具有差别与矛盾的社会,以一种不同于既有社会形态的方式使本身获得良序。契约思想所表达的契约方式,正是这种现代多元社会所特有的社会整合方式。

契约思想为合理理解现代社会和谐秩序提供了思想工具。契约思想与其说是对现代社会和谐秩序的一种描述,毋宁说是对现代社会和谐秩序内容的一种理解。对于现代社会多元民主政治秩序的理解这一问题,没有哪一种思想工具较之契约思想更能深刻合理揭示现代民主政治秩序的要义与精髓。正是在这个意义上,罗尔斯关于现代社会政治正义的哲学思考,弃功利主义而取契约论这一做法极为深刻:这是对于现代社会政治生活的根本性把握。罗尔斯在关于社会正义思想论证中所提出的"无知之幕"、"原初状态"思想方法,尽管受到来自不同方面的诟病,但是,我们却不得不承认罗尔斯这种思想方法中所包含的一种深刻思想内容:现代社会是一个多元社会,平等的基本自由权利是我们的时代精神;多元社会是当代研究政治正义的一个基本价值前提,我们现在所谈论与追求的社会和谐及其政治正义,是多元社会和谐及其政治正义。

罗尔斯通过"无知之幕"与"原初状态"这种思想实验所要表达的,不是实际政治生活过程,而是对于现代民主政治的一种信念:一方面,他笃信现代民主政治中良序社会的建立只有通过对话协商的办法,舍此别无他法(这隐含着在现代社会,任何建立在话语霸权基础之上的秩序与和谐,并不是真正的良序和谐);另一方面,他笃信在现代民主政治生活中所有的人在政治上具有平等的基本自由权利身份(这隐含着现代社会的和谐与秩序构建,必须以平等对话协商这一契约精神为前提)。根据罗尔斯的看法,契约方式是现代民主社会达至社会和谐的基本方式。然而,契约本身就意味着差别与平等共在的二重特质:契约既意味着不同利益主体及其差别的存在,又意味着这些不同利益主体尽管在利益、财富的现实持有上可能有很大差别,但这种差别并不妨碍他们相互间的平等商谈对话身份。

构建现代多元和谐社会的现实契约过程,是一个在有着一定历史规定基础之上的具体商谈过程,而不是如理想中所设想的那样从绝对的无开始。即,在其现实性上,参与多元社会民主政治和谐秩序建设的人,并不是如罗尔斯所设想的那样处于"无知之幕"的"原初状态",而是有着具体利益、具体社会地位的具体存在者。他们不仅在既有利益持有基础之上参与这个契约过程,而且有着自己明确的利益追求,他们参与这个契约过程本身亦是为了自身利益。他们是在过去、现在的基础之上为了未来而参与契约过程——这个过去、现在的基础表明他们是以"持有者"的身份参与契约过程,这个契约是有知之约而不是无知之约。

这个有知之约,意味着现代多元社会和谐秩序的构成隐含着更进一步的规定:其一,契约者以"持有者"身份出现并具有务实态度;其二,这个和谐秩序构成的契约过程原则上是一个彼此利益交换过程而不是剥夺过程。因为,如果不承认既有的"持有者"身份,那么,一方面就会由于契约主体存在的抽象性而使契约过程本身缺失现实性,另一方面就会由于这种对"持有者"身份的否定而事实上否定对方的平等地位。而如果和谐秩序的契约构成过程是一个剥夺过程,那么,这就意味着这个和谐社会良序的构建不是一个彼此利益平等交换的互利共生过程,意味着存在着特权或霸权。而无论是对对方平等地位的否定还是社会特权或霸权存在本身,都与现代多元社会理念根本相悖。

既然现代多元良序社会构建是公民以"持有者"身份平等参与的过程,那么就必须以历史主义的态度对待既有的利益格局或利益持有。这个历史主义态度就是:各契约方在承认已经形成的利益持有格局基础之上的合理理性妥协。它所秉持的并不是"推倒重来"的彻底否定性立场,而是调整、矫正的立场。正是在这个意义上,这种现代良序社会构建中的历史主义态度,同时即为现实主义态度。诺齐克对于"持有正义"的诉求固然在其纯粹抽象的意义上有其合理性,但是,"持有正义"本身却是一个含混的概念。此"持有正义"是在终极性追溯(究)意义上而言,还是在当下的意义上而言?终极性追溯是否可能?对既有持有状态的原初正义性追究,由于涉及对既有历史的认识与评价,这将是一个无休止的纷争过程。更为重要的是,这种对"持有正义"的关注是在"向后看",而现代社会和谐秩序构建的本质是"向前看"。一个现代民主政治社会,如果不想陷入无休止的纷争,不想陷入由于这种纷争所可能导致的分裂,不想玉石俱焚,那么,其在构建社会和谐基本秩序时,就应当"向前看",应当以历史主义态度对待既有持有状态,从对"持有正义"的专注转向在关注"交换正义"中兼顾"持有正义",并在此基础之上关注"结果正义"。这个由"向后看"变为"向前看"转向的实质就是:参与构建社会和谐基本秩序的契约各方的理性妥协。制度变迁过程中的弱势群体及其权利—义务关系调整,同样应是这样一种历史主义态度基础之上的社会各方理性妥协过程。

现代多元社会和谐秩序的构建,要求社会财富分配的合理性。但是,在市场经济体制建立过程中,社会财富分配两极分化现象却有可能呈现出扩大化倾向。这种财富分配严重两极分化现象,会从根本上妨碍社会和谐秩序的建立。在市场经济体制建立过程中,一方面须通过建立健全法制与社会福利保障体系的方式,在杜绝不当得益获取暴利的同时,使社会贫困者能够获得有效的社会救助,进而努力缩小两极分化;另一方面则需要社会各阶层理性对话妥协。人们有充分的理由在道义上谴责肮脏的资本原始积累,斥责转型期钻各种政策空子获得暴利的卑劣行为,但是,人们却无法通过和平的方式对此彻底清算,而剥夺剥夺者的方式又会使社会陷入普遍的对抗与混乱之中。在现代多元社会和谐秩序构建中,人们能够做到的就是在既有宪法法律框架之中理性而为,化实质正义为程序正义。这个化实质正义为程序正义所指向的就是制度化的理性对话,就是社会各方遵循一定程序,对话协商妥协。在资本原始积累时期肮脏持有的暴富者,通过回报社会的方式"漂白"财富,获取社会在道义上的宽恕与赦免,并使各方达至一种利益平衡。应当高度重视理性妥协在现代宪政政治生活中的作用,高度重视理性妥协在"善"制度的构建及其演进变迁中的内在机理。

尽管妥协作为一种政治实践智慧自古有之,⑰尽管妥协一直作为一种智慧与美德为人们所称赞,⑱但是,妥协作为一种政治生

---

⑰ "妥协是政治的灵魂——如果说不是其全部的话。"阿克顿:《自由史论》,译林出版社,2001,第 181 页。"政治上成熟的人会寻求持中的解决方法,使冲突各方都得到一定程度的满意。"科恩:《论民主》,商务印书馆,1988,第 184 页。

⑱ "所有的政府、人类所有的利益与福乐、所有的美德、以及所有的谨慎行为都必须建立在妥协互让的基础上。"埃德蒙·柏克:《自由与传统》,商务印书馆,2001,第 303 页。"在一个人群熙攘的世界上,每一个人与其同伴之间的活动在许多方面都有进行妥协的必要。人类活动的可能性的增加以及从事活动的人数的增加都要求增加对每一个人的限制,以便别人能够自由地进行活动。"庞德:《通过法律的社会控制》,商务印书馆,1984,第 78 页。甚至马克思主义经典作家也不否定妥协的必要。列宁认为:"历史通常是循着曲折的道路发展的,马克思主义者必须善于估计历史的最复杂和最离奇的曲折道路,这是无可争辩的……马克思主义者对历史的曲折道路的态度,同它对妥协的态度在实质上是一样的。任何曲折的历史转变就是妥协,是已经没有足够的力量完全否定新事物的旧事物同还没有足够的力量推翻旧事物的新事物之间的妥协。马克思主义并不绝对否定妥协,马克思主义认为必须利用妥协。"《列宁全集》第 13 卷,人民出版社,1959,第 6 页。

活的基本范式,却是现代化过程中的产物。所谓妥协作为一种政治生活的基本范式是指:妥协不再是一种社会的偶然现象,而是解决社会矛盾与冲突的基本方式。它表明人们不再以剧烈对抗、你死我活的方式解决政治冲突,而是以一种理性、冷静、对话、合作的方式,寻求双赢、共同发展的现实道路与结果。它所标识的是人们实践理性能力的提高,是政治文明程度的提高。如本文第3章所述,冲突性共谋、合作性竞争这一现代多元社会交往关系特质,决定了解决利益矛盾与冲突的基本范式是妥协。"对于社会合作,我们别无选择,否则,要么是互不情愿直至仇视抱怨,要么是互相抵制直至内战。"[59]在制度变迁过程中,合理妥协有利于维持社会的和平与稳定,有利于保障人民生命财产的安全,有利于所有社会群体均获得自由发展的条件与空间。当然,强调妥协在现代宪政政治实践中的价值,并不意味着放弃斗争,更不意味着现代宪政政治实践就没有斗争。妥协,不是放弃斗争。妥协是斗争中的妥协,斗争是不排除妥协的斗争。妥协既是斗争的结果,又是斗争的开始。妥协是具有实践智慧的理性斗争。

既然契约过程是在既有基础之上的有知之约,且这个契约交换内在包含以妥协为特质的互利共生,那么,就必须以历史主义态度对待契约过程。任何政治正义与社会和谐,都只是一种相对的正义与和谐,都只是带有历史印记的正义理想的特殊存在。不存在着绝对完美、绝对公平的正义。任何具体政治选择都有其局限性。这里问题的关键在于:一方面,这种社会和谐基本秩序是社会所有成员平等对话协商的结果;另一方面,如罗尔斯所说,不仅所有社会成员都能从这种基本秩序中获利,而且那些处于社会底层

---

[59] 罗尔斯:《政治自由主义》,译林出版社,2000,第320页。

的弱势群体能从这种基本秩序中获利更多。

契约过程的历史性表明社会和谐的相对性、动态性、开放性。这种相对性、动态性、开放性过程，就构成如哈耶克所说的社会"累积进步"过程。社会各方每一次对话都持一种现实主义的态度：一方面，都建立在对既有多元存在、既有历史的某种认肯基础之上；另一方面，都是对既有利益关系的一种共生性协调。这样，每一次社会契约过程就都是在既有基础之上的前进，而不是某种彻底否定、彻底打碎的从新开始。现代多元良序社会的基本秩序，在根本上是对绝对否定性的社会发展模式的否定。现代多元和谐社会，在本质上是建设性的，而不是破坏性的。一个有积累的社会，才是有历史与希望的社会。

现代多元和谐社会基本秩序之构建，核心在于构建那样一种多元对话、共存共生机制。这种多元对话、共存共生机制有赖于三个基本方面：宪政政治、公共组织及公民理性精神。现代多元和谐社会基本秩序构建，首先是一个社会客观制度性安排，是一种宪政建设。在宪政框架之下，每一特殊利益群体都有合法表达其要求与意见，维护其正当权益的管道与场所。而各种公共组织正是社会的自我组织方式，它的健康存在使各种偶然、单独的个体成为社会有机体中的一部分。宪政下的社会对话商谈过程，是公民个人通过公共组织参与普遍对话的过程。

契约和谐以参与者的理性精神为前提。只有公民普遍确立起遵守规则、平等对话、协商沟通、妥协互赢等理性精神，才有可能真正建立起契约和谐的社会。

2. 公民理性精神

现代多元和谐社会基本秩序，既是现代人活动的环境，亦是现代人活动的结果。在一定意义上可以说它是现代人的存在方式。当我们说现代多元和谐社会基本秩序是现代人的存在方式时,就隐含着一个前提:并非任何人都能够无条件地作为这种和谐社会基本秩序的创造者,只有那些具有现代理性精神的人才有资格作为这种创造者。

罗尔斯在他的思想实验中认为:能够作为其原初状态中公民代表的人,是那些具有公民能力的人,他们具有正义感与善观念。罗尔斯的这种思想认识,并不意味着他否定现实生活世界中的所有人都有资格参与政治正义秩序的契约过程。罗尔斯这是以一种特殊方式揭示:作为多元和谐社会中的公民应当具有的人格类型与精神规定。值得特别注意的是,现代多元社会和谐秩序构建不仅仅要求公民应当具有公民能力,而且还要求公民具有公民责任精神,且公民能力以公民责任精神为前提。因为唯有公民责任精神,公民能力才能得到有效合理发挥。公民能力与公民责任精神的统一即为公民理性精神。现代多元和谐社会秩序的构建,有赖于公民的这种理性精神。

尽管人们可以对这种理性精神的具体内容有诸多规定,但是,道义上的平等人格、政治上的平等身份,宪法法治,对话商谈、倾听理解、说服讲理,务实、合理妥协等,总是其不可或缺的基本内容。多元社会本身意味着多元价值的存在。多元和谐社会所面临的最深刻问题之一,是这种多元价值之间如何为现代宪政政治正义寻求共同的价值基础。罗尔斯所提出的"重叠共识"正是对此的一种积极探索。平等自由权利的宪政正是多元社会统一的基础。多元和谐社会本身就意味着多元与一元之关系,意味着多元社会的和谐一元。这个多元社会和谐一元,是一种有差别的和谐,是多元之一元,它以多元本身的独立性及多元间的非绝对拒斥性为前提。

多元和谐社会秩序并不追求意识形态的共识与统一,只追求政治的共识与统一。这种政治共识与统一要求对异的宽容与尊重,要求对异的倾听对话商谈之平等理性精神,因为唯有对异的普遍宽容与尊重的社会,才可能是真实的多元和谐社会。一个社会总是有矛盾的,现代多元社会亦不例外。对一个社会而言,矛盾本身并不可怕,可怕的是矛盾本身不能合理解决。其实,矛盾本身是社会进步的内在动力,人类社会正是在不断解决自身内在矛盾的过程中演进,现代多元民主社会的进步亦不例外。多元社会和谐秩序的建立,要求社会所有成员都能够积极参与对话,以平等契约商谈的方式,务实的态度,合理地协调种种利益关系。

平等契约商谈的前提是所有成员的宪法法治精神。既然现代社会的良序是宪法法治秩序,因而,以对宪法法治敬重、遵守、维护为基本内容的守法精神,就是公民理性精神的基本内容。

守法精神表达的是公民对自由的深刻领悟,对社会基本正义制度的道义认肯与信任,对社会最基本行为规范的尊重,以及建立在这种领悟、认肯与尊重基础之上的自制、自律精神。一个和谐社会并不意味着没有矛盾冲突,而只是意味着这个社会有一种良好的解决矛盾冲突的机制;这个社会中所有参与契约商谈的成员总是以宪法法治为共识,并在宪法法治的结构框架内通过正当的途径与程序解决这种矛盾冲突;法律具有至上的权威,法律面前人人平等,没有任何人、任何社会集团可以不受法律的有效约束。康德曾经揭示对法律的尊重本身就是一种自由的"精神气质"。个体的平等自由权利只有在一个基本公正的社会制度中才能得到有效保障。在一个多元社会中,对于社会各方或任何一个社会成员而言,缺失守法精神就意味着在毁灭我们所赖以保障自由权利的最根本武器。守法是现代人的最基本美德。守法精神更是晚发民族克服现代化过程中无序失范的最有效亦最经济的精神法宝。我们有时并不缺少法律,而是常常缺少对宪法法律的敬重。守法精神既是一种守法的行为取向,更是一种对宪法法律敬重的美德。

一个"善"的制度并不在于自身没有矛盾,而在于这些矛盾处于一种可有序合理解决的状态之中,正是这种可有序合理解决本身构成了制度生生不息之生命源泉。一个"善"的制度,是一个以平等的基本自由权利为核心、公平正义地分配权利—义务关系的制度,在这个制度中,每一个人的基本自由权利都能得到充分尊重,每一个人的自由潜能都能得到较为充分发挥。因而,一个"善"的制度,是一个社会物质财富丰富、人民安居乐业、思想自由、文化丰富,既充满活力又有秩序的制度。一个拥有此种制度的民族,将永远屹立于世界先进之列。

主要参考文献

（以作者姓名汉语拼音为序）

阿克顿：《自由与权力》，商务印书馆，2001。
奥尔森：《集体行动的逻辑》，上海三联书店、上海人民出版社，1996。
奥肯：《平等与效率》，华夏出版社，1987。
奥斯特罗姆：《公共事物的治之道》，上海三联书店，2000。
鲍曼：《流动的现代性》，上海三联书店，2002。
贝尔：《资本主义文化矛盾》，北京三联书店，1989。
贝克等：《自反性现代化》，商务印书馆，2001。
贝勒斯：《法律的原则》，中国大百科全书出版社，1996。
波普尔：《历史决定论的贫困》，华夏出版社，1987。
　　　　《开放社会及其敌人》，中国社会科学出版社，1999。
伯恩斯：《领袖论》，中国社会科学出版社，1996。
伯恩斯等：《民治政府》，中国社会科学出版社，1996。
伯尔曼：《法律与革命》，中国大百科全书出版社，1996。
布赫洛：《封建社会》，商务印书馆，2004。
柏克：《自由与传统》，商务印书馆，2001。
柏拉图：《柏拉图全集》，人民出版社，2003。
布坎南：《自由、市场和国家》，北京经济学院出版社，1988。
布赖斯：《现代民治政体》，吉林人民出版社，2001。
陈来：《古代宗教与伦理——儒家思想的根源》，北京三联书店，1996。
陈立显：《伦理学与社会公正》，北京大学出版社，2002。
戴伊：《谁掌管美国——里根年代》，世界知识出版社，1985。
德沃金：《至上的美德——平等的理论与实践》，江苏人民出版社，2003。
　　　　《认真对待权利》，中国大百科全书出版社，1998。
邓小平：《邓小平文选》，人民出版社，1994。

邓正来主编:《布莱克维尔政治学百科全书》,中国政法大学出版社,1992。
邓正来等编:《国家与市民社会》,中央编译出版社,2002。
杜威:《哲学的改造》,商务印书馆,1989。
范伯格:《自由、权利和社会正义》,贵州人民出版社,1998。
弗格森:《文明社会史论》,辽宁教育出版社,1999。
弗雷德里克森:《公共行政的精神》,中国人民大学出版社,2003。
高鸿钧等:《法治:理念与制度》,中国政法大学出版社,2002。
高兆明:《道德生活论》,河海大学出版社,1993。
　　　　《社会失范论》,江苏人民出版社,2000。
　　　　《制度公正论——变革时期道德失范研究》,上海文艺出版社,2001。
　　　　《中国市民社会论稿》,中国矿业大学出版社,2001。
　　　　《存在与自由》,南京师范大学出版社,2002。
　　　　《伦理学理论与方法》,人民出版社,2005。
格里芬:《后现代精神》,中央编译出版社,1998。
格林伍德:《英国行政管理》,商务印书馆,1991。
顾昕:《市场逻辑与国家观念》,北京三联书店,1995。
顾准:《顾准文集》,贵州人民出版社,1995。
谷衍奎主编:《汉字源流字典》,华夏出版社,2003。
哈贝马斯:《公共领域的结构转型》,上海学林出版社,1999。
　　　　《交往与社会进化》,重庆出版社,1989。
　　　　《交往行动理论》,重庆出版社,1994。
哈耶克:《个人主义与经济秩序》,北京经济学院出版社,1989。
　　　　《自由秩序原理》,北京三联书店,1997。
　　　　《法律、立法与自由》,中国大百科全书出版社,2000。
韩国磐:《中国古代法制史研究》,人民出版社,1997。
汉密尔顿等:《联邦党人文集》,商务印书馆,1980。
贺卫方:《运送正义的方式》,上海三联书店,2002。
　　　　《具体法治》,法律出版社,2002。
赫费:《政治的正义性》,上海译文出版社,1998。
赫尔德:《民主的模式》,中央编译出版社,1998。
何怀宏:《契约伦理与社会正义》,中国人民大学出版社,1993。
黑尔:《道德语言》,商务印书馆,1999。
黑格尔:《历史哲学》,北京三联书店,1956。

　　　　《法哲学原理》,商务印书馆,1982。
　　　　《精神现象学》,商务印书馆,1987。
亨金:《宪政·民主·对外事务》,北京三联书店,1996。
亨廷顿:《变化社会中的政治秩序》,北京三联书店,1989。
胡克:《历史中的英雄》,上海人民出版社,1964。
胡伟:《政府过程》,浙江人民出版社,1998。
华盛顿:《华盛顿选集》,商务印书馆,1983。
黄台香主编:《百科大辞典(革新版)》,台北名扬出版社,1986。
霍布豪斯:《社会正义要素》,吉林人民出版社,2006。
吉登斯:《社会的构成》,北京三联书店,1998
　　　　《民族—国家与暴力》,北京三联书店,1998。
　　　　《现代性的后果》,译林出版社,2000。
　　　　《失控的世界》,江西人民出版社,2001。
康德:《道德形而上学原理》,上海人民出版社,1986。
　　　　《历史理性批判文集》,商务印书馆 1990。
　　　　《法的形而上学原理——权利的科学》,商务印书馆,1991
　　　　《实践理性批判》,韩水法中译本,商务印书馆,1999。
康芒斯:《制度经济学》,商务印书馆,1992。
科恩:《论民主》,商务印书馆,1988。
科尔内:《短缺与改革——科尔内经济论文选》,黑龙江人民出版社,1987。
科斯等:《财政权利与制度变迁》,上海三联书店,人民出版社,1994。
柯武刚、史漫飞:《制度经济学:社会秩序与公共政策》,商务印书馆,2001。
李普塞特:《一致与冲突》,上海人民出版社,1995。
里普森:《政治学的重大问题》,华夏出版社,2001。
厉以宁:《经济学的伦理问题》,北京三联书店,1995。
列宁:《列宁全集》第13卷,人民出版,1959。
　　　　《列宁选集》,人民出版社,1995。
林喆:《权利的法哲学——黑格尔法权哲学研究》,山东人民出版社,1999。
林语堂:《吾国与吾民》,中国戏剧出版社,1990。
林毓生:《中国传统的创造性转化》,北京三联书店,1988。
刘军宁:《共和·民主·宪政——自由主义思想研究》,上海三联书店,1998。
刘军宁等编:《自由与社群》,北京三联书店,1998。
刘小枫:《现代性社会绪论》,上海三联书店,1998。

卢瑟福:《经济学中的制度》,中国社会科学出版社,1999。
卢梭:《社会契约论》,商务印书馆,2003。
　　《论人类不平等的起源和基础》,商务印书馆,1962。
卢现祥:《西方新制度经济学》,中国发展出版社,1996。
陆学艺:《当代中国社会阶层研究报告》,社会科学文献出版社,2002。
陆学艺主编:《社会学》,知识出版社,1996。
罗尔斯:《正义论》,中国社会科学出版社,1988。
　　《政治自由主义》,译林出版社,2000。
　　《作为公平的正义:正义新论》,上海三联书店,2002。
　　《万民法》,吉林人民出版社,2001年。
罗素:《西方哲学史》,商务印书馆,1976。
洛克:《政府论》,商务印书馆,1964。
马基雅维里:《君主论》,商务印书馆,1985。
马克思:《资本论》,人民出版社,1975。
马克思、恩格斯:《马克思恩格斯全集》,人民出版社,1957。
　　《德意志意识形态》,人民出版社,1961。
　　《马克思恩格斯选集》,人民出版社,1973。
马斯泰罗内:《欧洲民主史》,社会科学文献出版社,1994。
麦金太尔:《德性之后》,中国社会科学出版社,1995。
　　《谁之正义?何种合理性?》,当代中国出版社,1996。
麦克尼尔:《新社会契约论》,中国政法大学出版社,1994。
梅茵:《古代法》,商务印书馆,1984。
孟德斯鸠:《论法的精神》上册,商务印书馆,1961。
　　《沦法的精神》下册,商务印书馆,1963。
密尔:《论自由》,商务印书馆,1959。
莫衡等主编:《当代汉语词典》,上海辞书出版社,2001。
莫斯卡:《统治阶级》,译林出版社,2002。
牟宗三:《历史哲学》,台北学生书局,1984。
　　《中国哲学十九讲》,上海古籍出版社,1997。
　　《政道与治道》,广西师范大学出版社,2006。
诺齐克:《无政府、国家、乌托邦》,中国社会科学出版社,1991。
诺思:《经济史中的结构与变迁》,上海三联书店,1997。
　　《财产权利与制度变迁——产权学派与新制度学派译文集》,上海三联书店,1996。
潘思:《潘思选集》,商务印书馆,1981。
庞德:《通过法律的社会控制》,商务印书馆,1984。
彭和平等译:《国外公共行政理论精选》,中共中央党校出版社,1997。
普列汉诺夫:《普列汉诺夫哲学著作选集》,北京三联书店,1962。
任剑涛:《伦理政治研究》,中山大学出版社,1999。
　　《道德理想主义与伦理中心主义》,东方出版社,2003。
荣敬本、高新军主编:《政党比较研究资料》,中央编译出版社,2002。
萨拜因:《政治学说史》,商务印书馆,1986。
萨缪尔森、诺德豪斯:《经济学〈第12版〉》,中国发展出版社,1992。
萨特:《存在主义是一种人道主义》,上海译文出版社,1988。
萨托利:《直接民主与间接民主》,北京三联书店,1998。
　　《民主新论》,东方出版社,1997。
桑德尔:《自由主义与正义的局限》,译林出版社,2001。
森:《以自由看待发展》,中国人民大学出版社,2002。
　　《贫困与饥饿》,商务印书馆,2001。
舍勒:《价值的颠覆》,北京三联书店,1997。
沈汉、王建娥:《欧洲从封建社会向资本主义社会过渡研究——形态学的考察》,南京大学出版社,1993。
世界银行《1997年世界发展报告》编写组编著:《1997年世界发展报告:变革世界中的政府》,中国财政经济出版社,1997。
施惠玲:《制度伦理论纲》,北京师范大学出版社,2003。
施特劳斯、克罗波西:《政治哲学史》,河北人民出版社,1993。
施治生、郭方主编:《古代民主与共和制度》,中国社会科学出版社,1998。
舒马赫:《小的是美好的》,商务印书馆,1984。
斯宾诺莎:《政治学》,商务印书馆,1999。
　　《神学政治论》,商务印书馆,1963。
斯密:《国民财富的性质和原因的研究》,商务印书馆,1974。
　　《道德情操论》,商务印书馆,1997。
苏国勋:《理性化及其限制》,上海人民出版社,1988。
苏国勋、刘小枫主编:《社会理论的知识学建构》,上海三联书店、华东师范大学出版社,2005。
泰格、利维:《法律与资本主义的兴起》,学林出版社,1996。

唐君毅:《文化意识与道德理性》,中国社会科学出版社,2005。
唐晓等:《当代西方国家政治制度》,世界知识出版社,1996。
汤森:《中国政治》,江苏人民出版社,1995。
汤因比:《历史研究》,上海人民出版社,1986。
托克维尔:《论美国的民主》,商务印书馆,1988。
外国经济学说研究会:《现代国外经济学论文选(第 1 辑)》,商务印书馆,1979。
万俊人:《现代性的伦理话语》,黑龙江人民出版社,2002。
王伟:《行政伦理概述》,人民出版社,2001。
王元化主编:《释中国》,上海文艺出版社,1998。
汪晖、陈燕谷主编:《文化与公共性》,北京三联书店,1998。
韦伯:《新教伦理与资本主义精神》,北京三联书店,1992。
　　《经济与社会》,商务印书馆,1997。
　　《社会科学方法论》,中国人民大学出版社,1999。
西瑟:《自由民主与政治学》,上海人民出版社,1998。
希尔斯曼:《美国是如何治理的》,商务印书馆,1986。
夏勇主编:《走向权利的时代——中国公民权利发展研究(修订版)》,中国政法大学出版社,2000。
肖厚国:《所有权的兴起与衰落》,山东人民出版社,2003。
休谟:《人性论》,商务印书馆,1980。
休斯:《公共管理导论》,中国人民大学出版社,2001。
熊彼得:《资本主义、社会主义与民主》,商务印书馆,1999。
徐亚文:《程序正义论》,山东人民出版社,2004。
亚里士多德:《政治学》,商务印书馆,1965。
　　《尼各马科伦理学》,中国社会科学出版社,1992。
阎照祥:《英国政党政治史》,中国社会科学出版社,1993。
应奇、刘训练编:《公民共和主义》,东方出版社,2006。
臧克和、王平校订:《说文解字新订》,华夏出版社,2002。
张康之:《寻求公共行政的伦理视角》,中国人民大学出版社,2002。
张博树:《现代性与制度现代化》,学林出版社,1998。
张君劢:《宪政之道》,清华大学出版社,2006。
张立平:《美国政党与选举政治》,中国社会科学出版社,2002。
张维迎:《博弈论与信息经济学》,上海三联书店、上海人民出版社,1996。

张宇燕:《公共论丛:市场逻辑与国家观念》,北京三联书店,1995。
郑也夫:《代价论》,北京三联书店,1995。
周辅成:《西方伦理学名著选辑》,商务印书馆,1987。
朱学勤:《道德理想国的覆灭》,上海三联书店,1994。

《商君书》。
《尚书》。
《四书五经》。
《荀子》。
《易经》。
《左传》。

Gary B. Herbert, *A Philosophical History of Rights*. New Jersey, New Brunswick, 2003.

Hannah Arendt, *The Human Condition*. Garden City & New York, 1959.

John Rawls, *Political Liberalism*. New York: Columbia University Press, 1993.

K. C. Davis, *Administrative Justice: A Preliminary Inquiry*. University of Illinois Press, Illinois, 1971.

Peter Madsen and Jay M. Shafritz(ed.), *Essentials of Government Ethics*. New York: Penguin Group, 1992.

Tibor R. Machan, *Libertarianism Defended*. Burlington, 2006.

索　引

A

阿克顿　344,492,502,508
阿伦特　165,166,300,312
爱国情感　412
奥斯特罗姆　381

B

背景世界　371,493
背景性制度　389,407,472,481,482
背景正义　65,66,220
柏拉图　19,36,45,69,75,86,91,106,478,508
补偿　52,180,196,247,310,406,494,495
布坎南　318,508

C

财产权
　共同财产权　178,179；私人财产权　171,174,178,184,318,319；
　私有财产神圣不可侵犯　180
财富
　财富的创造　184,190,202,275；
　财富的分配　153,163,202,266,267,275,278,316,319

成本—收益比较　241,248,382
程序正义三种类型
　完全的程序正义　367；不完全的程序正义　367；纯粹的程序正义　368
承认
　多元间的承认　129；对他者的承认　137
持有
　持有正义　184,195,212,219,501

D

搭便车　236,248,249,381,389
代理人　154,208,308,311,345,349,369,409
代议制
　代议制民主　415,422,432,434,435
道德选择　298
道德风险　368
党派　88,351,416,420,421,425,463,464
德福一致　226,250,253—256,279；德福统一　250,254
德性

德性养成 164,242,243
德行
  德行有用 238,244,250,253,256,257;德行明智 238,240,242,244;德行成本 245,250,382;德行是社会的通行证 256
德治 92,94—97,121,400
邓小平 7,87,248,330,400,460,461,462,463,464,476,478,479,508
等级制社会 112,188,292
对话 25,108,110,117,118,125,126,129,136,148,159,219,258,300,301,345,467,468,498,499,500,502—506
多元
  多元平等 98,103,125,129,152,163,181;多元和谐 104—107,110—114,124,125,136,147,152,171,280,500,504—506;多元社会 98,99,105—108,110—113,117—120,124,126,129,132,135,160,188,195,205,208,213,224,258,335,362,414,417,422,436,455,498—506;多元利益关系 113;多元主体 115,116,142,147,443;多元文化 116;合理多元社会 117,120,121;排他性多元 118,119;兼容性多元;真实多元 119

E

恶

恶法 288,289;恶制 397—400,402;恶人行政 409
恩格斯 9,10,12—14,19,35,49,61,62,69,79,109,128,135,155,164,181,226,229,258,262,293,302,312,350,351,357,364,421,457,470,471,480,495,511

F

法律 3,4,17,20,21,26,42,43,60,78,79,82,84,86,87,88,89,90,91,92,120,121,124,130,135,142,147,151,188,189,230,242,247,287,288,289,300,305,306,307,310,311,318,326,327,332,333,342,344,345,348,357,363,367,368,372,374,389,390,403,404,431,434,435,437,438,442,445,451,482,496,497,502,506,507,508,509,512
法治
  法治社会 26,34,55,86,87,88,99,124,203,247,248,311,313,332,333,369,400,403,410;法治精神 121,122,304,342,497,506;古罗马的法治精神 342;宪法法治 85,93,124,505,506
法制
  法制建设 90
反抗
  非暴力反抗 496,497
分配
  初次分配 160,162,163,170,

181,192,194,195,196,199—209,211,212；公平分配 152,203,354；二次分配 162,163,175,194,195,204—212,320；社会资源的分配 156,157,359；社会义务的分配 157

分配正义
 按劳动要素分配 184,191,192；"分配正义"的一般考察 153
分配正义的两个考察维度 194
 持有—转让—矫正 194,195,219,224；起点—过程—终点 194,212,224

分权
 分权的特殊实现形式 328,329
弗里德里克森 360
风险
 风险性社会 387；技术性风险 388；人造风险 387；自然风险 388；制度性风险 388；外部风险 387
腐败
 非制度性腐败 396,399,400；制度性腐败 392,393,396—399,402

G

改革 20,37,38,40,76,87,99,190,259,260,271,274,276,277,309,315,321,322,393,398,411,412,430,450,461,462,466,467,469,473,488,493,510
改良 76,466,467,469,474

个体性承诺 380
公共精神 303
公共领域 151,208,299,300,301,302,307,312,315,352,385,387,390,391,452—454,495,509；公域 299,300,302,305,307,308,313,315,356,376,385,452
公共权力
 公共权力个人履行的矛盾 326；公共权力与私人权利关系 311
公共意志 432
公共性 114,147,152,290,299,303,304,307,311—313,315,321,322,325—328,346,350—359,361,362,373,389,390,396,404—411,413,418,433,436,439,443,452,455,456,460,461,513
公共性品格 311—313,325,326,329,345,436,443,444,457,464
公共组织 353,364,418,427,452,504
公民
 公民的不服从 496；公民理性精神 496,504—506
公民社会 137,138
公平
 起点公平 212—215,218,219,223,224；终点公平 222—224；过程公平 219—221,276；规则公平 219,221
公平与效率
 价值论视域中的"公平"与"效率"

260;目的性中的公平与效率 263;"效率优先,兼顾公平" 274—277;公平与效率并重 277,278;以公平换取效率 271;以效率规定公平 272,273

公权
　公权悖论 208;公权的限度 207

公意 121—123,314,419,424,428,432,433,436,440

公正 23,27,29—31,36,42,67,79,82,83,85,88,93,107,118,140—144,149,163,175,177,180,226,228,232,234—238,240,247,249,250,251,253—256,268,275,289,299,307,313,316,319,320,355,356,362—364,367,384,396,407,484,488,506,508,509

共同体 42,107,110,121,143,178—180,189,236,237,256,281,289,292,298,302,303,310,312,314,338,352,357,419,432,433,440,497;类共同体 236

共在共生 108—113,146,498

古德诺 340,341,360,364

官僚科层制 60,340,354,406

规则
　潜规则 42,55;显规则 55;规则的正义性 221

国家
　公器 138,148,149,151,152,160,163,203,207,225,293,313,315,318—322,349,351,353,369,388,389,408,435,456,461,495

国家权力
　国家权力更替 445;国家权力的公共性 303,311—313,328,329;国家权力的双重规定 313;国家权力的限度 313;国家权力有三种功能状态 305;积极权力 305,307,360;消极权力 305,307,360;权力盲区 305;国家消亡 34,35,312

H

哈贝马斯 71,90,131,136,146,228,300,352,412,509

哈耶克 86,90,136,231,269,343,346,371—373,388—390,432,470—472,504,509

合作共存共生关系 117

合作盈余 142,202,203
　合作盈余的公平分配 203

和谐
　和谐社会 111,114,125,171,498,500,504—506;基于平等自由权利的社会和谐 113;社会和谐 101,106,112,113,135,445,498—506;契约和谐 498,504

黑格尔 8,21,22,25,29,36,45,46,56,61,62,68,70—75,81,82,91,92,127,128,137,139,146—148,151,152,158,170—180,184—189,195—198,215—217,

229—231,242—244,252,254,
280,281,284—286,289,294,
298,308,323—325,327—331,
349,366,371,391,396,400,404,
405,409,410,412,414,415,455,
465,474,475,477,481,509,510
亨廷顿 392,398,416,423,424,
428,452,459,510
霍布斯 70,79,118,119,131,148,
150,313,314,413,432

J

吉登斯 11,12,322,376—379,
384,387,388,510
极"左"思潮 308
集权
　集权专制 80,110,314;绝对集
　权 315
家族精神 303
价值精神 20,33,43,49,52,54,
57—61,63,74—76,98,100,106,
115,117,145,160,166,169,202,
226,280,289,310,326,327,335,
343,354,355,358,362
价值立场 64,112,126,155,156,
158,180,279,284,285,288,398,
465,493
价值多样性 98
价值合理性 31,82,100,112,118,
123,225,246,262,432
教育
　教育是塑造人性的艺术 215;人
　从自然天性中的解放 215;实践

教育 38,217
集体行为 248,382
集体行动理论 236,381,383
渐变 467—469
角色
　角色规范 291,292,295;角色义
　务 295,296;角色尊卑
　291,292

K

科恩 346,347,431,502,510
凯恩斯主义 83,306
科学社会主义 19,61,62,100,
109,113,114,138,182,259,271,
276,284
孔子 16,75,106,215,478
库珀 404—406,408

L

劳动
　劳动的权利 165;劳动条件
　165;劳动价值论 181—184;劳
　动的存在本体论解释 164;劳动
　是人的自由存在方式 164,166,
　167;劳动的不同演进阶段 168;
　劳动作为社会财富初次分配的基
　本途径 163
劳动要素
　劳动力 142,181—184,190,
　202,211,277,486,487;劳动资料
　181—184;劳动诸要素的统一
　183,184;按劳动要素分配
184,191,192

礼
  礼治 92,106；礼制 15,16
理性不及 386,470,472
理性—经验主义 119
历史
  历史存在方式 286；历史进程 14,15,26,34,35,39,100,112,149,187,283,306,309,333,345,398,407,411,464,476,477,478,480,481
历史主义态度 68—71,501,503
  历史感 29,112,325；历史性 13,14,31,39,78,83,100,144,150,291,302,329,330,399,463,477,486,493,504
吏德 400,403,406,407,409
利益整合 422,424,456,460
卢梭 70,118,119,121,131,148,212,213,313,314,413,419,424,432—434,440,480,511
伦理
  伦理道德 4,21,22,27,37,40,42,43,46—49,59,238,287；伦理实体 8,22,254,281,284,289,310,324,414
伦理政治 59,95—97,376,512
罗尔斯 6,18,19,26,28,29,30,36,51,52,55—58,60,61,63,65—67,71,82,98,105,115—119,131,137,143,146,148,151,155—160,162,175,206,209,212,219,220,255,256,258,268,280,281,284,286,290,296,316,317,321,345,362,367,368,371,380,389,390,407,410,413,482,485,489,490,492,494,496,497,499,500,503,505,511
  原初状态 28,36,57,66,105,115,131,143,155,159,206,209,219,380,499,500,505；重叠共识 98,115,117,446,505
洛克 70,79,131,148,171,314,316,413,419,420,432—434,440,478,511
累积进步 54,129,504

M

马基雅维里 447—449,511
马克思 9,10,11—14,17,19,28,35,43,47,49,58,61,62,65,69,70,71,75,79,80,90,101,109,110,113,114,128,135,136,137,143,146,150,154,164,167,169,173,178,181,182,183,185,190,204,226,228,229,230,254,258,259,261,262,265,275,276,281,284,293,308,312,317,349,,351,353,357,364,400,415,421,430,457,471,478,480,495,502,502,511
麦金太尔 118,164,255,256,292,298,404,511
梅茵 14,70,77,83,306,384,511
美德 22,34—36,39,40,44,93,94,96,100,144,147,148,167,209,217,227,255,273,298,303,

306,307,325,327,363,399,401,
403—405,409,410,448,454,
477,502,506—508
孟德斯鸠 314,325,417,511
密尔 386,511
民主
　间接民主 108,415,432,434,
　512;民主共和国制 421;民主是
　多数人的统治 348;民主政治
　4,27,32,57,59,60,91,92,293,
　301,303,304,311,319,321,322,
　327,348,353,355,364,365,366,
　369,408,410,414—417,421,
　426,431—437,439,444,446,
　451,456,462,499,500,501;直接
　民主 108,432—434,512
明智 238—244,246,247,249,496
摩尔根 19,293
牟宗三 58—60,85,92—94,98,
　477,511
目的论 50,251,252

N

内圣外王 123
内形式 53,68,410
恩格斯 9,10,12—14,19,35,49,
　61,62,69,79,109,128,135,137,
　154,164,181,226,229,258,262,
　293,302,312,349,351,357,364,
　421,457,470,471,480,495,511
诺齐克 29,63,148,159,219,256,
　268,313,316,317,318,321,389,
　390,413,511

P

排他性存在状态 110
平等
　平等对话 108,126,135,345,
　467,499,503,504;平等互惠
　136,137,139,144,145,147,195,
　196;平等的基本自由权利 17,
　28—31,53,59,61,63,64,66,75,
　87,100,108,118,124,130,135,
　138,148,154,155,156,158,
　160—162,166,167,171,179,
　199,204—210,212,214,215,
　219,220,221,223—225,258,
　263,284,286,296,310,316,317,
　318,319,320,322,323,328,354,
　492,498,499,507;平等人格
　136,163,165,175—177,181,
　188,205,220,505;平等优先
　64;形式平等 77,109,205;实质
　平等 109

Q

契约
　国家契约 84,314;社会契约
　78—80,82,136,142,202,229,
　314,348,358,372,419,433,440,
　480,504,511
契约关系 77—82,84,85,136,
　144,306,307,384
　个别性契约 80;关系性契约
　80
契约论

大契约论 314,315,432,433,
　440;小契约论 314,432—434,
　440;大社会 314,388;小社会
　436
权力
　权力的公共性 303,311—313,
　328,329,345,396,404,408—
　410;权力的普遍性 152
权力结构 7,26,32,103,393
　权力分立 325,326,328,329,
　355,417,440,444;分权与分权的
　特殊实现形式 328;权力制约
　314,394,441,442,444;权力及其
　运行上的封闭性 323
权力腐败
　制度性腐败 392,393,396—
　399,402;非制度性腐败 396,
　399,400;社会转型时期的权力腐
　败 392,393
权利
　积极权力 305,307,360;消极权
　力 305,307,360
　权利—义务关系 4,8,12,13,15,
　17,18,28—30,44,48,53,78,
　104,152,280—284,289—291,
　294,296,365,465,468,483,
　485—488,490,494,501,507
　权利—义务关系的两个维度
　280;权利—义务集合体 295;既
　有权利又有义务的关系 282;只
　有义务而无权利的关系 282;只
　有权利而无义务的关系 282;先
　在权利与义务 293

R

人格
　人格平等 16,17,135,162,169,
　195,213,276;人格类型 27,
　233,505;人格的同一性 291
人民
　人民的抽象性 348
　人民主权 87,91,342,343,345,
　346,348,358,365,395,435,
　440,442
　人民的统治 347;人民行使所有
　权的方式 349;委托人 91,
　208,311,345,349;代理人 154,
　208,308,311,345,349,369,409
人权
　人权运动 150;三代人权运动
　150
人是目的 126,127,132,135,157,
　158,180,288
人性论 31,103,118,358,513
人治 39,77,85,86,88,89,91—
　94,96,97,99,357,376,474,481
仁政 59,77,93,94,96,97,99;仁
　政德治 94,96,97
弱势群体 303,364,489—497,
　501,503
　制度变迁中弱势群体 489,497;
　对弱势群体的补偿 494

S

萨托利 91,108,344,348,395,
　416,432,512

三民主义 294
善
　基本善 63,105,106,284,286,290,495;弱善 230,231
善法 289
善政 93
善制 103,331,333,335,337,345,397,398,400,403,414,442
善治 333,336,337,414,439
商品经济 78—80,150,219
商谈 108,110,118,125,126,129,131,135,500,504—506
设定性存在 296—298
社会保障体系 320,323,362,430
社会变迁 15,76,101,407,474,482,488
社会财富 55,64,153—155,159—163,165—168,170,177,181,184,188—190,192—196,199—213,215,218—220,223—225,237,238,258—260,266,267,273,275,276,279,316—320,393,490,501
社会抽象系统 377,379
社会结构 3,4,6,11,13,14—20,23,25,26,29,33,35,38,44,53,57,65,67,68,79,82,84,92,96,107,114,119,137,138,140,143,144,148,158—160,188,200,207,215,232,235—238,240—244,248—250,252—256,262,281,290—299,302,305,313,342,374,379,380,385,392,393,396,402,489,491

两界域三层次 302;社会基本结构 20,26,55,65—68,81—83,93,99,137,153,155—160,162,163,166,167,170,189,190,192—194,196,199—204,210—212,214,215,218—225,263,279,280,286,290,307,316,319,323,335,362,371,373,410,497;社会交往关系结构 9,11—13,15—17,19,23—25,137,147,264,322;社会阶层 6,14,17—19,108,421,428,446,488,490,494,511
社会契约关系 136
社会与国家的二分相待 301,385
社会秩序 6,16,57,87,120,122,125,128,211,295,314,322,340,359,371—373,375,384,387,416,468,470,505,506,510
社会自治 34,301,304,307,314
社会整合 4,12,15,304,499
社会转型 93,99—101,391—393,396,399,454,487
社群主义 17,150,255,308,310
社团 83,306,307,343,395,417,418
身份 14,15,18,20,25,54,70,71,77—80,85,93,94,97—99,108,120,125,126,129,130,133—136,154,163,167,172,181,188,189,198,199,205,213,221,276,291,297,346,389,404,408,424,

428,443,498—501,505
沈家本 294
时代精神 53,57,58,62,63,68,69,71,76,100,126,205,224,285,408,475,477,499
时空分离 134,376—378,380
市民社会 79,109,136—138,151,152,188,216,219,260,302,352,385,389,414,415,417,418,456,458,509
守法精神 506,507
守夜人 148,149,313,318,349,359,389,413
私利公益 226,228,237,238,257
"主观为自己,客观为别人" 139,140,230,231
私人
　私人权利 79,84,290,299,306—311,344;私人所有权 171,173,174,178—181,184
私有经济 318—320
私域 299,300,305—308,357,376,385,452,453
私人生活空间 344
私约 83,84,306
斯密 151,227,229,232—236,269,343,358,359,473,512
孙中山 294,329,338
所有权
　共同所有权 171,178—180;私人所有权 171,173,174,178—181,184;所有权与使用权分离 187—190;所有权与使用权统一 190

T

特殊利益 107,129,172,221,321,326,408,504
突变 467—469
妥协 345,501—505

W

威尔逊 340,360
委托人 91,208,311,345,349
文官制度 340,450
无赖原则 227,400,454
无知之幕 28,57,66,105,115,119,131,206,209,380,499,500

X

希尔斯曼 349,359,428,513
习惯 6—8,22,27,39,43,151,215,217,231—233,242,243,274,299,301,307,309,310,319,342,350,376,378,385,401,404,449,453,466,468,471,476,485,489
现代多元和谐社会 500,504,505
现代民主政治制度 57,59,60,416,434,439
现代民主制 60,71,113,116,117,395,415,435,451
现代性
　现代性概念 106—108,110,111,385;现代性问题 106,107,376,498;现代性社会 119,124,

134,145,163,166,282,283,289,296,299,302,310,341,345,348,349,354,355,373,374,376—381,384,385,388,405,406,414,415,419,420,422,423,425,426,428,430,431,434—437,439,442—446,455,458,461,466,467,474,475,479,481,482,490,492,498,510

宪政
  宪政制度 32,343,446,450,482;宪政自身内部矛盾 ;宪政政治 34,38,39,341,450,451,502—505;宪政正义 31,32,344,365

效率
  效率的两种尺度 261

协商
  协商共处 108

行政
  好人行政 409;行政科层制 60,412

政治视域中的行政 337,407
  宪政中的行政 342
行政的价值性与技术性 350,355
  行政价值中立 350,351;行政过程中的政治中立 351
政治与行政二分 60,340,350,355,360,407,408
行政人 351,363,403—406
行政的作为 385
  抽象行政行为 363;行政的不作为 385;行政的非作为 385,386
行政正义 335,337,355—359,361—365,409,410
  行政的正义性 351;行政的实质正义 365,410;行政的程序正义 410
休谟 227,358—400,454,513

Y

亚里士多德 19,36,46,69,75,86,91,106,130,158,239,242,254,335,478,494,496,513
一元社会 107,110,111
  绝对排斥多元的绝对一元社会 110;内在包含多元的一元社会 110
一元价值评价标准 120
伊壁鸠鲁 79
义务
  义务的普遍化 158
议价能力 320
以德配天 94
以德代暴 94,96
英雄
  创造事变的英雄 478;事变性英雄 478;英雄实践的规范性 481;英雄魅力 94
应得
  基于严格道义立场的应得 155;基于合法期待立场的应得 155;基于公共规则体系立场的应得 155
元法律原则 86

Z

在场 376—379

责任

责任精神 151,376—379,404,505;责任伦理 40,406

张之洞 294

章太炎 294

正义

背景正义 65,66,220,221;持有正义 184,195,212,501;过程正义;矫正正义 148,204—208,212,219,389,494;交换正义 171,501;结果正义 501;起点正义;实质正义 66,67,356,365—367,369,410,411,502;习俗性正义 357;形式正义 356,367

政道 58,59,85,92,94,98,477,511

政党

全民党 424;政党功能 419

政党关系

非竞争性的政党关系 426;竞争性的政党关系 426;竞争性政党制度 435,437,439,444,455;互竞执政 425;互竞与合作 426;政党竞争 429,430,436,439,443,447,449,451,455

政党活动 335,415,431,434,435,445,446,450,452

政党分肥制 340,360;政党分赃制 450;政党竞争中"肮脏的手" 447;政党的道德自觉 460,463

政党与国家

多党制 425—427;反对党 425,426,439,441—443;在野党 425,426,439,440,443,444;执政党 422,424—426,436—439,443,444,455,461,463,464;国家视域中的政党竞争 439

政党政治 340,360,414,416,418,421,423,432,436,441—443,445,449,451,453—457,459,513

政府

大政府 34,314,315,359;小政府 34,148,219,314,315,359,389,413

政教分离 123

政治共同体 256,302,312,314,352,433,440

政治国家 314,385,419,440

政治伦理

政治情绪 412

政治文明

人类的政治文明有普遍精神而无普遍形式 75

政治与行政 60,339,340,341,350,354,355,358,360,407,408

政治哲学 58,69,70,87,105,116,181,227,344,512

政治制度 16,31,35,57,59,60,72,74,88,227,237,293,323—325,329—331,342,344,347,348,408,412,416,427,431,435,

437,438,439,445,450,451,455,
473,513
政治正义 36,57,66,71,74,75,
105,116,131,137,138,145,159,
162,206,280,286,328,335,342,
356,362—365,410,487,492—
495,499,503,505
政治自由 30,36,63,76,98,116—
118,175,255,344,348,432,
503,511
政治主体 426—428
治道 58,59,85,94,98,477,511
制度
 制度的价值性 27;制度的技术
 性 28,32;制度的权威性
 331—333,371,380;制度的有效
 性 332;制度的实效性 332
制度变迁
 制度变迁的两种路径 465;制度
 变迁成本 483—489,491—494,
 497;制度变迁成本分配 482,
 485—488,492,495;制度变迁中
 的英雄 474,475,478;制度变迁
 中的两只手 469
"制度"概念
 "制度"的本体论分析 12;制度
 的"特殊性"
制度结构
 基本制度 4,16,17,19,51,53,
 62,65—68,83,106,156,158,
 159,160,219,256,307,316,335,
 347,431,472;非基本制度 4,
 16,17,65,66,68;非正式制度
4,21—23,27,43;正式制度 4,
21—23,27,43,44;实存的制度
24;有实效性的制度 332,374;
社会主义制度 26,62,271;资本
主义制度 61,62,69,90,487;宗
法制度 15;制度结构的历史向
度 328;制度有机体 323
制度背景 148,152,200,202,236,
307,316,327,466
制度合理性根据 76,77
制度公正 23,27,29—31,36,85,
93,107,226,232,238,247,289,
299,396,407,509;制度正义
28,31,36,51,52,56,157
制度激励 238
制度经济学 6,22,26,320,402,
465,468,470,510,511
制度理性 280
制度伦理 1,3,7,36—45,50,125,
136,155,156,512
"制度伦理"概念 7,37—44;"制
度伦理"概念的一般分析 40;
"制度伦理"概念提出的基本历史
背景 38
制度"善"
 转型期的制度"善" 99,100;
 "善"的制度 50—58,60,61,64,
 65,68—73,76,100,101,103—
 106,124,125,129,137,147,152,
 157,160,167,221,281,284,299,
 355,430,482,498,507;制度"善"
 的历史主义 68,71,73,76
制度效用 370

制度信用 369—371,374,385
　制度性承诺 374—376,379—381,383,384；制度性信任 380,381,384
制度的伦理分析 27,44,45,49,50
制度演进
　制度演进的规范性 335
主体性
　交互主体性 133—135
智慧
　哲理性智慧 239,240；生活技巧性智慧 239,247
自然情感 412
自然演进 373,470,473—475
自然状态 70,118,145,150,419
自由
　良心自由 63,116,117；自由精神 73,99,100,101,138,147,167,175,198,228,233,234,285,307,457；自由内部的"家族矛盾" 64；自由是一"家族体系" 63；自由原则 30,188,316,492
自由能力 100,143,167,214,216,495
自由存在的能力 278
自由主义 30,34—36,50,51,83,98,116—118,131,147,148,150,159,175,234,235,255,268,269,306,310,318,321,344,360,445,471,472,503,510—512；古典自由主义 359,386,403
自由、权利
　自由、权利的抽象性 127；抽象的自由、权利 127；真实、普遍的自由、权利 127
自由存在方式 164,166—168,286
自由优先 64,76
宗派 416,420,423

后　记

　　20年来，社会公正（正义）问题一直是心之所系。由于我们这一代人的特殊生活经历，加之本人走上哲学理论研究道路的"不务正业"特殊过程，注定了我对哲学理论研究的强烈现实关照情感偏好——哲学理论研究对我来说，既不是职业，也不是饭碗，它只是自由思想活动。上世纪80年代末90年代初，经过黑格尔、马克思，并在罗尔斯《正义论》的刺激下，我明确立足当代中国研究社会正义问题的学术选择后，社会正义问题就一直成为自己的关注焦点之一，并试图努力做出一点有中国学者精神的罗尔斯《正义论》式的工作。

　　当时，国内的主流伦理学对正义问题噤若寒蝉，从事社会正义研究是一个有点另类的工作。幸得周辅成先生的鼓励支持与萧焜焘先生的点拨，加之在一个较为远离理论学说中心的冷静小城，多少可自在地做些自己的事。这首先反映在《道德生活论》(1993)中。在那里，我通过抽象逻辑体系构建将社会公正（正义）作为社会理想目的性追求，并对社会正义有了自己的初步理解。此后，在解释社会精神生活、尤其是社会道德失范现象时，进一步意识到：社会普遍道德失范现象，在根本上源于社会生活关系及其秩序的不公；只有在一个基本公平正义的社会制度体制中，才会有社会的清明道德风尚。这样，就从伦理学的角度、通过对社会精神生活现象的理解，进一步深入至客观的伦理关系及其秩序、公平正义的制度体制领域，探索公平正义的客观伦理关系作为人的现实生活世界对于人、人性的塑造意义。这种理解经过《社会变革中的伦理秩序》(1994)、《社会失范论》(2000)、《中国市民社会论稿》(2001)，集中体现在本人的博士论文、2001年出版的《制度公正论：变革时期道德失范研究》中。

然而，我们不能一般地满足于在理论上明晰应当将社会正义作为自觉目的性追求，必须进一步深入追问：处于现代化建设过程中的当代中国，社会正义的具体语境、语义内容是什么？社会正义的具体规定是什么？它与发达民族的社会正义追求有何异同？其在中国的具体实践方式及其逻辑进程又是何？等等。这些正是近10年本人立足于当代中国现实、围绕权利—义务关系问题从不同角度的苦心求索。这种思索的旨趣，不是要给出宪政正义的详细架构描述，而是要揭示宪政正义的价值方向及其基本内容，探索中国现代化过程中宪政正义实践的特殊路径。本书正是近10年相关探索的集中呈现。此书是要从价值合理性角度澄明：对于当代中国社会历史进程而言，宪政是一种具有必然性的"好"的制度；宪政不仅是一种抽象的政治理念，更应是人们的一种日常生活方式；它是在自由权利理念引领下的社会权利—义务关系制度安排与日常生活过程。由于此书的主旨是关于宪政正义理念及其定在的哲学思考，故，此书名亦可为"制度伦理研究：一种关于宪政正义的理论"。

本书的相关探索仍然是粗疏的。对于书中的某些论述内容及其表达形式，本人并不满意，存有遗憾。任何成形的思想及其表达，总是有缺憾的。希望这种缺憾在以后关于此问题的深入思考中，能够得到弥补。

对于正在现代化过程中的当代中国而言，宪政秩序的建立是一个长期的艰难探索过程。与已经建立起宪政秩序的先进民族相比，它应有自己的特殊演进路径，它是立足于中国社会历史、文化、现实基础之上的日常生活演进。日常生活中的具体经济、政治、社会、文化、制度变迁，或许会成为宪政秩序建立的微观机缘。

纵观历史，一个能够挺立于世界先进之列的民族，主要不在于物质的富有，而在于那样一种先进的社会制度体制，那样一种先进的社会文化价值精神。很难想像，在一个集权力、真理、道义为一身的地方，还真的会有真理与道义，还真的会有繁荣兴旺与长治久安。

经过30年的发展，历史已以一种客观的方式将政治正义问题推到当代中国人面前——伴随着这个过程的还将会有深刻的文化批判。尽管以罗尔斯为代表的当代西方政治哲学思想，在世界范围内引起了强烈共鸣，对中国国内思想者产生了重要影响，但是，对于当代中国政治正义问题的任何深入研究，都无法简单套用罗尔斯的思想与话语。研究当代中国政治正义问题，当然必须学习与借鉴西方民族已经取得的珍贵思想财富，当然必须消化吸收人类所创造的优秀文明成果。然而，这种学习与借鉴绝不是简单地移植搬用，绝不是简单地引进那样一系列话语概念与结论，而是应当明晰当代中国的语境、语义与语指，应当首先明白当代中国的历史与现实，应当基于当代中国的经济、政治、文化、社会、科学技术的现实，探索中华民族走向现代化的现实道路。当代中国社会有不同于西方发达国家的特殊社会历史内容，这种区别，在某种意义上是启蒙与后启蒙历史阶段的区别。我们当然得以史为镜、以人为镜，当然得清醒意识到启蒙、现代性自身的局限性，当然得尽量避免现代化过程中的过多曲折，然而，中华民族现时代的实践主题，在总体上还是启蒙、现代化建设的，而不是后启蒙、后现代的。

无视当代中国的历史主题、无视当代中国社会现实的研究,或者是自娱自乐,或者是哗众取宠,或者是营身手段,不可能有建立在独立思考基础之上的真知灼见。

随着对当代中国政治正义问题哲学思考的逐渐深入,我们的视野会非常自然地被进一步引向两个方面:一方面,被引向权利在日常生活中的具体实现,引向权力的日常具体运行过程;另一方面,被引向当代中国的社会经济、税收,引向国民财富收入与分配的日常生活领域。只有进一步深入权利在日常生活中的具体实现,深入权力的日常具体运行过程,深入国民财富收入与分配过程,才能真正深入具体认识当代中国的伦理关系及其秩序,把握与揭示当代中国的政治关系及其秩序的丰富现实内容,探索走向公平正义、和谐有序的现实路径。政治伦理研究若脱离具体的国民财富收入分配领域,游离于具体日常生活过程之外,不可能有所成就。这或许正是马克思及欧洲启蒙时代诸多重要思想家留给我们的深刻启迪。

恰如这个民族在追求现代化、追求法治社会过程中命运多舛一样,此书稿亦是好事多磨,几经波折。书稿三年前就已完成,但因为它是某种项目,受到了相应关注,经数次反复审阅,方获荣生。如果是一种学者式、学术性的批评,对于学术研究应是一件益事;如果是一种绝对权威式的命令,则令思想枯槁、精神窒息。

笔者曾先后两次得到这样绝对权威式的命令。其措辞既没有任何说理,也不留任何解释余地。现将两次"要求"主体部分依原样录于下:

1、"以宪政正义为核心"的说法应删除。
2、"现代性社会制度的正义性、合理性"中的"现代性"要删除。

3、不能用西方所谓"现代性"来判断制度好与不好。

离开当今世界多种制度的比较而抽象论述"好"的制度，是不科学的。

我本不愿意浪费精力，想顺其自然，后在有关部门同志的劝说建议下，顾及集体利益，根据要求就相关文字做了技术性处理，并做了两次正式回复。现亦将我两次回复主体部分照录于下：

> 根据要求在修改后所提交的项目成果中不再使用"现代性"概念，而代之用社会学、历史学的"现代化"或"现代社会"的概念，在"现代化"与"前现代化"、"现代社会"与"前现代社会"的框架中来把握制度的伦理分析。在这个分析框架中，一个现代化的好的制度，也是适合本民族具体国情特点的制度。

> 鉴于本项目是哲学学科的研究，哲学研究的特点是概念思维，通过概念分析揭示对象的本质（马克思曾揭示，哲学的这种概念分析，越抽象就越深刻，同时也就越丰富具体），它不同于政治学、法学、史学等具体社会科学学科对同一问题思考的那样实证分析，因而，即使是前述所增加的具体比较工作，仍然是在抽象概念分析框架内进行，通过对"自由"的概念分析揭示"自由"的真实性展开。

笔者同时还写了一篇稍长的文字，算是对某些权威的上述"学术"问题的学术性思考与回应。这篇文字当时即给有关人士一阅，并请予以转呈，但未果。现亦将其主体部分原样照录于下：

第一,"现代化"、"现代性"概念是本研究中使用频率较高的两个概念。尽管"现代化"、"现代性"与"人权"、"民主"、"自由"、"科学"等概念一样,都舶自西方,但不能说它们就是"西方"的。它们是首先出现在西方、但属于全人类的人文知识概念。如果要对"人权"、"民主"、"自由"、"现代化"、"现代性"等概念做实质性分析,那么,它们既有西方的理解,也有东方的理解,既有非马克思主义的理解,也有马克思主义的理解。在本课题研究中,遵从了知识界的通常用法,"现代化"是一个社会学、历史学的概念,"现代性"是一个哲学概念(如果不太严格区别,二者有时甚至可以通用);"现代化"相对于"前现代化","现代性"相对于"前现代性"。"前现代化(性)"与"现代化(性)"的区别,如果从社会关系角度来看,则是如梅茵所说并为马克思肯定的"身份关系"(宗法等级人依附关系)与"契约关系"(人身自由、人格独立平等关系)之区别。只有这样,才能理解马克思当年对资本主义取代封建主义的历史主义肯定态度。

第二,即使是相对于"前现代化(性)"的"现代化(性)"本身,仍然还有一个价值分析的问题。进入了"现代化(性)"的社会,其制度未必就必定是正义的,它自身还有一个是否适合本国社会历史文化的问题,还有一个在其发展过程中社会主义制度与资本主义制度的价值冲突与斗争问题。这是理解马克思创立的历史唯物主义、科学社会主义时的一个常识。

第三,本研究在对制度做价值分析时,所坚持的基本学术思想理路,是马克思恩格斯在《共产党宣言》中揭示的"自由人联合体"思想,是以"每个人的自由发展是一切人的自由发展的条件"这一理想社会及其时代精神作为价值判断根本标准。

首先，本课题研究第2章第1节的逻辑理路就是要在哲学层面揭示：判断制度的"好"与否，首先不在于形式方面，而在于内容方面，不在于现代化（性）自身，而在于是否具有"时代精神"。"一个'好'的制度是时代精神的定在，具有时代合理性根据。"并以此来理解人类近代以来的历史运动过程。认为："尽管近代以来人类的历史运动以资本主义与社会主义的斗争为其现实过程，但是，这个现实历史运动过程本身却是追求自由真实实现的过程，它是在反对封建宗法专制、获得人身自由与人格独立基础之上的进一步展开。马克思、恩格斯所开创的科学社会主义运动，所要建立的正是那样一种'自由人联合体'的自由制度。根据马克思、恩格斯的思想，资本主义制度作为人类文明成就在历史上有其存在的合理性根据，这就是否定封建宗法等级制。科学社会主义运动的价值旨趣与实践指向，并不是要否定这种人类文明成就，而是要在此基础之上获得进一步发展，使自由真正成为现实。自由权利及其精神是人类现代'好'制度的根本规定。"

其次，本研究通过一系列具体研究后，最后认为："一个'好'的制度，是一个以平等的基本自由权利为核心、公平正义地分配权利—义务关系的制度，在这个制度中，每一个人的基本自由权利都能得到充分尊重，每一个人的自由潜能都能得到较为充分发挥。因而，一个'好'的制度是一个社会物质财富丰富，人民安居乐业、思想自由、文化丰富，既充满活力又有序的制度。一个拥有此种制度的民族，将永远屹立于世界先进之列。"

再次，本人在研究中坚持：判断制度的"好"与否，必须坚持马克思的历史唯物主义立场，必须要有"历史主义"态度，要有"时代性与地方性"。明确认为:"任何一个'好'的制度都是在那个特定民族历史生活中历史形成的,都是那个民族历史与文化的集中体现。一个即使在其他地方实践得再好的制度,如果不能考虑到这个特定民族的历史与文化而强行加予,很可能出现'逾淮成枳'的现象。"且作为研究的指导原则,本人从一开始就明确:"我们的研究决不是以西方既有的话语及其逻辑为范本,并简单地将其套用到当代中国,而是用自己的思想思考着当代中国的历史问题。"具体而言,譬如,国外关于制度正义思考中的政党与国家关系理论,所秉持的是社会—政党—国家的理论路径,认为是民族国家基础之上孕育出了政党。但是,本课题通过研究则认为:"近代以来中华民族具体的生存境遇决定了:在中国,不是政党产生于现代民族—国家之后,而是政党承担了创建与缔造现代民族—国家的使命;政党通过对现代民族—国家的创建与缔造,获得了领导国家的合法性。""在中国,乃至在大多数晚发民族—国家,政党与国家公共权力之间的关系,就特殊地表现为政党对国家的领导,以及政党在国家与社会生活中的核心地位。这种领导及核心地位的取得,实则缘于政党在这些晚发民族—国家现代化进程中担负起的现代国家建构的重任。"晚发民族—国家中的政党、社会、国家间关系,"不同于发达国家的社会—政党—国家这样的关系模式,而是呈现为政党—国家—社会的关系样式,表现为政党对国家、社会的领导。"

在上述研究思想理路中,无论是从形式还是内容,都看不出有任何"用西方所谓'现代性'来判断制度好与不好"的东西。

令人欣慰的是,作者至少还保留有某种辩护的权利,还能以自己的方式表达自己的思想。在做了上述变"现代性"为"现代化"、对"自由"概念的具体辨析那样几个文字修改后,此研究最终得到了绝对命令发布者的肯定性评价。悲乎？喜乎？社会终究是在进步,尽管脚步有点沉重。

于建星博士帮助本课题研究收集了部分资料,王峰博士为本书第7、8章提供了原始性初稿。我的学生洪锋、聂涛、张廉亚为本书制作了索引；张苗苗、聂涛、张廉亚、李伟、岳丽娟、卞辉、王利华、卢木青、谢钰帮助校对了书稿。谨此致谢。

本书稿的顺利出版,幸蒙商务印书馆总经理助理、著作室原主任常绍民先生的厚爱,并得到现著作室主任郑殿华先生的支持,责任编辑王希勇先生为书稿的面世付以心血。专此向他们致以由衷谢忱。

本课题研究出版得到江苏省重点学科、江苏高校优势学科建设工程的支持。

高兆明

于南京河西愚斋

2010.11.15